高等教育“十四五”少数民族预科系列教材

大学物理教程

（第二版）

DAXUE WULI JIAOCHENG

刘俊娟　魏增江◎主编

思政
☆微课☆
双色

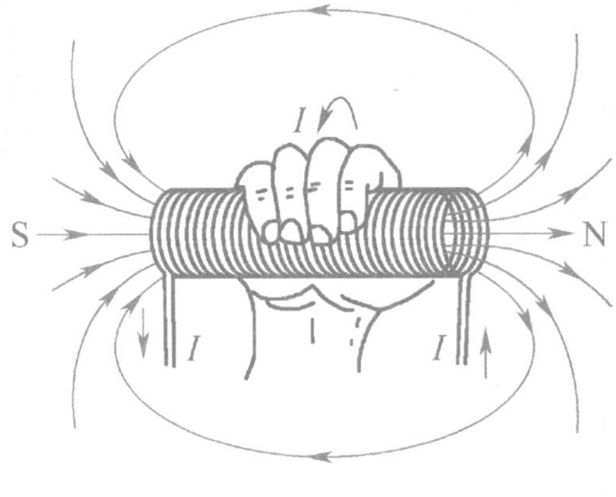

中国铁道出版社有限公司
CHINA RAILWAY PUBLISHING HOUSE CO., LTD.

内 容 简 介

本书结合大学物理课程标准编写而成。书中主要内容包括质点运动学、牛顿运动定律、动量守恒定律和能量守恒定律、静电场、稳恒磁场、电磁感应、电磁场等。

本书适合作为少数民族预科教材,也可作为理科非物理专业以及成人教育相关专业的基础课教材,还可供自学者使用。

图书在版编目(CIP)数据

大学物理教程/刘俊娟,魏增江主编.—2版.—北京:中国铁道出版社有限公司,2022.8(2025.1重印)
高等教育"十四五"少数民族预科系列教材
ISBN 978-7-113-29233-1

Ⅰ.①大… Ⅱ.①刘… ②魏… Ⅲ.①物理学-高等学校-教材 Ⅳ.①04

中国版本图书馆CIP数据核字(2022)第098910号

书　　名:大学物理教程
作　　者:刘俊娟　魏增江

策　　划:曾露平　　　　**编辑部电话:**(010)63551926
责任编辑:曾露平　包　宁
封面设计:刘　颖
责任校对:苗　丹
责任印制:赵星辰

出版发行:中国铁道出版社有限公司(100054,北京市西城区右安门西街8号)
网　　址:https://www.tdpress.com/51eds
印　　刷:北京铭成印刷有限公司
版　　次:2017年8月第1版　2022年8月第2版　2025年1月第4次印刷
开　　本:787 mm×1 092 mm　1/16　**印张:**14　**字数:**339千
书　　号:ISBN 978-7-113-29233-1
定　　价:43.00元

前　言

物理学是研究物质的基本结构、相互作用和物质最基本、最普遍的运动方式及其相互转化规律的学科。物理学的研究对象具有极大的普遍性。它的基本理论渗透自然科学的一切领域,应用于生产技术的各个部门,它是自然科学的许多领域和工程技术的基础。本书涉及普通物理力学和电磁学两部分内容。着力介绍普通物理核心概念和基本规律,尤其注重物理思维方法和研究方法的阐释。本书旨在为预科生未来进入本科相关专业的学习夯实物理知识基础,使之养成良好的物理思维习惯和自主的学习能力,并具备相应的科学研究素养。因此,大学物理是高等理工类学校各专业学生的一门重要的必修基础课。

在编写本书的过程中,注意了以下几点:

(1)教育的根本任务是“立德树人”,在培养新时代人才的过程中,课程思政建设发挥了关键作用。本书将课程思政点和专业知识有机融合,充分挖掘物理课程的思政元素,以学科发展历史、优秀传统文化、物理学家事迹、时代伟大成就、最新科研成果、大国重器、哲学、美学等相关知识融入教材。与“五个认同”相结合,以知识为载体,润物无声地传递价值理念,共同铸牢中华民族共同体意识。

(2)突出基础理论,重视分析问题和解决问题能力的训练和培养,并且始终注意由浅入深,为了利于教学和自学,每章配有微课视频详细讲解。

(3)注重大学物理与中学物理的衔接。在教学过程中,应充分利用中学阶段已经具备的物理基础,避免对已学知识的简单重复。本书理论部分中的例题、习题等都广泛使用了高等数学知识,并有详细的解答过程。

(4)为增加应用训练,安排了一定数量的自测题,分为选择题、填空题和计算题,从不同层面、不同知识点考查学生,同时,对于有难度的习题配有详细的答案解析,以帮助学生更好地理解教学内容。

(5)为了提高学生的科学综合素养,每章配有物理学家的简介,同时,另有石墨烯、燃料电池、电磁感应无极灯、静电的应用及防护、磁流体发电技术等相关阅读材料供学生选读,有利于激发学生学习的积极性,开拓视野,提高科学素质。

本书由刘俊娟、魏增江主编。

本书适合作为少数民族预科教材,也可作为理科非物理专业以及成人教育相关专业的基础教材,还可供自学者使用。

在本书编写过程中,得到河北师范大学附属民族学院领导的支持和帮助,在此,对所有帮助过我们的老师表示衷心的感谢。

由于编者水平有限,虽然在编写过程中作了很大的努力,但仍存在问题和不足,真诚期盼老师和同学们指正。

编　者

2022 年 2 月

目 录

第1章

质点运动学

在物质多种多样的运动形式中,最简单而又最基本的运动是物体之间或物体各部分之间相对位置的变化,称为机械运动。行星绕太阳的运转、机器的运转、水的流动等都是机械运动。力学就是研究物体机械运动规律的学科。在物质运动的所有形式中绝大多数包含机械运动,因此,力学成为物理学和许多工程技术学科的基础。

研究物体在位置变动时的轨道以及研究位移、速度、加速度等物理量随时间而变化的关系,但不涉及引起变化的原因,称为运动学。本章研究质点运动学。

1.1 质点运动的描述

1.1.1 参考系 坐标系 质点

1. 参考系

在自然界中所有的物体都在不停地运动,绝对静止不动的物体是没有的。例如:放在桌子上的书相对于桌子是静止的,但它却随地球一起绕太阳运动,这就是运动的绝对性。在观察一个物体的位置变化时,总要涉及和其他物体的相互关系,所以,要选取其他物体作为标准,选取的标准不同,对物体运动情况的描述也就不同。不同的描述反映了物体之间的不同关系,这就是运动的相对性。

视 频

参考系 坐标系 质点

为描述物体的运动而选择的标准物(或物体组)称为参考系。参考系的选择是任意的,主要根据问题的性质和研究方便而定。在描述物体的运动时,必须指明参考系。参考系不同,对同一物体运动的描述是不同的。例如:匀速运动的火车上落下一物体,以火车作为参考系,物体做自由落体运动,运动轨迹为直线;以地面作为参考系,物体做平抛运动,运动轨迹为抛物线。若不指明参考系,则认为以地面为参考系。

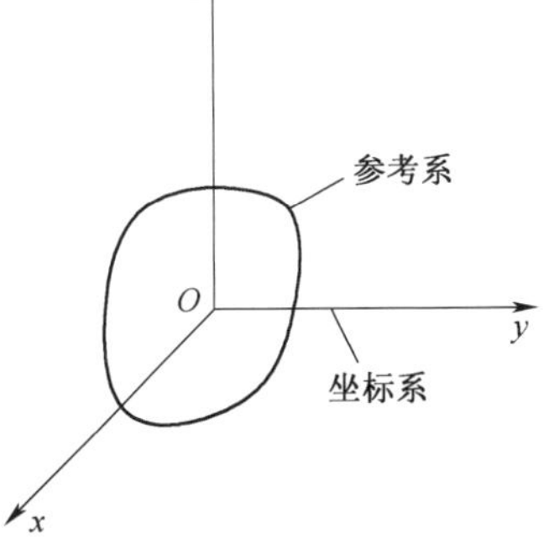

图 1-1 参考系和坐标系

2. 坐标系

为了定量确定物体相对于参考系的位置,需要在参考系上选定一个固定的坐标系。如图 1-1 所示,坐标系的原点一般选在参考系上,并取通过原点标有单位长度的有向直线作为坐标轴。

物理学中常用的坐标系是直角坐标系:x 方向单位矢量为 $\boldsymbol{i}$;y

方向单位矢量为 $\boldsymbol{j}$；z 方向单位矢量为 $\boldsymbol{k}$。

坐标系的选择是任意的，主要由研究问题的方便而定。坐标系的选择不同，描述物体运动的方程也是不同的，但对物体运动的规律是没有影响的。坐标系是由参考系抽象而成的数学框架。常用的坐标系是直角坐标系，还有其他坐标系，如柱坐标系、球坐标系和自然坐标系等。

物体的运动不能脱离空间，也不能脱离时间，因此要定量描述物体的运动，还要建立适当的时间坐标轴。时间轴上的点表示时刻，它与物体的某一位置相对应；两个时刻之间的间隔表示时间，它与物体位置的某一变化过程相对应。

3. 质点

任何物体都有大小和形状。一般说来，物体在运动时各部分的位置变化是不同的，物体的运动情况是非常复杂的。例如，在太阳系中，行星除绕自身的轴线自转外，还绕太阳公转；从枪口射出的子弹，它在空中向前飞行的同时，还绕自身的轴转动；平直公路上行驶的汽车，车身是平动，而车轮既有平动还有转动。一般来说，物体的大小和形状的变化，对物体的运动是有影响的。但在有些问题中，当物体的大小和形状忽略不计时，可以把物体当作只有质量没有形状和大小的点，这就是质点。质点是一个理想化的力学模型。

质点的概念是在考虑主要因素而忽略次要因素引入的一个理想化的力学模型。突出重要因素，选取适当的模型代替实际物体，这不仅对于学习物理学，而且对于学习其他一切科学技术，都是一种极为重要的方法。一个物体能否当作质点，并不取决于它的实际大小，而是取决于研究问题的性质。例如：天问一号绕火星轨道运行时，研究天问一号的运动轨迹时可看作质点；当研究地球公转时，地球和太阳之间的距离远大于地球的直径，地球的大小、形状可以忽略，此时，地球可以看作一个质点；当研究地球自转时，地球的大小和形状不可忽略，而地球的公转对地球的自转影响不大，可以忽略，质点的模型不再成立，当一个物体不能当作质点时，可以把整个物体看作由许多质点组成的质点系。由此可以得出，在分析和解决问题时，不仅要抓住事物的主要矛盾和矛盾的主要方面，坚持重点论，也要考虑次要矛盾和矛盾的次要方面，坚持两点论，学会全面地看问题，做到两点论和重点论的统一。当条件或状态发生变化时，次要因素和主要因素可能会发生变化，学习物理时不能死记硬背，而应该掌握条件和方法。分析这些质点的运动，就可以弄清楚整个物体的运动。因此研究质点的运动是研究实际物体复杂运动的基础。质点概念的提出大大简化了对物体运动的研究，为下一章建立牛顿运动定律也提供了基础。

1.1.2 位置矢量　运动方程　位移

视频

位置矢量

1. 位置矢量

要描述一个质点的运动，首要问题是如何确定质点相对于参考系的位置。如图 1-2 所示，可以在参考系上取一点 O，称之为原点，从原点 O 到质点所在的位置 P 的有向线段能唯一地确定质点相对于参考系的位置。因而定义从原点 O 到质点所在的位置 P 点的有向线段 $\boldsymbol{r}$，叫作位置矢量或位矢。它是矢量，有大小和方向。$\boldsymbol{r}$ 为质点 P 的位置矢量。

$$\boldsymbol{r} = x\boldsymbol{i} + y\boldsymbol{j} + z\boldsymbol{k} \tag{1-1}$$

位矢大小：

$$r = |\boldsymbol{r}| = \sqrt{x^2 + y^2 + z^2}$$

$\boldsymbol{r}$ 的方向可由方向余弦确定：

$$\cos\alpha = \frac{x}{r},\quad \cos\beta = \frac{y}{r},\quad \cos\gamma = \frac{z}{r}$$

式中，α、β、γ 分别是 $\boldsymbol{r}$ 与 Ox 轴、Oy 轴和 Oz 轴之间的夹角。

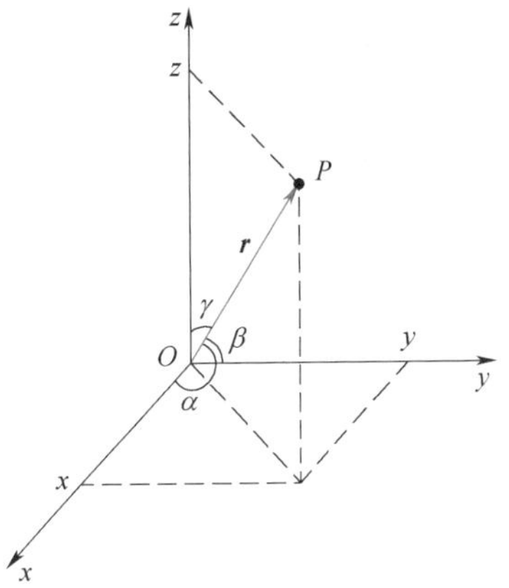

图 1-2 位置矢量

2. 质点的运动方程和轨迹

质点运动时，它相对坐标原点 O 的位置矢量 $\boldsymbol{r}$ 是随时间变化的，因此，$\boldsymbol{r}$ 是时间的函数，即

$$\boldsymbol{r} = \boldsymbol{r}(t) = x(t)\boldsymbol{i} + y(t)\boldsymbol{j} + z(t)\boldsymbol{k}\ (\text{矢量式}) \tag{1-2}$$

这就是质点运动方程，它包含了质点运动的全部信息。而 $x(t)$、$y(t)$ 和 $z(t)$ 则是运动方程的分量，从中消去参数 t 便得到了质点的运动轨迹方程，所以它们也是轨迹的参数方程。

运动学的重要任务之一，就是找出各种具体运动所遵循的运动方程，或者说知道运动方程，也就可以解决质点的运动问题。

视频
位移

3. 位移

位移的概念——描述质点位置变化的物理量。

以平面运动为例，取直角坐标系，如图 1-3 所示，设 t、$t+\Delta t$ 时刻质点位矢分别为 $\boldsymbol{r}_1$、$\boldsymbol{r}_2$，则 Δt 时间间隔内位矢变化为

$$\Delta\boldsymbol{r} = \boldsymbol{r}_2 - \boldsymbol{r}_1 \tag{1-3}$$

称 $\Delta\boldsymbol{r}$ 为该时间间隔内质点的位移，也就是把由始点 A 到终点 B 的有向线段 AB 定义为质点的位移矢量，简称位移。

$$\Delta\boldsymbol{r} = \boldsymbol{r}_2 - \boldsymbol{r}_1 = (x_2 - x_1)\boldsymbol{i} + (y_2 - y_1)\boldsymbol{j} \tag{1-4}$$

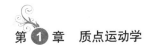

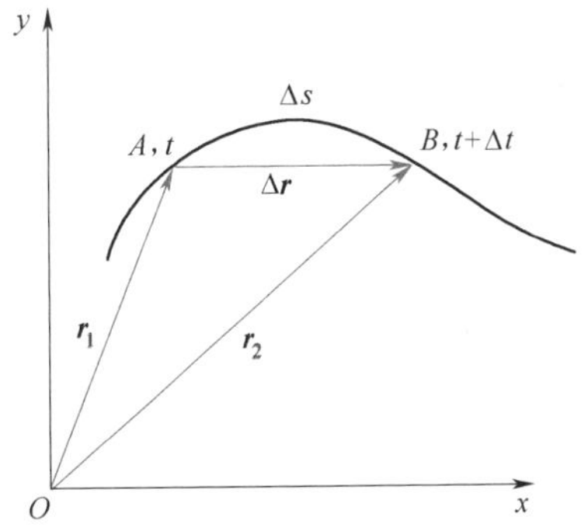

图 1-3 位移矢量

位移和路程是两个不同的概念。在一般情况下，需要注意以下三点：

(1) 比较 $\Delta\boldsymbol{r}$ 与 $\boldsymbol{r}$：二者均为矢量；前者是过程量，后者为瞬时量。

(2) 比较 $\Delta\boldsymbol{r}$ 与 Δs（$A\to B$ 路程）二者均为过程量；前者是矢量，后者是标量。一般情况下 $|\Delta\boldsymbol{r}| \neq \Delta s$。例如，一个绕圆周运动一周的质点，尽管其运动路程等于圆的周长，但这段时间内位置变动的实际效果却为零。但当 $\Delta t \to 0$ 时，或做单向直线运动时，$|\Delta\boldsymbol{r}| = \Delta s$。

(3) $|\Delta\boldsymbol{r}| \neq \Delta r$。因为 $|\Delta\boldsymbol{r}| = |\boldsymbol{r}_2 - \boldsymbol{r}_1|$，是位矢增量的大小，而 $\Delta r = |r_2| - |r_1|$，是位矢大小的增量。

位移是位置矢量的增量，是与运动始末位置有关的物理量，它是时间间隔的函数，与位置矢量不同的是，一旦参考系确定，位移和坐标系原点的选择无关。

位移的单位：米(m)。

※关于“米”的定义

- 19 世纪：通过巴黎的地球子午线长度的四千万分之一定义为 1 米。
- 1889 年：国际计量大会(General Conference on Weight and Measures)上，通过了采用铂铱合金米尺上两刻度线的距离为 1 米。(国际米原器：精度为百万分之一)
- 1960 年：国际计量大会规定，1 米等于氪-86 原子的$^2p_{10}$和$^5d_5$能级间跃迁辐射的真空波长的1 650 763. 73倍的长度。
- 1983 年：国际计量大会规定，1 米是光在真空中，在 1/299 792 458 秒的时间间隔内运行路程的长度。

※关于“天问一号”的由来

- 天问一号的名称来源于中国古代爱国主义诗人屈原的长诗《天问》，表达了中华民族对真理追求的坚韧与执着，体现了对自然和宇宙空间探索的文化传承，寓意探求科学真理征途漫漫，追求科技不断创新永无止境。
- 天问一号于 2020 年 7 月 23 日在文昌航天发射场由长征五号遥四运载火箭发射升空，成功进入预定轨道。天问一号执行中国首次火星探测任务，其飞行目标是：在国际上首次通过一次发射，实现火星环绕、着陆、巡视探测，使中国成为世界上第二个独立掌握火星着陆巡视探测技术的国家。

视频

速度

1.1.3 速度

在力学中，若仅知道质点在某时刻的位矢，还不能确定质点的运动状态，只有当质点的位矢和速度同时被确定时，其运动状态才被确定。所以，位矢和速度是描述质点运动状态的两个物理量。

1. 平均速度

如图 1-3 所示，一质点在 t 时刻处于点 A，质点的位置矢量为 $\boldsymbol{r}_1(t)$；在 $t+\Delta t$ 时刻处于点 B，质点的位置矢量为 $\boldsymbol{r}_2(t+\Delta t)$。在 Δt 时间内，质点的位移为 $\Delta\boldsymbol{r}=\boldsymbol{r}_2-\boldsymbol{r}_1$，在时间间隔 Δt 的平均速度为

$$\bar{\boldsymbol{v}}=\frac{\Delta\boldsymbol{r}}{\Delta t}=\frac{\boldsymbol{r}_2-\boldsymbol{r}_1}{\Delta t} \tag{1-5}$$

平均速度是矢量，大小为 $\frac{|\Delta\boldsymbol{r}|}{\Delta t}$，表示质点在确定时间间隔内运动的快慢程度，方向就是质点在这段时间内位移的方向。

说明：平均速度与质点的位移和所用的时间有关。因而在叙述平均速度时，必须指明是哪一段时间内或哪一段位移内的平均速度。

2. 瞬时速度

平均速度的极限值称为瞬时速度，它是精确地描述质点在某一时刻或某一位置运动快慢和运动方向的物理量，简称速度，用 $\boldsymbol{v}$ 表示。

$$\boldsymbol{v}=\lim_{\Delta t\to 0}\frac{\Delta\boldsymbol{r}}{\Delta t}=\frac{\mathrm{d}\boldsymbol{r}}{\mathrm{d}t} \tag{1-6}$$

速度即位置矢量对时间的一阶导数。

速度是矢量,大小简称速率,方向为沿轨道上质点所在位置的切线并且指向前进的一方。这在日常生活中是经常可以观察到的。拴在绳子上做圆周运动的小球,如果绳子突然断开,小球就会沿切线方向飞出去。

3. 表达式

$$\boldsymbol{v} = \frac{\mathrm{d}\boldsymbol{r}}{\mathrm{d}t} = \frac{\mathrm{d}x}{\mathrm{d}t}\boldsymbol{i} + \frac{\mathrm{d}y}{\mathrm{d}t}\boldsymbol{j} + \frac{\mathrm{d}z}{\mathrm{d}t}\boldsymbol{k} = v_x\boldsymbol{i} + v_y\boldsymbol{j} + v_z\boldsymbol{k} \tag{1-7}$$

式中,$v_x = \frac{\mathrm{d}x}{\mathrm{d}t}$,$v_y = \frac{\mathrm{d}y}{\mathrm{d}t}$,$v_z = \frac{\mathrm{d}z}{\mathrm{d}t}$。$v_x$, v_y, v_z 分别为 $\boldsymbol{v}$ 在 x, y, z 轴方向的速度分量。

$\boldsymbol{v}$ 的大小:

$$|\boldsymbol{v}| = \left|\frac{\mathrm{d}\boldsymbol{r}}{\mathrm{d}t}\right| = \sqrt{\left(\frac{\mathrm{d}x}{\mathrm{d}t}\right)^2 + \left(\frac{\mathrm{d}y}{\mathrm{d}t}\right)^2 + \left(\frac{\mathrm{d}z}{\mathrm{d}t}\right)^2} = \sqrt{v_x^2 + v_y^2 + v_z^2} \tag{1-8}$$

$\boldsymbol{v}$ 的方向:所在位置的切线向前方向。

4. 关于速度的说明

视频

速度例题解析

(1)速度是矢量,既有大小又有方向,二者只要有一个变化,速度就变化

$$\begin{cases} \boldsymbol{v} = \text{const} & \text{匀速运动} \\ \boldsymbol{v} \neq \text{const} & \text{变速运动} \end{cases}$$

(2)速度具有瞬时性:运动质点在不同时刻的速度是不同的。

(3)速度具有相对性:在不同的参考系中,同一质点的速度是不同的。

(4)速度的单位: $\mathrm{m \cdot s^{-1}}$。

速度是衡量中国铁路发展的重要指标之一,从蒸汽机车、内燃机车、电力机车再到现在的动车组,每次升级提速都能缩短时空距离,提供更为舒适的体验。当前我国具有完全自主知识产权、达到世界先进水平的动车组列车复兴号的设计运营速度为 350 km/h,试验速度为 400 km/h 以上。

※关于“秒”的定义

1. 地球自转一周所需时间的 1/86 400 为 1 秒。

2. 1967 年,定义 1 秒是铯-133 原子基态的两个超精细能级之间跃迁所对应辐射的 9 192 631 770 个周期的持续时间。

※关于“原子钟”的事情

深邃夜空,斗转星移。北斗星,自古为中华民族定方向、辨四季、定时辰,所以我国全球卫星导航系统以“北斗”命名。古有指南针,今有北斗卫星导航系统(以下简称“北斗系统”),这是中华民族创新智慧的跨越时空接力。北斗系统中很重要的核心系统就是原子钟。原子钟是北斗卫星导航定位系统的心脏,其为卫星系统提供高稳定的时间频率基准信号,决定了导航系统的导航定位、测速及授时的精度。目前,我国自主研发的星载铷原子钟,授时精度达到百亿分之三秒,已经用于北斗三号,可提供分米级定位。星载铷原子钟就如同一块“手表”,为卫星导航用户提供精确的时间信息服务。原子钟高精度的时间基准技术直接决定着系统导航定位精度,对北斗系统的重要性如同心脏之于人。

1.1.4 加速度

速度是描述质点运动状态的一个物理量，无论是速度的数值发生改变，还是方向发生改变，都表示速度发生了变化。为了描述质点速度变化的快慢，从而引进加速度的概念。

1. 平均加速度

定义：$\bar{\boldsymbol{a}} = \dfrac{\Delta \boldsymbol{v}}{\Delta t} = \dfrac{\boldsymbol{v}_2 - \boldsymbol{v}_1}{\Delta t}$ （见图 1-4）

称 $\bar{\boldsymbol{a}}$ 为 $t \sim t+\Delta t$ 时间间隔内质点的平均加速度。

平均加速度是矢量，大小为 $|\Delta \boldsymbol{v}|/\Delta t$，表示质点在确定时间间隔内速度改变的快慢程度，方向就是质点在这段时间内速度增量的方向。

说明：在叙述平均加速度时，必须指明是哪一段时间或哪一段位移。

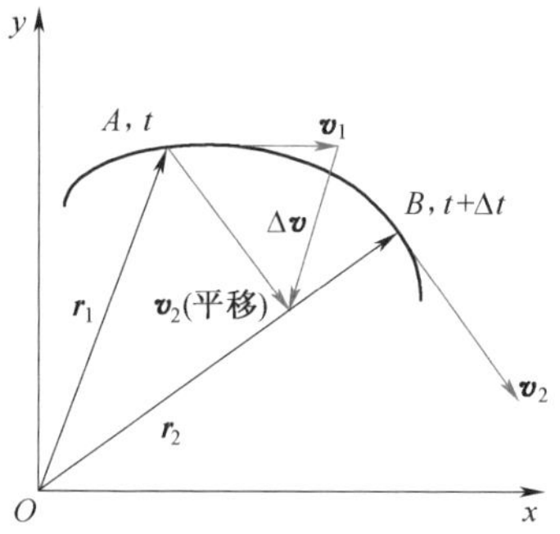

图 1-4　曲线运动的加速度

2. 瞬时加速度

瞬时加速度可精确地描述质点在某一时刻或某一位置运动变化的快慢，用于描述质点运动速度变化的细节。

视频

加速度

定义：

$$\boldsymbol{a} = \lim_{\Delta t \to 0} \bar{\boldsymbol{a}} = \lim_{\Delta t \to 0} \frac{\Delta \boldsymbol{v}}{\Delta t} = \frac{\mathrm{d}\boldsymbol{v}}{\mathrm{d}t} \tag{1-9}$$

称 $\boldsymbol{a}$ 为质点在 t 时刻的瞬时加速度，简称加速度。

$$\boldsymbol{a} = \frac{\mathrm{d}\boldsymbol{v}}{\mathrm{d}t} = \frac{\mathrm{d}^2 \boldsymbol{r}}{\mathrm{d}t^2} \tag{1-10}$$

结论：加速度等于速度对时间的一阶导数或位矢对时间的二阶导数。

$$\boldsymbol{a} = \frac{\mathrm{d}\boldsymbol{v}}{\mathrm{d}t} = \frac{\mathrm{d}v_x}{\mathrm{d}t}\boldsymbol{i} + \frac{\mathrm{d}v_y}{\mathrm{d}t}\boldsymbol{j} = \frac{\mathrm{d}^2 x}{\mathrm{d}t^2}\boldsymbol{i} + \frac{\mathrm{d}^2 y}{\mathrm{d}t^2}\boldsymbol{j} \tag{1-11}$$

式中，$a_x = \dfrac{\mathrm{d}v_x}{\mathrm{d}t} = \dfrac{\mathrm{d}^2 x}{\mathrm{d}t^2}$，$a_y = \dfrac{\mathrm{d}v_y}{\mathrm{d}t} = \dfrac{\mathrm{d}^2 y}{\mathrm{d}t^2}$。$a_x$，$a_y$ 分别称为 $\boldsymbol{a}$ 在 x，y 轴上的分量。

$$\boldsymbol{a}\text{ 的大小：}|\boldsymbol{a}| = \sqrt{a_x^2 + a_y^2} = \sqrt{\left(\frac{\mathrm{d}v_x}{\mathrm{d}t}\right)^2 + \left(\frac{\mathrm{d}v_y}{\mathrm{d}t}\right)^2} = \sqrt{\left(\frac{\mathrm{d}^2 x}{\mathrm{d}t^2}\right)^2 + \left(\frac{\mathrm{d}^2 y}{\mathrm{d}t^2}\right)^2} \tag{1-12}$$

$\boldsymbol{a}$ 的方向：$\boldsymbol{a}$ 与 x 轴正向夹角满足 $\tan\theta = \dfrac{a_y}{a_x}$。

应当注意，加速度 $\boldsymbol{a}$ 既反映了速度方向的变化，又反映了速度数值的变化。所以质点做曲线运动时，任一时刻质点的加速度方向并不与速度方向相同，即加速度方向不沿曲线的切线方向。由图 1-4中可以看到，在曲线运动中，加速度的方向指向曲线的凹侧。

3. 关于加速度的说明

(1) 加速度是矢量，既有大小又有方向，二者只要有一个变化，加速度就变化。

$$\begin{cases} \boldsymbol{a} = \text{const} & \text{匀变速运动} \\ \boldsymbol{a} \neq \text{const} & \text{非匀变速运动} \end{cases}$$

对于直线运动：当加速度的方向与速度的方向相同时，物体做加速运动；当加速度的方向与速度的方向相反时，物体做减速运动。并不是说，加速度为正就是加速运动，加速度为负就是减速运动。因为加速度的正负与坐标系的选择有关。

对于曲线运动：加速度的方向和速度的方向不一定相同：当两者成锐角时，速率增加；成钝角时，速率减小；成直角时，速率不变。加速度的方向总是指向曲线凹的一方。

(2)加速度具有瞬时性：运动质点在不同时刻的加速度是不同的。

(3)加速度具有相对性：在不同的参考系中，同一质点的加速度是不同的。

(4)加速度的单位：$\mathrm{m \cdot s^{-2}}$。

阅读材料：天问一号与轨道器分离后，着陆器需要调整自身姿态，以最合适的角度进入火星大气层，软着陆火星并不是一件容易的事情，地球上航天器着陆时，因为地球上的大气层较为稠密，可以用降落伞将速度降低到安全水平，在火星上却不是这样，火星的大气密度仅为地球的1%，着陆火星计划分四个阶段进行，第一阶段为气动减速阶段，着陆器用隔离罩以4.8 km/s的速度撞击火星大气层，在290 s的时间内将速度降到460 m/s；第二阶段是伞系减速阶段，探测器将在超音速的情况下打开降落伞，减速用约90 s时间，减速到95 m/s；第三阶段是动力减速阶段，着陆器开启反推火箭发动机在80 s内将速度降到3.6 m/s；在着陆器距离火星表面近100 m高，会进入第四阶段，即着陆缓冲阶段，着陆器这时会开始悬停，自主观察火星表面，快速计算出最佳着陆点，安全着陆。

问题：在前三个阶段着陆器的加速度是多大？上述计算的是平均加速度还是瞬时加速度？

※伽利略(G. Galilei，1564—1642)

伽利略

伽利略是杰出的意大利物理学家和天文学家，实验物理学的先驱者。加速度的概念最先是由伽利略提出的。他还提出著名的相对性原理、惯性原理、抛体的运动定律、摆振动的等时性等。伽利略捍卫哥白尼日心说。《关于两门新科学的对话和数学证明对话集》一书，总结了他的科学思想，以及在物理学和天文学方面的研究成果。伽利略所取得的巨大成就，开创了近代物理学的新纪元。历史证明了伽利略在科学事业上的成功。

1.2　求解运动学问题举例

在质点运动学中，有两类常见的求解质点运动的问题。

第一类问题：已知质点的运动方程，求质点在任意时刻的速度和加速度，从而得知质点运动的全部情况——用微分方法求解；

第二类问题：已知质点在任意时刻的速度(或加速度)以及初始状态，求质点的运动方程(第一类问题的逆运算)——用积分方法求解。

视频

质点运动两类问题

1. 匀速直线运动

(1)特点：$\boldsymbol{v} = \mathrm{const}$。

(2)加速度：$\boldsymbol{a} = \dfrac{\mathrm{d}\boldsymbol{v}}{\mathrm{d}t} = 0$。

(3)位移和位置矢量：$t = t_0$时，$x = x_0$。由

$$v=\frac{\mathrm{d}x}{\mathrm{d}t}$$

得
$$\mathrm{d}x=v\mathrm{d}t$$

积分
$$\int_{x_0}^{x}\mathrm{d}x=\int_{t_0}^{t}v\mathrm{d}t$$

得
$$x-x_0=v(t-t_0)$$

所以
$$x=x_0+v(t-t_0) \tag{1-13}$$

2. 匀变速直线运动

(1)特点:$a=\text{const}$($\boldsymbol{a}$ 的大小方向不变)

(2)速度:$t=t_0$ 时,$v=v_0$。由

$$a=\frac{\mathrm{d}v}{\mathrm{d}t}$$

得
$$\mathrm{d}v=a\mathrm{d}t$$

积分
$$\int_{v_0}^{v}\mathrm{d}v=\int_{t_0}^{t}a\mathrm{d}t$$

得
$$v-v_0=a(t-t_0)$$

所以
$$v=v_0+a(t-t_0) \tag{1-14}$$

(3)位移和位置矢量:$t=t_0$ 时,$x=x_0$。由

$$v=\frac{\mathrm{d}x}{\mathrm{d}t} \tag{1-15}$$

得
$$\mathrm{d}x=v\mathrm{d}t=[v_0+a(t-t_0)]\mathrm{d}t$$

积分
$$\int_{x_0}^{x}\mathrm{d}x=\int_{t_0}^{t}[v_0+a(t-t_0)]\mathrm{d}t \tag{1-16}$$

得
$$x-x_0=v_0(t-t_0)+\frac{1}{2}a(t-t_0)^2$$

所以
$$x=x_0+v_0(t-t_0)+\frac{1}{2}a(t-t_0)^2 \tag{1-17}$$

特例:
$$t_0=0\text{ 时},v=v_0,\quad x_0=0$$

则
$$v=v_0+at,\quad x=v_0t+at^2/2$$

从位移公式和速度公式中消去时间变量 t,可得

$$v^2-v_0^2=2ax \tag{1-18}$$

加速度不是 t 的函数,如 $\boldsymbol{a}=a(x)\boldsymbol{i}$。

$$a=\frac{\mathrm{d}v}{\mathrm{d}t}=\frac{\mathrm{d}v}{\mathrm{d}x}\frac{\mathrm{d}x}{\mathrm{d}t}=v\frac{\mathrm{d}v}{\mathrm{d}x} \tag{1-19}$$

所以

$$a\mathrm{d}x=v\mathrm{d}v$$

积分

$$\int_{0}^{x}a(x)\mathrm{d}x=\int_{v_0}^{v}v\mathrm{d}v$$

若为匀变速直线运动，可得

$$ax = \frac{1}{2}(v^2 - v_0^2)$$

所以

$$v^2 - v_0^2 = 2ax \tag{1-20}$$

式(1－20)即速度和位移之间的关系。

例 1　一个质点在 x 轴上做直线运动，运动方程为 $x = 2t^3 + 4t^2 + 8$，式中 x 的单位为 m，t 的单位为 s。

视频：质点运动两类问题例题解析（一）

试求：(1)任意时刻的速度和加速度；

(2)在 $t = 2$ s 和 $t = 3$ s 时刻，物体的位置、速度和加速度；

(3)在 $t = 2$ s 到 $t = 3$ s 时间内，物体的平均速度和平均加速度。

解　(1)由速度和加速度的定义式，可求得

$$v = \frac{dx}{dt} = \frac{d(2t^3 + 4t^2 + 8)}{dt} = (6t^2 + 8t) \quad m \cdot s^{-1}$$

$$a = \frac{dv}{dt} = \frac{d(6t^2 + 8t)}{dt} = (12t + 8) \quad m \cdot s^{-2}$$

(2)$t = 2$ s 时，

$$x = (2 \times 2^3 + 4 \times 2^2 + 8)m = 40\ m$$

$$v = (6 \times 2^2 + 8 \times 2)m \cdot s^{-1} = 40\ m \cdot s^{-1}$$

$$a = (12 \times 2 + 8)m \cdot s^{-2} = 32\ m \cdot s^{-2}$$

$t = 3$ s 时，

$$x = (2 \times 3^3 + 4 \times 3^2 + 8)m = 98\ m$$

$$v = (6 \times 3^2 + 8 \times 3)m \cdot s^{-1} = 78\ m \cdot s^{-1}$$

$$a = (12 \times 3 + 8)m \cdot s^{-2} = 44\ m \cdot s^{-2}$$

(3) $\bar{v} = \frac{\Delta x}{\Delta t} = \left(\frac{98 - 40}{3 - 2}\right)m \cdot s^{-1} = 58\ m \cdot s^{-1}$，$\bar{a} = \frac{\Delta v}{\Delta t} = \left(\frac{78 - 40}{3 - 2}\right)m \cdot s^{-2} = 38\ m \cdot s^{-2}$

例 2　一质点的运动方程为 $x = 4t^2$，$y = 2t + 3$，其中 x 和 y 的单位是 m，t 的单位是 s。

试求：(1)运动轨迹；

(2)第一秒内的位移；

(3)$t = 0$ s 和 $t = 1$ s 两时刻质点的速度和加速度。

解　(1)由运动方程

$$\begin{cases} x = 4t^2 \\ y = 2t + 3 \end{cases}$$

消去参数 t 得

$$x = (y - 3)^2$$

此为抛物线方程，即质点的运动轨迹为抛物线。

(2)先将运动方程写成位置矢量形式

$$\boldsymbol{r} = x\boldsymbol{i} + y\boldsymbol{j} = 4t^2\boldsymbol{i} + (2t + 3)\boldsymbol{j}$$

$t = 0$ s 时，$\boldsymbol{r} = 3\boldsymbol{j}$ m

$t = 1$ s 时，$\boldsymbol{r} = 4\boldsymbol{i} + 5\boldsymbol{j}$ m

所以第一秒内的位移为　$\Delta\boldsymbol{r} = \boldsymbol{r}_1 - \boldsymbol{r}_0 = 4\boldsymbol{i} + 5\boldsymbol{j} - 3\boldsymbol{j} = (4\boldsymbol{i} + 2\boldsymbol{j})$m

(3)由速度及加速度定义

$$\boldsymbol{v}=\frac{\mathrm{d}\boldsymbol{r}}{\mathrm{d}t}=\frac{\mathrm{d}x}{\mathrm{d}t}\boldsymbol{i}+\frac{\mathrm{d}y}{\mathrm{d}t}\boldsymbol{j}=(8t\boldsymbol{i}+2\boldsymbol{j})\ \mathrm{m}\cdot\mathrm{s}^{-1}$$

$$\boldsymbol{a}=\frac{\mathrm{d}\boldsymbol{v}}{\mathrm{d}t}=8\boldsymbol{i}\ \mathrm{m}\cdot\mathrm{s}^{-2}$$

$t=0$ s 时，$\boldsymbol{v}=2\boldsymbol{j}\ \mathrm{m}\cdot\mathrm{s}^{-1}$，$\boldsymbol{a}=8\boldsymbol{i}\ \mathrm{m}\cdot\mathrm{s}^{-2}$

$t=1$ s 时，$\boldsymbol{v}=8\boldsymbol{i}+2\boldsymbol{j}\ \mathrm{m}\cdot\mathrm{s}^{-1}$，$\boldsymbol{a}=8\boldsymbol{i}\ \mathrm{m}\cdot\mathrm{s}^{-2}$

视频

质点运动两类问题例题解析（二）

例 3 一质点沿 x 轴运动，已知加速度为 $a=4t$ (SI)，初始条件为：$t=0$ 时，$v_0=0$，$x_0=10$ m。试求运动方程。

解 取质点为研究对象，由加速度定义有

$$a=\frac{\mathrm{d}v}{\mathrm{d}t}=4t\text{（一维可用标量式）}$$

得

$$\mathrm{d}v=4t\mathrm{d}t$$

由初始条件有

$$\int_0^v \mathrm{d}v=\int_0^t 4t\mathrm{d}t$$

得

$$v=2t^2$$

由速度定义得

$$v=\frac{\mathrm{d}x}{\mathrm{d}t}=2t^2$$

得

$$\mathrm{d}x=2t^2\mathrm{d}t$$

由初始条件得

$$\int_{10}^x \mathrm{d}x=\int_0^t 2t^2\mathrm{d}t$$

即

$$x=\left(\frac{2}{3}t^3+10\right)\mathrm{m}$$

例 4 设某质点沿 x 轴运动，在 $t=0$ 时的速度为 v_0，其加速度与速度的大小成正比而方向相反，比例系数为 $k(k>0)$，试求速度随时间变化的关系式。

解 由题意及加速度的定义式，可知

$$a=-kv=\frac{\mathrm{d}v}{\mathrm{d}t}$$

可得

$$\frac{\mathrm{d}v}{v}=-k\mathrm{d}t$$

积分

$$\int_{v_0}^v \frac{\mathrm{d}v}{v}=\int_0^t -k\mathrm{d}t$$

得

$$\ln\frac{v}{v_0}=-kt$$

所以

$$v=v_0\mathrm{e}^{-kt}$$

因而速度的方向保持不变，但速度的大小随时间增大而减小，直到速度等于零为止。

1.3 圆周运动

圆周运动的应用非常普遍，例如钟表、游乐场的摩天轮、风扇等，除了轴心点外所有质点都在做圆周运动。圆周具有丰富深刻的内涵，《伏羲女娲图》画面中女娲手持做圆的工具“规”，伏羲手持

"矩",代表天地方圆,古籍《孟子》中"不以规矩,不能成方圆"一句,比喻做事要遵循一定的法则,养成规矩意识。刘徽所著《割圆术》中"割之弥细,所失弥少。割之又割,以至于不可割,则与圆合体而无所失矣"。这可视为中国古代极限观念的佳作。

1.3.1　自然坐标系

如图 1-5 所示,BAC 为质点轨迹,t 时刻质点 P 位于 A 点,$\boldsymbol{e}_t$,$\boldsymbol{e}_n$ 分别为 A 点切向及法向的单位矢量,以 A 为原点,$\boldsymbol{e}_t$ 切向和 $\boldsymbol{e}_n$ 法向为坐标轴,由此构成的参照系为自然坐标系。

1.3.2　圆周运动的切向加速度及法向加速度

视频

切向加速度

1. 切向加速度

如图 1-6 所示,做半径为 r 的圆周运动,t 时刻,质点速度

$$\boldsymbol{v} = v\boldsymbol{e}_t \tag{1-21}$$

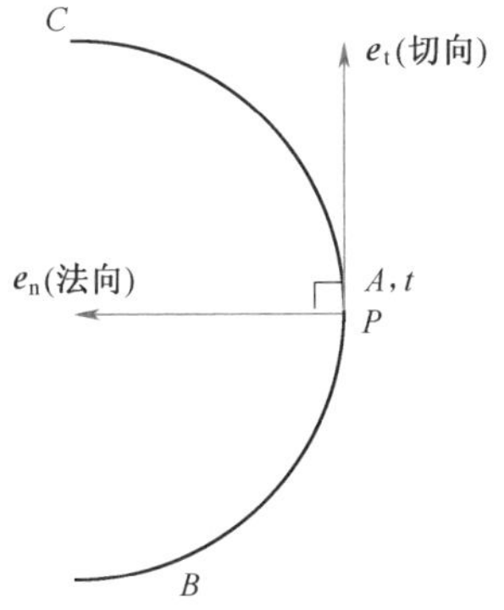

图 1-5　自然坐标系

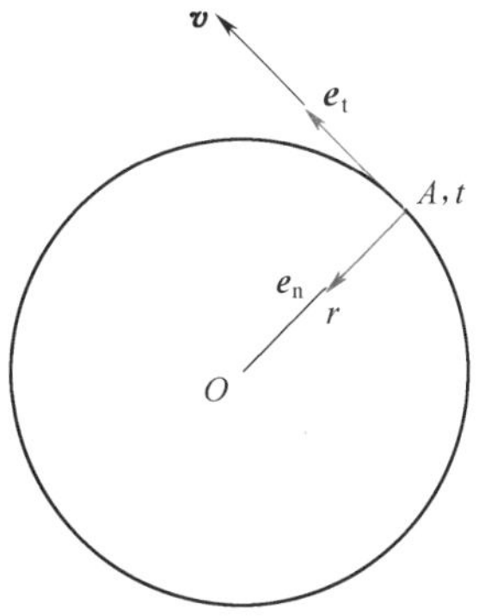

图 1-6　切向单位矢量和法向单位矢量垂直

式中,$v = |\boldsymbol{v}|$,称为速率。加速度为

$$\boldsymbol{a} = \frac{\mathrm{d}\boldsymbol{v}}{\mathrm{d}t} = \frac{\mathrm{d}v}{\mathrm{d}t}\boldsymbol{e}_t + v\frac{\mathrm{d}\boldsymbol{e}_t}{\mathrm{d}t} \tag{1-22}$$

式中,第一项是由质点运动速率变化引起的,方向与 $\boldsymbol{e}_t$ 共线,称该项为切向加速度,记为

$$\boldsymbol{a}_t = \frac{\mathrm{d}v}{\mathrm{d}t}\boldsymbol{e}_t = a_t\boldsymbol{e}_t \tag{1-23}$$

其中,a_t 为加速度 $\boldsymbol{a}$ 的切向分量大小,

$$a_t = \frac{\mathrm{d}v}{\mathrm{d}t} \tag{1-24}$$

结论:切向加速度大小等于速率对时间的一阶导数。

2. 法向加速度

式(1-22)中,第二项是由质点运动方向改变引起的。如图 1-7 所示,质点由 A 点运动到 B 点,有

视频

法向加速度

$$\begin{cases} \boldsymbol{v} \to \boldsymbol{v}' \\ \boldsymbol{e}_t \to \boldsymbol{e}'_t \\ ds = \widehat{AB} \end{cases}$$

因为 $\boldsymbol{e}_t \perp OA$, $\boldsymbol{e}'_t \perp OB$, 所以 $\boldsymbol{e}_t$、$\boldsymbol{e}'_t$ 夹角为 $d\theta$。

$$d\boldsymbol{e}_t = \boldsymbol{e}'_t - \boldsymbol{e}_t \text{（见图 1-8）}$$

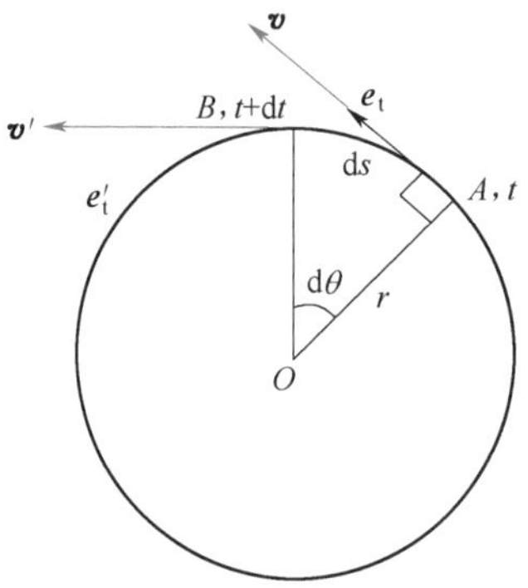

图 1-7　变速圆周运动

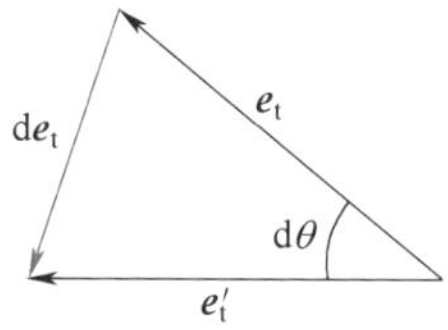

图 1-8　切向单位矢量的增量

当 $d\theta \to 0$ 时，有 $|d\boldsymbol{e}_t| = |\boldsymbol{e}_t| d\theta = d\theta$。

因为 $d\boldsymbol{e}_t \perp \boldsymbol{e}_t$，所以 $d\boldsymbol{e}_t$ 由 A 点指向圆心 O，可有

$$d\boldsymbol{e}_t = d\theta \boldsymbol{e}_n$$

式(1-22)中第二项为

$$v\frac{d\boldsymbol{e}_t}{dt} = v\frac{d\theta}{dt}\boldsymbol{e}_n = \frac{v}{r}\frac{ds}{dt}\boldsymbol{e}_n = \frac{v^2}{r}\boldsymbol{e}_n$$

该项为矢量，其方向沿半径指向圆心。称此项为法向加速度，记为

$$\boldsymbol{a}_n = \frac{v^2}{r}\boldsymbol{e}_n \tag{1-25}$$

大小为

$$a_n = \frac{v^2}{r} \tag{1-26}$$

式中，a_n 是加速度的法向分量。

结论：法向加速度大小等于速率平方除以曲率半径。

3. 总加速度

$$\boldsymbol{a} = \boldsymbol{a}_t + \boldsymbol{a}_n = a_t\boldsymbol{e}_t + a_n\boldsymbol{e}_n = \frac{dv}{dt}\boldsymbol{e}_t + \frac{v^2}{r}\boldsymbol{e}_n \tag{1-27}$$

大小为

$$a = \sqrt{a_t^2 + a_n^2} = \sqrt{\left(\frac{dv}{dt}\right)^2 + \left(\frac{v^2}{r}\right)^2} \tag{1-28}$$

方向为 $\boldsymbol{a}$ 与 $\boldsymbol{e}_t$ 夹角（见图 1-9），满足

$$\tan\theta = \frac{a_n}{a_t} \tag{1-29}$$

1.3.3　圆周运动的角量描述

视 频

圆周运动的角量描述

1. 角坐标

如图 1-10 所示，t 时刻质点在 A 处，$t+\Delta t$ 时刻质点在 B 处，θ 是 OA 与 x 轴正向夹角，$\theta+\Delta\theta$ 是 OB 与 x 轴正向夹角，称 θ 为 t 时刻质点角坐标，$\Delta\theta$ 为 $t\sim t+\Delta t$ 时间间隔内角坐标增量，称为在时间间隔内的角位移。

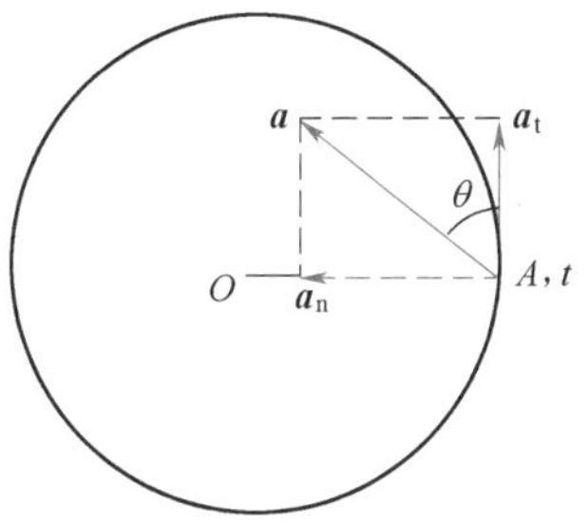

图 1-9　切向加速度和法向加速度

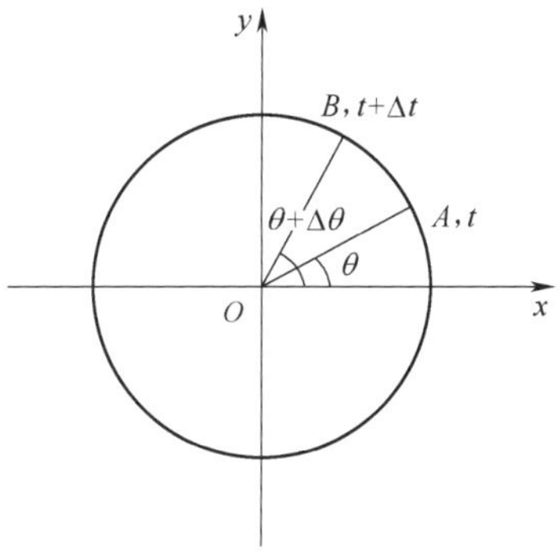

图 1-10　质点在平面上做圆周运动

2. 角速度

平均角速度：

$$\bar{\omega}=\frac{\Delta\theta}{\Delta t} \tag{1-30}$$

平均角速度粗略地描述了物体的运动。为了描述物体运动细节，需要引进瞬时角速度。以下给出瞬时角速度的定义。

定义：

$$\omega=\lim_{\Delta t\to 0}\frac{\Delta\theta}{\Delta t} \tag{1-31}$$

$$\omega=\frac{\mathrm{d}\theta}{\mathrm{d}t} \tag{1-32}$$

结论：角速度等于角坐标对时间的一阶导数。

3. 角加速度

为了描述角速度变化的快慢，引进角加速度概念。

(1) 平均角加速度

设在 $t\sim t+\Delta t$ 内，质点角速度增量为 $\Delta\omega$。

定义：

$$\bar{\alpha}=\frac{\Delta\omega}{\Delta t} \tag{1-33}$$

称 $\bar{\alpha}$ 为 $t\sim t+\Delta t$ 时间间隔内质点的平均角加速度。

(2) 瞬时角加速度

定义：

$$\alpha=\lim_{\Delta t\to 0}\frac{\Delta\omega}{\Delta t}=\frac{\mathrm{d}\omega}{\mathrm{d}t}=\frac{\mathrm{d}^2\theta}{\mathrm{d}t^2} \tag{1-34}$$

称 α 为 t 时刻质点的瞬时角加速度，简称角加速度。

结论：角加速度等于角速度对时间的一阶导数或等于角坐标对时间的二阶导数。

角速度 ω 、角加速度 α 都是代数量,大小由其绝对值确定,方向由各量的正负判断。若选逆时针为正方向,则正值表示其方向与选定的方向相同,负值则相反。

需要注意的是, $\alpha>0$ 时,不一定加速; $\alpha<0$ 时,不一定减速。只有当 α 和 ω 同号时,质点的速率才会增大;当 α 和 ω 异号时,质点的速率就会减小, $\alpha=0$ 对应于匀速率圆周运动; $\alpha=\text{const}$ 对应于匀变速率圆周运动。

4. 线量与角量的关系

视频

线量和角量的关系

思考:我们假设 A 为地球的近地卫星,B 为地球的同步卫星。在相同时间内 A、B 两颗卫星都完成了绕地球一周的运动。请同学们思考:A、B 两颗卫星谁的运动速度比较快?由卫星“赛跑”问题可以知道,准确描述质点的圆周运动既需要角量也需要线量。

把物理量 $\boldsymbol{v}$ 、v 、$\boldsymbol{a}$ 、$\boldsymbol{a}_t$ 、$\boldsymbol{a}_n$ 等称为线量, ω, α 等称为角量。

(1) v 与 ω 的关系

如图 1-11 所示, $\mathrm{d}t\to 0$ 时, $|\mathrm{d}\boldsymbol{r}|=\mathrm{d}s=r\mathrm{d}\theta$

有

$$\frac{\mathrm{d}s}{\mathrm{d}t}=\frac{|\mathrm{d}\boldsymbol{r}|}{\mathrm{d}t}=r\frac{\mathrm{d}\theta}{\mathrm{d}t}$$

即

$$v=r\omega \tag{1-35}$$

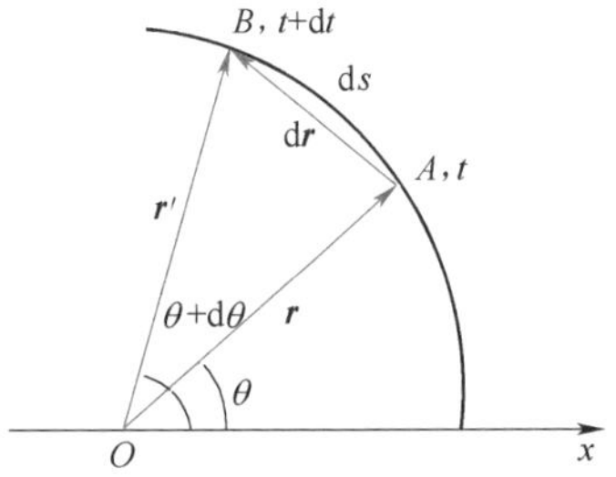

图 1-11　质点在平面内做圆周运动

(2) a_t 与 α 的关系

式(1-35)两边对 t 求一阶导数,有

$$\frac{\mathrm{d}v}{\mathrm{d}t}=r\frac{\mathrm{d}\omega}{\mathrm{d}t}$$

即

$$a_t=r\alpha \tag{1-36}$$

(3) a_n 与 ω 的关系

$$a_n=\frac{v^2}{r}=\frac{(r\omega)^2}{r}=r\omega^2 \tag{1-37}$$

即

$$a_n=r\omega^2 \tag{1-38}$$

※刘徽(约 225—295)

刘徽

刘徽,汉族,山东滨州邹平市人,魏晋期间伟大的数学家,中国古典数学理论的奠基人之一。在中国数学史上作出了极大的贡献,他的杰作《九章算术注》和《海岛算经》是中国最宝贵的数学遗产。刘徽思想敏捷,方法灵活,既提倡推理又主张直观。他是中国最早明确主张用逻辑推理的方式来论证数学命题的人。刘徽在《割圆术》中提出的“割之弥细,所失弥少。割之又割,以至于不可割,则与圆合体而无所失矣”,“割圆术”是用圆内接正多边形的面积去无限逼近圆面积并以此求取圆周率的方法。刘徽发明“割圆术”是为求“圆周率”,刘徽以极限思想为指导,提出用“割圆术”来求圆周率,既大胆创新,又严密论证,从而为圆周率的计算指出了一条科学的道路,这可视为中国古代极限观念的佳作。刘徽的一生是为数学刻苦探求的一生。他虽然地位低下,但人格高尚。他不是沽名钓誉的庸人,而是学而不厌的伟人,他给我们中华民族留下了宝贵的财富。

视 频

匀速率圆周运动和匀变速率圆周运动

1.3.4　匀速率圆周运动和匀变速率圆周运动

1. 匀速率圆周运动

(1)定义:质点做圆周运动时,如果在任意相等的时间内通过相等的圆弧长度,则这种运动称为匀速率圆周运动。

(2)速度:

$$\boldsymbol{v} = v\boldsymbol{e}_t$$

方向:变化(沿该点切线方向)。

(3)加速度:

$$a_n = r\omega^2 = \frac{v^2}{r}$$

$$a_t = 0$$

在匀速圆周运动中,速度大小不变,但方向时刻变化,所以是变速运动,存在加速度,这个加速度就是向心加速度,大小等于 v^2/r,方向与速度方向垂直而指向圆心。向心加速度只改变速度方向而不改变速度的大小。

(4)运动公式

角位移　$$\Delta\theta = \omega t \tag{1-39}$$

角位置　$$\theta = \theta_0 + \omega t \tag{1-40}$$

2. 匀变速率圆周运动

(1)总加速度

物体沿着圆周运动时,其速度大小随时间变化,该物体做变速圆周运动,速度大小和方向都在变化,总的加速度为

$$\boldsymbol{a} = \boldsymbol{a}_n + \boldsymbol{a}_t$$

式中,$a_n = v^2/r$, 法向加速度,表示速度方向变化的快慢,改变速度方向。

$a_t = \mathrm{d}v/\mathrm{d}t$,切向加速度,表示速度大小变化的快慢,改变速度大小。

在变速圆周运动中,由于速度的大小和方向都在变化,所以加速度的方向不再指向圆心。切向加速度在速度的方向上,用来改变速度的大小;法向加速度与速度垂直,用来改变速度的方向。

(2)运动公式

角加速度　$\alpha = \text{const}$

角速度　$$\omega = \omega_0 + \alpha t \tag{1-41}$$

角位移　$$\Delta\theta = \omega_0 t + \frac{1}{2}\alpha t^2 \tag{1-42}$$

角位置　$$\theta = \theta_0 + \omega_0 t + \frac{1}{2}\alpha t^2 \tag{1-43}$$

例 1　一球以 30 m · s^{-1}的速度水平抛出,试求 5 s 后加速度的切向分量和法向分量。

解 由题意可知,小球做平抛运动,它的运动方程为

$$x = v_0 t,\quad y = \frac{1}{2}gt^2$$

将上式对时间求导,可得速度在坐标轴上的分量为

$$v_x = \frac{\mathrm{d}x}{\mathrm{d}t} = \frac{\mathrm{d}}{\mathrm{d}t}(v_0 t) = v_0,\quad v_y = \frac{\mathrm{d}y}{\mathrm{d}t} = \frac{\mathrm{d}}{\mathrm{d}t}\left(\frac{1}{2}gt^2\right) = gt$$

因而小球在 t 时刻速度的大小为

$$v = \sqrt{v_x^2 + v_y^2} = \sqrt{v_0^2 + (gt)^2}$$

故小球在 t 时刻切向加速度的大小为

$$a_t = \frac{\mathrm{d}v}{\mathrm{d}t} = \frac{\mathrm{d}}{\mathrm{d}t}\sqrt{v_0^2 + (gt)^2} = \frac{g^2 t}{\sqrt{v_0^2 + (gt)^2}}$$

因为小球做加速度 $\boldsymbol{a} = \boldsymbol{g}$ 的抛体运动,所以在任意时刻,它的切向加速度与法向加速度满足 $\boldsymbol{g} = \boldsymbol{a}_n + \boldsymbol{a}_t$,且互相垂直。由三角形的关系,可求得法向加速度为

$$a_n = \sqrt{g^2 - a_t^2} = \frac{gv_0}{\sqrt{v_0^2 + (gt)^2}}$$

视频

例题解析

代入数据,得

$$a_t = \frac{9.8^2 \times 5}{\sqrt{30^2 + (9.8 \times 5)^2}}\ \mathrm{m \cdot s^{-2}} = 8.36\ \mathrm{m \cdot s^{-2}}$$

$$a_n = \frac{9.8 \times 30}{\sqrt{30^2 + (9.8 \times 5)^2}}\ \mathrm{m \cdot s^{-2}} = 5.12\ \mathrm{m \cdot s^{-2}}$$

在计算法向加速度时,可以先写出它的轨迹方程,再算出曲率半径和速度大小,最后算出法向加速度。但是这样计算是相当复杂的。在本题中,已经知道总的加速度和切向加速度,可以利用它们三者之间的关系求解。

例 2 在一个转动的齿轮上,一个齿尖 P 沿半径为 R 做圆周运动,其路程 s 随时间的变化规律为 $s = v_0 t + \frac{1}{2}bt^2$,其中,$v_0$,$b$ 都是正的常数,则 t 时刻齿尖 P 的速度和加速度大小为多少?

解

$$v = \frac{\mathrm{d}s}{\mathrm{d}t} = v_0 + bt$$

$$a = \sqrt{a_t^2 + a_n^2} = \sqrt{\left(\frac{\mathrm{d}v}{\mathrm{d}t}\right)^2 + \left(\frac{v^2}{R}\right)^2} = \sqrt{b^2 + \frac{(v_0 + bt)^4}{R^2}}$$

例 3 一质点运动方程为 $\boldsymbol{r} = 10\cos 5t\boldsymbol{i} + 10\sin 5t\boldsymbol{j}$ (SI),求:

(1) a_t;(2) a_n。

解 (1)

$$\boldsymbol{v} = \frac{\mathrm{d}\boldsymbol{r}}{\mathrm{d}t} = -50\sin 5t\boldsymbol{i} + 50\cos 5t\boldsymbol{j}$$

$$v = |\boldsymbol{v}| = \sqrt{(-50\sin 5t)^2 + (50\cos 5t)^2} = 50\ \mathrm{m/s}$$

$$a_t = \frac{\mathrm{d}v}{\mathrm{d}t} = 0$$

(2) $$a_n = \sqrt{a^2 - a_t^2} = a = 250\ \text{m} \cdot \text{s}^{-2}$$

注意：给定运动方程，先求出 $\boldsymbol{a}$ 、a_t，之后求 a_n，这样比用 $a_n = \dfrac{v^2}{r}$ 求 a_n 简单。

知识结构框图

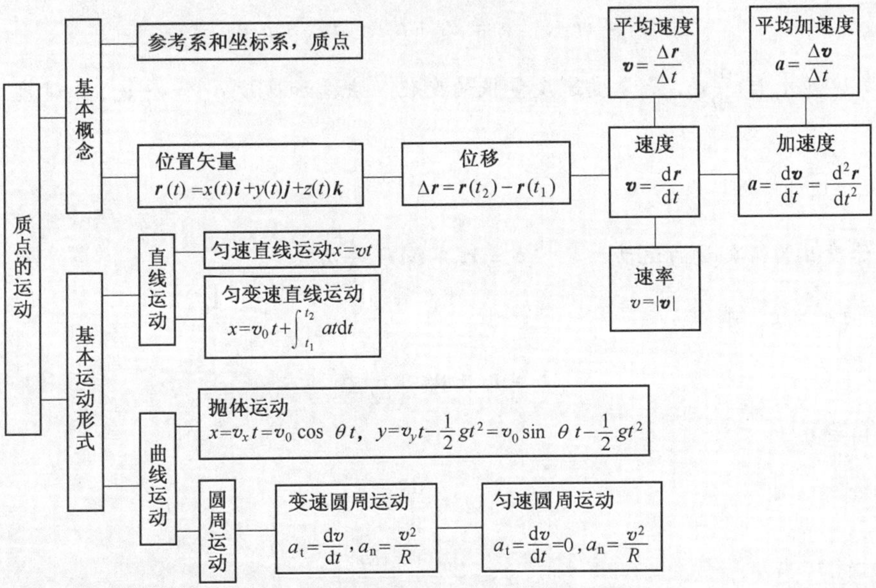

小　结

本章重点是掌握位矢、位移、速度、加速度等物理量，并借助于直角坐标系和自然坐标系计算各量。

本章难点是运动学中各物理量的矢量性和相对性，以及将数学的微积分和矢量运算方法应用于物理学。

1. 质点的位矢、位移

在直角坐标系中
$$\boldsymbol{r} = x\boldsymbol{i} + y\boldsymbol{j} + z\boldsymbol{k}$$
$$\Delta\boldsymbol{r} = \Delta x\boldsymbol{i} + \Delta y\boldsymbol{j} + \Delta z\boldsymbol{k}$$

质点的运动方程——描述质点运动的空间位置与时间的关系式。
$$\boldsymbol{r}(t) = x(t)\boldsymbol{i} + y(t)\boldsymbol{j} + z(t)\boldsymbol{k}$$

注意位移 $\Delta\boldsymbol{r}$ 和路程 Δs 的区别：一般情况下
$$|\Delta\boldsymbol{r}| \neq \Delta s, \quad |\Delta\boldsymbol{r}| \neq \Delta r(\text{或}\ \Delta|\boldsymbol{r}|)$$

2. 速度和加速度

直角坐标系中
$$\boldsymbol{v} = \frac{\mathrm{d}\boldsymbol{r}}{\mathrm{d}t} = \frac{\mathrm{d}x}{\mathrm{d}t}\boldsymbol{i} + \frac{\mathrm{d}y}{\mathrm{d}t}\boldsymbol{j} + \frac{\mathrm{d}z}{\mathrm{d}t}\boldsymbol{k}$$

$$\boldsymbol{a}=\frac{\mathrm{d}\boldsymbol{v}}{\mathrm{d}t}=\frac{\mathrm{d}^2\boldsymbol{r}}{\mathrm{d}t^2}\quad 或\quad \boldsymbol{a}=\frac{\mathrm{d}^2x}{\mathrm{d}t^2}\boldsymbol{i}+\frac{\mathrm{d}^2y}{\mathrm{d}t^2}\boldsymbol{j}+\frac{\mathrm{d}^2z}{\mathrm{d}t^2}\boldsymbol{k}$$

注意速度和速率的区别，$|\boldsymbol{v}|=\left|\frac{\mathrm{d}\boldsymbol{r}}{\mathrm{d}t}\right|$，但一般情况下$\left|\frac{\mathrm{d}\boldsymbol{r}}{\mathrm{d}t}\right|\neq\frac{\mathrm{d}r}{\mathrm{d}t}$。

3. 描述质点的曲线运动

常采用自然坐标系，在自然坐标系中，质点的速度和加速度为

$$\boldsymbol{v}=v\boldsymbol{e}_t,\quad \boldsymbol{a}=\boldsymbol{a}_t+\boldsymbol{a}_n=a_t\boldsymbol{e}_t+a_n\boldsymbol{e}_n$$

式中，切向加速度$\boldsymbol{a}_t=\frac{\mathrm{d}v}{\mathrm{d}t}\boldsymbol{e}_t$，是量度速度量值的变化。法向加速度$\boldsymbol{a}_n=\frac{v^2}{R}\boldsymbol{e}_n$，是量度速度方向的变化。

4. 质点的几种运动

(1)加速度$\boldsymbol{a}$为恒矢量的运动　　$\boldsymbol{r}=\boldsymbol{r}_0+\boldsymbol{v}_0t+\frac{1}{2}\boldsymbol{a}t^2$

抛体运动$\boldsymbol{a}=\boldsymbol{g}$，则

$$\boldsymbol{r}=\boldsymbol{r}_0+\boldsymbol{v}_0t+\frac{1}{2}\boldsymbol{g}t^2$$

(2)圆周运动

角速度　　$\omega=\frac{\mathrm{d}\theta}{\mathrm{d}t}$

角加速度　　$\alpha=\frac{\mathrm{d}\omega}{\mathrm{d}t}=\frac{\mathrm{d}^2\theta}{\mathrm{d}t^2}$

且有关系式　　$v=R\omega,\quad a_n=\frac{v^2}{R}=R\omega^2,\quad a_t=\mathrm{d}v/\mathrm{d}t$

5. 质点运动学的习题主要有两种类型

(1)已知质点的运动学方程，求解质点的速度、加速度、位移及轨道方程等；

(2)已知质点加速度的表达式和初始条件，求解质点的速度、运动学方程等。

自 测 题

1.1　下面各种判断中，错误的是(　　)。

A. 质点做匀速率圆周运动，加速度的方向总是指向圆心

B. 质点做直线运动时，加速度的方向和运动方向一致

C. 质点做谐振运动时，加速度方向始终指向平衡位置

D. 质点做斜抛运动时，加速度的方向总是指向曲线凹的一侧

1.2　下列说法正确的是(　　)。

A. 加速度恒定不变时，物体运动方向也不变

B. 平均速率等于平均速度的大小

C. 不管加速度如何，平均速度表达式总可以写成$\boldsymbol{v}=\frac{\boldsymbol{v}_1+\boldsymbol{v}_2}{2}$

D. 运动物体速率不变时,速度可以变化

1.3 下面说法中,正确的是( )。

A. 一质点在某时刻的瞬时速度是 2 m·s^{-1},说明在它此后 1 s 的时间内一定要经过 2 m 的路程

B. 斜向上抛的物体,在最高点处的速度最小,加速度最大

C. 物体速度变化越快,物体的加速度越大

D. 物体的加速度越大,则速度越大

1.4 一质点沿 x 轴做直线运动,其 $v-t$ 曲线如图 1-12 所示,如 $t=0$ 时,质点位于坐标原点,则 $t=4.5$ s 时,质点在 x 轴上的位置为( )。

A. 0 B. 5 m C. 2 m D. −2 m

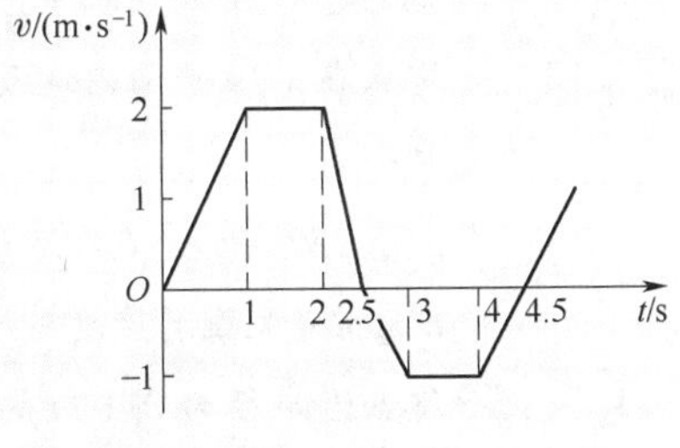

图 1-12 题 1.4 图

1.5 质点做曲线运动,$\boldsymbol{r}$ 表示位置矢量,s 表示路程,a 表示加速度大小;a_t 表示切向加速度的大小,$\boldsymbol{v}$ 表示速度,v 表示速率,表达式

(1) $\dfrac{dv}{dt}=a$;(2) $\dfrac{dr}{dt}=v$;(3) $\dfrac{ds}{dt}=v$;(4) $\left|\dfrac{d\boldsymbol{v}}{dt}\right|=a_t$

中正确的是( )。

A. (1)(4) B. (2)(4) C. (2) D. (3)

1.6 一个物体从某一确定的高度以 $\boldsymbol{v}_0$ 的速度水平抛出,已知它落地时的速度大小为 v_t,那么它运动的时间是( )。

A. $\dfrac{v_t-v_0}{g}$ B. $\dfrac{v_t-v_0}{2g}$ C. $\dfrac{\sqrt{v_t^2-v_0^2}}{g}$ D. $\dfrac{\sqrt{v_t^2-v_0^2}}{2g}$

1.7 某物体的运动规律为 $\dfrac{dv}{dt}=-kv^2t$,式中 k 为大于零的常数。当 $t=0$ 时,初速度为 v_0,则速度 v 与时间 t 的函数关系是( )。

A. $v=\dfrac{1}{2}kt^2+v_0$ B. $v=-\dfrac{1}{2}kt^2+v_0$

C. $\dfrac{1}{v}=\dfrac{kt^2}{2}+\dfrac{1}{v_0}$ D. $\dfrac{1}{v}=-\dfrac{kt^2}{2}+\dfrac{1}{v_0}$

1.8 一质点在平面上运动,已知质点位置矢量的表示式为 $\boldsymbol{r}=at^2\boldsymbol{i}+bt^2\boldsymbol{j}$(其中 a,b 为常量),则该质点做( )。

A. 匀速直线运动 B. 变速直线运动 C. 抛物线运动 D. 一般曲线运动

1.9 在高台上分别沿 45°仰角方向和水平方向,以同样速率投出两颗小石子,忽略空气阻力,则它们落地时速度( )。

A. 大小不同,方向不同 B. 大小相同,方向不同

C. 大小相同,方向相同 D. 大小不同,方向相同

1.10 质点沿半径为 R 的圆周做匀速率运动,每 t 时间转一周,在 $2t$ 时间间隔中,其平均速度大小与平均速率大小分别为( )。

A. $2\pi R/t$, $2\pi R/t$　　B. 0 , $2\pi R/t$　　C. 0,　0　　D. $2\pi R/t$,　0

1.11　两辆车 A 和 B,在笔直的公路上同向行驶,它们从同一起始线上同时出发,并且由出发点开始计时,行驶的距离 x(m) 与行驶时间 t (s)的函数关系式:A 为 $x_A = 4t + t^2$;B 为 $x_B = 2t^2 + 2t^3$。

(1)它们刚离开出发点时,行驶在前面的一辆车是__________;

(2)出发后,两辆车行驶距离相同的时刻是__________;

(3)出发后,B 车相对 A 车速度为零的时刻是__________。

1.12　一质点在 xOy 平面内运动,运动方程为 $x = 2t$ 和 $y = 19 - 2t^2$, 则在第 2 s 内质点的平均速度大小 $\bar{v}$ = __________;2 s 末的瞬时速度大小 v_2 = __________。

1.13　在 x 轴上做变加速直线运动的质点,已知其初速度为 v_0, 初始位置为 x_0, 加速度为 $a = ct^2$ (其中 c 为常量),则其速度与时间的关系 v = __________,运动方程为 x = __________。

1.14　一质点沿半径为 0.1 m 的圆周运动,其角位移 θ 随时间 t 的变化规律是 $\theta = 2 + 4t^2$。在 t =2 s 时,它的法向加速度 a_n = __________;切向加速度 a_t = __________。

1.15　在表达式 $\boldsymbol{v} = \lim\limits_{\Delta t \to 0} \dfrac{\Delta \boldsymbol{r}}{\Delta t}$ 中,位置矢量是__________;位移矢量是__________。

1.16　有一水平飞行的飞机,速度为 v_0, 在飞机上以水平速度 v 向前发射一颗炮弹,略去空气阻力并设发炮过程不影响飞机的速度,则

(1)以地球为参考系,炮弹的轨迹方程为__________

(2)以飞机为参考系,炮弹的轨迹方程为__________。

1.17　试说明质点做何种运动时,将出现下述各种情况 ($v \neq 0$) :

(1) $a_t \neq 0, a_n \neq 0$; __________;

(2) $a_t \neq 0, a_n = 0$; __________。

(a_t,a_n 分别表示切向加速度和法向加速度)

1.18　一质点的运动方程是 $x = 6t - t^2$, 则在 t 由 0 至 4 s 时间间隔内,质点的位移大小为__________。

1.19　一艘正在沿直线行驶的小艇,在发动机关闭后,其加速度方向与速度方向相反,大小与速度的平方成正比,即 $\dfrac{dv}{dt} = -kv^2$, 式中 k 为常数。试证明小艇在关闭发动机后又行驶 x 距离时的速度为 $v = v_0 e^{-kx}$, 其中 v_0 是发动机关闭时的速度。

1.20　一质点沿 x 轴运动,坐标与时间的变化关系为 $x = 4t - 2t^3$ (SI),试计算:

(1)在最初 2 s 内的平均速度,2 s 末的瞬时速度;

(2) 1 s 到 3 s 的位移和平均速度;

(3) 1 s 末到 3 s 的平均加速度,并判断此平均加速度是否可以用 $a = \dfrac{a_1 + a_2}{2}$ 计算;

(4) 3 s 末的瞬时加速度。

1.21　质点 P 在水平面内沿一半径为 R = 2 m 的圆轨道转动,转动的角速度 ω 与时间 t 的函数

关系为 $\omega = kt^2$（k 为常量）。已知 $t = 2$ s 时，质点 P 的速度值为32 $m \cdot s^{-1}$。试求 $t = 1$ s 时，质点 P 的速度与加速度的大小。

1.22　由楼窗口以水平初速度 v_0 射出一发子弹，取枪口为原点，沿 v_0 方向为 x 轴，竖直向下为 y 轴，并取发射时刻 t 为 0，试求：

(1)子弹在任一时刻 t 的位置坐标及轨迹方程；

(2)子弹在 t 时刻的速度、切向加速度和法向加速度。

阅读材料 1

一种新型"奇迹材料"——石墨烯

拿破仑曾经说过："笔比剑更有威力。"他说这话的意思是指舆论比武力更厉害。不过，他绝对没有想到铅笔芯中确实包含了当今物理学和纳米技术领域中最热门的新材料——石墨烯。

一、什么是石墨烯

石墨烯在几个世纪以前就已经存在于人们的生活中，只是没有引起人们足够的重视。石墨烯就像是一张由碳原子织成的由正六边形小孔构成的网（见图 1-13），对称而完美，通过电子显微镜观察，它就像蜂巢或者细铁丝网。石墨烯的厚度为一个碳原子的单层石墨，只有0.335 nm，即使把 20 万片石墨烯叠加到一起，也只有一根头发丝的厚度，因此石墨烯是自然界已知材料中最薄的一种，但是它的强度比钻石还要坚韧，测试发现，石墨烯的强度比世界上最好的钢高 100 倍！美国机械工程师杰弗雷·基萨教授用一种形象的方法解释了石墨烯的强度：如果将一张和食品保鲜膜一样薄的石墨烯薄片覆盖在一只杯子上，然后试图用一支铅笔戳穿它，那么需要一头大象站在铅笔上，才能戳穿。虽然它很结实，但是柔韧性跟塑料包装一样好，可以随意弯曲、折叠或者像卷轴一样卷起来。

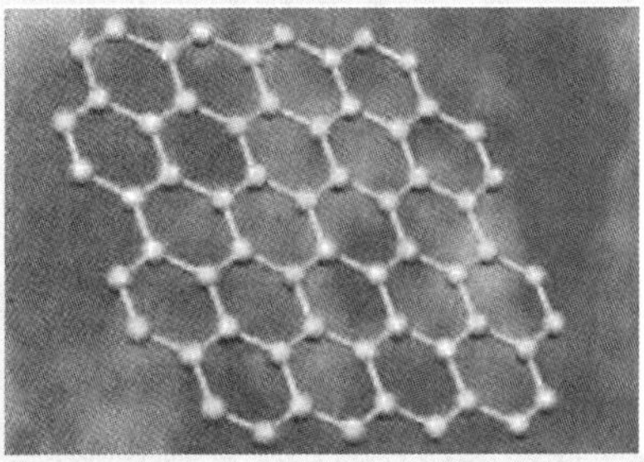

图 1-13　石墨烯

2004 年，英国曼彻斯特大学的一个研究小组在石墨烯的研究上取得了里程碑式的发现。他们把石墨薄片粘在胶带上，把有黏性的一面对折，再把胶带撕开，这样石墨薄片就被一分为二，通过不断地重复这个过程，片状石墨越来越薄，最终就可以得到一定数量的石墨烯。

二、石墨烯的奇异特性

石墨烯的迷人之处不仅在于它神奇的二维结构，还在于它所拥有的独特的物理性质。自从石墨烯被发现以来，引起了大量科学工作者的关注，他们投入大量的热情去挖掘这种新奇材料的特性。

1. 强度大

石墨烯是目前已知世界上强度最高的材料。美国哥伦比亚大学的专家为了测试石墨烯的强度，先在一块硅晶板上钻出一些直径一微米的小孔，每个小孔上放置一个完好的石墨烯样本，然后用一个带有金刚石探头的工具对样本施加压力。结果显示,在石墨烯样品微粒开始断裂前,每 100 nm 距离上可承受的最大压力为 2.9 μN 左右。按这个结果测算,要使 1 m 长的石墨烯断裂,需要施加相当于 55 N 的压力,也就是说,用石墨烯制成的包装袋可以承受大约 2 t 的质量。

2. 韧性好

石墨烯中碳原子之间的键能很大,而且具有很好的柔韧性,这使其具有比钻石更大的硬度而且在对其施加机械力的时候其平面很容易弯曲。在发生较大形变的时候,这种柔韧性可以使石墨烯的原子结构适应外界的形变,而不至于发生根本的改变,因此石墨烯的柔韧性跟塑料包装一样好,可以随意弯曲、折叠或者像卷轴一样卷起来,由于这些固有的优良性质,石墨烯有可能会应用在压力传感器和共鸣器领域。

3. 导电性好

石墨烯为零带隙半导体,显示金属性,具有优良的导电性。作为单质,石墨烯最大的特性是它在室温下传递电子的速度比已知的任何导体都快,其中电子的运动速度可以达到光速的 1/300。研究表明,电子在石墨烯中的传导速率可达 10^6 m/s,远远大于电子在一般半导体中的传导速率。它是目前已知材料中电子传导速率最快的材料,其室温下的电子迁移速率可达 15 000 $cm^2/(V \cdot s)$。即使在室温下载流子在石墨烯中的平均自由程和相干长度也可为微米级,所以它是一种性能优异的半导体材料,是将来应用于纳米电子器件最具潜力的材料。

此外,由于石墨烯还具有突出的导热性能,良好的透光性、很高的化学稳定性和热力学稳定性等特点,使得它在许多方面有着广泛的应用。

三、石墨烯潜在的应用

地球上很容易找到石墨原料,再通过各种制备方法便可以得到石墨烯,石墨烯在物理学、化学、信息、能源及器件制造等方面,都有巨大的应用前景。

1. 纳米电子器件——高频晶体管

石墨烯最明显的应用之一是成为硅的替代品。由于散热原因,硅基的微计算机处理器在室温下每秒只能执行有限数量的操作,从而大大限制了其工作速度。然而在石墨烯中,电子的运动几乎不受任何阻力,因此产热量极小,而且石墨烯良好的导热性质也使得它可以快速散热,从而可以大幅度地提高工作速度。石墨烯很有可能成为组建纳米电子器件的最佳材料,用它制成的器件可以更小,消耗的能量更低,电子传输速度却更快,由于其高的电子传输速度和优异的电子传输特性(无散射),石墨烯可以制作高频晶体管(高至 THz 级)。

测试表明,利用石墨烯代替硅制成的电路,速度提高了 10 倍,设备可以更小,功耗更低,有更大的能量输出,并且可以首先运用在诸如手机这样使用较小规模芯片的设备中。研究者表示,如果扩大石墨烯的面积,将其用于更大的应用中,那么最终,整个 CPU 都可以在碳晶体上制作,将拥有 10 倍于现今 CPU 的能力。

2. 太阳能电池

石墨烯在太阳能电池应用方面也展现出独特的优势。目前,铟锡氧化物(ITO)由于其电导率和光透射率高已被广泛用作太阳能电池的电极材料,但由于铟资源稀缺,人们急需寻找一些替代品来代替 ITO。石墨烯具有良好的透光性和导电性,很有潜力成为 ITO 的替代材料。利用石墨烯制作透明的导电膜并将其应用于太阳电池中也成为人们研究的热点。

3. 探测器

由于石墨烯的二维结构,它可以作为优异的探测器。石墨烯的单原子层结构使其能充分地暴露在周围的环境中,从而可以非常有效地探测到吸附分子的存在。分子探测可以通过间接的方式进行,当气体分子吸附在石墨烯的表面时,吸附处会产生局部的电阻改变,而这种电阻改变可以被检测到。虽然其他材料也有类似的性质,但石墨烯却具有很明显的优点,这就是石墨烯即使在载流子数目很小的情况下,电导率依然高的原因,而且其噪声很小,这使得其表面电阻的变化很容易被探测到。

4. 显微滤网

由于石墨烯只有六角网状平面的一层碳原子,所以石墨烯薄膜还可用于制造分解气体的显微滤网。在医药研究方面,这种只有一个原子厚度的薄膜可用来支撑分子,供电子显微镜进行观察和分析,对医学界研发新的医疗技术有极大帮助。Schedin 等对吸附在石墨烯上的气体分子进行检测,发现石墨烯在检测气体时具有很低的噪声信号,可精确地探测单个气体分子,这也使之在化学传感器和分子探针方面有潜在的应用前景。

此外,石墨烯还可用来制造透明电极、液晶显示屏、触摸屏、超级电容、有机光伏电池等;还能够制成轻薄、导电的纤维,以取代飞机和宇宙飞船上笨重的铜线。

四、石墨烯的发展前景

石墨烯是当前物理和材料科学中一颗迅速上升的新星,石墨烯的优异性能逐渐被挖掘和开发出来,带给了人们无限的惊喜。随着研究的不断深入,石墨烯的制备越来越易实现,使得石墨烯基本可以实现低成本量产,且其应用领域也在不断扩展,可用作吸附剂、催化剂载体、热传输媒体,也可制成精细结构的电子元件,应用于电池/电容器,即使在生物技术方面也可得到应用。同时,石墨烯可以组装成各种结构的功能结构材料,如纸状、纳米板状、纳米薄膜状、纳米复合结构材料,使得它可作为低成本太阳能电池的透明电极,同时也可作为高容量电极材料应用在燃料电池、超级电容器以及锂离子电池等方面。今后还将继续寻求更为优异的石墨烯制备工艺,探寻更广阔的应用领域,使其得到更广泛的应用。

第2章 牛顿运动定律

运动学是研究动力学的基础，只有懂得了动力学的知识，才能根据物体所受的力，确定物体的位置、速度变化的规律，才能够创造条件来控制物体的运动。例如，运动学能够描述天体是怎样运动的，动力学却能够把人造卫星和宇宙飞船送上太空，使人类登上月球，奔向火星，甚至更远的星球。牛顿运动定律确立了力与运动之间的关系。

第1章曾指出，位置矢量和速度是描述质点运动状态的量，而加速度则是表示质点运动状态变化的量，但没有涉及质点运动状态发生变化的原因。而质点运动状态的变化，则是与作用在质点上的力有关，这部分内容属于牛顿定律涉及的范围。以牛顿定律为基础建立起来的宏观物体运动规律的动力学理论，称为牛顿力学。本章将概括地阐述牛顿定律的内容及其在质点运动方面的初步应用。

※牛顿(1643年1月4日—1727年3月31日)爵士，英国皇家学会会长，英国著名的物理学家，百科全书式的“全才”，著有《自然哲学的数学原理》《光学》。

牛顿

他在1687年发表的论文《自然定律》里，对万有引力和三大运动定律进行了描述。这些描述奠定了此后三个世纪里物理世界的科学观点，并成为现代工程学的基础。他通过论证开普勒行星运动定律与他的引力理论间的一致性，展示了地面物体与天体的运动都遵循着相同的自然定律；为太阳中心说提供了强有力的理论支持，并推动了科学革命。

在力学上，牛顿阐明了动量和角动量守恒的原理。在光学上，他发明了反射望远镜，并基于对三棱镜将白光发散成可见光谱的观察，发展出了颜色理论。他还系统地表述了冷却定律，并研究了声速。

在数学上，牛顿与戈特弗里德·威廉·莱布尼茨共同发明了微积分。牛顿还证明了广义二项式定理，提出了“牛顿法”以趋近函数的零点，并为幂级数的研究做出了贡献。

2.1 牛顿定律

2.1.1 牛顿第一定律

“凡运动着的物体必然都有推动者在推动它运动。”古希腊哲学家亚里士多德(Aristotle)(公元前

384—前 322)的这个论断,在 2 000 年的时间内被认为是不可怀疑的经典。直到 300 多年前,伽利略(G. Galileo)(1564—1642)在实验与观察的基础上,做了大胆的假设与推理,向这个论断提出了挑战。伽利略注意到,当一个球沿斜面向下滚动时速度增大,沿斜面向上滚动时速度减小。他由此推论,当球沿水平面滚动时,其速度应该是既不增大又不减小。在实验中球之所以会越来越慢直到最后停下来,他认为这并非是球的"自然本性",而是由于受到摩擦力的作用。伽利略观察到,表面越光滑,球会滚得越远。于是,他进一步推论,若没有摩擦力,球将永远滚下去。力不是维持物体运动的原因,而是使物体改变运动状态的原因。

牛顿接受并发展了伽利略的观点,进一步研究了运动和力的关系,他于 1686 年用概括性的语言在他的名著《自然哲学的数学原理》中写道:**任何物体都将保持其静止或匀速直线运动状态,直到外力迫使它改变这种状态为止。**这就是牛顿第一定律。其数学形式表示为

$$\boldsymbol{F} = \boldsymbol{0} \tag{2-1}$$

牛顿第一定律表明,任何物体都有保持其原有运动状态不变的性质,这个性质称为惯性。所以牛顿第一定律又称**惯性定律**。物体的惯性反映了物体改变运动状态的难易程度。质量较大的物体惯性较大,质量较小的物体惯性较小,所以质量是物体惯性大小的量度。

牛顿第一定律还表明,正是因为物体有惯性,所以要使物体的运动状态发生变化,必须有其他物体对它施加力的作用。力是物体对物体的相互作用,是改变物体运动状态的原因。

值得指出的是,实际上无法做到物体完全不受力的作用,物体总要受到接触力(如摩擦力)或非接触力(如引力)的作用,观察不到完全孤立的物体。所说物体不受力,是指其他物体都离得很远,外界的影响可以忽略不计,或者其他物体对它的作用相互抵消。因此牛顿第一定律不能直接用实验加以验证,它是抽象思维理想化的结果。伽利略实验也是理想实验。

牛顿第一定律体现了"世界是物质的,物质是运动的,而且运动的规律是可以认识的"唯物主义哲学思想。定律中明确不受外力时物体的状态有两个:静止或匀速直线运动,蕴含了相对性原理,这种认知思想和马克思辩证唯物主义提出的"物质是运动的,运动与物质分不开,以及静止是相对的,运动是永恒的"观点是相一致的。

2.1.2　牛顿第二定律

牛顿第一定律只说明了物体不受外力作用时的情形,那么当物体受到外力作用时,物体的运动状态将怎样发生变化呢?牛顿通过许多实验,总结出牛顿第二定律:

物体所获得的加速度的大小与作用在物体上的合外力的大小成正比,与物体的质量成反比;加速度的方向与合外力的方向相同。

其数学表达式为

$$\boldsymbol{F} = m\boldsymbol{a} \quad \text{或} \quad \boldsymbol{F} = m\frac{\mathrm{d}\boldsymbol{v}}{\mathrm{d}t} \tag{2-2}$$

视频

牛顿第二定律的定义

牛顿第二定律是在牛顿第一定律的基础上,进一步阐明了在力的作用下物体运动状态变化的具体规律,确立了力、质量和加速度三者之间的关系,是牛顿运动定律的核心。其方程也成为质点动力学的基本方程。其分量形式为

直角坐标系中

$$\begin{cases} \boldsymbol{F}_x = m\boldsymbol{a}_x = m\dfrac{\mathrm{d}v_x}{\mathrm{d}t}\boldsymbol{i} \\ \boldsymbol{F}_y = m\boldsymbol{a}_y = m\dfrac{\mathrm{d}v_y}{\mathrm{d}t}\boldsymbol{j} \\ \boldsymbol{F}_z = m\boldsymbol{a}_z = m\dfrac{\mathrm{d}v_z}{\mathrm{d}t}\boldsymbol{k} \end{cases} \tag{2-3a}$$

$$\boldsymbol{F} = m\boldsymbol{a}_x + m\boldsymbol{a}_y + m\boldsymbol{a}_z = m\frac{\mathrm{d}v_x}{\mathrm{d}t}\boldsymbol{i} + m\frac{\mathrm{d}v_y}{\mathrm{d}t}\boldsymbol{j} + m\frac{\mathrm{d}v_z}{\mathrm{d}t}\boldsymbol{k} \tag{2-3b}$$

自然坐标系中，如 $\boldsymbol{F}_{\mathrm{t}}$ 和 $\boldsymbol{F}_{\mathrm{n}}$ 代表合外力 $\boldsymbol{F}$ 在切向和法向的分矢量

$$\begin{cases} \boldsymbol{F}_{\mathrm{t}} = m\boldsymbol{a}_{\mathrm{t}} = m\dfrac{\mathrm{d}v}{\mathrm{d}t}\boldsymbol{e}_{\mathrm{t}} \\ \boldsymbol{F}_{\mathrm{n}} = m\boldsymbol{a}_{\mathrm{n}} = m\dfrac{v^2}{\rho}\boldsymbol{e}_{\mathrm{n}} \end{cases} \tag{2-4a}$$

$$\boldsymbol{F} = m\boldsymbol{a}_{\mathrm{t}} + m\boldsymbol{a}_{\mathrm{n}} = m\frac{\mathrm{d}v}{\mathrm{d}t}\boldsymbol{e}_{\mathrm{t}} + m\frac{v^2}{\rho}\boldsymbol{e}_{\mathrm{n}} \tag{2-4b}$$

$\boldsymbol{F}_{\mathrm{t}}$ 为切向力，$\boldsymbol{F}_{\mathrm{n}}$ 为法向力(或向心力)；$\boldsymbol{a}_{\mathrm{t}}$ 为切向加速度；$\boldsymbol{a}_{\mathrm{n}}$ 为法向加速度。

由牛顿第二定律可知，质量大的物体抵抗运动变化的性质强，也就是它的惯性大。所以说，质量是物体惯性大小的量度。因此牛顿第二定律中的质量也常称为惯性质量。

应用牛顿第二定律还应注意：

(1)对应性：每一个力都将产生自己的加速度。

(2)矢量性：某个方向的力，只能改变该方向上物体的运动状态，只能在该方向上使物体获得加速度。

(3)瞬时性：牛顿第二定律说明合外力是与加速度相伴随的，有合外力作用时，就必定有加速度。力和加速度同时产生，同时变化，同时消失，无先后之分。至于速度的大小和方向，与合外力并没有直接的联系。

(4)牛顿第二定律只适用于质点的运动，并且只在惯性系中成立。物体相对于参考系的运动遵从牛顿第一定律，这种参考系称为惯性参考系，简称为惯性系；另一类是物体相对于参考系的运动不遵从牛顿第一定律，这种参考系称为非惯性参考系，简称为非惯性系。

※牛顿第二定律的形成

1687 年，牛顿在《自然哲学的数学原理》中的“定义 1”中给出了他的质量定义：物质的量是物质的度量，可由其密度和体积求出；并进一步解释说，由每一个物体的重量可以推知这个量，因为它正比于重量。在“定义 2”中给出了运动的量的度量，即质量与速度的乘积。随后，在他的定律 2 中得到了“运动的变化正比于外力，变化的方向沿外力作用的直线方向”，他进一步解释说，如果某力产生一种运动，则加倍的力产生加倍的这种运动，三倍的力产生三倍的运动。至此，牛顿第二定律形成了。

2.1.3 牛顿第三定律

牛顿第一定律说明物体只有在外力的作用下才改变其运动状态，牛顿第二定律给出了物体的加

速度与作用在物体上合外力之间的关系,牛顿第三定律则说明了力具有物体间相互作用的性质。

牛顿第三定律内容:两个物体之间的作用力与反作用力,沿同一直线,大小相等,方向相反,分别作用在两个物体上。其数学表达式

$$\boldsymbol{F} = -\boldsymbol{F}' \tag{2-5}$$

牛顿第三定律表明作用力和反作用力互以对方为自己存在的条件,它们同时产生,同时消失,任何一方不可能孤立地存在。例如,拔河运动时,甲队对乙队有作用力,同时乙队对甲队也有反作用力;两者之间的作用力与反作用力大小相等,之所以一方会赢,胜利的关键是摩擦力,即“力在手上,输赢却在脚下”。那么,如果没有了摩擦力,两人在太空拔河能不能分出输赢呢?取决于人的质量,力的作用是相互的,但两人质量不同,加速度不同,由 $F=ma$ 易知质量大的人加速度小,对应到达中线会比较晚,因此,在拔河比赛中,无论太空还是地球表面,胖子都比较受欢迎。一旦绳索断裂,作用力和反作用力同时消失。牛顿第三定律还说明了作用力和反作用力是分别作用在不同的物体上,它们不能相互抵消。例如,皮球碰到地面会向上弹起,是因为皮球给地面向下的作用力,地面同时给皮球一个向上的反作用力,使皮球往上运动。两个力虽然大小相等,方向相反,但作用在不同的物体上,不可能相互抵消。

2.2 力学中几种常见的力

在应用牛顿运动定律求解动力学问题时,总要分析物体间的相互作用。因此,掌握力的特征十分重要。力学中常见的力有弹性力、摩擦力、万有引力等,它们分属不同性质的力,其中有些是通过宏观物体的接触产生的,统称为接触力,还有不需要接触就存在的力,称为非接触力。弹性力和摩擦力属接触力,而万有引力属非接触力。下面来介绍弹性力、摩擦力和万有引力。

2.2.1 万有引力和重力

是什么原因使行星绕太阳运动?这个问题一直困扰着历史上的科学家,伽利略、开普勒及笛卡儿都提出过自己的解释。胡克和哈雷等也对此作出了重要贡献。其中,胡克等人认为,由于受到了太阳对它的引力作用才使得行星绕太阳运动,甚至证明了如果行星的轨道是圆形的,它所受引力的大小跟行星到太阳距离的二次方成反比。但是不知道运动和力的概念,因此没有深入研究。牛顿在前人对惯性研究的基础上,开始思索物体怎样才会不沿直线运动,他的答案是:速度的改变都需要力。也就是说,使行星沿圆或椭圆运动,需要指向圆心或椭圆焦点的力,这个力应该就是太阳对它的引力,才使得行星绕太阳运动。

1. 万有引力

在自然界中,大到天体,小到微观粒子,任何两个物体之间都存在着相互吸引的力,这种力称为万有引力。其规律遵从牛顿提出的万有引力定律:**任何两个质点之间的万有引力的大小 F 与这两个质点质量的乘积 m_1m_2 成正比,与它们之间的距离 r 的平方成反比;方向沿两质点的连线。**即

$$F = G\frac{m_1m_2}{r^2} \tag{2-6}$$

式中,$G=6.67\times10^{-11}\,\mathrm{N\cdot m^2\cdot kg^{-2}}$ 为万有引力常量。万有引力常量最早是由英国物理学家卡文迪许

(1731—1810)于1798年由实验测出的。

应该注意,万有引力定律中的 F 是两个质点之间的引力。若欲求两个物体间的引力,则必须把每个物体分成很多小部分,把每个小部分看成是一个质点,然后计算所有这些质点间的相互作用力。从数学上讲,这个计算通常是一个积分问题。计算表明,对于两个密度均匀的球体,它们之间的引力通常直接可以用式(2-6)来计算,这时 r 表示两球球心之间的距离。

2. 重力

忽略地球的自转效应时,重力是地球表面附近物体所受的地球的引力,即物体与地球之间的万有引力。质量为 m 的物体所受的重力为

$$G = mg \tag{2-7}$$

方向竖直向下,$g=9.8\ \mathrm{m\cdot s^{-2}}$为重力加速度。如以 m_E 代表地球的质量,r 为地球中心和物体之间的距离,由式(2-6)可得 $g=\dfrac{Gm_E}{r^2}$,在地球表面附近,物体与地球中心距离 r 与地球的半径 R 相差很小,即 $r-R \ll R$。故上式可近似表示为 $g=\dfrac{Gm_E}{R^2}$,已知 $G=6.67\times10^{-11}\ \mathrm{N\cdot m^2\cdot kg^{-2}}$,$m_E=5.98\times10^{24}\ \mathrm{kg}$,$R=6.37\times10^6\ \mathrm{m}$。代入上式有 $g=9.82\ \mathrm{m\cdot s^{-2}}$。因此一般计算时,地球表面附近的重力加速度取 $g=9.8\ \mathrm{m\cdot s^{-2}}$。同时,$g$ 的大小因物体所在地点的纬度和物体离地面的高度而定,还受所在地区的矿产结构的影响。

※天宫课堂泡腾片实验

"太空教师"翟志刚、王亚平、叶光富在中国空间站为广大青少年带来了一场精彩的太空科普课,这是中国空间站首次太空授课活动。航天员所进行的泡腾片实验,是本次太空授课中的一项趣味性实验。在地面上,如果将泡腾片放到水里,会立刻看到有一堆的气泡上浮,可在中国空间站失重环境下,浮力消失了,这是由于浮力来源于重力引起的液体在不同深度的压强差。当重力消失时,液体内部压强相同,浮力也就消失了,浮力与重力相伴相生。由于浮力的消失,泡腾片扔进水中产生的气泡不再上浮,而是相互挤压,最后会看到一个水球,由于气泡的不断产生,最后一个小水球就会被撑大成一个大水球。

2.2.2 弹性力

弹性力是一种与物体的形变有关的接触力。发生形变的物体,由于要恢复原状,对与它接触的物体会产生力的作用,这种物体因形变而产生欲使其恢复原来形状的力叫作弹性力。

由于形变的原因不同,有因弹簧被拉伸或压缩而产生的弹性力;也有把物体放在支撑面上,产生作用在支撑面的正压力和作用在物体上的支持力;以及绳索被拉紧时在绳索内部横截面上产生的张力等。

弹性力的方向始终与导致物体发生形变的外力方向相反。弹性力的大小与形变的关系,一般说来比较复杂,其中弹簧弹性力和形变的关系较为简单,遵从胡克定律:在弹性限度内,弹性力的大小 F 与弹簧的形变量 Δx 成正比,即

$$F = k\Delta x \tag{2-8}$$

式中，k 为弹簧的劲度系数，其值取决于弹簧本身的性质。

当绳子受到拉伸时，在某截面两侧绳子间的拉力，这是作用和反作用的一对力。一般情况下绳中各处的张力是不相等的，若绳子的质量可以忽略不计（称为轻绳），则绳中张力处处相等。

压力和支持力也是作用和反作用的一对力，它们的作用线垂直于两个物体的接触面或过接触点的共切面，大小由物体的受力情况和运动情况共同决定。

2.2.3 摩擦力

两个物体相互接触，由于有相对运动或者相对运动的趋势，在接触面处产生的一种阻碍物体运动的力，叫作摩擦力。

摩擦力分为静摩擦力和滑动摩擦力。

1. 静摩擦力

两个物体相互接触且保持相对静止，并有相对滑动的趋势时，在接触面之间产生阻碍这种相对运动趋势的力，称为静摩擦力。静摩擦力随物体运动趋势增强或外力的增大而增大，当物体处在即将运动的临界状态时的静摩擦力，称为最大静摩擦力。

物体在外力 $\boldsymbol{F}$ 的作用下，没有移动，存在一个静摩擦力 $\boldsymbol{f}$，且外力 $\boldsymbol{F}$ 增大时，静摩擦力 $\boldsymbol{f}$ 也增大，存在最大静摩擦力 $\boldsymbol{f}_{\max}$。实验表明，最大静摩擦力 $\boldsymbol{f}_{\max}$ 与正压力成正比，即最大静摩擦力的大小为

$$f_{\max} = \mu_0 N \tag{2-9}$$

式中，μ_0 为静摩擦因数。它与两接触物体的材料性质以及接触面的情况有关，而与接触面的大小无关。

2. 滑动摩擦力

当两物体有相对滑动时，在两物体接触面之间产生的摩擦力称为滑动摩擦力。滑动摩擦力的大小与正压力成正比，即

$$f = \mu N \tag{2-10}$$

式中，μ 为滑动摩擦因数。它与两接触物体的材料性质、接触表面的情况、温度、干湿度等有关，还与两接触物体的相对速度有关。

一般来说，滑动摩擦因数 μ 比静摩擦因数 μ_0 略小，通常认为二者相等。

在日常生活和工程技术中遇到的力还有很多种，如库仑力、分子力、原子力、核力等。近代科学已经证明，自然界中有四种最基本的相互作用力：存在于任何两个物质质点间的引力，存在于带电粒子或带电的宏观物体间的电磁力，存在于微观基本粒子间的强力和弱力。其他力都是这四种力的不同表现。如摩擦力和弹性力就是原子、分子间电磁相互作用的宏观表现。这四种相互作用的力程和强度有着天壤之别，但是，物理学家总是企图发现它们之间的联系，为此进行了不懈的努力。物理学家现在正在进行电磁相互作用力、弱相互作用力和强相互作用力统一的研究，并期盼把万有引力也包括在内，以实现相互作用理论的“大统一”。

2.3 牛顿运动定律的应用举例

动力学问题一般可以归纳成互为反问题（Inverse Problem）的两类问题：

（1）已知作用在物体上的力，由力学规律来决定物体的运动情况或平衡状态；

(2)已知物体的运动情况或平衡状态,由力学规律来推论作用在物体上的力。

第一类动力学问题代表了一种纯粹演绎的过程,它是对物理学和工程问题作出成功分析和设计的基础;第二类问题则包括了力学的归纳性和探索性的应用,这是发现新定律的一条重要途径。

一般的解题步骤如下:

(1)认真分析题意,确定研究对象

先要弄清楚题目要求什么,确定研究对象,分析已知条件。

(2)明确物理关系,进行运动分析

弄清物理过程,即分析对象的运动状态,包括它的轨迹、速度和加速度。涉及几个物体时,还要找出它们的速度或加速度之间的关系。

(3)隔离研究对象,进行受力分析

找出研究对象所受的所有外力,采用"隔离体法"对其进行正确的受力分析,画出受力分析图。所谓"隔离体法"就是把研究对象从与之相联系的其他物体中"隔离"出来,再把作用在此物体上的力一个不漏地画出来,并正确地标明力的方向。

(4)选取合适坐标,正确列出方程

依据题目具体条件选好坐标系,然后把上面分析出的质量、加速度和力用牛顿运动定律联系起来,列出每一隔离体的运动方程的矢量式和分量式,以及其他必要的辅助性方程,所列方程总数应与未知量的数目相匹配。

(5)求解所列方程,讨论所得结果

解方程时,一般先进行文字符号运算,然后代入具体数据得出结果,最后进行必要的讨论,判断结果是否合理。

无论是动力学问题,还是运动学问题,都要涉及物体的加速度,因此在解决上述两类问题时,应注意抓住加速度这条联系动力学和运动学问题的纽带。

例1 质量为 m 的人站在升降机内,当升降机以加速度 a 运动时,求人对升降机地板的压力(见图 2-1)。

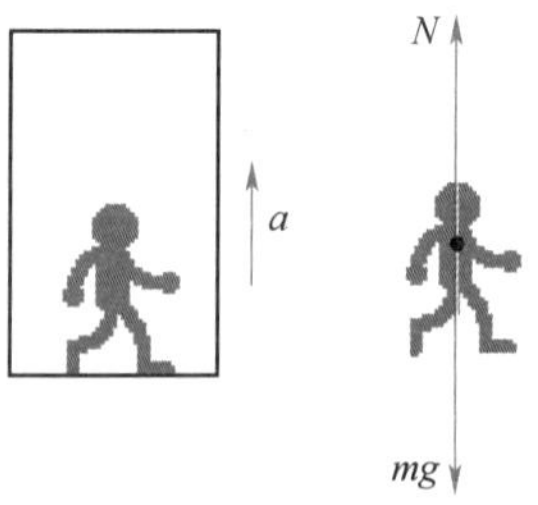

图 2-1 例 1 的示意图

解 (1)确定研究对象:以人为研究对象;

(2)受力分析:人受到重力和地板对人的弹性力的作用;

(3)选择坐标系:选向上为正方向;

(4)列方程:根据牛顿第二定律得

$$N - mg = ma$$

(5)解方程:解得

$$N = m(g + a)$$

由牛顿第三定律可知人对地板的压力为 $N' = m(g + a)$,方向向下。

(6)讨论:$a > 0, N > mg$ 向上加速或向下减速,超重;

$a < 0, N < mg$ 向上减速或向下加速,失重。

当升降机自由降落时,人对地板的压力减为零,此时人处于完全失重状态。

※完全失重与微重力

完全失重是一种理想的情况，在实际的航天飞行中，航天器除受引力作用外，不时还会受到一些非引力的外力作用。例如，在地球附近有残余大气的阻力，太阳光的压力，进入有大气的行星时也有大气对它的作用力。根据牛顿第二定律，力对物体作用的结果，是使物体获得加速度。航天器在引力场中飞行时，受到的非引力的力一般都很小，产生的加速度也很小。这种非引力加速度通常只有地面重力加速度的万分之一或更小。为了与正常的重力对比，就把这种微加速度现象称为“微重力”。其实，航天器即使只受到引力作用，它的内部实际上也存在微重力，这是因为航天器不是一个质点，而是具有一定尺寸的物体。人们常用微重力加速度值表示航天器中微重力的水平。微重力越小，失重越完全。总之，完全失重状态只是理想状态，微重力才是实际情况。

例 2　如图 2-2 所示，长为 l 的轻绳，一端系一质量为 m 的小球，另一端系于定点 O。开始时小球处于最低位置。若使小球获得如图所示的初速度 v_0，小球将在竖直平面内做圆周运动。试求小球在任意位置的速率及绳的张力的大小。

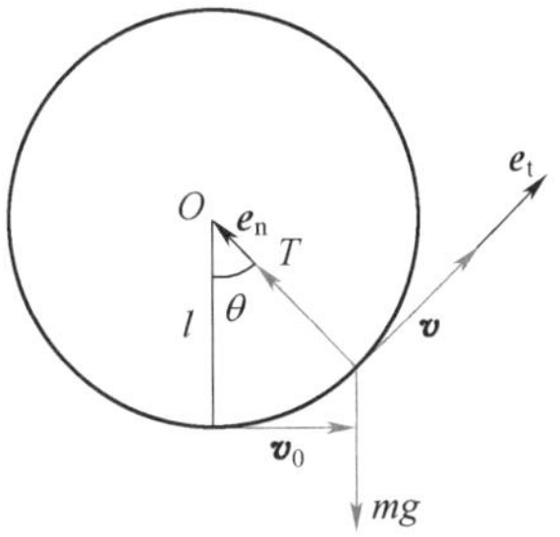

图 2-2　例 2 的示意图

解　以小球为研究对象，在任意 θ 位置，小球受重力和绳的张力的作用。根据牛顿第二定律可以写出小球的在法向和切向的运动方程

$$T - mg\cos\theta = ma_n = m\frac{v^2}{l} \tag{1}$$

$$-mg\sin\theta = ma_t = m\frac{dv}{dt} \tag{2}$$

由(2)式可得

$$\frac{dv}{dt} = -g\sin\theta \tag{3}$$

又因为

$$\frac{dv}{dt} = \frac{dv}{d\theta}\frac{d\theta}{dt} = \omega\frac{dv}{d\theta} = \frac{v}{l}\frac{dv}{d\theta}$$

于是(3)式可写成

$$v\,dv = -gl\sin\theta\,d\theta$$

由初始条件，积分

$$\int_{v_0}^{v} v\,dv = \int_0^{\theta} -gl\sin\theta\,d\theta$$

得

$$v = \sqrt{v_0^2 + 2gl(\cos\theta - 1)}$$

代入(1)式，得

$$T = m\left(\frac{v_0^2}{l} - 2g + 3g\cos\theta\right)$$

讨论：上升过程中，小球速率减小，绳的拉力逐渐减小；下降过程中，小球速率增大，绳的拉力逐渐增大。

视频

牛顿运动定律的应用

例 3　如图 2-3 所示，一根轻绳穿过定滑轮，轻绳两端各系一质量为 m_1 和 m_2 的物体，且 $m_1 > m_2$，设滑轮的质量不计,滑轮与绳及轴间摩擦不计,定滑轮以加速度 a_0 相对地面向上运动,试求两物体相对定滑轮的加速度大小及绳中张力。

解 (1)研究对象:m_1 、m_2。

(2)受力分析:m_1 、m_2 各受两个力,即重力及绳拉力,如图 2-4 所示。

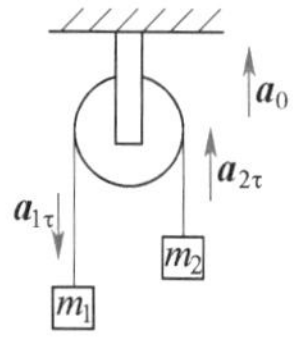

图 2-3　例 3 的图

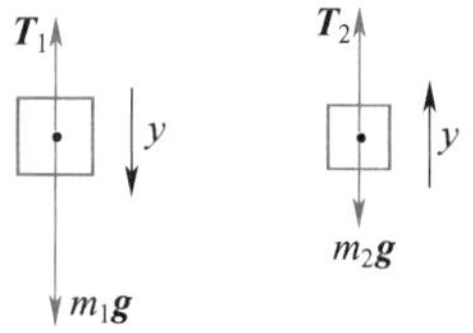

图 2-4　受力分析

(3)牛顿定律

设 m_1 对定滑轮及对地加速度为 $\boldsymbol{a}_{1\tau}$、$\boldsymbol{a}_1$;m_2 对定滑轮及对地加速度为 $\boldsymbol{a}_{2\tau}$、$\boldsymbol{a}_2$,

$$m_1 : m_1\boldsymbol{g} + \boldsymbol{T}_1 = m_1\boldsymbol{a}_1 = m_1(\boldsymbol{a}_{1\tau} + \boldsymbol{a}_0)$$

$$m_2 : m_2\boldsymbol{g} + \boldsymbol{T}_2 = m_2\boldsymbol{a}_2 = m_2(\boldsymbol{a}_{2\tau} + \boldsymbol{a}_0)$$

并注意 $a_{1\tau} = a_{2\tau} = a_\tau$, $T_1 = T_2 = T$, 有

$$\begin{cases} m_1g - T = m_1(a_\tau - a_0) \\ T - m_2g = m_2(a_\tau + a_0) \end{cases}$$

视频

牛顿第二定律的解题步骤

解得

$$a_\tau = \frac{m_1 - m_2}{m_1 + m_2}(g + a_0)$$

$$T = \frac{2m_1m_2}{m_1 + m_2}(g + a_0)$$

知识结构框图

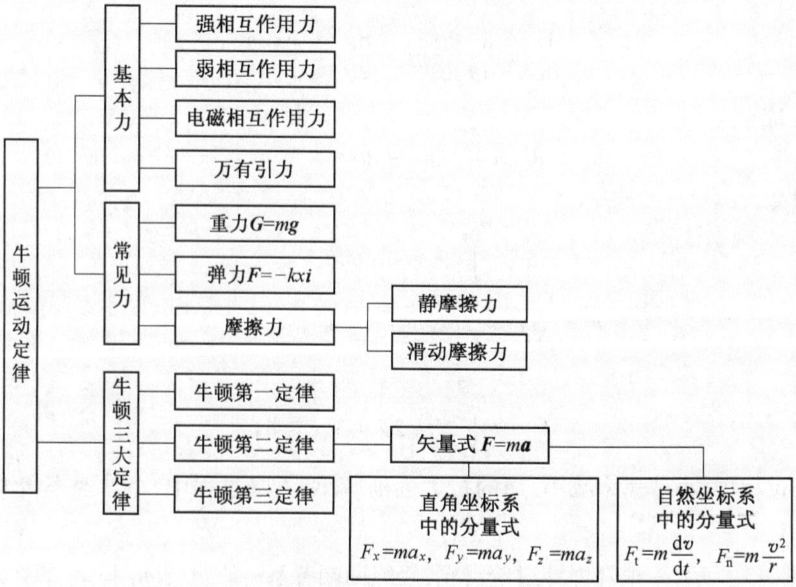

小 结

1. 牛顿第一定律

任何物体都保持静止或匀速直线运动的状态,直到其他物体作用的力迫使它改变这种状态为止。

2. 牛顿第二定律

物体在力的作用下做加速运动,其加速度的方向与所受合力的方向相同,加速度的大小与合力的大小成正比,与物体的质量成反比。牛顿第二定律的数学表达式为 $\boldsymbol{F} = m\boldsymbol{a}, \boldsymbol{F} = m\frac{\mathrm{d}\boldsymbol{v}}{\mathrm{d}t}$。

3. 牛顿第三定律

当物体 A 以 $\boldsymbol{F}$ 作用于物体 B 时,物体 B 必定同时以大小相等、方向相反的同一性质的力 $\boldsymbol{F}'$,沿同一直线作用于物体 A 上。牛顿第三定律的数学表达式为 $\boldsymbol{F} = -\boldsymbol{F}'$。

4. 几种常见力

重力 $$G = mg$$

万有引力 $$F = G\frac{m_1 m_2}{r^2}$$

弹性力 $$F = -k\Delta x$$

摩擦力 $$f = \mu N(\text{滑动摩擦力})$$

$$f \leqslant \mu_0 N(\text{静摩擦力})$$

自 测 题

2.1 一质点在力 $F = 5m(5-2t)$ (SI)的作用下,$t=0$ 时从静止开始做直线运动,式中 m 为质点的质量,t 为时间,则当 $t = 5$ s时,质点的速率为( )

A. 50 m·s^{-1} B. 5 m·s^{-1} C. 0 D. −50 m·s^{-1}

2.2 如图2-5所示,竖立的圆筒形转笼,半径为 R,绕中心轴 OO' 转动,物块 A 紧靠在圆筒的内壁上,物块与圆筒间的摩擦因数为 μ,要使物块 A 不下落,圆筒的角速度 ω 至少应为( )。

A. $\sqrt{\mu g/R}$ B. $\sqrt{\mu g}$

C. $\sqrt{g/(\mu R)}$ D. $\sqrt{g/R}$

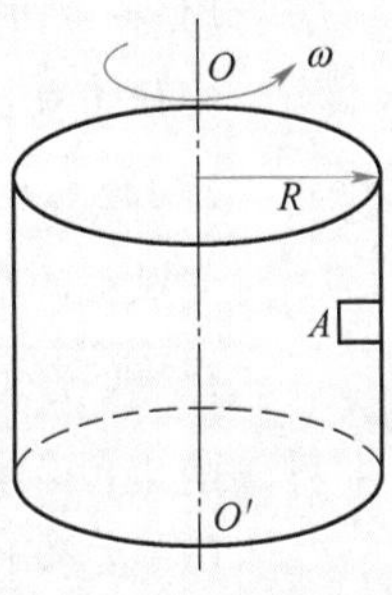

图2-5 题2.2图

2.3 站在电梯内的一个人,看到用细线连接的质量不同的两个物体跨过电梯内的一个无摩擦的定滑轮而处于"平衡"状态。由此,他断定电梯做加速运动,其加速度为( )。

A. 大小为 g,方向向上 B. 大小为 g,方向向下

C. 大小为 $\frac{1}{2}g$,方向向上 D. 大小为 $\frac{1}{2}g$,方向向下

2.4　已知水星的半径是地球半径的2/5倍，质量为地球的4%，设在地球上的重力加速度为 g，则水星表面上的重力加速度为（　　）。

A. $0.1g$　　B. $0.25g$　　C. $4g$　　D. $2.5g$

2.5　如图2-6所示，一光滑的内表面半径为10 cm的半球形碗，以匀角速度 ω 绕其对称轴旋转，已知放在碗内表面上的一个小球 P 相对碗静止，其位置高于碗底4 cm，则由此可推知碗旋转的角速度约为（　　）。（$g = 10\ \mathrm{m \cdot s^{-2}}$）

A. 13 rad/s　　B. 17 rad/s

C. 10 rad/s　　D. 18 rad/s

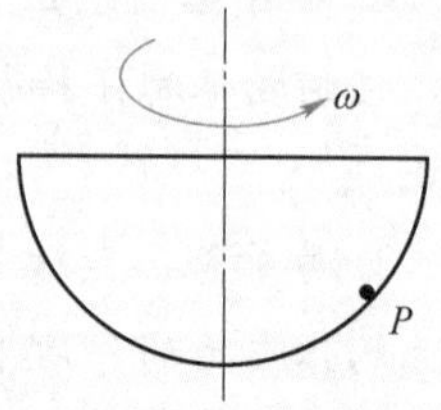

图2-6　题2.5图

2.6　一质点运动方程 $\boldsymbol{r} = 2t\boldsymbol{i} + (18 - 3t)\boldsymbol{j}$，则它的运动为（　　）。

A. 匀速直线运动　　B. 匀速率曲线运动

C. 匀加速直线运动　　D. 匀加速曲线运动

2.7　质点的运动方程为 $\boldsymbol{r} = (6t - 1)\boldsymbol{i} + (3t + 3t^2 + 1)\boldsymbol{j}$ 此质点的运动为（　　）。

A. 变速运动，质点所受合力是恒力　　B. 匀变速运动，质点所受合力是变力

C. 匀速运动，质点所受合力是恒力　　D. 匀变速运动，质点所受合力是恒力

2.8　在下述说法中，正确说法是（　　）。

A. 在方向和大小都随时间变化的合外力的作用下，物体做匀速直线运动

B. 在方向和大小都不随时间变化的合外力的作用下，物体做匀变速运动

C. 在两个相互垂直的恒力作用下，物体可以做匀速直线运动

D. 在一个恒力作用下，物体可以做匀速率曲线运动

2.9　一质点在光滑平面上，在外力作用下沿某一曲线运动，若突然将外力撤销，则该质点将做（　　）。

A. 匀速率曲线运动　　B. 匀速直线运动

C. 停止运动　　D. 减速运动

2.10　一架轰炸机在俯冲后沿一竖直面内的圆周轨道飞行，如图2-7所示，如果飞机的飞行速率为一恒值 $v = 640$ km/h，为使飞机在最低点的加速度不超过重力加速度的7倍（$7g$），则此圆周轨道的最小半径 R = ________，若驾驶员的质量为70 kg，在最小圆周轨道的最低点，他的视重（即人对座椅的压力）N' = ________。

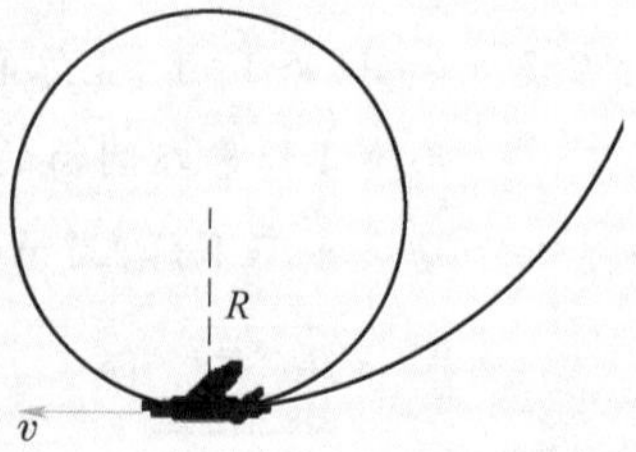

图2-7　题2.10图

2.11　画出图2-8中物体 A、B 的受力图。

（1）在水平圆桌面上与桌面一起做匀速转动的物体 A；

（2）和物体C叠放在一起自由下落的物体 B。

2.12　质量为 m 的小球，用轻绳 AB、BC 连接，如图2-9所示，剪断 AB 的瞬间，绳 BC 中的张力比 $T : T'$ = ________。

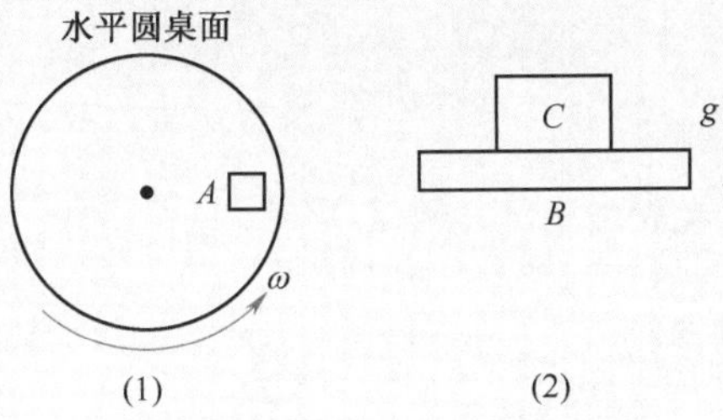

图 2-8　题 2.11 图

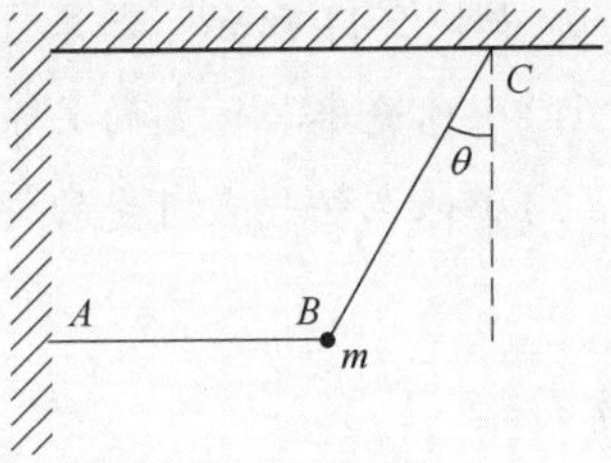

图 2-9　题 2.12 图

2.13　摩擦力的方向__________与物体运动方向相反，摩擦力__________做负功。

2.14　物体所受的合力变小，则其运动速度__________变小。

2.15　已知质量 $m=2\text{ kg}$ 的质点，其运动方程的正交分解式为 $\boldsymbol{r}=4t\boldsymbol{i}+(3t^2+2)\boldsymbol{j}$ (SI)，质点在任意时刻 t 所受的合力为__________。

2.16　一物体对某质点 P 作用的万有引力等于__________。

2.17　质量为 $m=1\text{ kg}$ 的物体，在坐标原点处从静止出发在水平面内沿 x 轴运动，所受合力的方向与运动方向相同，合力大小为 $F=3+2x$ (SI)。那么，$x=3\text{ m}$ 时，其速率 $v=$__________。

2.18　已知一物体的质量为 3 kg，物体的运动方程为 $x=8t^4-6t^2$ (SI)，当 $t=3\text{ s}$ 时，物体所受的合外力为__________。

2.19　质量为 0.25 kg 的质点，受力 $\boldsymbol{F}=t\boldsymbol{i}$ (SI) 的作用，式中 t 为时间，$t=0$ 时该质点以 $\boldsymbol{v}=2\boldsymbol{j}$ m/s 的速度通过坐标原点，则该质点任意时刻的位置坐标是__________。

2.20　如图 2-10 所示，绳 CO 与竖直方向成 30°，O 为一定滑轮，物体 A 与 B 用跨过定滑轮的细绳相连，处于平衡态。已知 B 的质量为 10 kg，地面对 B 的支持力为 80 N，若不考虑滑轮的大小，试求：

(1) 物体 A 的质量；

(2) 物体 B 与地面的摩擦力；

(3) 绳 CO 的拉力。(g 取 10 m/s²)

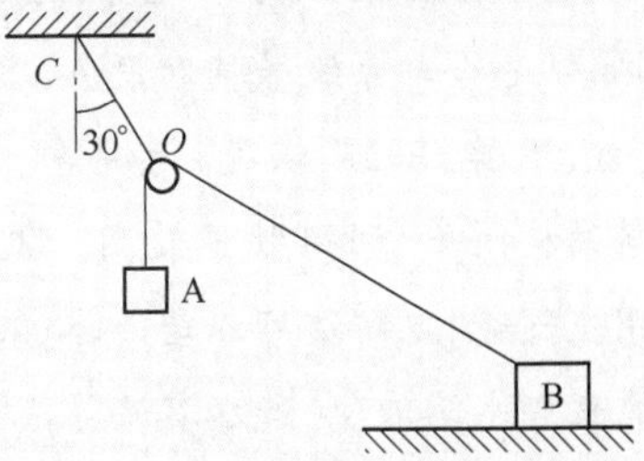

图 2-10　题 2.20 图

2.21　摩托快艇以速率 v_0 行驶，它受到的摩擦阻力与速率的平方成正比，可表示为 $F=-kv^2$ (k 为正常数)。设摩托快艇的质量为 m，当摩托快艇发动机关闭后：

(1) 求速率 v 随时间 t 的变化规律；

(2) 求路程 x 随时间 t 的变化规律；

(3) 证明速度 v 与路程 x 之间的关系为 $v=v_0e^{-k'x}$，其中 $k'=k/m$。

2.22　有两个完全相同的小球，先后从同一高度由静止开始下落，下落开始时刻相差 t_0，设空气阻力正比于球的速度。求两球的距离与时间的关系。

2.23　一根均匀的轻质细绳，一端拴以质量为 m 的小球，在铅直的

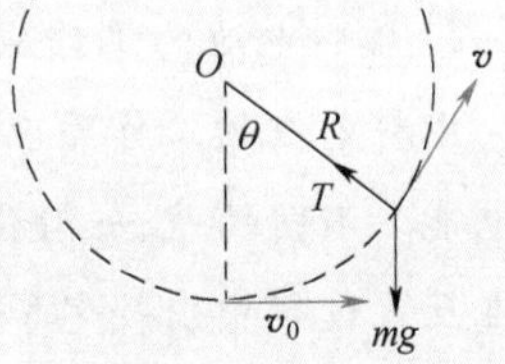

图 2-11　题 2.23 图

平面内绕定点 O 做半径为 R 的圆周运动，已知在 $t=0$ 时，小球在最低点以初速度 v_0 运动，如图 2-11 所示。试求

(1) 小球速率与位置的关系；

(2) 小球在任一点所受的绳子的张力与速率的关系。

阅读材料 2

高效、环保、便捷——燃料电池

能源是与人类社会生存与发展密切相关的问题。持续发展是全人类的共同愿望与奋斗目标。世界石油储量与快速消耗的矛盾迫使各国政府千方百计地寻求新能源和提高现有资源的利用率，以确保社会的繁荣昌盛与国家的长治久安；随着环境污染问题越来越受到重视，迫切需要新型无污染或零排放的能源物质；同样，我国的能源形势十分严峻，能源安全将面临严重的挑战，燃料电池的问世，开辟了新能源的春天。

一、燃料电池的构造和原理

燃料电池是通过燃料化学燃烧的方式将化学能直接转换为电能的装置。燃料电池不需要中间机械能的转换过程，不受热力学中卡诺定理的限制，因而可获得较高的效率。

1. 燃料电池的基本构造

燃料电池主要由燃料、氧化剂、电极和电解质 4 个部分组成，如图 2-12 所示。此外，还有隔膜、自动控制、排水、排热、供给冷却系统等辅助设备。可作为燃料电池的燃料有：氢、甲醇、甲醛、煤气、丙烷等。用氢作为燃料，由于其化学结构简单，利用效率最高。氧化剂一般用氧气，也可以用空气等，电解质可以是固体、液体或熔融盐，常用的有氢氧化钾水溶液、磷酸水溶液等。电解质的作用是构成离子导电通道，并起隔离燃料和氧化剂的作用。

燃料电池的电极一方面起着向外电路传递电子的作用，另一方面提供电化学反应的场所。氧化和还原反应分别在不同电极处进行，电极还起着异相催化反应中催化表面的作用。

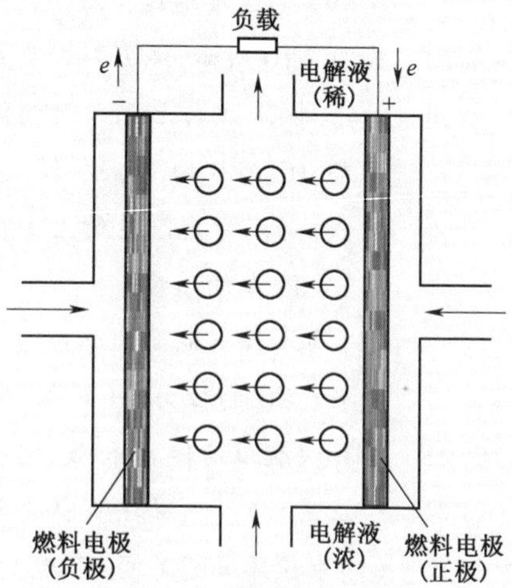

图 2-12　燃料电池

2. 燃料电池的工作原理

燃料电池的工作原理与普通化学电池类似，都是通过电极上的氧化-还原反应使化学能直接转换为电能。不同的是，一般化学电池（如干电池、蓄电池）的反应物是事先放在电池内的，当这些化学物质在反应过程中消耗完毕，就不能继续供电了。而燃料电池的反应物是储存在电池外面的，只要燃料和氧化剂不断地输入电池内，就可以连续地供电。

当燃料和氧化剂分别通入负极和正极时，两者在电极的催化作用下进行电化学反应，从而产生电

流。例如,在氢-氧燃料电池中,氢气流经负极时离解为氢原子,并在负极上进行氧化反应,释放出电子,形成氢离子。电子经外电路到达通氧气的正极,与来自负极的氢离子在正极上发生还原反应,生成水。在整个反应过程中,氢和氧经电化学燃烧生成水而不断消耗,同时外电路中形成了持续的电流,这样就将化学能转换成了电能。单个氢燃料电池的输出功率从几百瓦到几百千瓦,比一般化学电池大10多倍。多个氢燃料电池经串联、并联可输出100 MW的功率。美国用氢燃料电池取代铅酸蓄电池为潜艇提供动力后,其潜航时间增加了3倍。德国于2003年下水的新型U212A型潜艇就是利用燃料电池作为动力。可见燃料电池具有很好的军事应用价值。

二、燃料电池的特点

燃料电池直接将燃料和氧化剂的化学能转换为电能,不受卡诺热机循环的限制,只要提高燃料即可发电,其特点可概括如下:

(1)能量转换效率高。理论上燃料电池的能量转化效率可为85% ~90%。实际电池的能量转化受各种极化的限制,目前各类燃料电池的能量转化效率为40% ~60%。若实现热电联供,燃料的总利用率可超过80%。

(2)绿色环保。当燃料电池以富氢气体为燃料时,其二氧化碳的排放量比热机过程减少40%以上;若以纯氢气为燃料,其化学反应产物仅为水,从根本上消除了CO、NO_2、SO_2、粉尘等大气污染物的排放,可实现零排放。

(3)噪声小。燃料电池按电化学反应原理工作,运动部件少、工作噪声低。实验表明,一个40 kW的磷酸燃料电池电站,与其相距4.6 m的噪声水平仅为60 dB,而4.5 MW和11 MW的大功率磷酸燃料电池电站的噪声水平也不高于55 dB。

(4)系统负荷变动的适应能力强。火力发电的调峰问题一直是个难题,发电出力变动率最大为5%/min,且调节范围窄,而燃料电池发电出力变动率可达66%/min,对负荷的应答速度快,启停时间很短。另外,燃料电池即使负荷频繁变化,电池的能量转化效率也并无大的变化,运行得相当平稳。

(5)负荷调节灵活。由于燃料电池发电装置是模块结构,容量可大可小,布置可集中可分散,且安装简单,维修方便,另外,当燃料电池的负载有变动时,它会很快响应,故无论处于额定功率以上过载运行或低于额定功率运行,它都能承受且效率变化不大。这种优良性能使燃料电池不仅能向广大民用用户提供独立热电联供系统,也能以分散的形式向城市公用事业用户供电,或在用电高峰时作为调节的储能电池使用。

正是由于这些突出的优越性,燃料电池技术的研究与开发备受各国政府与公司的青睐,被认为是21世纪首选的、洁净的、高效的发电技术。

三、燃料电池的市场需求

燃料电池技术提供了一种能提高能源利用率、减少废气排放的发电方式,其自身的优越性决定了它的应用前景。

1. 航天、汽车工业

从20世纪60年代开始,氢氧燃料电池广泛应用于宇航领域。60年代,燃料电池成功地应用于阿波罗登月飞船。美国飞机制造业巨头波音公司与设在西班牙马德里的波音技术研究开发中心等联合研制一种使用环保燃料电池的电动飞机。

车用燃料电池所具有的效率高、启动快、环保性好、响应速度快等优点，使其当仁不让地成为21世纪汽车动力源的最佳选择，是取代汽车内燃机的理想解决方案。从燃料电池的发展势头看，汽车内燃机的生产将会在21世纪中叶终止。燃料电池汽车的最大优点是清洁、无污染，所排出的唯一废物是水。在全球环境保护问题日益突出的今天，燃料电池汽车作为环保型汽车越来越受到人们的重视。世界各大汽车制造厂商普遍认为，燃料电池就是汽车工业的未来。

2. 移动通信

未来数年内，新的动力之源——迷你型燃料电池将成为最抢手的便携设备电源，它将带来电池能源的革命，在手机、笔记本电脑、掌上电脑等电子产品上都将出现它小巧的身影。高分子型燃料电池手机：2001年日本电器公司试制了一种新型高分子型燃料电池，看上去就像是一块饼干。手机有了它，可以使用1个月以上，电脑则可连续使用数天。甲醇燃料电池手机：使用液体甲醇作燃料，可以十分方便地安装在各种电子产品内，电池的能量密度超过传统充电电池的10倍。

3. 机器人

美国南佛罗里达大学科学家已研制出了一种靠“吃肉”给体内补充电能的机器人。这种机器人看上去像一列小火车，有12只轮子，体内装有一块微生物燃料电池，为机器人运动和工作提供动力。这种微生物燃料电池可以通过细菌产生酶，消化肉类食物，然后把获取的能量再转化为电能，供给机器人使用。发明者威尔金森教授说，实验表明这个机器人“吃蔬菜”效果不佳，吃肉类食品最适宜。此外，这种机器人还可以“吃糖块”。发明者还说，这台机器人不会对人类构成任何威胁，因为并没有给它安装这类传感器。这种微生物燃料电池运用在机器人研究中尚属首次。

4. 生物燃料电池的发展

最近，燃料电池技术又有了新的突破，英国科学家研制成功了生物燃料电池。一般燃料电池都用贵金属作为催化剂。这类催化剂都是稀有金属，因而价格昂贵。这一状况严重妨碍了大功率燃料电池和大型燃料电池的推广，对大型燃料电池发电厂的发展有着很大的负面影响。不久以前，英国肯特大学和牛津大学的科学家们合作，从细菌细胞中提炼出一种叫作甲醇脱氢酶的生物催化剂。这种酶能够加速氢气的释放，从而使电子数目大大增加。在酶催化剂的作用下，刚刚问世的生物燃料电池显示出功率大、体积小、效率高、成本低等突出优点。其能量转化效率为60% ~70%。生物燃料电池发展前途广阔，其实用化和商业化问题正处于进一步研究之中。

21世纪，氢能将取代煤、石油、天然气等矿物能源，人类将告别矿物能源时代，步入氢能时代。燃料电池作为把氢能直接转化为电能的洁净发电装置，即将大规模进入社会的各个领域。

四、燃料电池的发展前景

开发新能源是降低碳排放、优化能源结构、实现人类社会可持续发展的重要途径。在新能源的发展过程中，燃料电池起到了不可替代的重要作用，引导了新能源的发展方向。燃料电池的开发研究及其商业化，是实现节能和环保的重要手段。燃料电池的先进性和实用性已经得到公认，在加大对燃料电池的开发、研究与利用力度方面尽管还存在一些问题，比如电极材料、制造成本、催化剂等问题，但是瑕不掩瑜，加快燃料电池发展必然是发展的总趋势。在发展燃料电池过程中，应该根据各种不同燃料电池各自的优缺点和发展障碍，有针对性地展开研究，使各种燃料电池都能发挥应有的作用。

第3章

动量守恒定律和能量守恒定律

能量的概念是人类在对物质运动规律进行长期探索中建立的。所有自然现象都涉及能量,人类任何的活动也离不开能量,例如运动的汽车具有动能,高处的物体具有势能,人们生活离不开电能,绿色植物需要太阳能,还有化学能、核能等,能量无处不在,并且不同形式的能量还可以相互转化。

在第2章中,我们运用牛顿运动定律研究了质点的运动规律,讨论了质点运动状态的变化与它所受合外力之间的瞬时关系。对于一些力学问题除分析力的瞬时效应外,还必须研究力的累积效应,也就要研究运动的过程。而过程必在一定的空间和时间内进行,因而力的积累效应分为力的空间积累和时间积累两类效应。在这两类效应中,质点或质点系的动量、动能或能量将发生变化或转移。在一定条件下,质点系内的动量或能量将保持守恒。本章主要介绍以下几部分内容:

◆力的空间累计效应:功、能。

◆力的时间累计效应:冲量、动量。

◆相关规律:动能定理、动量定理、动量守恒定律、功能原理、机械能守恒定律、能量守恒定律。

3.1 质点和质点系的动量定理

实际上,力对物体的作用总要延续一段时间,在这段时间内,力的作用将积累起来产生一个总效果。你是否有这样的疑惑,体形小、质量小的鸟类,与钢筋铁骨的飞机相撞应该是以卵击石的效果,为什么能把飞机撞坏?下面从力对时间的累积效应出发,介绍冲量、动量的概念以及有关的规律来解析上述问题。

3.1.1 冲量 质点的动量定理

1. 动量——表示运动状态的物理量

动量的概念早在牛顿定律建立之前,由笛卡儿(R. Descartes)于1644年引入,它纯粹是描述物体机械运动的一个物理量。由经验知道,要使速度相同的两辆车停下来,质量大的就比质量小的要难些;同样,要使质量相同的两辆车停下来,速度大的就要比速度小的难些。由此可见,在研究物体机械运动状态的改变时,必须同时考虑质量和速度这两个因素,为此而引入了动量的概念。因此可以用物体的质量 m 与速度 $\boldsymbol{v}$ 的乘积来定义动量 $\boldsymbol{p}$ 这个新的物理量,即

$$\boldsymbol{p} = m\boldsymbol{v} \tag{3-1}$$

动量是矢量,大小为 mv,方向和速度的方向相同;动量表征了物体的运动状态;单位:$\mathrm{kg \cdot m \cdot s^{-1}}$。

牛顿第二定律的另外一种表示方法

$$\boldsymbol{F} = \mathrm{d}\boldsymbol{p}/\mathrm{d}t \tag{3-2}$$

据此,可以从质点的动量是否变化来判断它是否受外力的作用,并且可以确定质点所受合力的大小和方向。

2. 冲量

使具有一定动量 $\boldsymbol{p}$ 的物体停下,所用的时间 Δt 与所加的外力有关,外力大, Δt 小;反之外力小, Δt 大。任何力总是在一段时间内作用。为了描述力在这一段时间间隔中的积累效果,引入冲量的概念。

作用在物体外力与力作用的时间 Δt 的乘积称为力对物体的冲量,用 $\boldsymbol{I}$ 来表示

$$\boldsymbol{I} = \boldsymbol{F}\Delta t \tag{3-3}$$

在一般情况下,冲量定义为

$$\boldsymbol{I} = \int_{t_0}^{t} \boldsymbol{F}\mathrm{d}t$$

冲量是矢量;表征力持续作用一段时间的累积效应。

视 频

质点的动量定理

3. 动量定理

(1)推导

设作用在质点上的力为 $\boldsymbol{F}$, 在 Δt 时间内,质点的速度由 $\boldsymbol{v}_1$ 变成 $\boldsymbol{v}_2$, 根据牛顿第二定律

$$\boldsymbol{F} = m\boldsymbol{a} = m\frac{\mathrm{d}\boldsymbol{v}}{\mathrm{d}t}$$

可得

$$\boldsymbol{F}\mathrm{d}t = m\mathrm{d}\boldsymbol{v}$$

积分

$$\int_{t_0}^{t} \boldsymbol{F}\mathrm{d}t = \int_{\boldsymbol{v}_1}^{\boldsymbol{v}_2} m\mathrm{d}\boldsymbol{v}$$

即

$$\boldsymbol{I} = m\boldsymbol{v}_2 - m\boldsymbol{v}_1 \tag{3-4}$$

(2)内容

在给定时间间隔内,外力作用在质点上的冲量,等于质点在此时间内动量的增量。

(3)动量定理的分量式

$$I_x = \int_{t_1}^{t_2} F_x\mathrm{d}t = mv_{2x} - mv_{1x} \tag{3-5a}$$

$$I_y = \int_{t_1}^{t_2} F_y\mathrm{d}t = mv_{2y} - mv_{1y} \tag{3-5b}$$

$$I_z = \int_{t_1}^{t_2} F_z\mathrm{d}t = mv_{2z} - mv_{1z} \tag{3-5c}$$

动量定理说明质点动量的改变是由外力和外力作用时间两个因素,即冲量决定的。

(4)动量定理的成立条件——惯性系

动量定理说明:力在一段时间内的累积效果,使物体产生动量增量。要产生同样的效果,即同样

的动量增量,力不同,相应作用时间也就不同,力大时所需时间短些,力小时所需时间长些。只要力的时间累积量即冲量一样,就能产生同样的动量增量。

注意:$\boldsymbol{I}$ 是过程量,累积量;$\boldsymbol{F}$ 是瞬时量;$\boldsymbol{p}$ 是状态量。

在工程技术和日常生活中,常遇到一些如何利用和避免冲力的问题,这就需要根据动量定理来考虑。例如,为了利用冲力,给冲床和破碎机配上重锤,让重锤从高处落下,在很短时间内发生动量剧变,从而产生巨大的冲力,达到锻打工件或破碎废料的目的。又如,为了减少冲力,在各种车辆的底盘下安装了弹簧减振器,在包装商品时加装海绵及泡沫塑料等,则是通过加长力的作用时间,使冲力减小,达到保护机器及商品的目的。

再如,运动员在投掷标枪的时候,尽可能地延长手对标枪的作用时间,以提高标枪的出手速度。

质点的动量定理说明了力的累积效应会引起质点运动状态的改变,这是量的积累引起质的变化的一种表现形式,量变质变规律是唯物辩证法的基本规律之一。"不积跬步,无以至千里;不积小流,无以成江海""锲而舍之,朽木不折;锲而不舍,金石可镂"做事情要踏踏实实,贵在坚持,遇到困难不能知难而退,而要奋发图强,成功终将属于自己。

视 频

质点动量定理的说明及应用

利用动量定理计算平均冲力:

动量定理常用于碰撞、打击等问题的研究。在碰撞等过程中,由于作用的时间 Δt 极短,冲力的大小变化很大且很难测量;但是只要测出碰撞前后的动量和碰撞所持续的时间,则可得到平均冲力

$$\overline{\boldsymbol{F}} = \frac{1}{\Delta t}\int_{t_1}^{t_2}\boldsymbol{F}\mathrm{d}t = \frac{1}{\Delta t}(m\boldsymbol{v}_2 - m\boldsymbol{v}_1) \tag{3-6}$$

现实生活中人们常常为利用冲力而增大冲力,有时又为避免冲力造成损害而减少冲力。

例如,利用冲床冲压钢板,由于冲头受到钢板给它的冲量的作用,冲头的动量很快地减为零,相应的冲力很大,因此钢板所受的反作用冲力也同样很大,所以钢板就被冲断了;当人们用手去接对方抛来的篮球时,手要往后缩一缩,以延长作用时间从而缓冲篮球对手的冲力。

2013 年 6 月 20 日,"最美快递员徒手接孩子"事件,用"生命托举"勇救坠楼女童的顺丰速运浙江宁海分公司李顺辉等 8 名快递员当选"最美浙江人"。他们用胳膊延长了孩子坠落时的时间,使得孩子受到的冲力减小,保护了孩子的生命,他们的行为是"真善美"的集中体现,是构建社会主义核心价值体系的典型示范和良性互动。

思考:冲量的方向是否与作用力的方向相同?

(1)如果 $\boldsymbol{F}$ 是一个方向不变,大小不变的力,那么冲量 $\boldsymbol{I}$ 方向与 $\boldsymbol{F}$ 方向相同,冲量 $\boldsymbol{I}$ 大小由外力大小和外力持续作用时间决定。如果 $\boldsymbol{F}$ 为变力如图 3-1 所示,冲量大小等于图中曲线下的面积或等于平均冲力 $\overline{\boldsymbol{F}}$ 下的面积。其表达式为

$$\boldsymbol{I} = \int_{t_1}^{t_2}\boldsymbol{F}\mathrm{d}t = \overline{\boldsymbol{F}}(t_2 - t_1) \tag{3-7}$$

(2)如果 $\boldsymbol{F}$ 是一个方向和大小都变化的变力,那么冲量 $\boldsymbol{I}$ 的大小和方向是由这段时间内所有微分冲量 $\boldsymbol{F}\mathrm{d}t$ 的矢量总和所决定。

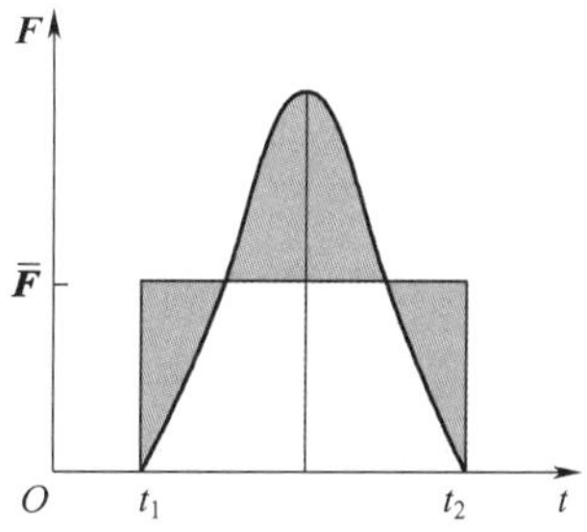

图 3-1 冲力示意图

例 1 一弹性球,质量 $m = 0.2$ kg,速度的大小为 $v = 6$ m/s,与

墙壁碰撞后跳回，设跳回时速度的大小不变，碰撞前后的方向与墙壁的法线的夹角都是 $\alpha=60°$，碰撞的时间为 $\Delta t=0.03\ \text{s}$。求在碰撞时间内，球对墙壁的平均作用力。

解 以球为研究对象，设墙壁对球的作用力为 $\overline{\boldsymbol{F}}$，球在碰撞过程前后的速度为 $\boldsymbol{v}_1$ 和 $\boldsymbol{v}_2$，由动量定理得

$$\overline{\boldsymbol{F}}\Delta t = m\boldsymbol{v}_2 - m\boldsymbol{v}_1$$

建立如图 3-2 所示的坐标系，则上式写成标量形式为

$$\overline{F}_x\Delta t = mv_{2x} - mv_{1x}$$

$$\overline{F}_y\Delta t = mv_{2y} - mv_{1y}$$

即 $$\overline{F}_x\Delta t = mv\cos\alpha - (-mv\cos\alpha) = 2mv\cos\alpha$$

$$\overline{F}_y\Delta t = mv\sin\alpha - mv\sin\alpha = 0$$

因而 $$\overline{F}_x = 2mv\cos\alpha/\Delta t$$

$$\overline{F}_y = 0$$

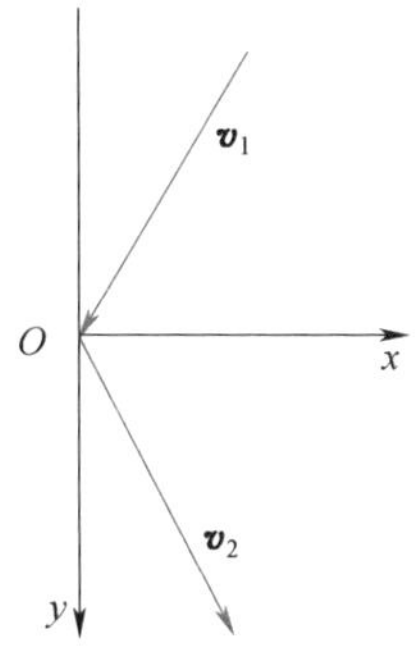

图 3-2 建立坐标系

代入数据，得

$$\overline{F}_x = (2\times0.2\times6\times\cos 60°/0.03)\ \text{N} = 40\ \text{N}$$

视频

例题解析1和2

根据牛顿第三定律，球对墙壁的作用力为 40 N，方向向左。

例 2 一架以 $3.0\times10^2\ \text{m}\cdot\text{s}^{-1}$ 的速率水平飞行的飞机，与一只身长为 0.20 m、质量为 0.50 kg 的飞鸟相碰。设碰撞后飞鸟的尸体与飞机具有同样的速度，而原来飞鸟对于地面的速率很小，可以忽略不计。估计飞鸟对飞机的冲击力，根据本题的计算结果，你对高速运动的物体与通常情况下不足以引起危害的物体相碰后产生后果的问题有什么体会？

解 以飞鸟为研究对象，在撞击飞机前，鸟的速度远小于飞机的速度，可以忽略不计，其初速度为零，末速度为飞机的速度，由动量定理有

$$\overline{F}\Delta t = mv - 0,\quad \Delta t = \frac{l}{v}$$

联立两式可得

$$\overline{F} = \frac{mv^2}{l} = 2.25\times10^5\ \text{N}$$

飞鸟的平均冲力 $$\overline{F'} = -\overline{F} = -2.25\times10^5\ \text{N}$$

式中的负号表示飞机受到的冲击力与飞机的运动速度方向相反。

从计算结果可知 $\overline{F'}=-\overline{F}=-2.25\times10^5\ \text{N}$ 是鸟所受重力的 4.5 万倍。可见，冲击力是相当大的。通过计算发现鸟撞击飞机破坏主要来自飞行器的速度而非鸟类本身的质量。根据牛顿第三定律，一只 0.45 kg 的鸟与时速 800 km 的飞机相撞，会产生约 1 538 N 的力，大约等于 153.8 kg 的物体产生的冲击力，一只 0.45 kg 的鸟要是撞在速度为每小时 960 km 的飞机上，要产生约 21.6 万 N 的力，所以浑身是肉的鸟儿也能成为击落飞机的“炮弹”。

例 3 质量为 m 的物体，由水平面上点 O 以初速为 v_0 抛出，v_0 与水平面成仰角 α。若不计空气阻力。试求：(1) 物体从发射点 O 到最高点的过程中，重力的冲量；(2) 物体从发射点到落回至同一水

平面的过程中，重力的冲量。

解 (1)在垂直方向上，物体 m 到达最高点时的动量的变化量是：

$$\Delta p_1 = 0 - mv\sin\alpha$$

而重力的冲量等于物体在垂直方向的动量变化量：

$$I_1 = \Delta p_1 = 0 - mv\sin\alpha = -mv_0\sin\alpha$$

(2)同理，物体从发射点到落回至同一水平面的过程中，重力的冲量等于物体竖直方向上的动量变化量

$$I_2 = \Delta p_2 = mv_2 - mv_1 = -mv\sin\alpha - mv\sin\alpha = -2mv\sin\alpha$$

负号表示冲量的方向向下。

例 4 一物体受合力为 $F = 2t$ (SI)，做直线运动，试问在第二个 5 s 内和第一个 5 s 内物体受冲量之比及动量增量之比各为多少？

解 设物体沿 x 方向运动，

$$I_1 = \int_0^5 F\mathrm{d}t = \int_0^5 2t\mathrm{d}t = 25\ \mathrm{N\cdot s}(\ \boldsymbol{I}_1 \text{ 沿 } \boldsymbol{i} \text{ 方向})$$

$$I_2 = \int_5^{10} F\mathrm{d}t = \int_5^{10} 2t\mathrm{d}t = 75\ \mathrm{N\cdot s}(\ \boldsymbol{I}_2 \text{ 沿 } \boldsymbol{i} \text{ 方向})$$

得
$$I_2/I_1 = 3$$

因为
$$\begin{cases} I_2 = \Delta p_2 \\ I_1 = \Delta p_1 \end{cases}$$

所以
$$\frac{\Delta p_2}{\Delta p_1} = 3$$

3.1.2 质点系的动量定理

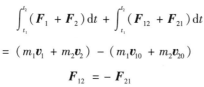

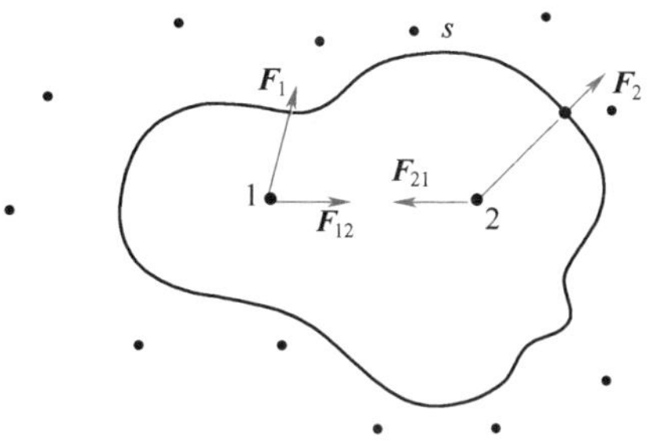

图 3-3 质点系的内力和外力

1. 两个质点的情况

设系统内有两个质点 1 和 2，质量分别为 m_1 和 m_2，如图 3-3 所示，作用在质点上的外力分别为 $\boldsymbol{F}_1$ 和 $\boldsymbol{F}_2$，而两质点之间的相互作用力为 $\boldsymbol{F}_{12}$ 和 $\boldsymbol{F}_{21}$，根据动量定理，在 $\Delta t = t_2 - t_1$ 时间内，两质点的动量的增量分别为

$$\int_{t_1}^{t_2}(\boldsymbol{F}_1 + \boldsymbol{F}_{12})\mathrm{d}t = m_1\boldsymbol{v}_1 - m_1\boldsymbol{v}_{10}$$

$$\int_{t_1}^{t_2}(\boldsymbol{F}_2 + \boldsymbol{F}_{21})\mathrm{d}t = m_2\boldsymbol{v}_2 - m_2\boldsymbol{v}_{20}$$

把上面两式相加，得

$$\int_{t_1}^{t_2}(\boldsymbol{F}_1 + \boldsymbol{F}_2)\mathrm{d}t + \int_{t_1}^{t_2}(\boldsymbol{F}_{12} + \boldsymbol{F}_{21})\mathrm{d}t$$
$$= (m_1\boldsymbol{v}_1 + m_2\boldsymbol{v}_2) - (m_1\boldsymbol{v}_{10} + m_2\boldsymbol{v}_{20})$$

考虑牛顿第三定律
$$\boldsymbol{F}_{12} = -\boldsymbol{F}_{21}$$

视频

质点系的动量定理和动量守恒定律

得

$$\int_{t_1}^{t_2}(\boldsymbol{F}_1+\boldsymbol{F}_2)\mathrm{d}t=(m_1\boldsymbol{v}_1+m_2\boldsymbol{v}_2)-(m_1\boldsymbol{v}_{10}+m_2\boldsymbol{v}_{20}) \tag{3-8}$$

作用在两质点组成的系统的合外力的冲量等于系统内两质点动量之和的增量,即系统动量的增量。

2. 推广:*n* 个质点的情况

$$\int_{t_1}^{t_2}\left(\sum_{i=1}^{n}\boldsymbol{F}_{i外}\right)\mathrm{d}t+\int_{t_1}^{t_2}\left(\sum_{i=1}^{n}\boldsymbol{F}_{i内}\right)\mathrm{d}t=\sum_{i=1}^{n}m_i\boldsymbol{v}_i-\sum_{i=1}^{n}m_i\boldsymbol{v}_{i0} \tag{3-9}$$

考虑到内力总是成对出现的,且大小相等,方向相反,故其矢量和必为零,即 $\sum_{i=0}^{n}\boldsymbol{F}_{i内}=0$

设作用在系统上的合外力用 $\boldsymbol{F}_{外力}$ 表示,且系统的初动量和末动量分别用 $\boldsymbol{p}_0$ 和 $\boldsymbol{p}$ 表示,则

$$\int_{t_1}^{t_2}\boldsymbol{F}_{外力}\mathrm{d}t=\sum_{i=1}^{n}m_i\boldsymbol{v}_i-\sum_{i=1}^{n}m_i\boldsymbol{v}_{i0} \tag{3-10a}$$

或

$$\boldsymbol{I}=\boldsymbol{p}-\boldsymbol{p}_0 \tag{3-10b}$$

即,作用在系统的合外力的冲量等于系统动量的增量,这就是质点系的动量定理。

3. 分量形式

$$\begin{cases}I_x=p_x-p_{x0}\\ I_y=p_y-p_{y0}\\ I_z=p_z-p_{z0}\end{cases} \tag{3-11}$$

即某一方向作用于系统达到的所有外力的冲量的代数和等于在同一时间内该方向系统的动量的增量。

说明:

(1)合外力——作用于系统的合外力是作用于系统内每一质点的外力的矢量和。只有外力才对系统的动量变化有贡献,而系统的内力是不能改变整个系统的动量的。

(2)对于无限小的时间间隔内,质点的动量定理可写成

$$\boldsymbol{F}^{\mathrm{ex}}\mathrm{d}t=\mathrm{d}\boldsymbol{p} \tag{3-12}$$

动量定理与牛顿定律的比较见表 3-1。

表 3-1 动量定理与牛顿定律的比较

定律(定理)	牛顿定律	动量定理
力的效果	力的瞬时效果	力对时间的积累效果
关系	牛顿定律是动量定理的微分形式	动量定理是牛顿定律的积分形式
适用对象	质点	质点、质点系
适用范围	惯性系	惯性系
解题分析	必须研究质点在每时刻的运动情况	只需研究质点(系)始末两状态的变化

3.2 动量守恒定律

近年来,中国航天不断创造世界奇迹,中国航天在载人航天、新型火箭、卫星导航系统、月球与深空探测与商业航天等领域取得了重大成就。特别是 2021 年 5 月,天问一号抵达火星、天宫空间站全

面开建、长征火箭家族继续扩容、民营火箭和卫星也有新突破。火箭飞行是质点动量定理和动量守恒定律的应用实例。发射火箭前火箭的总动量为零,火箭在升空过程中,由于火箭内部燃料燃烧产生的大量气体从尾部不断地喷出,使火箭获得了冲力,冲向浩瀚的宇宙。

3.2.1　动量守恒定律概述

当系统所受合外力为零时,即 $\boldsymbol{F}_{外力}=0$ 时,系统的动量的增量为零,这时系统的总动量保持不变,即

$$\boldsymbol{p}=\sum m_i\boldsymbol{v}_i=\text{恒矢量} \tag{3-13}$$

动量守恒定律内容:当系统所受合外力为零时,系统的总动量保持不变。

分量式:

$$\begin{cases} p_x=\sum m_i v_{ix}=C_x & (\text{合外力 } F_x=0) \\ p_y=\sum m_i v_{iy}=C_y & (\text{合外力 } F_y=0) \\ p_z=\sum m_i v_{iz}=C_z & (\text{合外力 } F_z=0) \end{cases} \tag{3-14}$$

说明:

(1)守恒的含义——系统的总动量守恒是指系统的总动量的矢量和不变,而不是指某一个质点的动量不变。

(2)系统动量守恒的条件——系统所受的合外力为零。在某些情况下,质点所受的外力比内力要小得多,则外力可以忽略不计,此时系统的动量守恒。

(3)内力的作用——不改变系统的动量,但是可以引起系统动量内各质点的动量的变化。

(4)动量是描述状态的物理量,而冲量是过程量。

(5)动量守恒定律是物理学中最普遍、最基本的定律之一。

3.2.2　应用动量守恒定律应注意的问题

(1)在动量守恒定律中,系统的总动量不变,是指系统内各物体动量的矢量和不变,而不是指其中某一个物体的动量不变。

(2)系统动量守恒的条件是合外力为零。但在外力比内力小得多的情况下,外力对质点系的总动量变化影响甚小,这时可以认为近似满足守恒条件。如碰撞、打击、爆炸等问题,因为参与碰撞的物体的相互作用时间很短,相互作用内力很大,而一般的外力(如空气阻力、摩擦力或重力)与内力比较可忽略不计,所以可认为物体系统的总动量守恒。

(3)如果系统所受外力的矢量和并不为零,但合外力在某个坐标轴上的分量为零,那么,系统的总动量虽不守恒,但在该坐标轴的分动量则是守恒的。这对处理某些问题是很有用的。

(4)动量守恒定律是物理学最普遍、最基本的定律之一。但由于是用牛顿运动定律导出动量守恒定律的,所以它只适用于惯性系。

虽然动量守恒定律是由牛顿运动定律导出的,但它并不依靠牛顿运动定律。动量的概念不仅适用于以速度 $\boldsymbol{v}$ 运动的质点或粒子,而且也适用于电磁场,只是对于后者,其动量不再能用 $m\boldsymbol{v}$ 这样的

形式表示。不但对作用力和反作用力描述其相互作用的质点系所发生的过程，动量守恒定律成立；而且，大量实验证明，对其内部的相互作用不能用力的概念描述的系统所发生的过程，如光子和电子的碰撞，光子转化为电子，电子转化为光子等过程，只要系统不受外界影响，它们的动量都是守恒的。所以动量守恒定律是物理学中最基本的普适原理之一。

解题步骤：

(1)按问题的要求与计算方便，选好系统，分析要研究的物理过程；

(2)进行受力分析，判断守恒条件；

(3)确定系统的初动量与末动量；

(4)建立坐标系，列方程求解；

(5)必要时进行讨论。

例 1　A、B 两船在平静的湖面上平行逆向航行，当两船擦肩相遇时，两船各自向对方平稳的传递 50 kg 的重物，结果是 A 船停下来，而 B 船以 3.4 m/s 的速度继续向前驶去。A、B 两船原有质量为 0.5×10^3 kg 和 1.0×10^3 kg，求在传递重物前两船的速度。(忽略水对船的阻力)

解　由于忽略水对船的阻力，满足水平方向动量守恒定律。设两船的速度分别为 v_{A0}、v_{B0}，末速度为 v_{At}、v_{Bt}，原来的质量分别为 M_A、M_B，转移的质量为 m。对上述系统Ⅰ应用动量守恒定律：(搬出重物后 A 船与从 B 船搬入的重物为一个系统)

$$(M_A-m)v_{A0}+mv_{B0}=M_Av_{At}$$

对系统Ⅱ应用动量守恒定律：(搬出重物的 B 船与从 A 船搬入的重物为一个系统)

$$(M_B-m)v_{B0}+mv_{A0}=M_Bv_{Bt}$$

视频

动量守恒定律的例题解析

由上面两式联立解出：

$$v_{A0}=\frac{-M_Bmv_{Bt}}{(M_B-m)(M_A-m)-m^2}$$

$$v_{B0}=\frac{(M_A-m)M_Bv_{Bt}}{(M_A-m)(M_B-m)-m^2}$$

将已知数据代入得

$$v_{A0}=-0.40\ \mathrm{m\cdot s^{-1}}\text{(负号表示与 B 船的速度方向相反)}$$

$$v_{B0}=3.6\ \mathrm{m\cdot s^{-1}}$$

例 2　铁路上有一静止的平板车，其质量为 m'，设平板车可无摩擦地在水平轨道上运动，现有 N 个人从平板车的后端跳下，每个人的质量均为 m，相对平板车的速度均为 u。问：在下列两种情况下，(1) N 个人同时跳离；(2)一个人一个人地跳离，平板车的末速度是多少？所得的结果为何不同，其物理原因是什么？

解　(1)所有人同时跳，水平方向动量守恒。车的末速度为 v，人的速度为 $v-u$，所以

$$0=m'v+Nm(v-u)$$

$$v=\frac{Nm}{m'+Nm}\cdot u$$

(2)若 N 个人一个一个跳，则每个人跳车的动量守恒方程为

第一个人跳：

$$0 = m(v_1 - u) + [m' + (N-1)m]v_1 \qquad v_1 = \frac{m}{m' + Nm} \cdot u$$

第二个人跳：

$$[m' + (N-1)m]v_1 = m(v_2 - u) + [m' + (N-2)m]v_2$$

$$v_2 = v_1 + \frac{m}{m' + (N-1)m} \cdot u$$

以此类推：
$$v_N = v_{N-1} + \frac{m}{m' + m}u$$

将以上各式两边相加，化简后得平板车的末速度为

$$v_N = \sum_{n=1}^{N} \frac{m}{m' + nm}u$$

由于 $m' + nm \leqslant m' + Nm$，所以 $v_N > v$。

即一个一个跳，车的末速度大于 N 个人同时跳车的末速度。其物理原因是 N 个人逐跳时，车的速度逐次增大，导致跳车者对平板车所做的功也逐次增大，因而平板车获得的动能要大于 N 个人跳的情况。

3.3　功和动能定理

力学与机械学是同源词；在历史上，推动力学产生与发展的，除了天文学外，主要是对机械装置原理的研究。人们制造机械，是为了让它们做功。一个物体具有做功的本领，叫作具有一定的能量。

视频
功的引入

功的概念起源于早期工业发展的需要，工程师们需要比较蒸汽机的效能，在实践中，大家发现，当燃烧同样多的燃料时，机械举起的质量与举起高度的乘积可以用来量度机器的效能，从而比较蒸汽机的优劣，并把物体的质量与物体上升高度的乘积称为功，到了 19 世纪 20 年代，法国科学家科里奥利拓展了这一基本思想，明确地把作用于物体上的力和受力点沿力的方向的位移的乘积称为力的功。

视频
功的定义

3.3.1　功

功是表示力对空间累积的物理量。功的概念是人们在长期的生产实践和科学研究中建立起来的。

1. 恒力的功

定义：如图 3-4 所示，一物体在恒力 $\boldsymbol{F}$ 的作用下，沿直线运动，位移为 $\Delta\boldsymbol{r}$，并且与力 $\boldsymbol{F}$ 成 θ 角，则定义力 $\boldsymbol{F}$ 对物体所做的功 W 为

$$W = F\cos\theta\,|\Delta\boldsymbol{r}| \qquad (3\text{-}15)$$

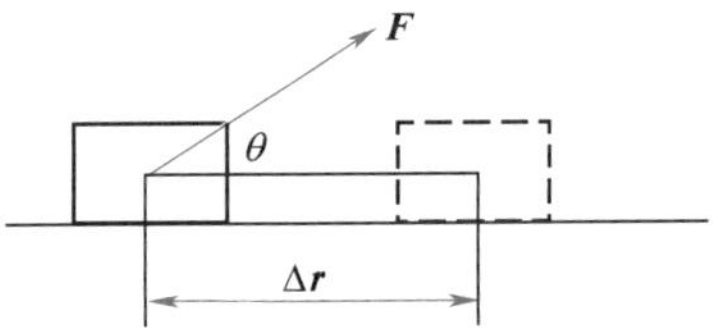

图 3-4　恒力的功

即力对物体所做的功等于该力沿运动方向的分量与物体位移的乘积。写成矢量式为

$$W = \boldsymbol{F} \cdot \Delta \boldsymbol{r} \tag{3-16}$$

说明:

(1)功是标量,没有方向,只有大小,但有正负;

$0° \leqslant \theta < \pi/2$, W 为正值,即力对物体做正功;

$\theta = \pi/2$, $W=0$,此时力与物体的位移垂直,力对物体不做功;

$\pi/2 < \theta \leqslant \pi$, W 为负值,即力对物体做负功,或物体克服该力做功。

(2)单位:焦[耳](J),1 J=1 N·m。

(3)功的另一定义:力对物体所做的功等于质点的位移在力的方向上的分量与力的大小的乘积。

视 频

变力做功表达式

2. 变力的功

变力是指大小和方向至少有一个是随时间改变的力。在许多问题中,质点受变力作用,沿曲线运动,这时不能按照式(3-15)来计算功。我们可以把物体运动的轨迹分成许多微小的元位移,如图3-5所示,在每一个元位移内,力可视为不变,则在每一个元位移内,力所做的功为

$$\mathrm{d}W = \boldsymbol{F} \cdot \mathrm{d}\boldsymbol{r} = F\cos\theta\,|\mathrm{d}\boldsymbol{r}|$$

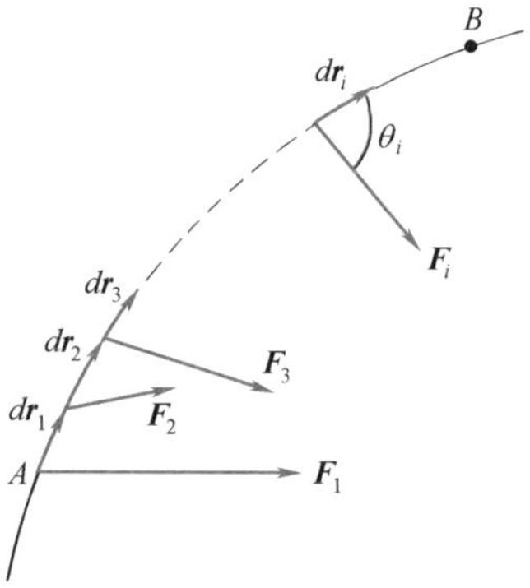

图3-5 变力的功

总功为

$$W = \int_L \mathrm{d}W = \int_L \boldsymbol{F} \cdot \mathrm{d}\boldsymbol{r} = \int_L F\cos\theta\,|\mathrm{d}\boldsymbol{r}| \tag{3-17}$$

3. 合力的功

$$W = \int_L \boldsymbol{F} \cdot \mathrm{d}\boldsymbol{r} = \int_L \left(\sum \boldsymbol{F}_i\right) \cdot \mathrm{d}\boldsymbol{r} = \sum \left(\int_L \boldsymbol{F}_i \cdot \mathrm{d}\boldsymbol{r}\right) = \sum W_i \tag{3-18}$$

视 频

合力的功和功率概念

结论:合力的功等于各个分力所做的功的代数和。

4. 功的计算

(1)积分方法:从定义式出发

$$W = \int_L \boldsymbol{F} \cdot \mathrm{d}\boldsymbol{r}$$

在直角坐标系中,若 $\boldsymbol{F} = F_x\boldsymbol{i} + F_y\boldsymbol{j} + F_z\boldsymbol{k}$

$$\mathrm{d}\boldsymbol{r} = \mathrm{d}x\boldsymbol{i} + \mathrm{d}y\boldsymbol{j} + \mathrm{d}z\boldsymbol{k}$$

则

$$W = \int_L (F_x\mathrm{d}x + F_y\mathrm{d}y + F_z\mathrm{d}z) \tag{3-19}$$

需要弄清楚要求哪一个力做的功,并要能写出该力随位置变化的关系式,然后积分即可。

在自然坐标系中,

$$\boldsymbol{F} = F_t\boldsymbol{e}_t + F_n\boldsymbol{e}_n,\ \mathrm{d}\boldsymbol{r} = \mathrm{d}s\boldsymbol{e}_t$$

则

$$W = \int_L \boldsymbol{F} \cdot \mathrm{d}\boldsymbol{r} = \int_L F_t\mathrm{d}s \tag{3-20}$$

即力对质点所做的功等于力的切线分量对路径的线积分。由于法向力与路径垂直,因而它始终

不做功。

计算功的方法：

- 分析质点受力情况，确定力随位置变化的关系；
- 写出元功的表达式，选定积分变量；
- 写上定积分上下限，进行积分，求出总功。

(2)功的图示法

如图 3-6 所示，纵坐标表示作用在物体上的力在位移方向上的分量，横坐标表示质点沿曲线运动的路程。曲线下的面积等于力所做的功。

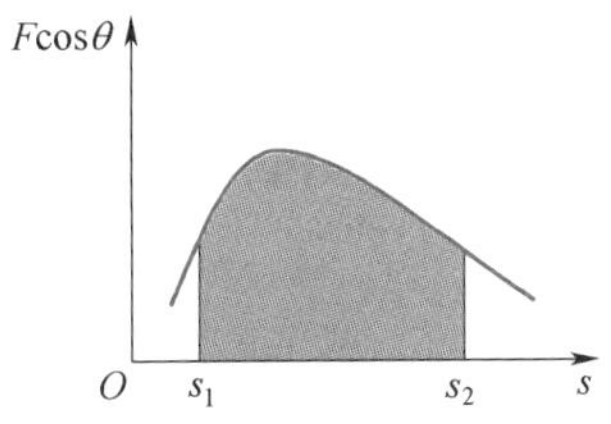

图 3-6　变力做功的图示

例 1　设作用在质量为 2 kg 的物体上的力 $F = 6t$(SI)。如果物体由静止出发沿直线运动，试求在头 2 s 时间内，这个力对物体所做的功。

解　按功的定义式计算功，必须首先求出力和位移的关系式。根据牛顿第二定律 $F = ma$ 可知物体的加速度为 $a = \mathrm{d}v/\mathrm{d}t = F/m = 6t/2 = 3t$，

所以

$$\mathrm{d}v = 3t\mathrm{d}t$$

积分得

$$\int_0^v \mathrm{d}v = \int_0^t 3t\mathrm{d}t = 1.5t^2$$

故位移与时间的关系为

$$\mathrm{d}x = 1.5t^2\mathrm{d}t$$

因而力所做的功为

$$W = \int F\mathrm{d}x = \int 6t \cdot 1.5t^2\mathrm{d}t = \int_0^2 9t^3\mathrm{d}t = 36(\mathrm{J})$$

例 2　一个质点沿如图 3-7 所示的路径运行，求力 $\boldsymbol{F} = (4 - 2y)\boldsymbol{i}$ (SI)对该质点所做的功，(1)沿 ODC；(2)沿 OBC。

解　$\boldsymbol{F} = (4 - 2y)\boldsymbol{i}$

$$F_x = 4 - 2y \quad F_y = 0$$

(1) OD 段：$y = 0, \mathrm{d}y = 0$；DC 段：$x = 2, F_y = 0$。

$$W_{ODC} = \int_{OD} \boldsymbol{F} \cdot \mathrm{d}\boldsymbol{r} + \int_{DC} \boldsymbol{F} \cdot \mathrm{d}\boldsymbol{r} = \int_0^2 (4 - 2 \times 0)\mathrm{d}x + 0 = 8(\mathrm{J})$$

(2) OB 段：$F_y = 0$；BC 段：$y = 2$。

$$W_{OBC} = \int_{OB} \boldsymbol{F} \cdot \mathrm{d}\boldsymbol{r} + \int_{BC} \boldsymbol{F} \cdot \mathrm{d}\boldsymbol{r} = \int_0^2 (4 - 2 \times 2)\mathrm{d}x + 0 = 0$$

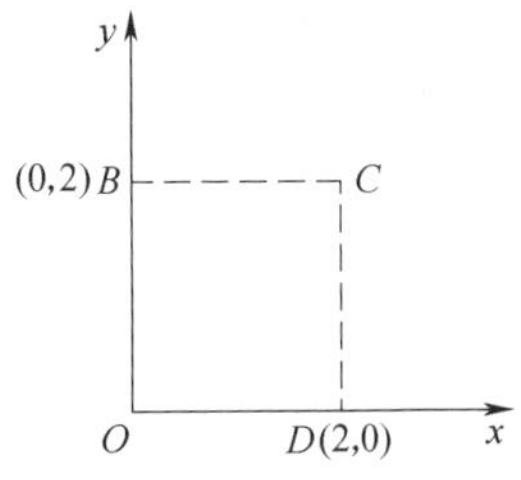

图 3-7　例 2 示意图

3.3.2　功率

1. 定义

单位时间内完成的功，叫作功率。

平均功率：

$$\overline{P} = \frac{\Delta W}{\Delta t} \tag{3-21}$$

瞬时功率：
$$P=\frac{\mathrm{d}W}{\mathrm{d}t} \tag{3-22}$$

2. 物理意义

表示做功的快慢。

3. 功率的公式

$$P=\frac{\mathrm{d}W}{\mathrm{d}t}=\frac{\boldsymbol{F}\cdot\mathrm{d}\boldsymbol{r}}{\mathrm{d}t}=\boldsymbol{F}\cdot\boldsymbol{v} \tag{3-23}$$

即功率等于力与速度的点积。

例如：发动机的功率一定，要加大牵引力，降低速度；要获得较大的速度，牵引力就得减小。

4. 单位

瓦[特]（W），$1\ \mathrm{W}=1\ \mathrm{J}\cdot\mathrm{s}^{-1}$，$1\ \mathrm{kW}=10^3\ \mathrm{W}$。

视频

质点的动能定理

3.3.3 质点的动能定理

功是力对空间的累积作用，力对物体做了功，则物体的运动状态要发生变化。功与运动状态变化之间的关系就是质点的动能定理。

1. 动能

动能的概念也是人们在长期的生产实践和科学研究中总结出来的。运动的物体可以做功。例如：瀑布自崖顶落下是重力对水流做功，使水流的速率增加；水流冲击水轮机时，水的冲击力对叶片做功，使叶片转动起来；子弹穿过钢板时，阻力对子弹做负功，使子弹的速度降低。可见，运动着的物体具有能量，力做功的结果是改变物体的运动状态。

定义：物体由于运动而具有的能量叫作动能，其定义为物体的质量与其运动速度的平方的乘积的一半，即

$$E_\mathrm{k}=\frac{1}{2}mv^2 \tag{3-24}$$

动能的单位为焦[耳]（J），$1\ \mathrm{J}=1\ \mathrm{kg}\cdot\mathrm{m}^2\cdot\mathrm{s}^{-2}$。

2. 质点的动能定理

如图3-8所示，一质量为 m 的物体在合外力 F 的作用下，由 A 点运动到 B 点，其速度由 $\boldsymbol{v}_1$ 变成 $\boldsymbol{v}_2$。求合外力对物体所做的功与物体动能之间的关系。

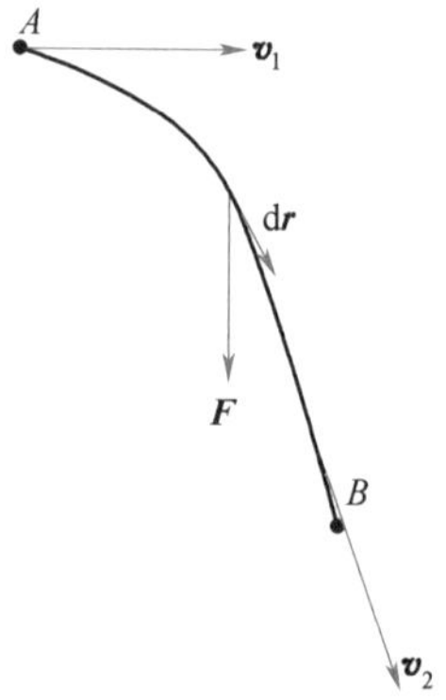

图3-8 动能定理

把路径分成许多位移元 $\mathrm{d}\boldsymbol{r}$，则合外力在位移元 $\mathrm{d}\boldsymbol{r}$ 内所做的功为

$$\mathrm{d}W=\boldsymbol{F}\cdot\mathrm{d}\boldsymbol{r}$$

由牛顿第二定律可知合外力为

$$\boldsymbol{F}=m\boldsymbol{a}=m\frac{\mathrm{d}\boldsymbol{v}}{\mathrm{d}t}=m\frac{\mathrm{d}\boldsymbol{v}}{\mathrm{d}\boldsymbol{r}}\frac{\mathrm{d}\boldsymbol{r}}{\mathrm{d}t}=m\boldsymbol{v}\frac{\mathrm{d}\boldsymbol{v}}{\mathrm{d}\boldsymbol{r}}$$

所以
$$\boldsymbol{F}\cdot\mathrm{d}\boldsymbol{r}=m\boldsymbol{v}\cdot\mathrm{d}\boldsymbol{v}$$

积分
$$\int \boldsymbol{F}\cdot \mathrm{d}\boldsymbol{r} = \int_{\boldsymbol{v}_1}^{\boldsymbol{v}_2} m\boldsymbol{v}\cdot \mathrm{d}\boldsymbol{v}$$

得
$$W = \frac{1}{2}mv_2^2 - \frac{1}{2}mv_1^2 \tag{3-25a}$$

或
$$W = E_{k2} - E_{k1} \tag{3-25b}$$

式中：$W = \int \boldsymbol{F}\cdot \mathrm{d}\boldsymbol{r}$ 为合外力所做的功；

$E_{k2} = \frac{1}{2}mv_2^2$ 为质点的末动能；

$E_{k1} = \frac{1}{2}mv_1^2$ 为质点的初动能。

式(3－25a)和式(3－25b)即质点的动能定理：合外力对质点所做的功等于质点动能的增量。

说明：

(1)W 为合外力对质点所做的功。

合外力做正功　$W>0, E_{k2}>E_{k1}$，质点的动能增加；

合外力不做功　$W=0, E_{k2}=E_{k1}$，质点的动能不变；

合外力做负功　$W<0, E_{k2}<E_{k1}$，质点的动能减小。

(2)只有合外力对质点做功，质点的动能才发生变化。

功是能量变化的量度，是过程量，与过程有关，$W = \int \boldsymbol{F}\cdot \mathrm{d}\boldsymbol{r}$，动能决定于状态，是状态量，与状态有关 $E_k = \frac{1}{2}mv^2$。

(3)质点的动能定理只适用于惯性系(动能定理是从牛顿运动定律导出的)。

(4)动能定理的表达式是一个标量方程式，它只涉及质点运动的初态和末态，不考虑过程的细节，因此，在求解某些力学问题时比较方便。

3. 质点动能定理的应用

动能定理是在牛顿第二定律的基础上推导出来的。利用动能定理解题的方便之处在于不必注意质点在运动过程中任一时刻状态变化的细节。在确定了研究对象之后，只要分析受力情况及其在过程始末状态的动能变化，就可以列出方程。这使力学问题的求解大大简化。

(1)动能 E_k是标量，仅是状态量 v 的单值函数，它是状态量。

(2)功与动能的本质区别：它们的单位和量纲相同，但功是过程量，动能 E_k是状态量；功是能量变化的量度。

(3)功和能具有普遍意义。

(4)动能定理由牛顿第二定律导出，只适用于惯性参考系，并且动能 E_k也与参考系有关。

(5)由质点的动能定理可知，当合外力做正功时，质点的动能增加；当合外力做负功时，质点的动能减少，即质点反抗外力做功是以自身动能的减少为代价，可见动能是质点因运动而具有的做功本领。

(6)动能定理的表达式是一个标量方程，它只涉及质点运动的初态和终态，不问运动过程的细节，因此，在求解某些力学问题时比较方便。

质点动能定理说明了力在空间上的积累（功）会引起质点状态（动能）的变化，这是量的积累引起质变的一种表现形式。其揭示出量的积累是事物发展的必经过程，才能引起事物性质的改变，推动事物的发展。正如《荀子·劝学》中的“不积跬步，无以至千里；不积小流，无以成江海”。

例 3 一质量为 m 的小球系在长为 l 的细绳下端，绳的上端固定在天花板上。起初把绳子放在与铅直线成 θ_0 角处，然后放手使小球沿圆弧下落。试求绳与铅直线成 θ 角时，小球的速率。

解 第一步：计算外力所做的功。

小球受力如图 3-9 所示，由分析可知为变力做功

$$W = \int_{r_0}^{r} \boldsymbol{F}\cdot \mathrm{d}\boldsymbol{r} = \int_{r_0}^{r} \boldsymbol{T}\cdot \mathrm{d}\boldsymbol{r} + \int_{r_0}^{r} \boldsymbol{P}\cdot \mathrm{d}\boldsymbol{r}$$

因为

$$\int_{r_0}^{r} \boldsymbol{T}\cdot \mathrm{d}\boldsymbol{r} = 0$$

和

$$\int_{r_0}^{r} \boldsymbol{P}\cdot \mathrm{d}\boldsymbol{r} = \int_{r_0}^{r} P\cos\varphi\,|\mathrm{d}\boldsymbol{r}| = \int_{r_0}^{r} P\sin\theta\,|\mathrm{d}\boldsymbol{r}|$$

并且注意到

$$|\mathrm{d}\boldsymbol{r}| = -l\mathrm{d}\theta$$

因此

$$W = \int_{r_0}^{r} mg\sin\theta\,|\mathrm{d}\boldsymbol{r}| = -\int_{\theta_0}^{\theta} mgl\sin\theta\mathrm{d}\theta = mgl(\cos\theta - \cos\theta_0)$$

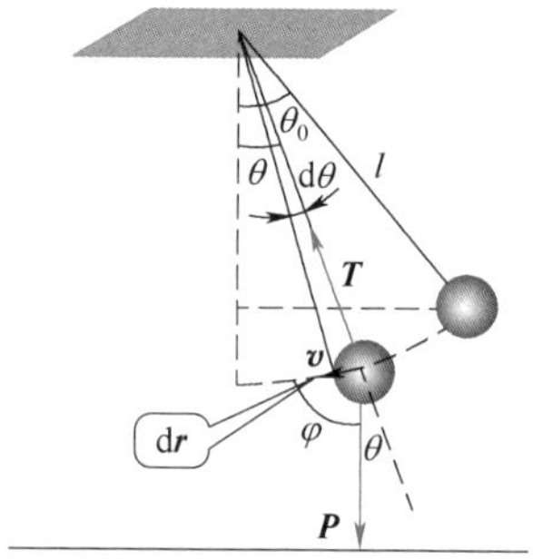

图 3-9 例 3 示意图

第二步：用动能定理求小球的速度。

由动能定理得

$$W = mgl(\cos\theta - \cos\theta_0) = \frac{1}{2}mv^2 - \frac{1}{2}mv_0^2 = \frac{1}{2}mv^2$$

故绳与铅直线成 θ 角时，小球的速率为

$$v = \sqrt{2gl(\cos\theta - \cos\theta_0)}$$

视频

动能定理例题4和5

例 4 一质量为 10 g、速度为 200 $\mathrm{m\cdot s^{-1}}$ 的子弹水平地射入铅直的墙壁内0.04 m 后而停止运动。若墙壁的阻力是一恒量，求墙壁对子弹的作用力。

解 用动能定理比较简单。

初态动能

$$E_{k0} = \frac{1}{2}mv^2$$

末态动能

$$E_k = 0$$

做功

$$W = Fs$$

由动能定理

$$W = E_k - E_{k0} = 0 - \frac{1}{2}mv^2$$

得

$$F = -\frac{mv^2}{2s} = -\frac{0.01\times 200^2}{2\times 0.04}\mathrm{N} = -5\times 10^3\ \mathrm{N}$$

负号表示力的方向与运动的方向相反。

例 5 力 $\boldsymbol{F}$ 作用在质量为 1.0 kg 的质点上，已知在此力作用下质点的运动方程为 $x = 3t - 4t^2 + t^3$ (SI)，求在 0～4 s 内，力 $\boldsymbol{F}$ 对质点所做的功。

解　由运动方程可得质点的速度为

$$v=\frac{\mathrm{d}x}{\mathrm{d}t}=\frac{\mathrm{d}}{\mathrm{d}t}(3t-4t^2+t^3)=3-8t+3t^2$$

$$t=0\ \mathrm{s}\text{时},v_0=(3-8\times0+3\times0^2)\mathrm{m\cdot s^{-1}}=3\ \mathrm{m\cdot s^{-1}}$$

$$t=4\ \mathrm{s}\text{时},v=(3-8\times4+3\times4^2)\mathrm{m\cdot s^{-1}}=19\ \mathrm{m\cdot s^{-1}}$$

因而质点始末状态的动能分别为

$$E_{\mathrm{k0}}=\frac{1}{2}mv_0^2=\left(\frac{1}{2}\times1\times3^2\right)\mathrm{J}=4.5\ \mathrm{J}$$

$$E_{\mathrm{k}}=\frac{1}{2}mv^2=\left(\frac{1}{2}\times1\times19^2\right)\mathrm{J}=180.5\ \mathrm{J}$$

根据质点的动能定理，可知力对质点所做的功为

$$W=E_{\mathrm{k}}-E_{\mathrm{k0}}=(180.5-4.5)\mathrm{J}=176\ \mathrm{J}$$

阅读材料：“天问一号”火星探测任务是中国继“嫦娥系列”月球探测任务后的又一大航天探测工程。其名称中的“天问”源自屈原的长诗《天问》，“天问一号”探测器在被长征五号遥四运载火箭成功送入预定轨道后，将在地火转移轨道飞行约 7 个月到达火星附近，然后通过“刹车”完成火星捕获，进入环火轨道，并择机开展着陆、巡视等任务，由于火星的大气密度仅为地球的1%，着陆火星计划分四部分进行，分别为气动减速阶段、伞系减速阶段、动力减速阶段和着陆缓冲阶段。请学生们思考，“天问一号”火星探测器在火箭加速上升阶段以及降落伞减速阶段所受合力做功对探测器动能的影响？

※《天问》是中国战国时期诗人屈原创作的一首长诗。此诗从天地离分、阴阳变化、日月星辰等自然现象，一直问到神话传说乃至圣贤凶顽和治乱兴衰等历史故事，表现了作者对某些传统观念的大胆怀疑，以及追求真理的探索精神。语言别具一格，句式以四言为主，不用语尾助词，四句一节，每节一韵，节奏音韵自然协调。全诗通篇是对天地、自然和人世等一切事物现象的发问，内容奇绝，显示出作者沉潜多思、思想活跃、想象丰富的个性，表现出超卓非凡的学识和惊人的艺术才华，被誉为是“千古万古至奇之作”。

3.4　保守力与非保守力　势能

在山海关孟姜女庙的庙门上有一副楹联，“海水朝朝朝朝朝朝朝落，浮云长长长长长长长消”，根据文中的一字多音巧妙地组成了一副楹联，这副对联使人思绪万千，情景交融，站在孟姜女庙前，仰望天空，俯瞰大海，浮云奔飞，海水澎湃，时而激发时而退落，历史何尝不是如此，人生何尝不是如此。

视频

万有引力的功推导

海水的潮汐现象，离不开月球和太阳的引力作用，习惯上把海面铅直方向的涨落称为潮汐，潮汐电站主要利用水的高低潮位之间的落差，推动水轮机旋转，带动发电机发电。潮汐电站发电与重力做功和万有引力做功的知识是紧密相连的。

在机械运动范围内的能量，除了动能之外还有势能。为了正确地认识势能，本节将从几种常见力的做功特点出发，引出保守力和非保守力概念，然后介绍势能概念。

视频
万有引力做功的引入

3.4.1 万有引力、重力、弹性力做功的特点

1. 引力做功

问题：如图3-10所示，有两个质量为 m 和 m' 的质点，其中质点 m' 不动，质点 m 在引力的作用下，从点 A 沿路径运动到点 B，取点 m' 为坐标原点，点 A 和点 B 到坐标原点的距离分别为 r_A 和 r_B，求 m' 对 m 的引力所做的功。

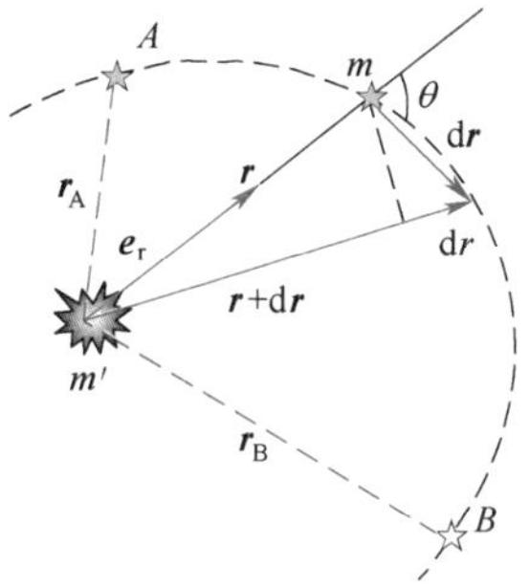

图3-10　万有引力做功

将质点的运动路径分成许多元位移 $\mathrm{d}\boldsymbol{r}$，则引力所做的元功为

$$\mathrm{d}W=\boldsymbol{F}\cdot\mathrm{d}\boldsymbol{r}=-G\frac{mm'}{r^2}\boldsymbol{e}_r\cdot\mathrm{d}\boldsymbol{r}$$

$$=-G\frac{mm'}{r^2}|e_r|\cdot|\mathrm{d}\boldsymbol{r}|\cos\theta=-G\frac{mm'}{r^2}\mathrm{d}r$$

从点 A 沿路径运动到点 B，引力所做的功为

$$W=\int_{r_A}^{r_B}-G\frac{mm'}{r^2}\mathrm{d}r=Gm'm\left(\frac{1}{r_B}-\frac{1}{r_A}\right)$$

即

$$W=Gm'm\left(\frac{1}{r_B}-\frac{1}{r_A}\right)\tag{3-26}$$

结论：引力做功只与质点的起始和终了位置有关，而与质点所经过的路径无关。

视频
重力做功

2. 重力做功

问题：如图3-11所示，质量为 m 的质点，在重力的作用下，从 a 点沿 acb 路径运动到 b 点，a 点和 b 点到地面的高度分别为 y_1 和 y_2，求重力所做的功。

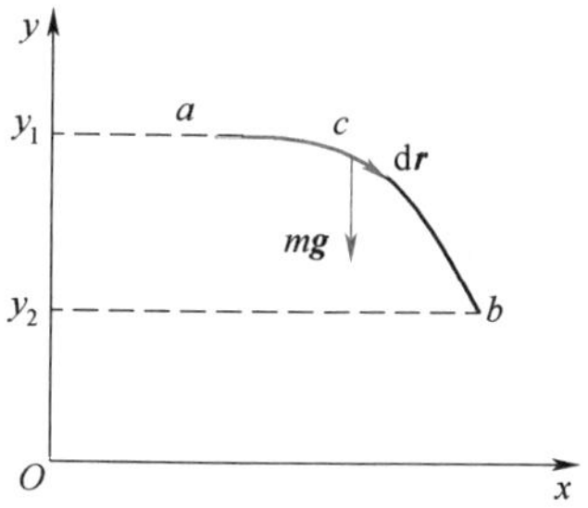

图3-11　重力做功

若质点在平面内运动，按照3－11所选坐标，并取地面上某一点为坐标原点，有

$$\mathrm{d}\boldsymbol{r}=\mathrm{d}x\boldsymbol{i}+\mathrm{d}y\boldsymbol{j}$$

且重力

$$\boldsymbol{G}=-mg\boldsymbol{j}$$

则重力所做的元功为

$$\mathrm{d}W=-mg\boldsymbol{j}\cdot(\mathrm{d}x\boldsymbol{i}+\mathrm{d}y\boldsymbol{j})=-mg\mathrm{d}y$$

从点 a 沿 acb 路径运动到点 b，重力所做的功为

$$W=\int_{y_1}^{y_2}-mg\mathrm{d}y=-mg(y_2-y_1)=-(mgy_2-mgy_1)$$

即

$$W=mgy_1-mgy_2\tag{3-27}$$

视频
弹力做功，保守力概念

结论：重力做功只与质点的起始和终了位置有关，而与质点所经过的路径无关。

3. 弹性力做功

问题：如图3-12所示，在光滑水平面上放置一个弹簧，弹簧一端固定，另一端与一个质量为 m 的质点相连。弹簧在水平方向不受外力作用时，它将不发生形变，此时质点位于 O 点，这个位置称为平衡位置。若在外力的

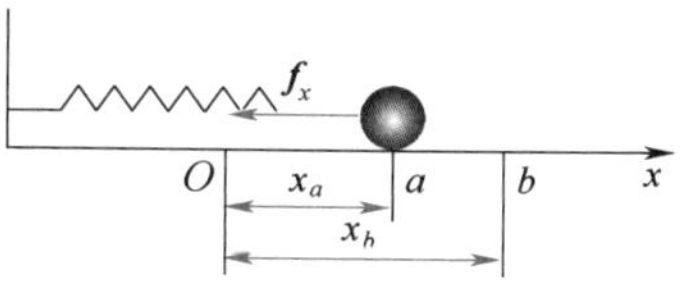

图3-12　弹性力做功

作用下，质点从 a 点被拉到 b 点，a 点和 b 点到平衡位置的距离分别为 x_a 和 x_b，求弹性力所做的功。

将质点的运动路径分成许多元位移 $\mathrm{d}x$，在元位移 $\mathrm{d}x$ 内，弹性力可近似看成不变，由胡克定律，得弹性力为

$$\boldsymbol{f}_x = -kx\boldsymbol{i}$$

弹性力的元功为

$$\mathrm{d}W = \boldsymbol{f}_x \cdot \mathrm{d}x\boldsymbol{i} = -kx\boldsymbol{i} \cdot \mathrm{d}x\boldsymbol{i} = -kx\mathrm{d}x$$

弹簧从点 a 沿到点 b，弹性力所做的功为

$$W = \int_{x_a}^{x_b} -kx\mathrm{d}x = \frac{1}{2}kx_a^2 - \frac{1}{2}kx_b^2 \tag{3-28}$$

结论：弹性力做功只与质点的起始和终了位置有关，而与质点所经过的路径无关。

重力、弹性力、万有引力做功特点的另一种表述：物体沿闭合路径绕行一周，这些力对物体所做的功恒为零。

※山海关，又称榆关、渝关、临闾关，位于河北省秦皇岛市东北 15 km 处，是明长城的东北关隘之一，在 1990 年以前被认为是明长城东端起点，素有中国长城“三大奇观之一”（东有山海关、中有镇北台、西有嘉峪关）与“天下第一关”“边郡之咽喉，京师之保障”之称，与万里之外的嘉峪关遥相呼应，闻名天下。明洪武十四年（1381 年）筑城建关设卫，因其枕山襟海，故名山海关。

3.4.2 保守力与非保守力　保守力做功的数学表达式

1. 保守力(conservation force)

物理学上把具有做功只与初始和终了位置有关而与路径无关这一特点的力称为保守力。重力、万有引力和弹性力等都是保守力。

如图 3-13 所示，质点在保守力的作用下，从 a 点沿路径 c 运动到 b 点，再沿路径 bda 运动到 a，则保守力在这一过程中所做的功为

$$W = \int_l \boldsymbol{F} \cdot \mathrm{d}\boldsymbol{r} = \int_{acb} \boldsymbol{F} \cdot \mathrm{d}\boldsymbol{r} + \int_{bda} \boldsymbol{F} \cdot \mathrm{d}\boldsymbol{r}$$

由于

$$\int_{bda} \boldsymbol{F} \cdot \mathrm{d}\boldsymbol{r} = -\int_{adb} \boldsymbol{F} \cdot \mathrm{d}\boldsymbol{r}$$

且

$$\int_{adb} \boldsymbol{F} \cdot \mathrm{d}\boldsymbol{r} = \int_{acb} \boldsymbol{F} \cdot \mathrm{d}\boldsymbol{r}$$

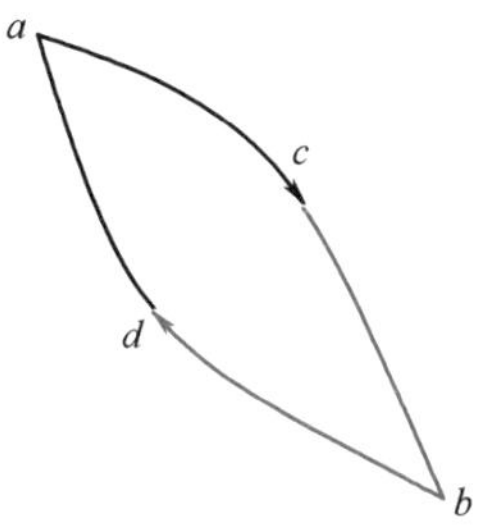

图 3-13　保守力做功

所以质点沿任意闭合路径运行一周时，保守力做功为零。

$$W = \oint_l \boldsymbol{F} \cdot \mathrm{d}\boldsymbol{r} = 0 \tag{3-29}$$

说明：保守力做功与路径无关和保守力沿任意路径一周所做的功为零是等价的，都可以作为一种力是否为保守力的判据。

2. 非保守力

物理学上把做功与路径有关的力称为非保守力。摩擦力等就是非保守力。

设一个质点在粗糙的平面上运动(假设摩擦力为常量),则摩擦力做功为

$$W = \int \boldsymbol{f} \cdot \mathrm{d}\boldsymbol{S} = \int -f\mathrm{d}S = -f\Delta S \tag{3-30}$$

摩擦力做功与质点运动的具体路径有关。

数学表达式:质点沿任意闭合路径运行一周时,非保守力做功不为零,

$$W = \oint_l \boldsymbol{F} \cdot \mathrm{d}\boldsymbol{r} \neq 0 \tag{3-31}$$

当系统中存在摩擦力时,系统总的机械能减少,并转变为热能,通常人们把这个过程称为耗散过程,而把导致耗散的力称为耗散力。

3.4.3 势能

1. 势能的概念

由保守力做功的特点得知,不论沿什么路径从初位置到末位置,保守力对质点所做的功总是相同的,功的数值由质点的始末位置决定。所以,可以说质点在保守力场中处于初始点和处于终止点是两个不同的状态,这两个状态间存在着一个确定的差别,这种差别可以用当质点从一个状态转变到另一个状态时,保守力对质点所做的功为一确定值来表示。为了表示质点在不同位置的各个状态间的这种差别,我们说,质点在保守力场中每一个位置都存储着一种能量,这种与质点位置有关的能量称为势能。

重力、万有引力、弹性力做功只与初始和终了位置有关,而与路径无关;即当质点在保守力场中从一点移到另一点时,只要两点的位置确定,不论其移动的路径如何,保守力的功总是确定的。也就是说,能量的变化是确定的。这种与质点在保守力场中的位置有关的能量称为势能,用 E_{p} 表示。势能不同于动能,它是一种潜在的能量。

视频

势能和势能曲线

2. 势能差

物体在保守力场中 a,b 两点的势能 $E_{\mathrm{p}}(a)$ 、$E_{\mathrm{p}}(b)$ 之差等于质点由 a 点移动到 b 点过程中保守力对它所做的功 W_{ab}, 即 $E_{\mathrm{p}}(a) - E_{\mathrm{p}}(b) = \int_a^b \boldsymbol{F} \cdot \mathrm{d}\boldsymbol{r}$。

3. 势能

选取 $\boldsymbol{r}_0$ 为势能零点,即 $E_{\mathrm{P}}(\boldsymbol{r}_0) = 0$, 那么空间某点的势能 $E_{\mathrm{P}}(\boldsymbol{r})$ 等于质点从该点移动到势能零点位置时保守力所做的功, $E_{\mathrm{P}}(\boldsymbol{r}) = E_{\mathrm{p}}(\boldsymbol{r}) - E_{\mathrm{p}}(\boldsymbol{r}_0) = \int_r^{r_0} \boldsymbol{F} \cdot \mathrm{d}\boldsymbol{r}$。

只有对于保守力才能引入势能的概念,保守力所做的功等于势能的减小,

$$W = mgy_1 - mgy_2 = -(mgy_2 - mgy_1)$$

$$W = GMm\left(\frac{1}{r_b} - \frac{1}{r_a}\right) = -\left[\left(-G\frac{Mm}{r_b}\right) - \left(-G\frac{Mm}{r_a}\right)\right]$$

$$W = \frac{1}{2}kx_1^2 - \frac{1}{2}kx_2^2 = -\left(\frac{1}{2}kx_2^2 - \frac{1}{2}kx_1^2\right)$$

保守力做功只给出了势能之差,要确定势能还必须选择一个参考位置,规定质点在该位置的势能为零,通常称这一位置为势能零点。

$$E_{\mathrm{p}} = \int_p^{\text{“0”}} \boldsymbol{F}_{\text{保}} \cdot \mathrm{d}\boldsymbol{r} \tag{3-32}$$

即质点在某一位置所具有的势能等于把质点从该位置沿任意路径移到势能为零的点时保守力所做的功。

重力势能
$$E_p = mgy \tag{3-33a}$$

引力势能
$$E_p = -G\frac{Mm}{r} \tag{3-33b}$$

弹性势能
$$E_p = \frac{1}{2}kx^2 \tag{3-33c}$$

引入势能以后,保守力做功可用一个统一的式子表示:
$$W = -(E_{p2} - E_{p1}) = -\Delta E_p \tag{3-34}$$
即保守力做功等于势能增量的负值。保守力做正功时势能减小,与日常生活中利用势能减小来做功是相符的。

讨论:

(1)势能是状态的函数:因为在保守力作用下,只要物体的起始和终了位置确定了,保守力所做的功也就确定了,而与所经过的路径无关,所以说,势能是坐标的函数,亦是状态的函数。

(2)某点处系统的势能只有相对意义,势能的值与势能零点的选取有关。势能零点也可以任意选取,但以简便为原则,选取不同的势能零点,物体的势能就将具有不同的值。但两点间的势能差则是绝对的,与势能零点的选取无关。

(3)势能是属于系统的。势能是由系统内各物体间相互作用的保守力和相对位置决定的能量,因而它是属于系统的。单独谈单个物体的势能是没有意义的。如重力势能就是属于地球和物体所组成的系统。同样,引力势能就是属于两个物体组成的系统,弹性势能也是属于物体和弹簧组成的系统。习惯上称某物体的势能,这只是叙述上的简便而已。

(4)只有保守力场才能引入势能的概念。

3.4.4　势能曲线

如果给定一个力,则可以直截了当地从势能的定义求出势能。然而在许多情况下,特别是在微观领域中,用势能函数描述力的特性,要比用力的各个分量来描述更为简明。因而势能曲线的一个重要用途就是能够把势能曲线的特定形式,同在自然界中观察到的特定的相互作用联系起来。

当坐标系和势能零点确定后,质点的势能仅是坐标的函数,即 $E_p = E_p(x,y,z)$。按此函数画出的势能随坐标变化的曲线,称为势能曲线。

1. 重力势能

一般选地面或某一水平面为重力势能的零点,则
$$E_p = mgy$$
式中,y 为质点相对于势能零点的高度[见图 3-14(a)]。

势能零点以上,重力势能为正;

势能零点以下,重力势能为负。

2. 引力势能

选无穷远处为引力势能零点,则

$$E_p = -G\frac{Mm}{r}$$

引力势能为负值[见图 3-14(b)]。

3. 弹性势能

选弹簧无形变时的弹性势能为零,则

$$E_p = \frac{1}{2}kx^2$$

无论弹簧被压缩还是被拉伸,弹性势能总是正的。

势能曲线是势能随相对位置变化的曲线。它为研究势场中的物体的运动提供了一种形象化的手段,如图 3-14(c)所示。

视频

势能例题解析

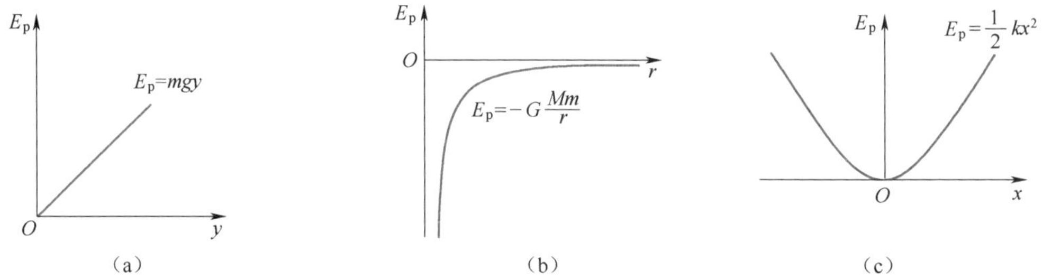

图 3-14　势能曲线

3.5　功能原理　机械能守恒定律

前面讨论了质点运动的能量(动能和势能),以及动能定理。在许多实际问题中,需要研究由许多质点组成的质点系,这时系统内的质点,既可能受到系统内各质点之间相互作用的内力,又可能受到系统外的质点对它的作用的外力,无论是内力还是外力,都可以是保守力或非保守力。

3.5.1　质点系的动能定理

设一系统有 n 个质点,作用于各个质点的力所做的功分别为:W_1, W_2,…, W_n,使各个质点由初动能 E_{k10},E_{k20},…, E_{kn0}变成末动能 E_{k1}, E_{k2},…, E_{kn},由质点的动能定理得

$$W_1 = E_{k1} - E_{k10}$$

$$W_2 = E_{k2} - E_{k20}$$

$$\cdots$$

$$W_n = E_{kn} - E_{kn0}$$

视频

质点系的动能定理

上面各式相加得

$$\sum_{i=1}^{n} W_i = \sum_{i=1}^{n} E_{ki} - \sum_{i=1}^{n} E_{ki0}$$

即

$$W = E_k - E_{k0} \tag{3-35}$$

式中，$W = \sum_{i=1}^{n} W_i$ 作用于系统内所有质点上的力所做的功；

$E_k = \sum_{i=1}^{n} E_{ki}$ 系统的末动能：系统内各个质点的末动能之和；

$E_{k0} = \sum_{i=1}^{n} E_{ki0}$ 系统的初动能：系统内各个质点的初动能之和。

即作用于质点系的内力和外力所做的功等于系统动能的增量。这就是质点系的动能定理。

2020年初的新冠肺炎疫情严重影响了人们的生活和国家的发展，面对疫情，全国人们众志成城，攻坚克难，万众一心，团结一致，使得新冠肺炎疫情得到了控制。国家就好比质点系，每一个公民好比质点，每一个质点形成的合力都做“正功”，为国家注入了“动能”，促进了国家的健康发展。

3.5.2 质点系的功能原理

视频

质点系的功能原理

1. 推导

作用于系统的力可以分为内力和外力，内力又可分为保守内力和非保守内力。作用于系统的功可写为：

$$W = W_{外力} + W_{内力} = W_{外力} + W_{保守内力} + W_{非保守内力}$$

而保守力所做的功等于势能增量的负值，即

$$W_{保守内力} = -\left(\sum_{i=0}^{n} E_{pi} - \sum_{i=0}^{n} E_{pi0}\right)$$

所以

$$\begin{aligned} W_{外力} + W_{非保守内力} &= \left(\sum_{i=0}^{n} E_{ki} - \sum_{i=0}^{n} E_{ki0}\right) + \left(\sum_{i=0}^{n} E_{pi} - \sum_{i=0}^{n} E_{pi0}\right) \\ &= \left(\sum_{i=0}^{n} E_{ki} + \sum_{i=0}^{n} E_{pi}\right) - \left(\sum_{i=0}^{n} E_{ki0} + \sum_{i=0}^{n} E_{pi0}\right) \end{aligned} \tag{3-36}$$

定义：系统的动能与势能之和为系统的机械能，即

$$E = E_k + E_p$$

则

$$W_{外力} + W_{非保守内力} = E - E_0 \tag{3-37}$$

式中：$E = \sum_{i=0}^{n} E_{ki} + \sum_{i=0}^{n} E_{pi}$ 为系统的末态机械能；

$E_0 = \sum_{i=0}^{n} E_{ki0} + \sum_{i=0}^{n} E_{pi0}$ 为系统的初态机械能。

2. 表述

质点系的功能原理：质点系的机械能的增量等于外力和非保守内力对系统所做的功之和。

说明：

(1) $W_{外力}$是作用于系统的外力所做的功之和，而不是合外力所做的功；$W_{非保守内力}$是作用于系统的非保守内力所做的功之和；

(2) 当 $W_{外力} = 0$ 时，$W_{非保守内力} = E - E_0$；$W_{非保守内力} > 0$ 时，$E - E_0 > 0$；$W_{非保守内力} < 0$ 时，$E - E_0 < 0$；当 $W_{非保守内力} = 0$ 时，$W_{外力} = E - E_0$。

(3)外力和内力的划分是相对的。选取的系统不同,其内力和外力就不同。因此应用功能原理时,首先要选好系统,由于功能原理实际上是从牛顿运动定律导出的,因此只能适用于惯性系。

(4)功是能量变化与转化的量度,是过程量,与过程有关;能量是代表系统在一定状态下所具有的做功的本领,是状态量。功能原理与质点系动能定理不同之处是功能原理将保守内力做的功用势能差来代替。因此,在用功能原理解题的过程中,计算功时,要注意将保守内力的功除外。

视频 机械能守恒定律

3.5.3 机械能守恒定律

1. 数学表达式

当 $W_{外力}=0$ 和 $W_{非保守内力}=0$ 时

$$E = E_0$$

即

$$\sum_{i=0}^{n} E_{ki} + \sum_{i=0}^{n} E_{pi} = \sum_{i=0}^{n} E_{ki0} + \sum_{i=0}^{n} E_{pi0} \tag{3-38}$$

2. 文字表述

机械能守恒定律:当作用在质点系的外力和非保守内力都不做功时,质点系的机械能是守恒的。

3. 讨论

$$\sum_{i=0}^{n} E_{ki} - \sum_{i=0}^{n} E_{ki0} = -\left(\sum_{i=0}^{n} E_{pi} - \sum_{i=0}^{n} E_{pi0} \right)$$

即

$$\Delta E_k = -\Delta E_p \tag{3-39}$$

在满足机械能守恒定律的条件下,质点系的动能和势能是相互转换的,且转换的量值是相等的,动能的增加量等于势能的减小量,势能的增加量等于动能的减小量,二者的转换是通过质点系内部保守内力做功来实现的。

应用机械能守恒定律要注意的问题:

(1)选择好系统,分清内力与外力。涉及重力势能时,一定要把地球列入系统,重力是系统的内力;涉及弹性势能时,一定要把弹簧列入系统,弹性力是系统的内力。

(2)分清系统的内力中的保守力和非保守力,判断机械能守恒定律的条件是否满足。

(3)选择合适的势能零点。

视频 机械能守恒定律扩展例题1

例1 如图3-15所示,已知物体做上抛运动,初速度为 $\boldsymbol{v}_0$,与水平方向的夹角为 θ,试计算上抛物体的最大高度 H。

在计算上抛物体最大高度 H 时,列出了方程。(不计空气阻力)

$$-mgH = \frac{1}{2}mv_0^2\cos^2\theta - \frac{1}{2}mv_0^2$$

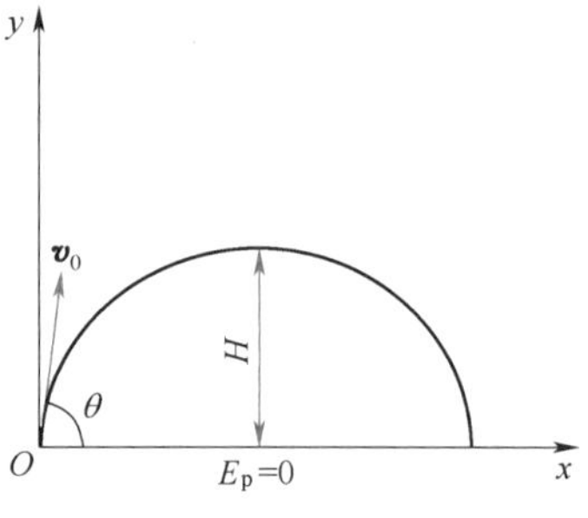

图3-15 例1的图

试问:列出方程时用了质点的动能定理、功能原理和机械能守恒定律中的哪一个?

解 (1)动能定理为合力功 = 质点动能增量,则

$$-mgH=\frac{1}{2}m(v_0\cos\theta)^2-\frac{1}{2}mv_0^2$$

(2)功能原理为外力功+非保守内力功=系统机械能增量(取物体、地球为系统),则

$$0+0=\left[\frac{1}{2}m(v_0\cos\theta)^2+mgH\right]-\left(\frac{1}{2}mv_0^2+0\right)$$

(3)机械能守恒定律

因为 $$W_{外}+W_{非保守内力}=0$$

所以 $$E_{k2}+E_{p2}=E_{k1}+E_{p1}$$

即 $$\Rightarrow\frac{1}{2}m(v_0\cos\theta)^2+mgH=\frac{1}{2}mv_0^2+0$$

可见,用的是质点的动能定理。

例2　如图3-16所示,质量为 m 的物体,从四分之一圆槽 A 点静止开始下滑到 B。在 B 处速率为 v,槽半径为 R。求 m 从 $A\to B$ 过程中摩擦力做的功。

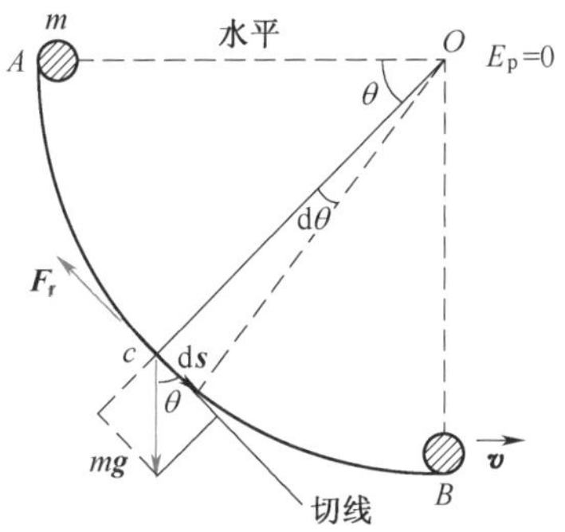

图3-16　例2示意图

解　方法一　按功定义 $W=\int_A^B \boldsymbol{F}\cdot d\boldsymbol{s}$,$m$ 在任一点 c 处,$\boldsymbol{F}_r$ 为摩擦力,切线方向的牛顿第二定律方程为

$$mg\cos\theta-F_r=ma_t=m\frac{dv}{dt}$$

$$\Rightarrow F_r=-m\frac{dv}{dt}+mg\cos\theta$$

$$\begin{aligned}W&=\int_A^B\boldsymbol{F}_r\cdot d\boldsymbol{s}=\int_A^B|\boldsymbol{F}_r|\cdot|d\boldsymbol{s}|\cos\pi\\&=-\int_A^B F_r ds=-\int_A^B\left(mg\cos\theta-m\frac{dv}{dt}\right)\cdot ds\\&=m\int_A^B\frac{dv}{dt}ds-\int_A^B mg\cos\theta ds\\&=m\int_0^v vdv-\int_0^{\frac{\pi}{2}}mg\cos\theta Rd\theta\\&=\frac{1}{2}mv^2-mgR\end{aligned}$$

视频
机械能守恒定律扩展例题2

方法二　用质点动能定理,m 受三个力:$\boldsymbol{N},\boldsymbol{F}_r,m\boldsymbol{g}$。

由 $W_{合}=\frac{1}{2}mv_2^2-\frac{1}{2}mv_1^2$ 有

$$W_{\mathbf{N}}+W_r+W_{\mathbf{p}}=\frac{1}{2}mv^2-0$$

即 $$0+W_r+mgR=\frac{1}{2}mv^2\;(W_p=-\Delta E_p=mgh)$$

所以 $$W_r=\frac{1}{2}mv^2-mgR$$

方法三　用功能原理,取物体、地球为系统。因为无非保守内力,所以

$$W_{非保守内力}=0,\ \boldsymbol{F}_{外}\text{功为 } W_{外}=W_r\ (\boldsymbol{N}\text{不做功,槽对地的力也不做功})$$

由
$$W_{外}+W_{非保守内力}=(E_{k2}+E_{p2})-(E_{k1}+E_{p1})$$

有
$$W_r+0=\left(\frac{1}{2}mv^2-mgR\right)-(0+0)$$

即
$$W_r=\frac{1}{2}mv^2-mgR$$

注意:此题目机械能不守恒。

例 3 质量为 m_1、m_2 的二质点靠万有引力作用,开始均静止,相距 l。运动到距离为 $\frac{1}{2}l$ 时,它们的速率各为多少?

解 以两个质点为系统,则系统的动量及能量均守恒,即

$$m_1v_1+m_2v_2=0 \tag{1}$$

$$\frac{1}{2}m_1v_1^2+\frac{1}{2}m_2v_2^2-\frac{Gm_1m_2}{l/2}=-\frac{Gm_1m_2}{l} \tag{2}$$

由式(1)、式(2)解得

$$\begin{cases} v_1=m_2\sqrt{\dfrac{2G}{(m_1+m_2)l}} \\ v_2=m_1\sqrt{\dfrac{2G}{(m_1+m_2)l}} \end{cases}$$

3.6 完全弹性碰撞 完全非弹性碰撞

3.6.1 碰撞

1. 基本概念

碰撞,一般是指两个或两个以上物体在运动中相互靠近,或发生接触时,在相对较短的时间内发生强烈相互作用的过程。

碰撞会使两个物体或其中的一个物体的运动状态发生明显的变化。

碰撞过程一般都非常复杂,难于对过程进行仔细分析。但由于我们通常只需要了解物体在碰撞前后运动状态的变化,而对发生碰撞的物体来说,外力的作用又往往可以忽略,因而可以利用动量、角动量及能量守恒定律对有关问题求解。

2. 特点

(1)碰撞时间极短;

(2)碰撞力很大,外力可以忽略不计,系统动量守恒;

(3)速度要发生有限的改变,位移在碰撞前后可以忽略不计。

3. 碰撞过程的分析

讨论两个球的碰撞过程。碰撞过程可分为两个过程。开始碰撞时,两球相互挤压,发生形变,由

形变产生的弹性恢复力使两球的速度发生变化,直到两球的速度变得相等为止。这时形变最大。这是碰撞的第一阶段,称为压缩阶段。此后,由于形变仍然存在,弹性恢复力继续作用,使两球速度改变而有相互脱离接触的趋势,两球压缩逐渐减小,直到两球脱离接触时为止。这是碰撞的第二阶段,称为恢复阶段。整个碰撞过程到此结束。

4. 分类

根据碰撞过程能量是否守恒:

(1)完全弹性碰撞:碰撞前后系统动能守恒(能完全恢复原状);

(2)非弹性碰撞:碰撞前后系统动能不守恒(部分恢复原状);

(3)完全非弹性碰撞:碰撞后系统以相同的速度运动(完全不能恢复原状)。

3.6.2 完全弹性碰撞

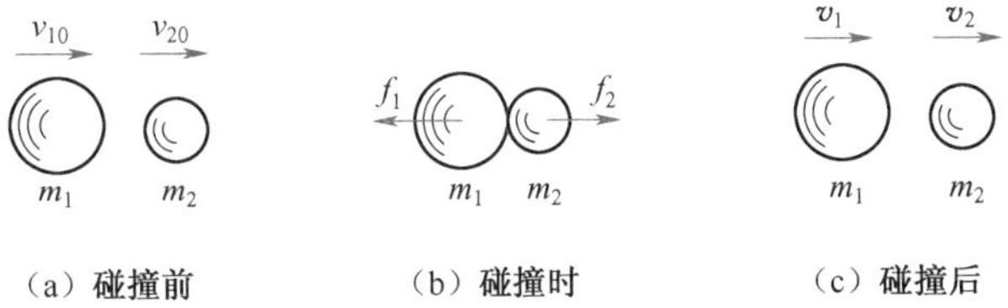

图 3-17 两个小球碰撞

在碰撞后,两物体的动能之和(即总动能)完全没有损失,这种碰撞叫作完全弹性碰撞。

解题要点:动量、动能守恒。

问题:两球 m_1,m_2对心碰撞,碰撞前速度分别为 $\boldsymbol{v}_{10}$,$\boldsymbol{v}_{20}$,碰撞后速度变为 $\boldsymbol{v}_1$,$\boldsymbol{v}_2$,

由动量守恒知

$$m_1v_1 + m_2v_2 = m_1v_{10} + m_2v_{20} \tag{1}$$

由动能守恒知

$$\frac{1}{2}m_1v_1^2 + \frac{1}{2}m_2v_2^2 = \frac{1}{2}m_1v_{10}^2 + \frac{1}{2}m_2v_{20}^2 \tag{2}$$

整理式(1)得

$$m_1(v_1 - v_{10}) = m_2(v_{20} - v_2) \tag{3}$$

整理式(2)得

$$m_1(v_1^2 - v_{10}^2) = m_2(v_{20}^2 - v_2^2) \tag{4}$$

由式(4) ÷ 式(3)得

$$v_1 + v_{10} = v_2 + v_{20}$$

或

$$v_{10} - v_{20} = v_2 - v_1 \tag{5}$$

即碰撞前两球相互趋近的相对速度 $v_{10} - v_{20}$ 等于碰撞后两球相互分开的相对速度$v_2 - v_1$。由式(3)、式(5)可以解出:

$$v_1 = \frac{(m_1 - m_2)v_{10} + 2m_2v_{20}}{m_1 + m_2}$$

$$v_2 = \frac{(m_2 - m_1)v_{20} + 2m_1v_{10}}{m_1 + m_2}$$

讨论:

- $m_1 = m_2$，则 $v_2 = v_{10}$，$v_1 = v_{20}$，两球碰撞时交换速度。
- $v_{20} = 0$，$m_1 \ll m_2$ 则 $v_1 \approx -v_{10}$，$v_2 = 0$，m_1 反弹，即质量很大且原来静止的物体，在碰撞后仍保持不动，质量小的物体碰撞后速度等值反向。
- 若 $m_2 \ll m_1$，且 $v_{20} = 0$，则 $v_1 \approx v_{10}$，$v_2 \approx 2v_{10}$，即一个质量很大的球体，当它的与质量很小的球体相碰时，它的速度不发生显著的改变，但是质量很小的球却以近似于有两倍于大球体的速度运动。

3.6.3 完全非弹性碰撞

如两物体在碰撞后以同一速度运动(即它们相碰后不再分开)，这种碰撞作叫完全非弹性碰撞。

解题要点：动量守恒。

碰撞后系统以相同的速度运动 $v_1 = v_2 = v$。

根据动量守恒

$$m_1 v_{10} + m_2 v_{20} = (m_1 + m_2) v$$

所以

$$v = \frac{m_1 v_{10} + m_2 v_{20}}{m_1 + m_2}$$

动能损失为

$$\Delta E = \left(\frac{1}{2} m_1 v_{10}^2 + \frac{1}{2} m_2 v_{20}^2\right) - \frac{1}{2}(m_1 + m_2) v^2 = \frac{m_1 m_2}{2(m_1 + m_2)} (v_{10} - v_{20})^2$$

3.6.4 非完全弹性碰撞

两物体碰撞时，由于非保守力作用，致使机械能转换为热能、声能、化学能等其他形式的能量，或者其他形式的能量转换为机械能，这种碰撞就叫作非弹性碰撞。

解题要点：动量守恒、能量守恒。

由于压缩后的物体不能完全恢复原状而有部分形变被保留下来，因此系统的动量守恒而动能不守恒。

实验表明，压缩后的恢复程度取决于碰撞物体的材料。牛顿总结实验结果，提出碰撞定律：碰撞后两球的分离速度 $v_2 - v_1$ 与碰撞前两球的接近速度 $v_{10} - v_{20}$ 之比为定值，比值由两球材料的性质决定。该比值称为恢复系数(coefficient of restitution)，用 e 表示，即

$$e = \frac{v_2 - v_1}{v_{10} - v_{20}}$$

由上式可见：$e = 0$，$v_2 = v_1$，为完全非弹性碰撞；$e = 1$，$v_2 - v_1 = v_{10} - v_{20}$，为完全弹性碰撞；$0 < e < 1$，为非完全弹性碰撞。

$$v_1 = \frac{(m_1 - e m_2) v_{10} + (1 + e) m_2 v_{20}}{m_1 + m_2}$$

$$v_2 = \frac{(m_2 - e m_1) v_{20} + (1 + e) m_1 v_{10}}{m_1 + m_2}$$

例 如图 3-18 所示，质量为 1 kg 的钢球，系在长为 $l = 0.8$ m 的绳子的一端，绳子的另一端固定。

把绳子拉至水平位置后将球由静止释放，球在最低点与质量为5 kg的钢块作完全弹性碰撞。求碰撞后钢球升高的高度。

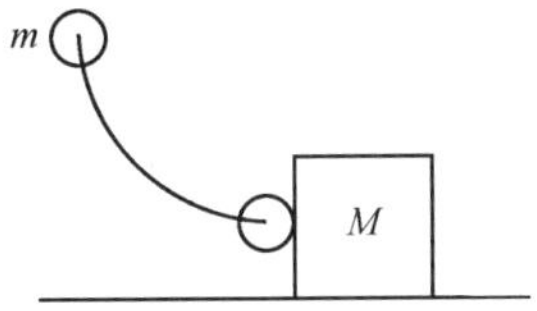

图 3-18 例 1 的图

解 本题分三个过程：

第一过程：钢球下落到最低点。以钢球和地球为系统，机械能守恒。以钢球在最低点为重力势能零点。

$$\frac{1}{2}mv_0^2 = mgl \tag{1}$$

第二过程：钢球与钢块作完全弹性碰撞，以钢球和钢块为系统，动能和动量守恒。

$$\frac{1}{2}mv_0^2 = \frac{1}{2}mv^2 + \frac{1}{2}Mv_{钢块}^2 \tag{2}$$

$$mv_0 = mv + Mv_{钢块} \tag{3}$$

第三过程：钢球上升。以钢球和地球为系统，机械能守恒。以钢球在最低点为重力势能零点。

$$\frac{1}{2}mv^2 = mgh \tag{4}$$

由式(2)、式(3)可得

$$m(v_0^2 - v^2) = Mv_{钢块}^2 \tag{5}$$

$$m(v_0 - v) = Mv_{钢块} \tag{6}$$

式(6) ÷ 式(5)，得

$$v_0 + v = v_{钢块} \tag{7}$$

将式(7)代入式(3)得

$$mv_0 = mv + M(v_0 + v)$$

因而

$$v = \left(\frac{m - M}{m + M}\right)v_0 \tag{8}$$

式(4) ÷ 式(1)，得

$$\frac{v^2}{v_0^2} = \frac{h}{l} \tag{9}$$

把式(8)代入式(9)得

$$h = \left(\frac{m - M}{m + M}\right)^2 l$$

代入数据，得

$$h = \left(\frac{1 - 5}{1 + 5}\right)^2 \times 0.8 = 0.356(\text{m})$$

3.7 能量守恒定律

3.7.1 能量守恒定律概述

如果系统内除了万有引力、弹性力等保守力做功以外，还有摩擦力或其他非保守内力做功，那么这系统的机械能就要发生变化，但它总是转换为其他形式的能量，这是由大量的实验所证明的。

对于一个孤立的系统来说，系统内各种形式的能量是可以相互转换的，但是不论如何转换，能量既不能产生，也不能消灭，能量的总和是不变的。这就是能量守恒定律。

该定律是自然界的基本定律之一，是物理学中最具普遍性的定律之一，可适用于任何变化过程，不论是机械的、热的、电磁的、原子和原子核内的，以及化学的、生物的等等，其意义远远超出了机械能守恒定律的范围，后者只不过是前者的一个特例。

说明：

能量守恒定律是19世纪，经过J. M. 迈耶、D. 焦尔和H. von 亥姆霍兹等人的努力建立起来的。恩格斯把能量守恒定律同生物进化论、细胞的发现相提并论，誉为19世纪的三个最伟大的科学发现。

3.7.2 能量守恒定律的重要性

自然界一切已经实现的过程无一例外遵守能量守恒定律。凡是违反能量守恒定律的过程都是不可能实现的，例如“永动机”只能以失败而告终。

利用能量守恒定律研究物体系统，可以不管系统内各物体的相互作用如何复杂，也可以不问过程的细节如何，而直截了当地对系统的始末状态的某些特征下结论，这为解决问题另辟出了新路。这也是守恒定律的特点和优点。

3.7.3 守恒定律的意义

自然界中许多物理量，如动量、角动量、机械能、电荷、质量、宇称、粒子反应中的重子数、轻子数等，都具有相应的守恒定律。

物理学特别注意守恒量和守恒定律的研究，这是因为：

第一，从方法论上看：利用守恒定律可避开过程细节而对系统始、末态下结论（特点、优点）。

第二，从适用性来看：守恒定律适用范围广，宏观、微观、高速、低速均适用。例如牛顿定律只适用于宏观、低速，但由它导出的动量守恒定律的适用范围远比它广泛。

第三，从认识世界来看：守恒定律是认识世界的有力武器。在新现象研究中，当发现某个守恒定律不成立时，往往做以下考虑：

（1）寻找被忽略的因素，从而恢复守恒定律的应用。

（2）引入新概念，使守恒定律更普遍化。

（3）无法“补救”时，宣布该守恒定律失效。

功与能量的联系和区别：

能量守恒定律能使我们更深刻地理解功的意义。

按能量守恒定律，一个物体或系统的能量变化时，必然有另一个物体或系统的能量同时发生变化。所以当我们用做功的方法（以及用传递热量等其他方法）使一个系统的能量变化时，在本质上是这个系统与另一个系统之间发生了能量的交换。而这个能量的交换在量值上就用功来描述。所以有以下结论：

（1）功总是和能量的变化与转换过程相联系；

（2）功是能量交换或变化的一种量度；

(3) 能量是代表物体系统在一定状态下所具有的做功本领，它和物体系统的状态有关，是系统状态的函数。

知识结构框图

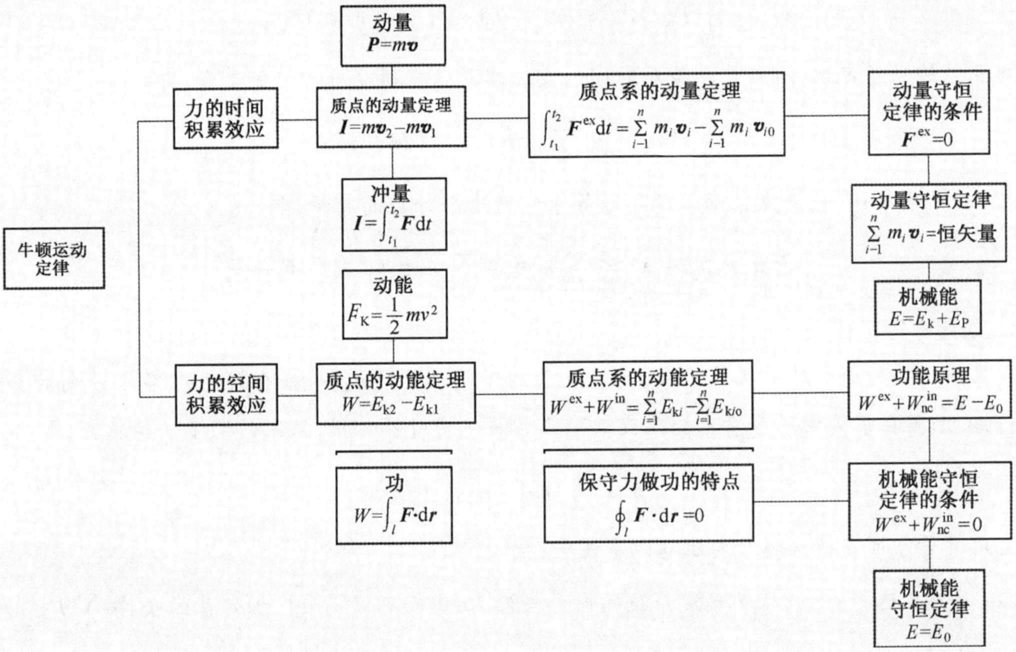

小　结

本章重点是掌握动量、功和能等概念及其物理规律，并掌握这些规律的应用条件和方法。本章难点是所研究的系统的划分和选取、守恒定律条件和审核、综合性力学问题的分析求解。

1. 功的定义

质点在力 $\boldsymbol{F}$ 的作用下有位移 $\mathrm{d}\boldsymbol{r}$，则力做的功 $\mathrm{d}W$ 定义为力 $\boldsymbol{F}$ 和位移 $\mathrm{d}\boldsymbol{r}$ 的标积，即

$$\mathrm{d}W=\boldsymbol{F}\cdot\mathrm{d}\boldsymbol{r}=F|\mathrm{d}\boldsymbol{r}|\cos\theta$$

对质点在力的作用下的有限运动，力做的功

$$W_{AB}=\int_A^B\boldsymbol{F}\cdot\mathrm{d}\boldsymbol{r}$$

不同性质的力的功：

(1) 保守力的功：$\oint\boldsymbol{F}\cdot\mathrm{d}\boldsymbol{r}=0$；

(2) 非保守力的功：$\oint\boldsymbol{F}\cdot\mathrm{d}\boldsymbol{r}\neq0$；

(3) 一对内力（$\boldsymbol{f}_{12}=-\boldsymbol{f}_{21}$）的功之和：$W=\int_a^b\boldsymbol{f}_{21}\cdot\mathrm{d}\boldsymbol{r}_{21}$，仅与相对位移有关，与参照系无关。

2. 动量定理

质点的动量定理：在惯性系中，质点动量的时间变化率等于质点所受的力。即

$$\boldsymbol{F}=\frac{\mathrm{d}}{\mathrm{d}t}(m\boldsymbol{v})\qquad（微分形式）$$

在 $t-t'$ 段时间内质点动量的增量等于该时间内质点所受力的冲量，即

$$\int_t^{t'}\boldsymbol{F}(t)\,\mathrm{d}t=m\boldsymbol{v}'-m\boldsymbol{v}\qquad（积分形式）$$

质点系的动量定理：质点系动量对时间的变化率等于它所受外力的矢量和，即

$$\sum_{i=1}^{n}\boldsymbol{F}_i=\frac{\mathrm{d}}{\mathrm{d}t}\Big(\sum_{i=1}^{n}m_i\boldsymbol{v}_i\Big)\qquad（微分形式）$$

在 $t-t'$ 段时间内，质点系动量的增量等于它所受合外力的冲量，即

$$\int_{t_1}^{t_2}\boldsymbol{F}\mathrm{d}t=\boldsymbol{p}_2-\boldsymbol{p}_1=\sum_{i=1}^{n}m_i\boldsymbol{v}_i-\sum_{i=1}^{n}m_i\boldsymbol{v}_{i0}\quad 或\quad \boldsymbol{F}=\frac{\mathrm{d}\boldsymbol{p}}{\mathrm{d}t}$$

3. 动量守恒定律

如果质点系所受合外力恒等于零，则质点系的动量不会改变；如果合外力在某一方向的分量恒为零，则其动量在该方向的分量不会改变。孤立系统不受外界作用，系统的动量保持不变，即

$$\boldsymbol{p}=\sum_{i=1}^{n}m_i\boldsymbol{v}_i=恒矢量$$

运用动量守恒定律解题时要注意以下几点：

(1)首先要选择系统，从而确定系统的内力与外力，进而判断动量守恒定律的条件 $\sum\boldsymbol{F}_{外}=0$ 是否满足。在实际应用中，若系统满足 $\sum\boldsymbol{F}_{外}\leqslant\boldsymbol{F}_{内}$ 或 $\left|\sum\boldsymbol{F}_{外}\right|\approx 0$，则可近似认为系统动量守恒。

(2)若质点组仅在某一方向所受外力为零，则质点组在该方向的动量守恒。

(3)动量守恒定律中的各质点的动量必须相对同一惯性参照系，若并非相对于同一惯性参照系时，则必须变换。

(4)质点组的动量守恒时，各质点的动量不一定守恒，质点组中各质点动量的变化是靠内力传递的。

4. 动能、动能定理

(1)动能。$E_{\mathrm{k}}=\dfrac{1}{2}mv^2$ 是描写物体运动状态的单值函数，反映物体运动时具有做功的本领。

(2)动能定理：合外力对质点做的功等于质点动能的增量。

质点
$$W=\frac{1}{2}mv_2^2-\frac{1}{2}mv_1^2=E_{\mathrm{k}2}-E_{\mathrm{k}1}$$

质点系：外力对质点系做的功与内力对质点系做的功之和等于质点系总动能的增量，即

$$W^{\mathrm{ex}}+W^{\mathrm{in}}=\sum_{i=1}^{n}E_{\mathrm{k}i}-\sum_{i=1}^{n}E_{\mathrm{k}i0}$$

质点系的功能原理：
$$W^{\mathrm{ex}}+W_{\mathrm{nc}}^{\mathrm{in}}=E-E_0$$

式中：E 为末态的机械能，E_0 为初态的机械能。

5. 保守力、势能

保守力：某力所做的功与受力质点所经过的具体路径无关，而只决定于质点的始、末位置，则这个力就称为保守力。例如：重力、万有引力、弹性力、电场力等。

势能：以保守力相互作用的物体系统在一定的位置状态下所具有的能量叫势能。物体系统内部物体间相对位置变化时，保守力做功等于势能增量的负值，即 $W_{保} = -\Delta E_p$。

(1)常见的势能形式

重力势能　$E_p = mgh$　（地面为势能零点）

弹簧的弹性势能　$E_p = \frac{1}{2}kx^2$　（弹簧原长处为势能零点）

万有引力势能　$E_p = -G\frac{m'm}{r}$　（m' 与 m 相距无限远处为势能零点）

(2)势能与保守力的关系

$$E_{p_a} - E_{p_b} = \int_a^b \boldsymbol{F} \cdot \mathrm{d}\boldsymbol{r}\text{（可由保守力场求势能）}$$

6. 机械能守恒定律

机械能守恒定律：当作用于质点系的外力和非保守内力不做功时，即 $W^{ex} + W_{nc}^{in} = 0$ 时，质点系的总机械能是守恒的。

$$E = E_0 \quad 或 \quad \sum_{i=1}^{n} E_{ki} + \sum_{i=1}^{n} E_{pi} = \sum_{i=1}^{n} E_{ki0} + \sum_{i=1}^{n} E_{pi0}$$

自 测 题

3.1　如图 3-19 所示，一物体挂在一弹簧下面，平衡位置在 O 点，现用手向下拉物体，第一次把物体由 O 点拉到 M 点，第二次由 O 点拉到 N 点，再由 N 点送回 M 点。则在这两个过程中(　　)。

A. 弹性力做的功相等，重力做的功不相等

B. 弹性力做的功相等，重力做的功也相等

C. 弹性力做的功不相等，重力做的功相等

D. 弹性力做的功不相等，重力做的功也不相等

3.2　质量分别为 m 和 M 的滑块 A 和 B 叠放在光滑水平面上，如图 3-20 所示。A、B 间的静摩擦因数为 μ_0，滑动摩擦因数为 μ，系统原先处于静止状态，今将水平力 F 作用于 B 上，要使 A,B 间不发生相对滑动，应有(　　)。

A. $F \leqslant \mu_0 mg$　　B. $F \leqslant \mu_0\left(1 + \frac{m}{M}\right)mg$

C. $F \leqslant \mu_0(m + M)g$　　D. $F \leqslant \mu mg\frac{M + m}{M}$

3.3　如图 3-21 所示，质量为 m 的物体用细绳水平拉住，静止在倾角为 θ 的固定光滑斜面上，则斜面给物体的支持力为(　　)。

A. $mg\cos\theta$　　B. $mg\sin\theta$　　C. $\dfrac{mg}{\cos\theta}$　　D. $\dfrac{mg}{\sin\theta}$

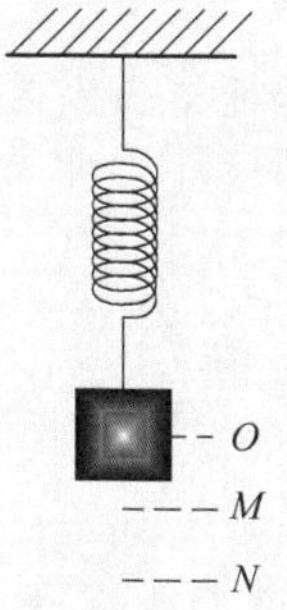

图 3-19　题 3.1 图

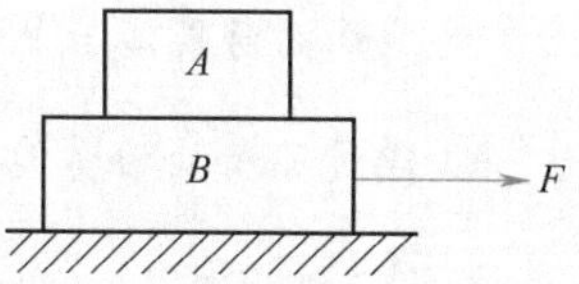

图 3-20　题 3.2 图

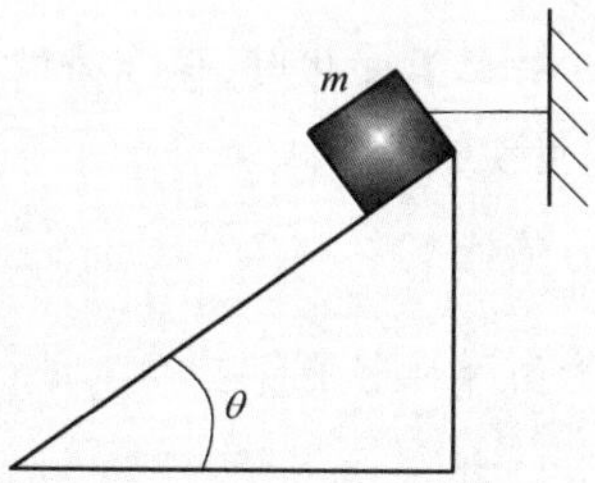

图 3-21　题 3.3 图

3.4　如图 3-22 所示,质量为 m 的小球,放在光滑的木板和光滑的墙壁之间,并保持平衡。设木板和墙壁之间的夹角为 α, 当 α 增大时,小球对木板的压力将(　　)。

A. 增加　　B. 减少　　C. 不变

D. 先是增加,后又减少,压力增减的分界角为 $\alpha = 45°$

3.5　对于一个物体系来说,在下列条件中,(　　)情况下系统的机械能守恒。

A. 合外力为零　　B. 合外力不做功

C. 外力和非保守内力都不做功　　D. 外力和保守内力都不做功

3.6　如图 3-23 所示,圆锥摆的摆球质量为 m,速率为 v, 圆半径为 R,当摆球在轨道上运动半周时,摆球所受重力冲量的大小为(　　)。

A. $2mv$　　B. $\sqrt{(2mv)^2 + \left(\dfrac{mg\pi R}{v}\right)^2}$

C. $\dfrac{\pi Rmg}{v}$　　D. 0

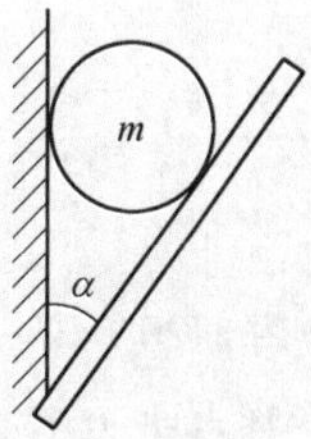

图 3-22　题 3.4 图

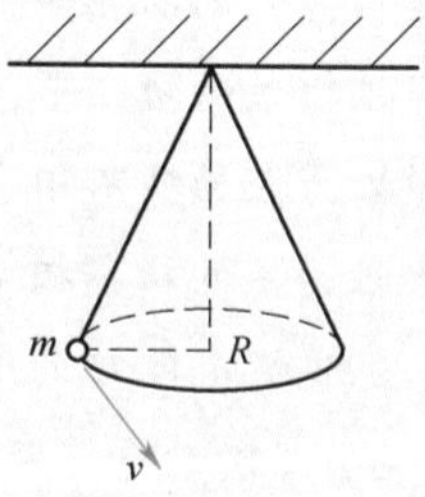

图 3-23　题 3.6 图

3.7　质量分别为 m 和 $4m$ 的两个质点分别以动能 E 和 $4E$ 沿一直线相向运动,它们的总动量大小为(　　)。

A. $2\sqrt{2mE}$　　B. $3\sqrt{2mE}$　　C. $5\sqrt{2mE}$　　D. $(2\sqrt{2}-1)\sqrt{2mE}$

3.8 速度为 v_0 的小球与以速度 v（v 与 v_0 方向相同，并且 $v < v_0$）滑行中的车发生弹性碰撞，车的质量远大于小球的质量，则碰撞后小球的速度为（　　）。

A. $v_0 - 2v$　　B. $2(v_0 - v)$　　C. $2v - v_0$　　D. $2(v - v_0)$

3.9 如图 3-24 所示，一劲度系数为 k 的轻弹簧水平放置，右端与桌面上一质量为 m 的木块连接，用一水平力 F 向右拉木块而使其处于静止状态。若木块与桌面间的静摩擦因数为 μ，弹簧的弹性势能为 E_p，则下列关系式中正确的是（　　）。

A. $E_p = \dfrac{(F-\mu mg)^2}{2k}$　　B. $E_p = \dfrac{(F+\mu mg)^2}{2k}$

C. $E_p = \dfrac{F^2}{2k}$　　D. $\dfrac{(F-\mu mg)^2}{2k} \leqslant E_p \leqslant \dfrac{(F+\mu mg)^2}{2k}$

3.10 A、B 二弹簧的劲度系数分别为 k_A 和 k_B，其质量均忽略不计，今将两个弹簧连接在一起，并竖直悬挂，如图 3-25 所示。当系统静止时，两个弹簧的弹性势能 E_{pA} 和 E_{pB} 之比为（　　）。

A. $\dfrac{E_{pA}}{E_{pB}} = \dfrac{k_A}{k_B}$　　B. $\dfrac{E_{pA}}{E_{pB}} = \dfrac{k_A^2}{k_B^2}$　　C. $\dfrac{E_{pA}}{E_{pB}} = \dfrac{k_B}{k_A}$　　D. $\dfrac{E_{pA}}{E_{pB}} = \dfrac{k_B^2}{k_A^2}$

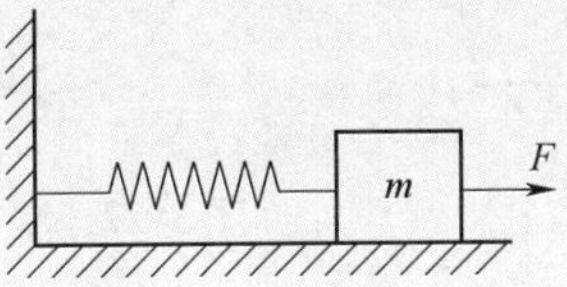

图 3-24　题 3.9 图

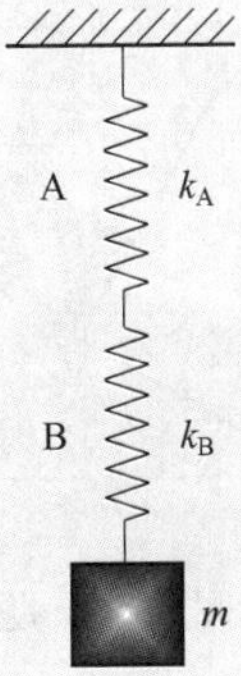

图 3-25　题 3.10 图

3.11 速度为 v 的子弹，打穿一块木板后速度为零，设木板对子弹的阻力是恒定的。那么，当子弹射入木板的深度等于其厚度的一半时，子弹的速度是（　　）。

A. $v/2$　　B. $v/4$　　C. $v/3$　　D. $v/\sqrt{2}$

3.12 已知两个物体 A 和 B 的质量以及它们的速率都不相同，若物体 A 的动量在数值上比物体 B 的大，则 A 的动能 E_{kA} 与 B 的动能 E_{kB} 之间的关系为（　　）。

A. E_{kB} 一定大于 E_{kA}　　B. E_{kB} 一定小于 E_{kA}

C. $E_{kB} = E_{kA}$　　D. 不能判断谁大谁小

3.13 劲度系数为 k 的轻弹簧，一端与倾角为 α 的斜面上的固定挡板 A 相接，另一端与质量为 m 的物体 B 相连。O 点为弹簧没有连物体、原长时的端点位置，a 点为物体 B 的平衡位置。现在将物体 B 由 a 点沿斜面向上移动到 b 点（如图 3-26 所示）。设 a 点和 O 点，a 点和 b 点之间距离分别为 x_1 和 x_2，则在此过程中，由弹簧、物体 B 和地球组成的系统势能的增加为（　　）。

A. $\frac{1}{2}kx_2^2+mgx_2\sin\alpha$　　B. $\frac{1}{2}k(x_2-x_1)^2+mg(x_2-x_1)\sin\alpha$

C. $\frac{1}{2}k(x_2-x_1)^2-\frac{1}{2}kx_1^2+mgx_2\sin\alpha$　　D. $\frac{1}{2}k(x_2-x_1)^2+mg(x_2-x_1)\cos\alpha$

3.14 质量为 m 的铁锤竖直落下，打在木桩上并停下，设打击时间为 Δt，打击前铁锤速率为 v，则在打击木桩的时间内，铁锤所受平均合外力的大小为______。

3.15 如图3-27所示，一质点在几个力的作用下，沿半径为 R 的圆周运动，其中一个力是恒力 $\boldsymbol{F}$，方向始终沿 x 轴正向，即 $\boldsymbol{F}=F_0\boldsymbol{i}$，当质点从 A 点沿逆时针方向走过3/4圆周到达 B 点时，$\boldsymbol{F}$ 所做的功为 $W=$______。

3.16 如图3-28所示，一圆锥摆摆长为 l，摆锤质量为 m，在水平面上做匀速圆周运动，摆线与铅直线夹角为 θ，求：

(1)摆线的张力大小 $T=$______；

(2)摆锤的速率 $v=$______。

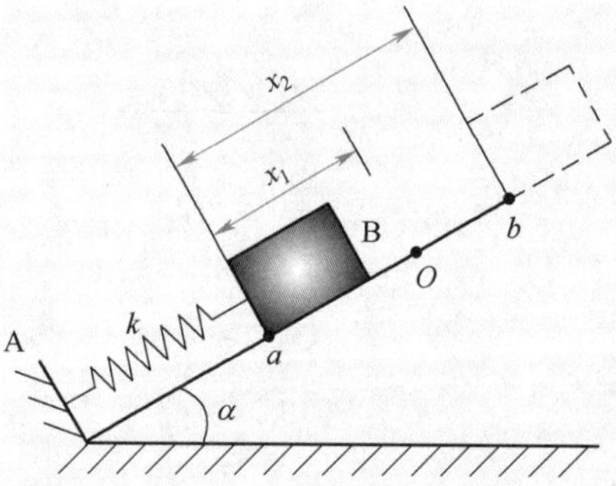

图3-26　题3.13图

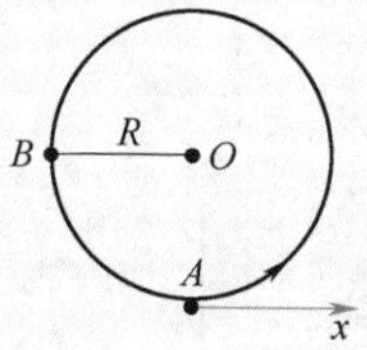

图3-27　题3.15图

3.17 如图3-29所示，倾角为30°的一个斜面体放置在水平桌面上，一个质量为2 kg的物体沿斜面下滑，下滑的加速度为3.0 m·s^{-2}。若此时斜面体静止在桌面上不动，则斜面体与桌面的静摩擦力 $f=$______。

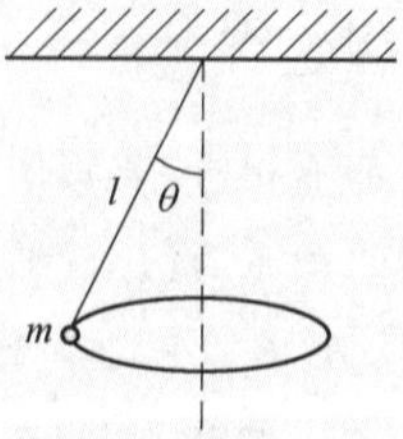

图3-28　题3.16图

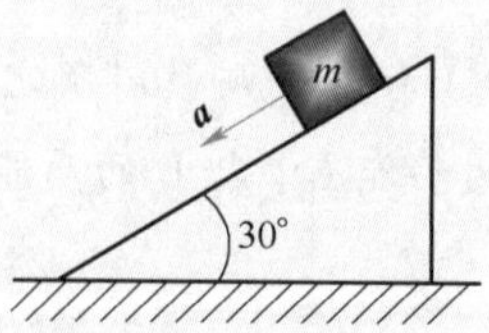

图3-29　题3.17图

3.18 力所做的功仅仅依赖于受力质点的始末位置，与质点经过的路径______，这种力称为保守力，万有引力是______，摩擦力是______。

3.19 如图3-30所示，沿水平方向的外力 F 将物体 A 压在竖直墙上，由于物体与墙之间有摩擦力，此时物体保持静止，并设其所受静摩擦力为 f_0，若外力增至 $2F$，则此时物体所受静摩擦力为____________。

3.20　如图 3-31 所示，一小球可在半径为 R 的铅直圆环上作无摩擦滑动，今使圆环以角速度 ω 绕圆环竖直直径转动，要使小球离开环的底部而停止在环上某一点，则其角速度 ω 最小应大于____________。

3.21　如图 3-32 所示，一物体放在水平传送带上，物体与传送带间无相对滑动，当传送带做匀速运动时，静摩擦力对物体做功为____________；当传送带作加速运动时，静摩擦力对物体做功为____________；当传送带作减速运动时，静摩擦力对物体做功为____________。（仅填“正”“负”或“零”）

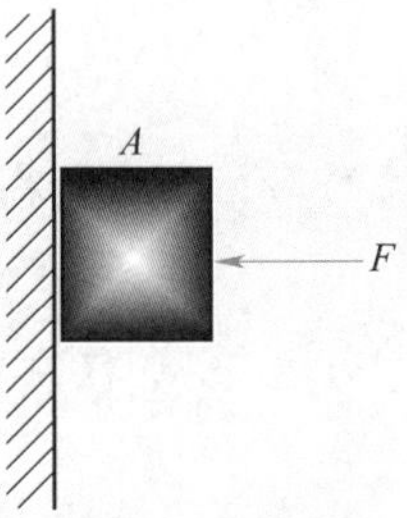

图 3-30　题 3.19 图

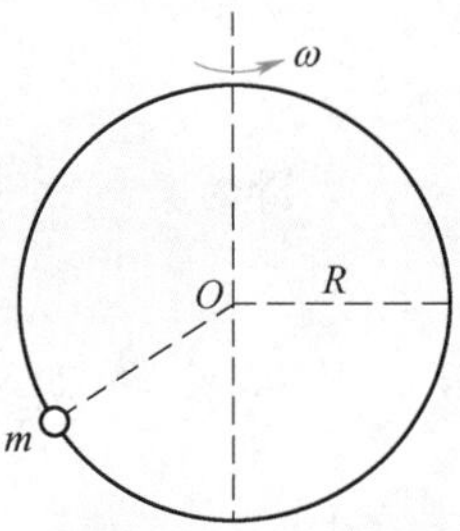

图 3-31　题 3.20 图

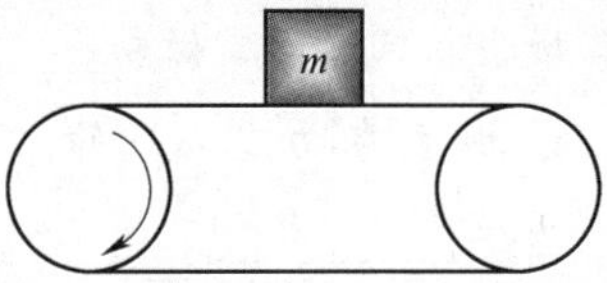

图 3-32　题 3.21 图

3.22　人从 10 m 深的井中匀速提水，桶离开水面时装有水 10 kg，若每升高 1 m 要漏掉 0.2 kg 的水，则把这桶水从水面提高到井口的过程中，人力所做的功为____________。

3.23　长为 l 的绳子一端拴着半径为 a、质量为 m 的球，另一端拴在倾角为 α 的光滑斜面的 A 点上，如图 3-33 所示，当球静止在斜面上时，绳中的张力 $T =$ ____________。

3.24　在图 3-34 所示装置中，若两个滑轮与绳子的质量以及滑轮与其轴之间的摩擦都忽略不计，绳子不可伸长，则在外力 F 的作用下，物体 m_1 和 m_2 的加速度 $a =$ ____________，m_1 和 m_2 间绳子的张力 $T =$ ____________。

3.25　在图 3-35 所示装置中，两个定滑轮与绳的质量以及其轴之间的摩擦力都可忽略不计，绳子不可伸长，m_1 与平面之间的摩擦也可不计，在水平外力 F 的作用下，物体 m_1 和 m_2 的加速度 $a =$ ____________，绳中的张力 $T =$ ____________。

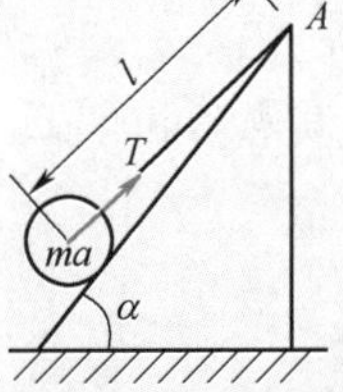

图 3-33　题 3.23 图

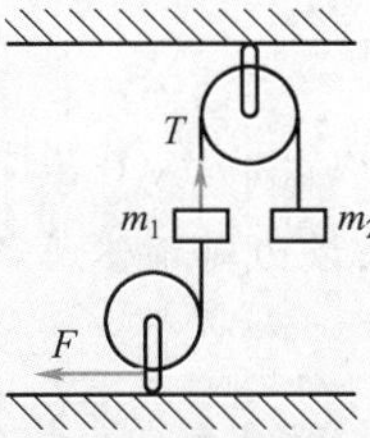

图 3-34　题 3.24 图

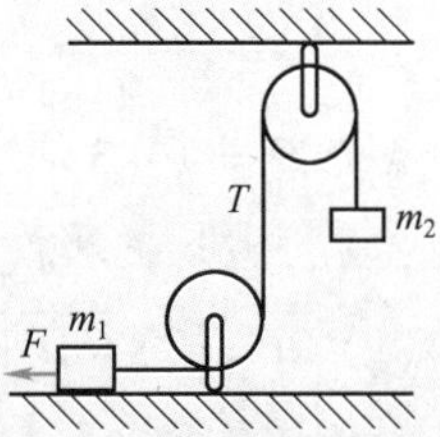

图 3-35　题 3.25 图

3.26　质点在二恒力的作用下，位移为 $\Delta\boldsymbol{r} = 3\boldsymbol{i} + 8\boldsymbol{j}$ (m)，在此过程中，动能增量为 24 J，已知其中一恒力 $\boldsymbol{F}_1 = 12\boldsymbol{i} - 3\boldsymbol{j}$ (N)，则另一恒力所做的功为____________。

3.27 有两个物体 A 和 B，已知 A 和 B 的质量以及它们的速度都不相同，若 A 的动量在数值上比 B 的动量大，则 A 的动能________比 B 的动能大。（填：一定或不一定）

3.28 保守力的特点是________，保守力的功与势能的关系式为________。

3.29 已知地球的半径为 R，质量为 M。现有一质量为 m 的物体，在离地面高度为 $2R$ 处，以地球和物体为系统，若取地面为势能零点，则系统的引力势能为________，若取无穷远处为势能零点，则系统的引力势能为________。（G 为万有引力常数）

3.30 有一人造地球卫星，质量为 m，在地球表面上空 2 倍于地球半径 R 的高度沿圆轨道运行，用 m、R、引力常数 G 和地球的质量 M 来表示，则

(1) 卫星的动能为________；

(2) 卫星的引力势能为________。

3.31 一长为 l，质量为 m 的匀质链条，放在光滑的桌面上，若其长度的 1/5 悬挂于桌边下，将其慢慢拉回桌面需做功________。

3.32 设物体在力 $F(x)$ 的作用下沿 x 轴从 x_1 移动到 x_2。则力在此过程中所做的功为________。

3.33 两质点的质量各为 m_1、m_2，当它们之间的距离由 a 缩短到 b 时，万有引力所做的功为________。

3.34 一力作用在质量为 3.0 kg 的质点上。已知质点的位置与时间的函数关系为：$x = 3t - 4t^2 + t^3$（SI 制）。试求：(1) 力在最初 2.0 s 内所做的功；(2) 在 $t = 1.0$ s 时，力对质点的瞬时功率。

3.35 力 F 作用在一最初静止的，质量为 20 kg 的物体上，使物体做直线运动。已知力 $F = 30t$（SI 制），试求该力在第二秒内所做的功以及第二秒末的瞬时功率。

3.36 如图 3-36 所示，质量为 m 的小球在水平面内作速率为 v_0 的匀速圆周运动。试求小球经过：(1) $\frac{1}{4}$ 圆周；(2) $\frac{1}{2}$ 圆周；(3) $\frac{3}{4}$ 圆周；(4) 整个圆周的过程中的动量改变。试从冲量的计算得到结果。

3.37 质量为 m 的质点在外力 F 的作用下沿 X 轴运动，已知 $t = 0$ 时质点位于原点，且初始速度为零。力 F 随距离线性的减少，$x = 0$ 时，$F = F_0$；$x = L$ 时，$F = 0$。试求质点在 $x = L$ 处的速率。

3.38 由一变力 $\boldsymbol{F} = (-3 + 2xy)\boldsymbol{i} + (9x + y^2)\boldsymbol{j}$，作用于可视为质点的物体上，物体运动的路径如图 3-37 所示，试求沿下列路径，该力对物体所做的功。

(1) $\overline{OP}$；(2) $\overline{OAP}$；(3) $\overline{OBP}$。

3.39 今有一辆自身重量为 4 t 的大卡车装有 8 t 的沙子，在平直的公路上以60 km/h的速度匀速行驶。卡车行驶至 A 处时，车厢底部裂开一个小缝，沙子以每秒钟 1 kg 的匀速率流出，此后卡车行驶 150 km 到 B 处，司机发现异常。求此过程中摩擦力所做的功。已知车轮与地面的摩擦因数为 0.3，并设卡车在漏沙的过程中车速仍保持不变。

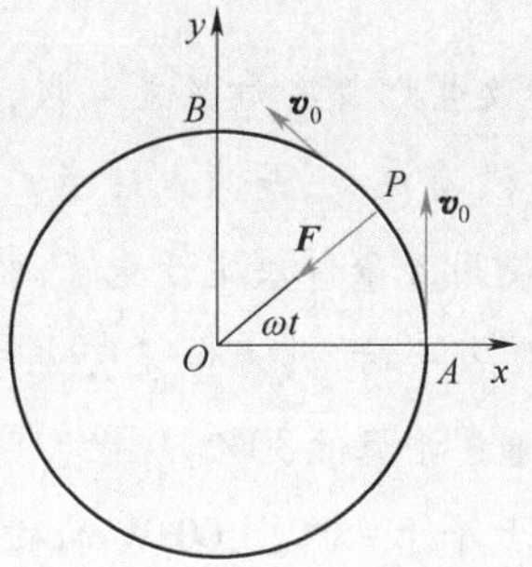

图 3-36　题 3.36 图

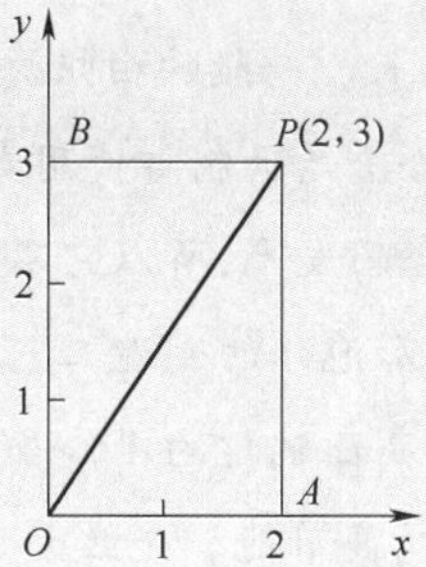

图 3-37　题 3.38 图

阅读材料 3

“绿色照明、新型节能”——电磁感应无极灯

谈到绿色照明，首先要理解它的含义，绿色照明是指通过科学的照明设计，采用效率高、寿命长、安全和性能稳定的照明电器产品，改善提高人们工作、学习、生活的条件和质量，从而创造一个高效、舒适、安全、经济、有益的环境。一种新型灯（电磁感应无极灯）的出现，满足了人们的需求。电磁感应无极灯（简称无极灯）是近几年国内外电光源界着力研发的高新技术产品，综合了功率电子学、等离子学、磁性材料学等领域最新科技成果。电磁感应灯有如此之多的好处，让人不禁开始好奇：这是一种什么样的新型光源？为什么会有如此大的功效呢？这要从无极灯的工作原理谈起。

一、无极灯的工作原理

无极灯是没有灯芯的灯，大家都知道普通的白炽灯是依靠灯芯（电极）的燃烧来提供照明的，包括道路照明上用得比较多的高压钠灯、汞灯等都是有灯芯的，无极灯没有灯芯，靠什么来照明呢？

无极灯主要由高频发生器、功率耦合器和玻璃泡壳三部分组成，通过电磁感应方式将能量耦合到灯泡内，灯泡内充有适量的特种气体，高频能量使之电离或激发，激发后的原子从较高能级返回基态时，自发辐射出 254 nm 的紫外线，灯泡内壁的荧光粉受紫外线激发而发出可见光。

二、无极灯的特点

无极灯与传统光源的性能比较见表 3-2。

表 3-2　无极灯与传统光源的性能比较

光源种类	荧光灯	金属卤化物灯	高压钠灯	无极灯
光效/($lm \cdot W^{-1}$)	60 ~ 104	52 ~ 130	64 ~ 140	80
显色指数 Ra	51 ~ 98	65 ~ 90	20 ~ 30	> 80
色温/K	全系列	3 000 ~ 4 500	2 000 ~ 2 400	2 720 ~ 6 500
平均寿命/h	12 000 ~ 20 000	5 000 ~ 20 000	24 000 ~ 32 000	60 000
热启动	瞬时启动	不能	不能	瞬时启动
频闪	有	有	有	无

与其他类灯相比较，无极灯的特点总结如下：

(1)寿命很长。一般的白炽灯、日光灯、节能灯及其他气体放电灯都有灯丝或电极，而灯丝或电极的溅射效应恰恰是限制灯使用寿命的必然组件。高频无极灯没有电极，是靠电磁感应原理与荧光放电原理相结合而发光，所以它不存在限制寿命的必然组件。使用寿命仅决定于电子元器件的质量等级、电路设计和泡体的制造工艺，一般使用寿命可达5万~10万小时，其寿命是荧光灯的10倍左右，是金卤灯和高压钠灯的4倍多，光衰少，使用6万小时后光通量才降低30%。

(2)高光效，高节能。光效大于68 $\mathrm{lm \cdot W^{-1}}$。功率因素大于等于98%。100 W的磁能无极灯的亮度相当于600 W白炽灯，比白炽灯节能80%，比高压钠灯节能60%。

(3)环保效应。环保方面它使用了固体汞齐，即使打破也不会对环境造成污染，可回收率超过99%，是真正的环保绿色光源，通过国家EMC检测无电磁污染，同时灯光极其稳定，无频闪，且高照度，低眩光，光色舒适，有利于视力健康。频闪除引起人的疲劳、头昏眼花等不适外，特别要指出的是近十多年来青少年近视眼的比例越来越高。这一令人担忧的趋势虽不能全部归罪于灯下做作业的光污染，但从统计规律看来，它的确与长期浸染在电光源下的频闪效应直接相关。高频无极灯完全消除了频闪这一光污染的危害，而且眩光也较低，已成为当今绿色照明领域中最优秀的新型电光源。

(4)高可靠性。交直流两用：电压在110~265 V范围内波动，环境温度在−30~+50 ℃，照常启动稳定工作，同时抗震性强。

(5)瞬间启动。由于采用高频电磁耦合方式工作，不存在普通汞灯、金卤灯启动时的预热时间，启动和再启动可瞬间点亮。

(6)显色性良好。显色性80以上，色温有2 720~6 500 K彩色供选择，光线柔和，接近日光，可较好与照明环境的气氛相协调，适合于不同场合要求的照明。

三、无极灯节能性能优异

(1)采用磁能无极灯应用于路灯照明，不受电网电压波动和输送线路长造成末端电压偏低的影响，110~260 V均可正常点亮。在同等视觉效果条件下，它不仅要比高压钠灯节约50%以上的电，而且寿命还要长10倍以上，照射半径比高压钠灯大30%以上，照度分布均匀。采用磁能无极灯不仅可以达到节约电能消耗的要求，同时也可节约大量的维护费用。85~165 W磁能无极灯适合应用于路灯照明，其中85 W磁能无极灯可替代150 W高压钠灯；135 W磁能无极灯可替代250 W高压钠灯；165 W磁能无极灯可替代400 W高压钠灯。

(2)节能性是无极灯一个重要的特点，在能源日趋紧张的今天，节能降耗成为当今社会共同的目标。无极灯在实际工程中的应用将大大减少电能的消耗，保证同等照度的条件下可以节约能源并减少维护的费用。无极灯的免维护性能也减少了维护费用的投入以及相关人工费用、机械费用的投入。其长寿命的性能又使投资回报率提高，年折旧减少，从而减少费用的支出。电费的支出减少也反映出电能的消耗减少，这对缓解电力供应紧张局面、建设节约型社会更具有现实意义。

(3)非数值化的社会效益，如绿色环保效益；辅助性地提高劳动生产效率及工人工作的满意度；辅助性地改善购物环境；保护视力灯。

四、展望

无极灯被称为绿色照明领域的一种新型光源。现在提倡建设节约型社会,城市隧道中、工业用电领域要致力于应用低工耗、高效能、少维修的照明设备,无极灯的出现为实现这个目标提供了一个有力的保证,不仅使初始成本降低,还可大大减少运营过程中维护成本的投入;同时,由于降低了灯具材料的损耗,又可大大减少灯的废弃物对环境的污染,符合绿色环保的要求。此外,电磁感应无极灯可采用智能控制技术,实现自身调光控制,节约能源。无极灯伴随着其技术的不断完善、成本的不断降低、性能的不断提高,会在更多的领域中得到更加广泛的应用。

第4章

静电场

视频 静电的应用

视频 电磁学的介绍

视频 三种起电方式

电磁现象是一种极为普遍的自然现象。电磁运动是物质的一种基本运动形式,电磁运动的规律不仅是人类深入认识周围物质世界、探索自然的理论武器,而且在现代科学技术、工程技术中有着广泛的应用。电磁相互作用是自然界已知的四种相互作用之一。在日常生活和生产活动中,对物质结构的深入认识过程中,都要涉及电磁运动。因此理解和掌握电磁运动的基本规律,在理论和实践中都有重要的意义。学好电磁学是学习电工学、无线电电子学、自动控制、计算机技术等学科的基础,它在现代物理学中的地位也是非常重要的。

大量实验事实证明,物体间相互作用不是超距发生的,而是由场传递的。电磁力就是由电磁场传递的。正是场与实物间的相互作用,才导致了实物间的相互作用。电磁学研究物质间电磁相互作用,研究电磁场的产生、变化和运动的规律。

相对于观察者静止的电荷产生的电场称为静电场。本章讨论电磁运动中最简单的情况,即研究真空中的静电场。从三条实验定律(原理):电荷守恒定律、库仑定律和电场叠加原理出发,从电荷在静电场中受力和电场力对电荷做功两个方面,引入电场强度与电势这两个描述电场性质的基本物理量,并且讨论二者的关系。本章主要的内容有:静电场的基本定律:库仑定律、叠加定律;静电场的基本定理:高斯定理、环路定理;描述静电场的物理量:电场强度、电势;电场对电荷的作用。

4.1 电荷的量子化 电荷守恒定律

4.1.1 电荷

物体能够产生电磁现象归因于物体所带的电荷以及电荷的运动。

公元前585年,古希腊哲学家泰勒斯(Thales,前624—前546)记载:用木块摩擦过的琥珀能吸引碎草等轻小物体的现象。公元1世纪,我国学者王充在《论衡》一书中也写下了"顿牟掇芥"一词,所谓顿牟就是琥珀,掇芥意即吸引籽菜,指的是用玳瑁的壳吸引轻小物体。西汉末年,有关于"玳瑁吸"(细小物体之意)的记载,以及"矛端生火",即金属制的矛的尖端放电的记载。晋朝(公元3世纪)还有关于摩擦起电引起放电现象的记载:"今人梳头,解著衣,有随梳解结,有光者,亦有声。"后来又发现,许多物体经过毛皮或丝绸等摩擦后,都能够吸引轻小的物体。16世纪英王的御医吉尔伯特(W. Gilbert,1544—1603)在研究这类现象时,根据希腊文中"琥珀"创造了英语中的electricity(电)这个词。因此,电荷这个词就来源于希腊文,原来的意思就是“琥珀”。

物质都是由分子、原子构成的。组成任何物质的原子,都是由带正电的原子核和带负电的电子组成的,原子核由带正电的质子和不带电的中子组成。原子呈电中性时,质子带的正电荷和电子带的负电荷是相等的,整个宏观物体也呈电中性(即不带电)。当由于某种作用(如摩擦作用、光电作用等)破坏了电中性状态,使物体内电子过多或不足时,该物体就带电了,或者说带了电荷。电荷是实物粒子的一种属性,它描述了实物粒子的电性质。物体带电的本质是两种物体间发生了电子的转移,即一物体失去电子带正电,另一物体得到电子带负电。

物体所带电荷的多少叫作电荷量,简称电量。常用符号 Q 或 q 表示。SI 中电荷量的单位是[库仑],符号是 C。

4.1.2 电荷的量子化

1907 年,密立根从实验中测出所有电子都具有相同的电荷,而且带电体的电荷是电子电荷的整数倍。

电子电荷量 e

带电体电荷量 $q = ne \quad n = 1, 2, \cdots$

电荷的这种只能取离散的、不连续的量值的性质,叫作电荷的量子化。电子的电荷 e 为基元电荷,或电荷的量子。

1986 年国际推荐值 $e = 1.602\ 177\ 33(49) \times 10^{-19}\,\text{C}$

计算中取近似值 $e = 1.602 \times 10^{-19}\,\text{C}$

1964 年,美国的 M. Gellmann 和 G. Zweig 提出夸克模型。现代物理学从理论上预言基本粒子是由若干种夸克或反夸克组成的,每一种夸克可能带有 $\pm e/3$ 或 $\pm 2e/3$ 的分数电荷,然而单独存在的夸克至今未在实验中发现。

夸克模型(Quark Model)见表 4-1。

表 4-1 夸克模型

上夸克	下夸克	奇异夸克
up	down	Strange
$2e/3$	$-e/3$	$-e/3$

1977—1981 年,B. Fairbank 曾报道了在实验中发现超导铌球上存在分数电荷,然而尚未见到有关这方面进一步的报道。

本章所涉及的带电体的电荷往往是基元电荷的整数倍,这时只从总体效果上认为电荷是连续地分布在带电体上的,而忽略了电荷量子化引起的起伏。

※王充(公元 27 年—约公元 97 年)

王充,字仲任,出生于会稽上虞(今属浙江绍兴)。东汉思想家、文学批评家。王充出身“细族孤门”,自小聪慧好学,博览群书,擅长辩论。后来离乡到京师洛阳就读于太学,师从班彪。常游洛阳市肆读书,勤学强记,过目成诵,博览百家。为人不贪富贵,不慕高官。王充的代表作品《论衡》,八十五篇,二十多万字,分析万物的异同,解释人们的疑惑,是中国历史上一部重要的思想著作。

4.1.3 电荷守恒定律

摩擦起电、接触起电、感应起电等事实证明,任何使物体带电的过程,都是使物体原有的正、负电荷分离或转移的过程。一个物体失去了一些电子,必有其他物体获得电子。在整个过程中,正、负电荷的代数和始终保持不变,即总是为零。于是人们总结出电荷守恒定律:在一个与外界没有电荷交换的系统内,正、负电荷的代数和在任何物理过程中始终保持不变。

电荷守恒定律是自然界的基本守恒定律之一,无论在宏观领域,还是在微观领域都是成立的。现代物理研究已表明,在粒子的相互作用过程中,电荷是可以产生和消失的。然而电荷守恒并未因此而遭到破坏。

4.2 库仑定律

库仑(Charles Augustin de Colomb,1736—1806)

法国物理学家、工程师。18 世纪最著名的物理学家之一,在力学和电磁学方面的成就尤为突出。1781 年,库仑发表了重要论文《简单机械理论》,提出了摩擦力与法向正压力成正比的关系,提出了关于润滑的重要理论,这对力学的发展具有重要意义。库仑在进行磁力和电力实验过程中,创造了精密测算法,即“库仑扭秤法”,由于有了这一精密的仪器和测量手段,才有了著名的库仑定律。为了纪念库仑的功绩,以他的名字命名了电荷量的单位,1 库仑 =1 安培 · 秒。

4.2.1 点电荷

点电荷是一个理想化的物理模型,当两个带电体本身的线度比它们之间的距离小很多时,带电体可近似地当作点电荷,即不考虑其大小和形状。

4.2.2 库仑定律概述

在发现电现象 2 000 多年之后,人们才开始对电现象进行定量的研究。1785 年,法国物理学家库仑利用扭秤实验直接测量了两个带电球体之间的作用力。库仑在实验的基础上,提出了两点电荷之间相互作用的规律,即库仑定律。其表述为:

在真空中,两个静止的点电荷之间的相互作用力,其大小与点电荷电荷量的乘积成正比,与两点电荷之间距离的平方成反比,作用力在两点电荷之间的连线上,同号电荷互相排斥,异号电荷互相吸引。

视频

库仑定律

如图 4-1 所示,假设两点电荷的电荷量分别为 q_1、q_2,由电荷 q_1 指向电荷 q_2 的单位位置矢量为 $\boldsymbol{e}_r$,则电荷 q_2 受到电荷 q_1 的作用力 $\boldsymbol{F}$ 为

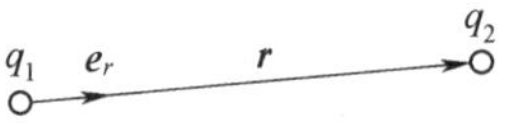

图 4-1　库仑定律

$$F = k\frac{q_1q_2}{r^2}\boldsymbol{e}_r \tag{4-1a}$$

$\boldsymbol{e}_r$ 为由电荷 q_1 指向电荷 q_2 的单位矢量，即 $\boldsymbol{e}_r = \frac{\boldsymbol{r}}{r}$。式中

$$k = 8.987\,55 \times 10^9\ \mathrm{N \cdot m^2 \cdot C^{-2}} \approx 9.0 \times 10^9\ \mathrm{N \cdot m^2 \cdot C^{-2}}$$

引入真空电容率

$$\varepsilon_0 = 8.854\,2 \times 10^{-12}\ \mathrm{C^2 \cdot N^{-1} \cdot m^{-2}} = 8.854\,2 \times 10^{-12}\ \mathrm{F \cdot m^{-1}} \approx 8.85 \times 10^{-12}\ \mathrm{F \cdot m^{-1}}$$

则

$$k = \frac{1}{4\pi\varepsilon_0}$$

库仑定律又可表示为

$$\boldsymbol{F} = \frac{q_1q_2}{4\pi\varepsilon_0 r^2}\boldsymbol{e}_r \tag{4-1b}$$

说明：

(1)在库仑定律表示式中引入真空电容率和 4π 因子的做法，称为单位制的有理化。

(2)从式子可见，当 q_1 和 q_2 同号时，$\boldsymbol{F}>0$，即表现为排斥力；当 q_1 和 q_2 异号时，$\boldsymbol{F}<0$，即表现为吸引力。静止电荷间的电场力，又称库仑力。

视频

库仑定律的应用1

(3)两静止点电荷之间的库仑力遵守牛顿第三定律。

(4)库仑定律是直接由实验总结出来的规律，它是静电场理论的基础，以它为基础将导出其他重要的电场方程。

(5)库仑定律为实验定律，r 在 $10^{-15} \sim 10^7$ m 广大范围内正确有效，且服从力的矢量合成法则。

在计算中，为方便起见，一般按库仑力公式计算力的大小，而力的方向由电荷的正负来判断。

例　在氢原子中，电子与质子之间的距离约为 5.3×10^{-11} m，求它们之间的库仑力与万有引力，并比较它们的大小。

视频

库仑定律的应用2

解　氢原子核与电子可看作点电荷。

$$F_{电} = \frac{1}{4\pi\varepsilon_0}\cdot\frac{e^2}{r^2} = 9 \times 10^9 \times \frac{(1.6 \times 10^{-19})^2}{(5.3 \times 10^{-11})^2}\ \mathrm{N} = 8.2 \times 10^{-8}\ \mathrm{N}$$

电子质量 $m = 9.1 \times 10^{-31}$ kg，质子质量 $M = 1.67 \times 10^{-27}$ kg，万有引力为

$$F_{万} = G\cdot\frac{mM}{r^2} = 6.67 \times 10^{-11} \times \frac{9.1 \times 10^{-31} \times 1.67 \times 10^{-27}}{(5.3 \times 10^{-11})^2}\ \mathrm{N} = 3.6 \times 10^{-47}\ \mathrm{N}$$

两值比较

$$\frac{F_{电}}{F_{万}} = \frac{8.2 \times 10^{-8}\ \mathrm{N}}{3.6 \times 10^{-47}\ \mathrm{N}} = 2.3 \times 10^{39}$$

结论：库仑力比万有引力大得多，所以在原子中，作用在电子上的力主要是电场力，万有引力完全可以忽略不计。

4.2.3　库仑力的叠加原理

当空间中存在两个以上的点电荷时，按照力的叠加原理，作用在其中任意一个点电荷上的力是各个点电荷对其作用力的矢量和(即两个点电荷之间的作用力并不因为第三个电荷的存在而有所改变)。

如果空间中有 n 个点电荷 $q_1,q_2,q_3,\cdots,q_n$，令 $q_2,q_3,\cdots,q_n$ 作用在 q_1 上的力分别为 $\boldsymbol{F}_{21},\boldsymbol{F}_{31},\cdots,\boldsymbol{F}_{n1}$，则电荷 q_1 受到的库仑力为

$$\boldsymbol{F}_1 = \boldsymbol{F}_{21} + \boldsymbol{F}_{31} + \cdots + \boldsymbol{F}_{n1} = \sum_{i=2}^{n} \boldsymbol{F}_{i1} \tag{4-2}$$

即库仑力的叠加原理。原则上，利用库仑定律和库仑力的叠加原理，可以求解任意带电体之间的静电场力。

4.3 电场强度

相隔一定距离的电荷和磁体间的相互作用是怎样发生的呢？这是一个曾经使人感到困惑，引起猜想，而且有过长期争论的科学问题。19 世纪以前，不少物理学家持超距作用的观点，但法拉第不同，不仅提出了场的概念，还直接描述了场的清晰图像，他用电力线和磁力线形象地描述了电场和磁场。在物理学中，“场”是指物质的一种特殊形态。实物和场是物质的两种存在形态，它们具有不同的性质、特征和不同的运动规律。场的物质性表现在场是一种客观实在，不依赖人们的意识而存在，为人们的意识所反映，而且与实物一样，场也有质量、能量、动量和角动量。

实物是由原子、分子和离子组成的，一种实物占据的空间不能同时被其他实物所占据，而场是一种弥漫在空间的特殊物质，它遵从叠加性，即一种场占据的空间能为其他场同时占有，互不发生影响。

实物之间的各种相互作用总是通过各种场来传递的。

标量场的场量在空间各点只有大小，没有方向。为描述场的整体分布的特征，通常采用等值面和等值线的方法，常常引入标量场的梯度。

矢量场的场量在空间不同点上既可能有不同的量值也可能有不同的方向。为了描述矢量场的性质，总是通过它的场线、通量和环流来进行研究。

※法拉第和场的概念

法拉第在电磁作用问题上明确了自己的见解，他在实验中发现，电作用与磁作用跟电荷之间或磁体之间的介质有关，同样的实验在不同的介质中效果不同，这引起法拉第对电磁作用本质的深思，他认为，电力和磁力不可能超越空间，并提出电荷或磁体在空间产生电场或磁场，正是通过场才把电作用或磁作用传递到别的电荷或磁体，法拉第不仅提出了场的概念，还直接描述了场的清晰图像，他用电力线和磁力线形象地描述了电场和磁场，应该指出的是，法拉第当年确信空间处处存在着有形的力线，如今，人们已经不再认同这一看法。既然如此，为什么人们对法拉第的图像还念念不忘呢？在电磁学发展的初期，法拉第的力线观念给予人们的一种物理思想，犹如一座建成以前的大厦脚手架，在大厦建成之后，脚手架被拆除了，但这并不意味着脚手架就不重要了，或许今天我们的一些认识，正是未来科学大厦的脚手架。

4.3.1 静电场

实验证明，两静止点电荷间存在相互作用的静电力（即库仑力）。这两个静止点电荷间的作用力

是通过什么途径才得以实现的呢？历史上有过不同的观点，其中之一就是认为电荷之间的作用力不需要任何媒质，也不需要任何时间就能够由一个电荷立即作用到相隔一定距离的另一个电荷上，即所谓的超距作用。后来，人们经过反复研究，终于弄清了在任何电荷周围都存在着一种特殊的物质，叫作电场。法拉第(Faraday)在大量实验的基础上，提出了以近距作用观点为基础的场线和场的概念，在此基础上，麦克斯韦(Maxwell)建立了完整的电磁场理论。现在，场的理论已经成为近代物理学的最重要的基本概念之一。

根据场论观点：

(1)特殊媒介物质——电场

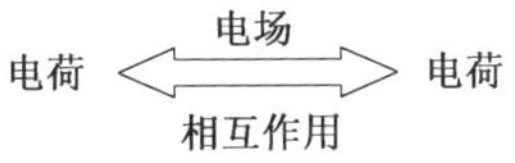

(2)电场力

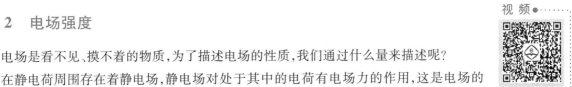

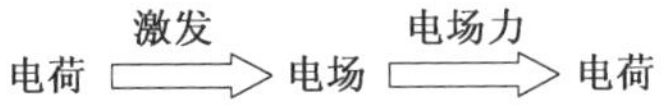

凡是有电荷的地方，四周就存在着电场，即任何电荷都在自己的周围空间激发电场；场也是物质。场与实物是物质存在的两种形式；电荷之间的相互作用是通过电场来传递的，电场对电荷的作用力叫作电场力。

电场的物质性：给电场中的带电体施以力的作用；当带电体在电场中移动时，电场力做功——电场具有能量；变化的电场以光速在空间传播——电场具有动量。

相对于观察者静止的电荷所激发的电场称为静电场。静电场仅是电磁场的一种特殊形态，处于静电场中的电荷要受到电场力的作用，并且当电荷在电场中运动时电场力也要做功。由这两方面的性质可分别引出电场性质的两个物理量——电场强度和电势。

4.3.2　电场强度

视频

电场强度的定义

电场是看不见、摸不着的物质，为了描述电场的性质，我们通过什么量来描述呢？

在静电荷周围存在着静电场，静电场对处于其中的电荷有电场力的作用，这是电场的一个重要的性质。利用这一性质可以引入电场中的试验电荷 q_0 的受力来检验场的存在，并描述场的空间分布特性，为此，有必要引入试验电荷的概念。为了测量的精确性和客观性，对试验电荷作如下要求：(1)线度足够小，小到可以看成点电荷；(2)电量足够小，小到把它放入电场中后，原来的电场几乎没有变化。

设空间有固定不动的点电荷系 $q_1, q_2, \cdots, q_n$(场源电荷)，将另一个试验电荷 q_0 置于电荷系周围某场点 P 处。实验指出：在电场中给定点处，改变试验电荷电量 q_0 的大小，试验电荷所受的电场力 $\boldsymbol{F}$ 的方向不变，而大小却随着 q_0 的变化而变化。由此可见电场力除了与电场在该点的性质有关外，还与外界引入电荷的电量有关，所以电场力并不能反映电场本身的客观性质。但实验又发现：在给定电场中的同一点，比值 $\boldsymbol{F}/q_0$ 的大小和方向与试验电荷的电量 q_0 无关。因此，比值 $\boldsymbol{F}/q_0$ 反映了电荷系周围空间各点电场的性质，我们就把 $\boldsymbol{F}/q_0$ 作为描述给定点电场性质的一个物理量，称为该给定点的电场强度，简称场强。由于电场力的方向与 q_0 所带电荷的正负号有关，为此规定：电场中某点场强的方向就是放在该点的正电荷所受电场力的方向。应该指出,电场是客观存在的,电场的性质仅由场源电荷的分布决定,与是否引入试验电荷无关。

电场强度是一个矢量,既有大小,又有方向,通常用 $\boldsymbol{E}$ 表示,即

$$\boldsymbol{E} = \frac{\boldsymbol{F}}{q_0} \tag{4-3a}$$

可见,电场中某点的电场强度在数值上等于位于该点的单位正试验电荷所受的电场力。若 $\boldsymbol{E}$ 的方向处处一致,大小处处相等,则叫匀强电场,或均匀电场。

电场强度的单位为牛/库,符号为 $\mathrm{N \cdot C^{-1}}$ 或 $\mathrm{V \cdot m^{-1}}$

应当指出,在已知电场强度分布的电场中,电荷 q 在电场中某点处所受的力 $\boldsymbol{F}$,可由式子(4-3a)得

$$\boldsymbol{F} = q\boldsymbol{E} \tag{4-3b}$$

当 $q>0$ 时,电场力方向与电场强度方向相同;当 $q<0$ 时,电场力方向与电场强度方向相反。

例如,带电粒子在电场中会受到力的作用。带电粒子的加速是在加速管中进行的。加速管安装在起电机的绝缘支柱里,管内抽成真空。管顶有离子发生装置,即粒子源,底部是靶。粒子源产生的正离子在强电场的作用下,经过加速可以获得很大的动能,由于粒子加速运动的轨迹是直线,因此称为直线加速器,在医院用直线加速器产生的粒子束射线治疗某些癌症,称为放射治疗。与使用钴 60 等放射性物质的放射治疗相比,使用直线加速器无须放射源,不开机时完全没有射线,更加安全,也便于管理。

在上述研究过程中,用到了很重要的一种方法,比值法。在物理学中,常常用比值定义物理量,用来表示研究对象的某种性质,它不随定义所用的物理量的大小取舍而改变。例如,用质量 m 与体积 V 的比值定义密度、用静电力 $\boldsymbol{F}$ 与电荷量 q 的比值定义电场强度 $\boldsymbol{E}$,这样定义一个新的物理量的同时,也确定了这个新的物理量和原有物理量之间的关系。比值法适用于物质属性或特征、物体运动特征的定义。由于它们与外界接触作用时会显示一些性质,这就提供了利用外界因素来表示其特征的间接方式。学习物理时要注重物理量的来龙去脉,为什么要研究这个问题,怎样进行研究,物理量的物理意义是什么,等等。有了这样的逻辑分析能力,追根溯源的思想,学习的知识才会根深蒂固。

4.3.3 点电荷电场强度

电场强度是描述电场性质的物理量,在静电场中或在某一电荷产生的电场中,不同位置的电场强度一般是不同的。电场强度与产生它的场源电荷有什么关系呢?

点电荷是最简单的场源电荷。由库仑定律和电场强度的定义式,可求得真空中点电荷周围电场的电场强度。如图 4-2 所示,在真空中,点电荷 Q 放在坐标原点 O,由原点 O 指向场点 P 的位矢为 $\boldsymbol{r}$。若把试验电荷 q_0 放在场点 P 处,由库仑定律(4-1b)和电场强度定义式(4-3a)可得点电荷的电场强度为

$$\boldsymbol{E} = \frac{\boldsymbol{F}}{q} = \frac{Q}{4\pi\varepsilon_0 r^2}\boldsymbol{e}_r \tag{4-4}$$

这就是点电荷电场强度公式。其中 $\boldsymbol{e}_r$ 是 Q 到场点的单位矢量,即 $\boldsymbol{e}_r = \frac{\boldsymbol{r}}{r}$。如果 $Q>0$,$\boldsymbol{E}$ 与 $\boldsymbol{e}_r$ 同向;$Q<0$,$\boldsymbol{E}$ 与 $\boldsymbol{e}_r$ 反向。

从式(4-4)还可以看出,在真空中,若将正电荷 Q 放在原点 O,并以 r 为半径作一球面,球面上各处 $\boldsymbol{E}$ 的大小处处相等,$\boldsymbol{E}$ 的方向均沿位矢 $\boldsymbol{r}$,具有球对称性。故真空中点电荷的电场是非均匀场,但具有对称性,如图 4-3 所示。

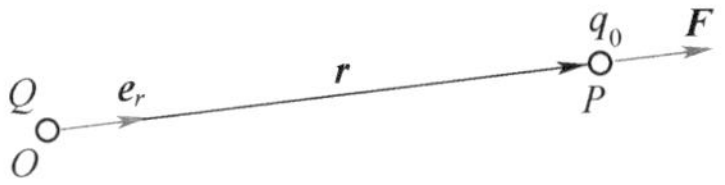

图 4-2　点电荷的电场强度

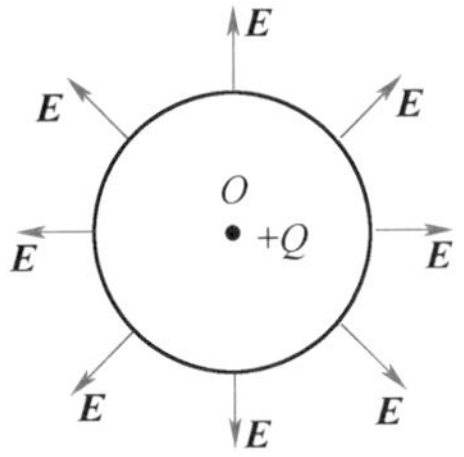

图 4-3　点电荷的电场具有对称性

4.3.4　电场强度叠加原理

视频

电场强度的叠加原理、带电体的电场强度的求解方法

一般来说,空间可能存在由许多个点电荷组成的点电荷系,那么点电荷系的电场强度如何计算呢？下面从力的叠加原理引出电场强度的叠加原理。

如图 4-4 所示,在点电荷系 Q_1,Q_2,Q_3的电场中,在 P 点放一试验电荷 q_0,根据库仑力的叠加原理,可知试验电荷受到的作用力为 $\boldsymbol{F}=\sum \boldsymbol{F}_i$,因而 P 点的电场强度为

$$\boldsymbol{E}=\frac{Q_1}{4\pi\varepsilon_0 r_1^2}\boldsymbol{e}_1+\frac{Q_2}{4\pi\varepsilon_0 r_2^2}\boldsymbol{e}_2+\frac{Q_3}{4\pi\varepsilon_0 r_3^2}\boldsymbol{e}_3$$

式中,等式右边的第一项、第二项和第三项分别为 Q_1,Q_2 和 Q_3 各自在电场中点 P 处的电场强度。于是有

$$\boldsymbol{E}=\boldsymbol{E}_1+\boldsymbol{E}_2+\boldsymbol{E}_3$$

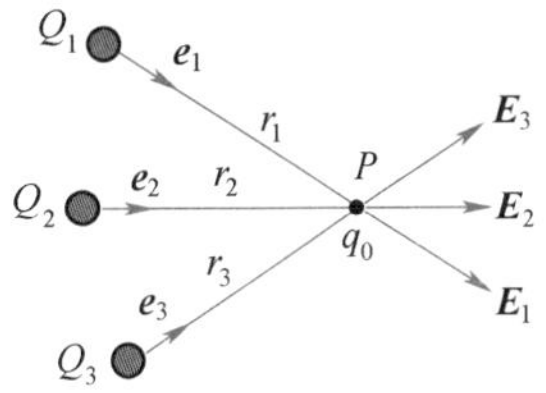

图 4-4　电场强度的叠加原理

因此可以推广至由点电荷所组成的点电荷系,故可以得出普遍结论如下:点电荷系电场中某点的电场场强等于各个点电荷单独存在时在该点的场强的矢量和。这就是电场强度的叠加原理。其数学表达式为

$$\boldsymbol{E}=\frac{Q_1}{4\pi\varepsilon_0 r_1^2}\boldsymbol{e}_1+\frac{Q_2}{4\pi\varepsilon_0 r_2^2}\boldsymbol{e}_2+\cdots+\frac{Q_n}{4\pi\varepsilon_0 r_n^2}\boldsymbol{e}_n=\sum_{i=1}^{n}\frac{Q_i}{4\pi\varepsilon_0 r_i^2}\boldsymbol{e}_i \tag{4-5a}$$

即

$$\boldsymbol{E}=\sum \boldsymbol{E}_i \tag{4-5b}$$

根据电场强度叠加原理,我们可以计算电荷连续分布的电荷系的电场强度。这只是计算电场强度的其中的一种方法,还有其他的方法,以后我们再陆续介绍。

如图 4-5 所示,有一体积为 V,电荷连续分布的带电体,现在来计算点 P 处的电场强度。首先,将带电区域分成许多电荷元 $\mathrm{d}q$,在带电体上取一电荷元 $\mathrm{d}q$,其线度相对于带电体 V,可视为无限小,从而可将 $\mathrm{d}q$ 看作为一个点电荷。于是 $\mathrm{d}q$ 在 P 点的电场强度为

$$\mathrm{d}\boldsymbol{E}=\frac{\mathrm{d}q}{4\pi\varepsilon_0 r^2}\boldsymbol{e}_r \tag{4-6a}$$

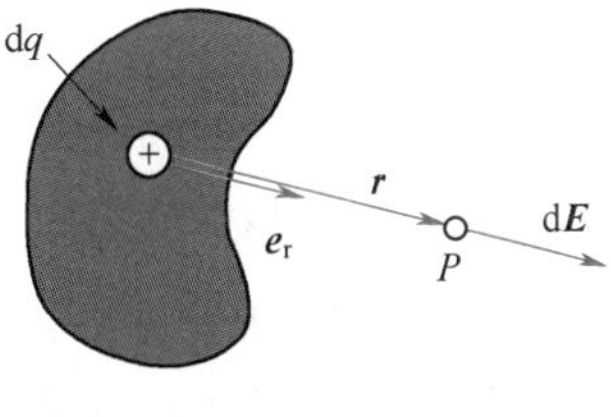

图 4-5　带电体的电场强度

式中，$\boldsymbol{e}_r$ 为由 $\mathrm{d}q$ 指向点 P 的单位矢量。取电荷元对点 P 处的电场强度，并求矢量积分。于是可得电荷系在点 P 处的电场强度

$$\boldsymbol{E}=\int \mathrm{d}\boldsymbol{E}=\int \frac{\mathrm{d}q}{4\pi\varepsilon_0 r^2}\boldsymbol{e}_r \tag{4-6b}$$

若 $\mathrm{d}V$ 为电荷元 $\mathrm{d}q$ 的体积元，ρ 为电荷体密度，则 $\mathrm{d}q=\rho\mathrm{d}V$，式(4-6a)可写成

$$\boldsymbol{E}=\int_V \frac{\rho\mathrm{d}V}{4\pi\varepsilon_0 r^2}\boldsymbol{e}_r \tag{4-7a}$$

顺便指出，对于电荷连续分布的线带电体和面带电体来说，电荷元 $\mathrm{d}q$ 分别可表示为 $\mathrm{d}q=\lambda\mathrm{d}l$ 和 $\mathrm{d}q=\sigma\mathrm{d}S$，其中 λ 为电荷线密度，σ 为电荷面密度，则由式(4-6b)可得它们的电场强度为

$$\boldsymbol{E}=\int_l \frac{\lambda\mathrm{d}l}{4\pi\varepsilon_0 r^2}\boldsymbol{e}_r \tag{4-7b}$$

$$\boldsymbol{E}=\int_S \frac{\sigma\mathrm{d}S}{4\pi\varepsilon_0 r^2}\boldsymbol{e}_r \tag{4-7c}$$

点电荷的电场强度是学习静电场知识的基础，通过场的叠加原理，由点电荷的电场可以得出点电荷系以及连续带电体的电场强度。就好比《荀子·劝学》中所说："积土成山，风雨兴焉；积水成渊，蛟龙生焉；积善成德，而神明自得，圣心备焉。"堆积土石成了高山，才有风雨的兴起；汇积水流成为深渊，才有蛟龙的产生；积累善行，养成高尚的品德，才能有高度的智慧，才具有圣人的精神境界。有了不断的积累，才能有质的飞跃。

4.3.5 电场强度的计算

1. 离散型

$$\boldsymbol{E}=\sum \boldsymbol{E}_i=\sum_{i=1}^{n}\frac{Q_i}{4\pi\varepsilon_0 r_i^2}\boldsymbol{e}_i$$

2. 连续型

$$\boldsymbol{E}=\int \mathrm{d}\boldsymbol{E}=\int \frac{\mathrm{d}q}{4\pi\varepsilon_0 r^2}\boldsymbol{e}_r$$

空间各点的电场强度完全取决于电荷在空间的分布情况。如果给定电荷的分布，原则上就可以计算出任意点的电场强度。计算的方法是利用点电荷在其周围激发场强的表达式与场强叠加原理。计算的步骤大致如下：

(1)任取电荷元 $\mathrm{d}q$，写出 $\mathrm{d}q$ 在待求点的场强的表达式；

(2)选取适当的坐标系，将场强的表达式分解为标量表示式；

(3)进行积分计算；

(4)写出总的电场强度的矢量表达式，或求出电场强度的大小和方向；

(5)在计算过程中，要根据对称性来简化计算过程。

例 1 如图 4-6 所示，长 $L=15$ cm 的直导线 AB 上均匀地分布着线密度 $\lambda=5\times10^{-9}$ C/m 的电荷，求在导线的延长线上与导线一端 B 相距 $d=5$ cm 处 P 点的场强。

解 建立如图 4-7 所示的坐标系，在导线上取电荷元 $\lambda\mathrm{d}x$，电荷元 $\lambda\mathrm{d}x$ 在 P 点所激发的场强方向

如图 4-7 所示，场强大小为

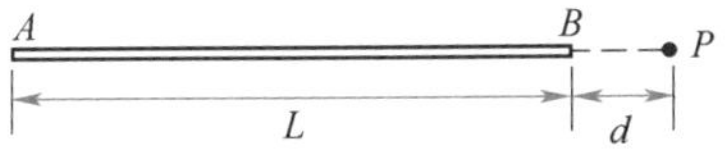

图 4-6 例 1 的示意图

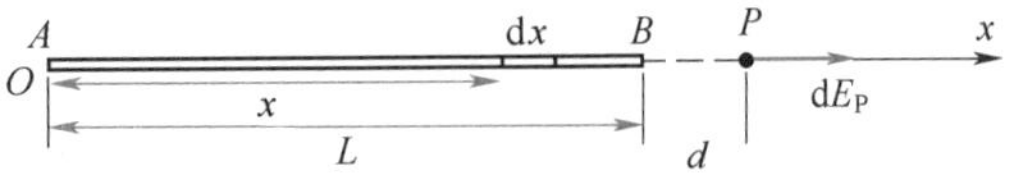

图 4-7 建立坐标系

$$\mathrm{d}E_P = \frac{1}{4\pi\varepsilon_0}\frac{\lambda\mathrm{d}x}{(L+d-x)^2}$$

导线上电荷在 P 点所激发的总场强方向沿 x 轴正方向，大小为

$$E_P = \int\mathrm{d}E_P = \int_0^L \frac{1}{4\pi\varepsilon_0}\frac{\lambda\mathrm{d}x}{(L+d-x)^2}$$

$$= \frac{\lambda}{4\pi\varepsilon_0}\left(\frac{1}{d}-\frac{1}{d+L}\right) = 9\times10^9\times5\times10^{-9}\left(\frac{1}{0.05}-\frac{1}{0.20}\right)\ \mathrm{V/m}\approx 675\ \mathrm{V/m}$$

例 2 试计算均匀带电圆环轴线上任一给定点 P 处的场强。已知该圆环半径为 R，周长为 L，圆环带电量为 q，P 点与环心距离为 x。

视 频

带电圆环场外电场

解 在环上任取线元 $\mathrm{d}l$，其上电量为

$$\mathrm{d}q = \lambda\mathrm{d}l = \frac{q}{L}\mathrm{d}l$$

P 点与 $\mathrm{d}q$ 距离 r，$\mathrm{d}q$ 在 P 点所产生场强大小为

$$\mathrm{d}E = \frac{1}{4\pi\varepsilon_0}\frac{\mathrm{d}q}{r^2} = \frac{1}{4\pi\varepsilon_0}\frac{q}{L}\frac{\mathrm{d}l}{r^2}$$

方向如图 4-8 所示。把场强分解为平行于环心轴的分量 $\mathrm{d}E_{//}$ 和垂直于环心轴的分量 $\mathrm{d}E_{\perp}$，由对称性可知，垂直分量互相抵消，因而总的电场为平行分量的总和：

$$E = \int\mathrm{d}E_{//} = \int\mathrm{d}E\cos\theta$$

其中 θ 为 $\mathrm{d}\boldsymbol{E}$ 与 x 轴的夹角。积分上式，有

$$E = \oint_l \frac{1}{4\pi\varepsilon_0}\frac{q}{L}\frac{\mathrm{d}l}{r^2}\cdot\cos\theta = \frac{1}{4\pi\varepsilon_0}\frac{q}{L}\frac{\cos\theta}{r^2}\cdot\oint_l\mathrm{d}l$$

$$= \frac{1}{4\pi\varepsilon_0}\frac{q}{L}\frac{\cos\theta}{r^2}\cdot L = \frac{q\cos\theta}{4\pi\varepsilon_0 r^2}$$

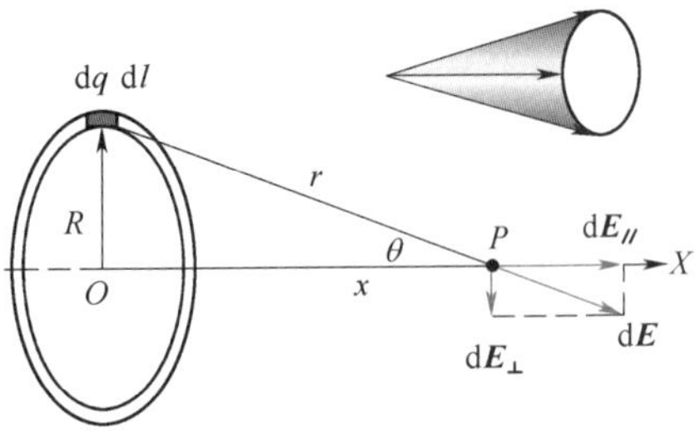

图 4-8 场强分解

因为
$$\cos\theta = \frac{x}{r}$$

所以
$$E = \frac{qx}{4\pi\varepsilon_0 r^3} = \frac{qx}{4\pi\varepsilon_0(R^2+x^2)^{3/2}}$$

(1) 当 $x\gg R$ 时，$(R^2+x^2)^{3/2}\approx x^3$，则 $E\approx\dfrac{q}{4\pi\varepsilon_0 x^2}$；

则环上电荷可看作全部集中在环心处的一个点电荷。这正与我们在前面对点电荷的论述相一致。

(2) 若 $x=0$，$E=0$，这表明环心处电场强度为零。

(3) 由 $\mathrm{d}E/\mathrm{d}x=0$ 可求得电场强度极大的位置，故有

$$\frac{\mathrm{d}}{\mathrm{d}x}\left[\frac{qx}{4\pi\varepsilon_0 (R^2+x^2)^{3/2}}\right]=0$$

$$x=\pm\frac{\sqrt{2}}{2}R$$

这表明,圆环轴线上具有最大电场强度的位置,位于原点 O 两侧的 $+\sqrt{2}R/2$ 和 $-\sqrt{2}R/2$。图 4-9 所示为带电圆环轴线上 $E-x$ 的分布图线。

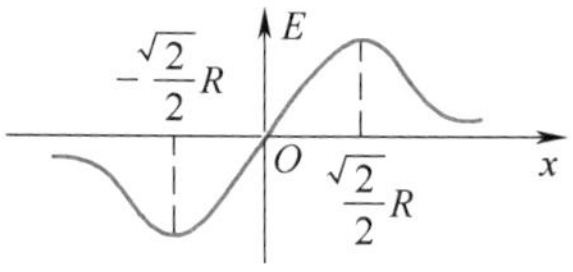

图 4-9 带电圆环轴线上 $E-x$ 的分布图线

例 3 薄圆盘轴线上的场强。设有一半径为 R,电荷均匀分布的薄圆盘,其电荷面密度为 σ。求通过盘心、垂直于盘面的轴线上任一点的场强。

解 如图 4-10 所示,把圆盘分成许多半径为 r、宽度为 $\mathrm{d}r$ 的圆环,其圆环的电量为

$$\mathrm{d}q=\sigma\mathrm{d}S=\sigma 2\pi r\mathrm{d}r$$

它在轴线 x 处的场强为

$$\mathrm{d}E=\frac{x\mathrm{d}q}{4\pi\varepsilon_0 (x^2+r^2)^{3/2}}=\frac{\sigma}{2\varepsilon_0}\frac{xr\mathrm{d}r}{(x^2+r^2)^{3/2}}$$

由于圆盘上所有的带电的圆环在场点的场强都沿同一方向,故带电圆盘轴线的场强为

$$E=\int_0^R\frac{\sigma}{2\varepsilon_0}\frac{xr\mathrm{d}r}{(x^2+r^2)^{3/2}}=\frac{\sigma x}{2\varepsilon_0}\left(\frac{1}{\sqrt{x^2}}-\frac{1}{\sqrt{x^2+R^2}}\right)\tag{1}$$

讨论:a. 对于(1)式,如果 $x\ll R$,即圆盘为无穷大的均匀带电平面,则

$$\frac{1}{\sqrt{x^2}}-\frac{1}{\sqrt{x^2+R^2}}\approx\frac{1}{\sqrt{x^2}}$$

于是式(1)电场强度为

$$E=\frac{\sigma}{2\varepsilon_0}\tag{2}$$

视频 带电圆盘场外的电场

上式表明,很大的均匀带电平面附近的电场强度 $\boldsymbol{E}$ 的值是一个常量,$\boldsymbol{E}$ 的方向与平面垂直。因此,很大的均匀带电平面附近的电场可看作均匀电场。

如果将两块无限大平板平行放置,板间距离远小于板面线度,如图 4-11 所示,当两板带等量异号电荷,电荷面密度为 σ 时,两板内侧场强为

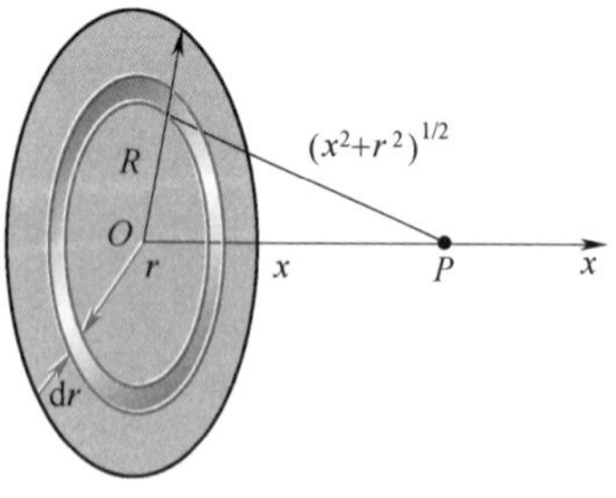

图 4-10 例 3 的示意图

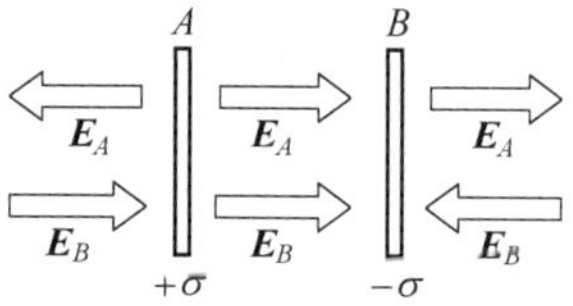

图 4-11 无限大平板

$$E = E_A + E_B = \frac{\sigma}{2\varepsilon_0} + \frac{\sigma}{2\varepsilon_0} = \frac{\sigma}{\varepsilon_0}$$

两板外侧场强为

$$E = E_A - E_B = 0$$

b. 当 $x \gg R$ 时，带电圆盘便可视为“点电荷”了，因为这时

$$\frac{1}{\sqrt{x^2}} - \frac{1}{\sqrt{x^2 + R^2}} = \frac{1}{x} - \frac{1}{x\left(1 + R^2/x^2\right)^{1/2}} \approx \frac{1}{x}\left[1 - \left(1 - \frac{1}{2}\frac{R^2}{x^2}\right)\right] = \frac{R^2}{2x^3} \tag{3}$$

于是由(1)式得

$$E = \frac{\sigma R^2}{4\varepsilon_0 x^2} = \frac{q}{4\pi\varepsilon_0 x^2}$$

上式表明，在远离带电平板处的电场相当于电荷集中于盘心的点电荷在该处产生的电场。在(3)式中利用了公式 $(1 + x)^n = 1 + nx + \frac{n(n-1)}{2!}x^2 + \cdots(|x| < 1)$。

4.4 电场强度通量 高斯定理

生活中处处有物理，物理中处处存在美。其中对称是一种美，是自然界中普遍存在而又奇妙有趣的现象，它能给人以整齐、和谐和恬静的感觉。大自然奇妙而又神秘的对称美普遍存在于各种物理现象、物理过程和物理规律中，用对称性思想去审题，从对称性角度去分析和解决问题，将给人耳目一新的感觉。纵观电磁学的整个理论体系，对称则无处不在，电荷的电场线、静电场和静磁场有相似的物理量描述、相似的表达式，遵循相似的规律、相似的研究方法。

上一节讨论了静电场电场强度和用积分的方法计算电场强度，本节我们在电场线的基础上，引进电场强度通量的概念，并导出静电场的高斯定理。

4.4.1 电场线

视频

电场线

为了形象地描述电场的分布，可以在电场中画出许多曲线，这些曲线上每一点的切线方向与该点的场强方向相同，而且曲线箭头的指向表示场强的方向，这种曲线称为电场线，是由法拉第首先引入这一工具。

如图 4-12 所示，几种典型的电场线分布，其中(a)为正电荷；(b)为负电荷；(c)为两个等量正电荷；(d)为两个等量异号电荷；(e)两个不等量异号电荷；(f)为带等量异号电荷的平行板。

静电场的电场线有如下特点：

(1)电场线总是起始于正电荷终止于负电荷(或从正电荷起伸向无限远，或来自无限远到负电荷终止)，电场线不是闭合曲线，不会在没有电荷的地方中断；

(2)任何两条电场线都不能相交，这是因为电场中每一点处的电场强度只能有一个确定的方向。

电场线不仅能表示电场强度的方向，而且电场线在空间的密度分布还能表示电场强度的大小。如果在某区域内，电场线的密度较大，该处的电场强度 $\boldsymbol{E}$ 也较强；如某区域电场线的密度较小，则该处的电场强度 $\boldsymbol{E}$ 也较弱。如图 4-12(a)所示，点电荷附近的电场线密度就比远处的电场线密度要大些，则点电荷附近的电场强度 $\boldsymbol{E}$ 比较远处的 $\boldsymbol{E}$ 要大些。

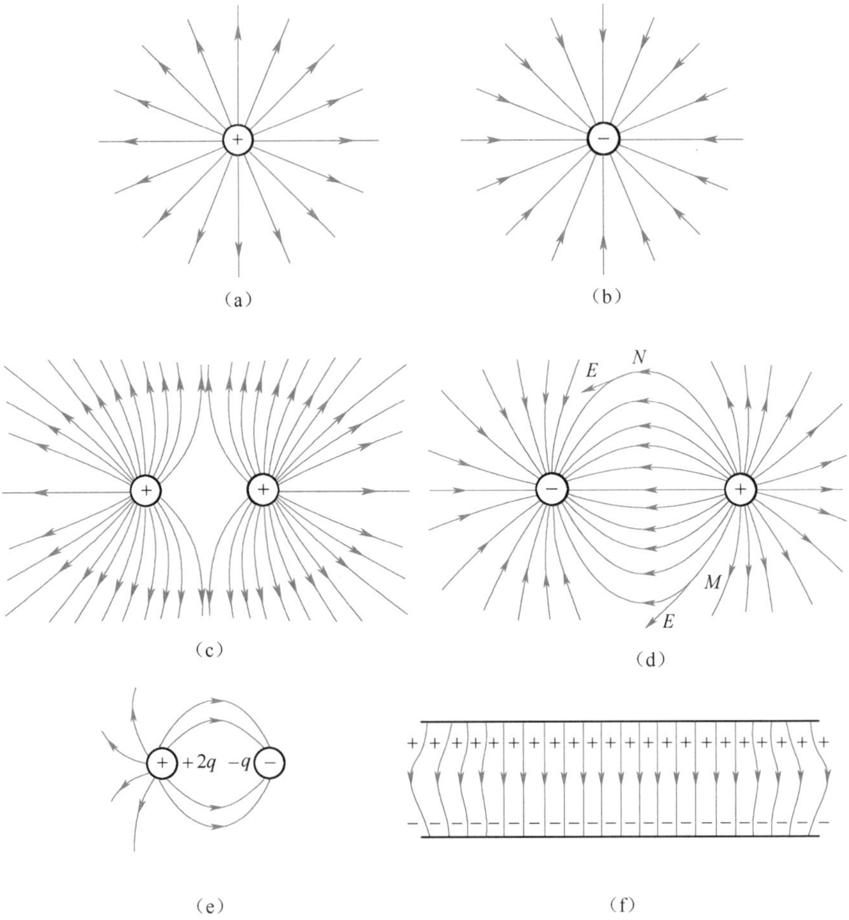

图 4-12　几种典型电场的电场线分布图形

为了说明电场线密度和电场强度间的数量关系，我们对电场线的密度做如下规定：

经过电场中任一点，想象地作一面积元 $\mathrm{d}S_{\perp}$，并使它与该点的场强垂直。如图 4-13 所示，由于 $\mathrm{d}S_{\perp}$ 很小，所以 $\mathrm{d}S_{\perp}$ 面上各点的电场强度可以认为是相同的，则通过面积元 $\mathrm{d}S_{\perp}$ 的电场线数 $\mathrm{d}N$ 与该点 $\boldsymbol{E}$ 的大小有如下关系：

$$E = \frac{\mathrm{d}N}{\mathrm{d}S_{\perp}} \tag{4-8}$$

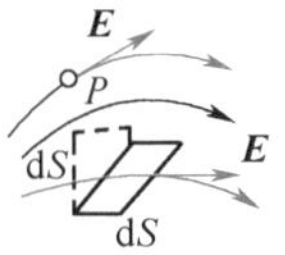

图 4-13　电场线密度与电场强度

这就是说，通过电场中某点垂直于 $\boldsymbol{E}$ 的单位面积的电场线数等于该点处电场强度 $\boldsymbol{E}$ 的大小，$\frac{\mathrm{d}N}{\mathrm{d}S_{\perp}}$ 又称电场线密度，曲线上每一点的切线方向与该点的场强方向相同，因此在电场中，可以用电场线来描述电场的大小和方向。

对于匀强电场，电场线密度处处相等，而且方向处处一致。

4.4.2　电场强度通量

垂直通过电场中某一面的电场线的总条数称为通过该面的电场强度通量，简称电通量，用 Φ_e 表示。下面分几种情况讨论。

1. 匀强电场的电通量

取平面 $\boldsymbol{S}$,若平面 $\boldsymbol{S}$ 与 $\boldsymbol{E}$ 平行时,

$$\Phi_e = ES \tag{4-9}$$

如图 4-14(a)所示,若平面 $\boldsymbol{S}$ 与 $\boldsymbol{E}$ 有夹角 θ 时,面积矢量 $\boldsymbol{S}$,规定其大小为 S,其方向用单位法线矢量 $\boldsymbol{e}_n$ 来表示,$\boldsymbol{e}_n$ 与 $\boldsymbol{E}$ 之间的夹角为 θ,因此,这时通过面 S 的电场强度通量为

$$\Phi_e = ES\cos\theta = \boldsymbol{E}\cdot\boldsymbol{S} = \boldsymbol{E}\cdot S\boldsymbol{e}_n \tag{4-10}$$

视频

电场强度通量

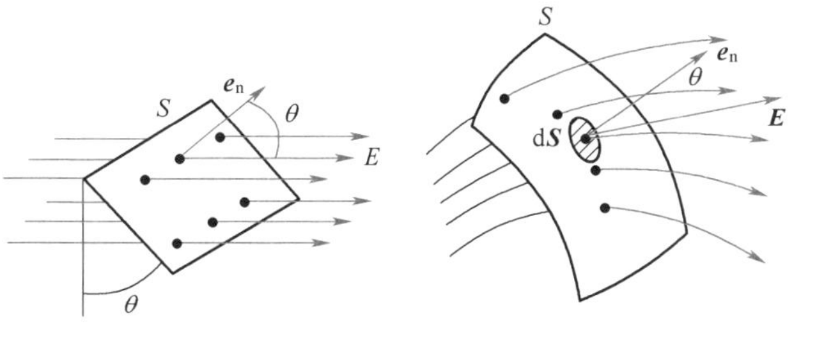

图 4-14 电场强度通量的计算

2. 非均匀电场的电通量

(1)如果电场是非均匀电场,并且面 S 是任意的曲面,把 S 分成无限多个面积元(简称面元)$\mathrm{d}S$,每个面积元 $\mathrm{d}S$ 都可看成是一个小平面,在面积元 $\mathrm{d}S$ 上,$\boldsymbol{E}$ 也处处相等,同样,面积元 $\mathrm{d}\boldsymbol{S}$ 方向用单位法线矢量 $\boldsymbol{e}_n$ 来表示如图 4-14(b),因此,某一小面积元 $\mathrm{d}S$ 的电通量:

$$\mathrm{d}\Phi_e = E\mathrm{d}S\cos\theta = \boldsymbol{E}\cdot\mathrm{d}\boldsymbol{S} \tag{4-11}$$

(2)任意曲面的电通量:如图 4-14(b)所示把 S 分成无限多个面积元 $\mathrm{d}S$,通过曲面 S 的电通量 Φ_e 为

$$\Phi_e = \int_S \mathrm{d}\Phi_e = \int_S E\mathrm{d}S\cos\theta = \int_S \boldsymbol{E}\cdot\mathrm{d}\boldsymbol{S} \tag{4-12}$$

(3)闭合曲面的电通量:曲面积分为闭合曲面的积分,

对封闭曲面的电场强度通量为,$\Phi_e = \oint_S \boldsymbol{E}\cdot\mathrm{d}\boldsymbol{S}$ (4-13)

规定:封闭曲面的法线方向垂直于曲面向外。

如图 4-15 所示,电场线从曲面内穿出的地方,$\theta < 90°$,$\mathrm{d}\Phi_e > 0$;电场线向曲面内穿入的地方,$\theta > 90°$,$\mathrm{d}\Phi_e < 0$。

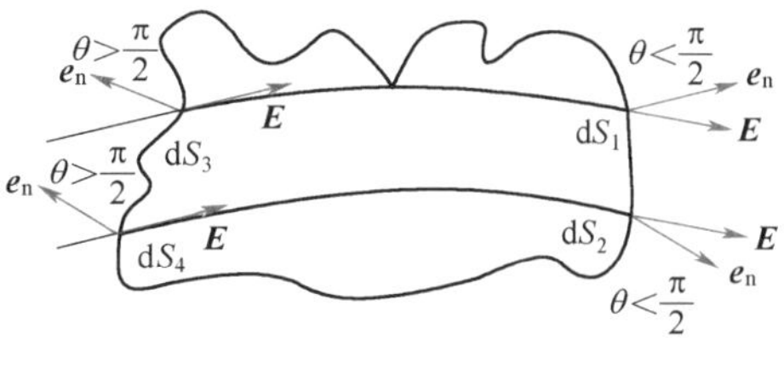

图 4-15 通过闭合曲面上不同地方面积元的电场强度通量为正

注意:

(1)电通量是标量,只有正、负,为代数求和。

(2)电通量正、负值的说明:

由 $\mathrm{d}\Phi_e = E\mathrm{d}S\cos\theta = \boldsymbol{E}\cdot\mathrm{d}\boldsymbol{S}$ 可知,电通量的正、负是由面元的法线正方向和电场强度矢量的夹角决定的。

视频
电通量练习

对不闭合曲面,电通量的正负根据所设的面元法线正方向而定;对闭合曲面规定自内向外的方向为面元的法线正方向。如果电场线从闭合曲面之内向外穿出,电通量为正;如果电场线从外部穿入闭合曲面,电通量为负。

(3)电通量的单位(SI):韦伯(Wb)。

例 1 如图 4-16 所示,有一个三棱柱放在电场强度 $\boldsymbol{E} = 200\boldsymbol{i}\ \mathrm{N\cdot C^{-1}}$ 的匀强电场中。求通过此三棱柱的电场强度的通量。

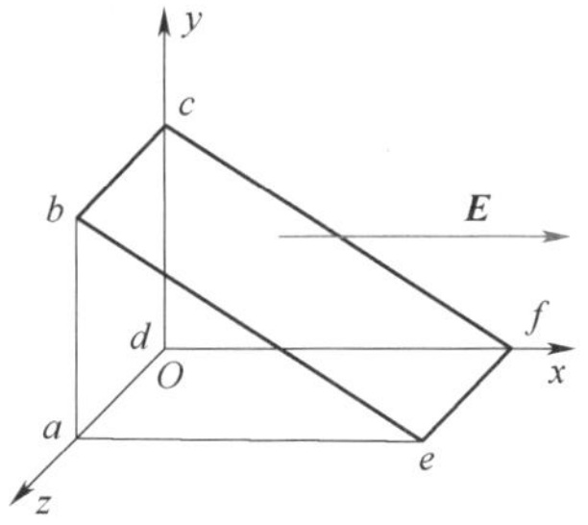

图 4-16 例 1 的示意图

解 三棱柱的闭合曲面由五个面组成, $S_1:abcda$;$S_2:abea$;$S_3:dcfd$;$S_4:adfea$;$S_5:befcb$, 通过各个面的电场强度通量为

$S_1:abcda$ 面, $\Phi_1 = ES_1\cos\pi = -ES_1$

$S_2:abea$ 面, $\Phi_2 = ES_2\cos\pi/2 = 0$

$S_3:dcfd$ 面, $\Phi_3 = ES_3\cos\pi/2 = 0$

$S_4:adfea$ 面, $\Phi_4 = ES_4\cos\pi/2 = 0$

$S_5:befcb$ 面, $\Phi_5 = ES_5\cos\theta = ES_1$

因而通过闭合三棱柱的电场强度的通量为

$$\Phi = \Phi_1 + \Phi_2 + \Phi_3 + \Phi_4 + \Phi_5 = -ES_1 + ES_1 = 0$$

即在均匀电场中,穿入三棱柱的电场线与穿出三棱柱的电场线相等,故通过闭合三棱柱的电场强度的通量为零。

4.4.3 高斯定理

既然可以用电场线来形象地描述电荷激发的电场,那么,对一定量的电荷来说,通过空间某一给定闭合曲面的电场线数也应是一定的。可见,这两者之间必有确定的关系。高斯通过运算论证了这个关系,这就是著名的高斯定理。

高斯定理给出了穿过任意闭合曲面的电通量与场源电荷之间在量值上的关系。

高斯定理内容为:在真空静电场中,通过任一闭合曲面的电场强度的通量,等于该曲面所包围的所有电荷的代数和除以 ε_0, 与封闭曲面外的电荷无关。

视频
高斯定理

以下是其推导的过程:

1. 点电荷在球面的中心

在真空中有一个正点电荷 q, 被置于半径为 R 的球面中心 O, 如图 4-17 所示,由点电荷的电场强度公式(4-4)球面上各点电场强度的大小均等于

$$E = \frac{q}{4\pi\varepsilon_0 R^2}$$

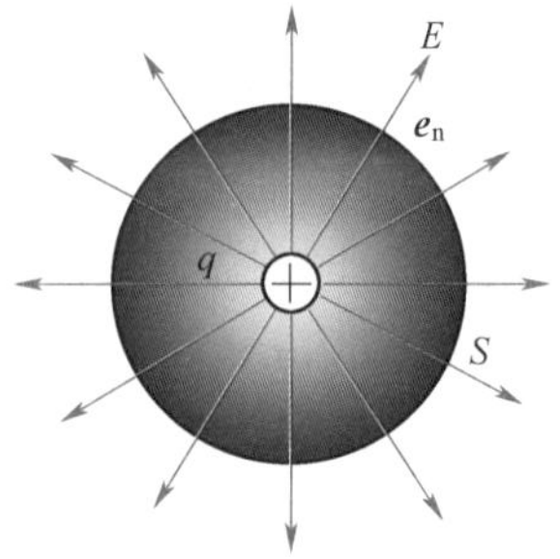

图 4-17 点电荷在球心球面上的电通量

电场强度的方向则沿径矢方向向外。在球面上任取一面积微元 $\mathrm{d}S$,其正单位法线方向 $\boldsymbol{e}_n$ 与场强 $\boldsymbol{E}$ 的方向相同,根据式(4-10),通过 $\mathrm{d}S$ 的电场强度通量为

$$\mathrm{d}\Phi_e = \boldsymbol{E}\cdot\mathrm{d}\boldsymbol{S} = E\mathrm{d}S = \frac{q}{4\pi\varepsilon_0 r^2}\mathrm{d}S$$

于是通过整个球面的电场强度通量为

$$\Phi_e = \frac{q}{4\pi\varepsilon_0 r^2}\oint_S dS = \frac{q}{4\pi\varepsilon_0 r^2}\cdot 4\pi r^2 = \frac{q}{\varepsilon_0} \tag{4-14}$$

即通过同心球面的电场强度通量等于球面内电荷的电量除以真空电容率 ε_0，与球面半径无关，只与它所包围的电荷的电量有关。若 q 为正电荷，电场线从点电荷出发，穿出球面延伸到无穷远处；若 q 为负电荷，电场线穿入球面，终于 q，穿过球面的电场线条数为 $\frac{q}{\varepsilon_0}$。

2. 包围点电荷 q 的任意封闭曲面 S'

如图 4-18 所示，对于任意一个闭合曲面 $\boldsymbol{S}'$，只要电荷被包围在 $\boldsymbol{S}'$ 面内，由于电场线是连续的，在没有电荷的地方不中断，因而穿过闭合曲面 $\boldsymbol{S}'$ 与 $\boldsymbol{S}$ 的电场线数目是一样的，故

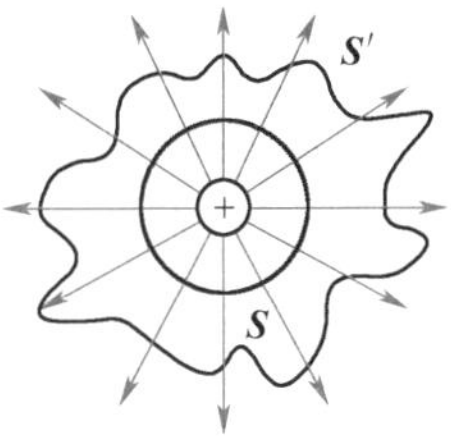

图 4-18 点电荷在任意闭合曲面内

$$\oint_S \boldsymbol{E}\cdot d\boldsymbol{S} = \frac{q}{\varepsilon_0}$$

即在点电荷的电场中，通过包围点电荷的任意闭合曲面的电场强度通量与闭合曲面的形状无关，都等于球面内电荷的电量除以真空电容率 ε_0。

3. 通过不包围点电荷的任意闭合曲面的电通量为零

如图 4-19 所示，若闭合曲面 S 不包围点电荷，由于电场线是连续的，穿入该曲面的电场线与穿出该曲面的电场线数目一定是相等的，所以，穿过 $\boldsymbol{S}$ 的电场线总数为零。

4. 多个点电荷

我们已知任意电荷系可看成是诸点电荷的集合体，而由电场强度的叠加原理知道，诸点电荷在电场空间某点激发的电场强度应是各点电荷在该点激发的电场强度的矢量和，因此，穿过电场中任意闭合曲面的电场强度通量为

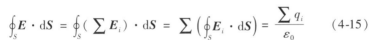

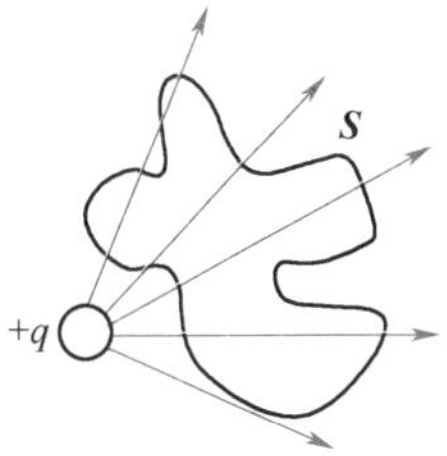

图 4-19 点电荷在闭合曲面之外

$$\oint_S \boldsymbol{E}\cdot d\boldsymbol{S} = \oint_S \left(\sum \boldsymbol{E}_i\right)\cdot d\boldsymbol{S} = \sum\left(\oint_S \boldsymbol{E}_i\cdot d\boldsymbol{S}\right) = \frac{\sum q_i}{\varepsilon_0} \tag{4-15}$$

式(4-15)表明：在真空静电场中，通过任一闭合曲面的电场强度的通量，等于该曲面所包围的所有电荷的代数和除以 ε_0。

若为连续分布的电荷，则上式可写为

$$\oint_S \boldsymbol{E}\cdot d\boldsymbol{S} = \frac{\int dq}{\varepsilon_0} \tag{4-16}$$

5. 关于高斯定理的说明

(1)高斯定理是反映静电场性质(有源性)的一条基本定理

若闭合曲面内存在正(负)电荷，则通过闭合曲面的电通量为正(负)，表明有电场线从面内(面外)穿出(穿入)；若闭合曲面内没有电荷，则通过闭合曲面的电通量为零，意味着有多少电场线穿入就有多少电场线穿出，说明在没有电荷的区域内电场线不会中断；若闭合曲面内电荷的代数和为零，则有多少电场线进入面内终止于负电荷，就会有相同数目的电场线从正电荷发出穿出面外。

视频

高斯定理应用说明

可见，高斯定理说明正电荷是发出电场线的源头，负电荷是电场线终止会聚的归宿，表

明了静电场是有源场，这是静电场的基本性质之一。

(2)高斯定理是在库仑定律的基础上得出的，但它的应用范围比库仑定律更为广泛。

库仑定律——只适用于静电场；

高斯定理——适用于静电场、变化电场，是电磁理论的基本方程之一。

高斯定理与库仑定律并不是互相独立的规律，而是用不同形式表示的电场与源电荷关系的同一客观规律：库仑定律把场强和电荷直接联系起来，而高斯定理将场强的通量和某一区域内的电荷联系在一起。而且高斯定理的应用范围比库仑定律更广泛：库仑定律只适用于静电场，而高斯定理不仅适用于静电场，也适用于变化的电场。高斯定理是电磁场理论的基本理论之一。

(3)高斯定理中的 $\boldsymbol{E}$ 是封闭曲面内和曲面外的电荷共同产生的，并非只有曲面内的电荷确定(只不过曲面外的电荷对电通量没有贡献)。

(4)若高斯面内的电荷的电量为零，则通过高斯面的电通量为零，但高斯面上各点的电场强度并不一定为零。

(5)通过任意闭合曲面的电通量只决定于它所包围的电荷的代数和，即只有闭合曲面内的电荷对电通量有贡献，闭合曲面外的电荷对电通量无贡献。

(6)高斯定理中所说的闭合曲面，通常称为高斯面。

在高斯定理的推导过程中，从点电荷在球面的中心的电通量、包围点电荷的任意封闭曲面的电通量、通过不包围点电荷的任意闭合曲面的电通量和多个点电荷的电通量的情况，体现了从特殊到一般的数学思维方法，特殊和一般相互依存、不可分割，特殊和一般是个性和共性的关系，没有离开共性的个性，特殊总是普遍中的特殊。提醒同学们学习物理时，可以从特殊到一般，也可以从一般中看特殊情况，灵活掌握学习方法。坚持是成功的基本条件，遵循循序渐进，从简单到复杂，从特殊到一般的认识规律。

4.4.4 高斯定理的应用

高斯定理的一个重要应用是用来计算带电体周围电场的电场强度。实际上，只有在场强分布具有一定的对称性时，才能比较方便应用高斯定理求出场强。其步骤为：

(1)进行对称性分析，即由电荷分布的对称性，分析场强分布的对称性，判断能否用高斯定理来求电场强度的分布(常见的对称性有球对称性、轴对称性、面对称性等)；

(2)根据场强分布的特点，作适当的高斯面，要求：①待求场强的场点应在此高斯面上；②穿过该高斯面的电通量容易计算。一般地，高斯面各面元的法线矢量 $\boldsymbol{e}_n$ 与 $\boldsymbol{E}$ 平行或垂直，$\boldsymbol{e}_n$ 与 $\boldsymbol{E}$ 平行时，$\boldsymbol{E}$ 的大小要求处处相等，使得 $\boldsymbol{E}$ 能提到积分号外面；

(3)计算电通量 $\oint_S \boldsymbol{E}\cdot \mathrm{d}\boldsymbol{S}$ 和高斯面内所包围的电荷的代数和，最后由高斯定理求出场强。

应该指出，在某些情况下(对称)，应用高斯定理是比较简单的，但一般情况下，以点电荷场强公式和叠加原理以相互补充，还有其他的方法，应根据具体情况选用。

利用高斯定理，可简洁地求得具有对称性的带电体场源(如球型、圆柱形、无限长和无限大平板型等)的空间场强分布。计算的关键在于选取合适的闭合曲面——高斯面。

例1 均匀带电球壳的场强。设有一半径为 R、均匀带电为 q 的薄球壳。求球壳内部和外部任意点的电场强度。

解 因为球壳很薄，其厚度可忽略不计，电荷 q 近似认为均匀分布在球面上。由于电荷分布是球对称的，所以电场强度的分布也是球对称的。因此在电场强度的空间中任意点的电场强度的方向沿径矢，大小则依赖于从球心到场点的距离。即在同一球面上的各点的电场强度的大小是相等的。

视频

例题1带电球面

(1)球面内部任一点 P_1 的场强($r < R$)

以 O 为圆心，通过 P_1 点作半径为 r 的球面 S_1 为高斯面，如图 4-20 所示，可知，高斯面内没有电荷，

由高斯定理：$\oint_{S_1} \boldsymbol{E} \cdot \mathrm{d}\boldsymbol{S} = \dfrac{1}{\varepsilon_0} \sum_{S_1} q$

$$\frac{1}{\varepsilon_0} \sum_{S_{1内}} q = 0$$

所以
$$\boldsymbol{E} = \boldsymbol{0} \tag{1}$$

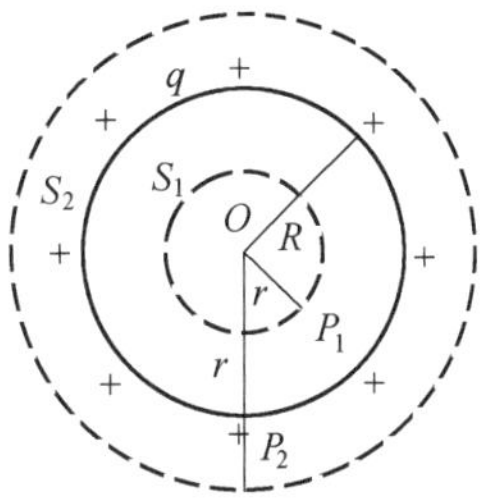

图 4-20 高斯面

即均匀带电球面内任一点 P_1 场强为零。

(2)球面外部任一点的场强($r > R$)

以 O 为圆心，通过 P_2 点以半径 r 作一球面 S_2 作为高斯面，如图 4-20 所示，由高斯定理：

因为 $\boldsymbol{E}$ 与 $\mathrm{d}\boldsymbol{S}$ 同向，且 S_2 上 $\boldsymbol{E}$ 值不变，

所以
$$\oint_{S_2} \boldsymbol{E} \cdot \mathrm{d}\boldsymbol{S} = \oint_{S_2} E \cdot \mathrm{d}S = E\oint_{S_2} \mathrm{d}S = E \cdot 4\pi r^2$$

$$E \cdot 4\pi r^2 = \frac{1}{\varepsilon_0} q$$

得
$$E = \frac{q}{4\pi\varepsilon_0 r^2} \tag{2}$$

方向：沿 OP_2 方向(若 $q < 0$，则沿 P_2O 方向)

结论：均匀带电球面外任一点的场强，如同电荷全部集中在球心处的点电荷在该点产生的场强一样。由式(1)和式(2)可做图 4-21 的 E-r 曲线，从曲线上可以看出，球面内的电场强度 $\boldsymbol{E}$ 为零，球面外的 $\boldsymbol{E}$ 和 r^2 成反比，在球面处($r = R$)的电场强度有跃变。如图 4-21 所示。

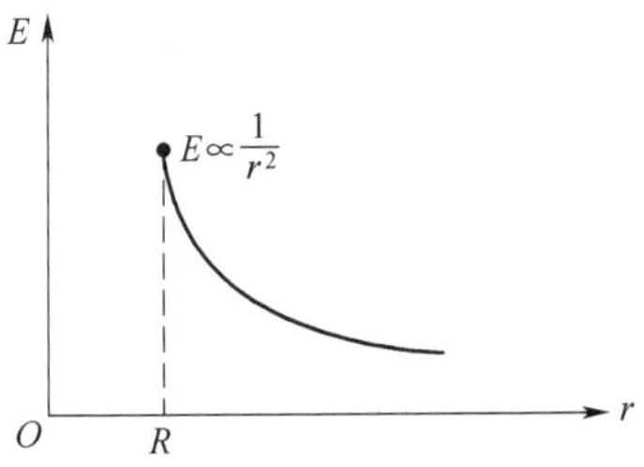

图 4-21 E-r 曲线

例 2 均匀带电球体的场强。设有一半径为 R、均匀带电为 q 的球体。求球体内部和外部任意点的电场强度。

解 由于电荷分布是球对称的，所以电场强度的分布也是球对称的。因此在电场强度的空间中任意点的电场强度的方向沿径矢，大小则依赖于从球心到场点的距离。即在同一球面上的各点的电场强度的大小是相等的，如图 4-22 所示。

视频

例题2带电球体

(1)球内部任一点 P_1 的 $\boldsymbol{E}$

以 O 为球心，过 P_1 点作半径为 r 的高斯球面 S_1，**高斯定理**为

$$\oint_{S_1} \boldsymbol{E} \cdot \mathrm{d}\boldsymbol{S} = \frac{1}{\varepsilon_0}\sum_{S_1} q$$

因为 $\boldsymbol{E}$ 与 $\mathrm{d}\boldsymbol{S}$ 同向，且 S_1 上各点 $|\boldsymbol{E}|$ 值相等，所以

$$\oint_{S_1} \boldsymbol{E} \cdot \mathrm{d}\boldsymbol{S} = \oint_{S_1} E \cdot \mathrm{d}S = E\oint_{S_1} \mathrm{d}S = E \cdot 4\pi r^2$$

$$\frac{1}{\varepsilon_0}\sum_{S_{1内}} q = \frac{q}{\varepsilon_0 \frac{4}{3}\pi R^3} \cdot \frac{4}{3}\pi r^3 = \frac{q}{\varepsilon_0 R^3} r^3$$

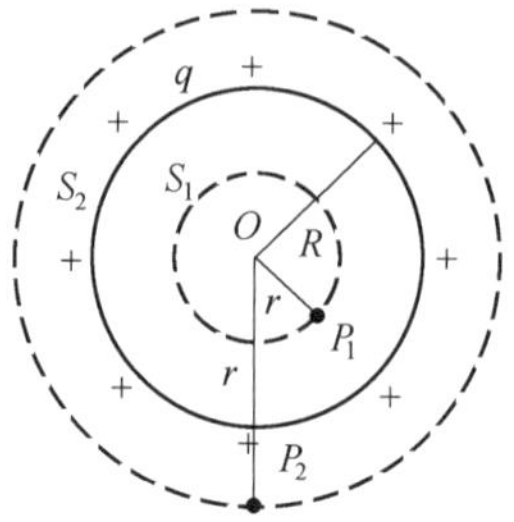

图 4-22 高斯面

得
$$E \cdot 4\pi r^2 = \frac{q}{\varepsilon_0 R^3} r^3$$

即
$$E = \frac{q}{4\pi\varepsilon_0 R^3} r$$

$\boldsymbol{E}$ 沿 OP_1 方向。（若 $q<0$，则 $\boldsymbol{E}$ 沿 P_1O 方向）

结论：$\boldsymbol{E} \propto r$。带电球体内部场强与半径 r 成正比。

（2）球外部任一点 P_2 的 $\boldsymbol{E}$

以 O 为球心，过 P_2 点作半径为 r 的球形高斯面 S_2，高斯定理为

$$\oint_{S_2} \boldsymbol{E} \cdot \mathrm{d}\boldsymbol{S} = \frac{1}{\varepsilon_0}\sum_{S_2} q$$

由此有

$$E \cdot 4\pi r^2 = \frac{1}{\varepsilon_0} q$$

得
$$E = \frac{q}{4\pi\varepsilon_0 r^2}$$

$\boldsymbol{E}$ 沿 OP_2 方向。（若 $q<0$，则 $\boldsymbol{E}$ 沿 P_2O 方向）

结论：均匀带电球体外任一点的场强，如同电荷全部集中在球心处的点电荷产生的场强一样。

$$E = \begin{cases} \dfrac{q}{4\pi\varepsilon_0 R^3} r & (r < R) \\[2ex] \dfrac{q}{4\pi\varepsilon_0 r^2} & (r > R) \end{cases}$$

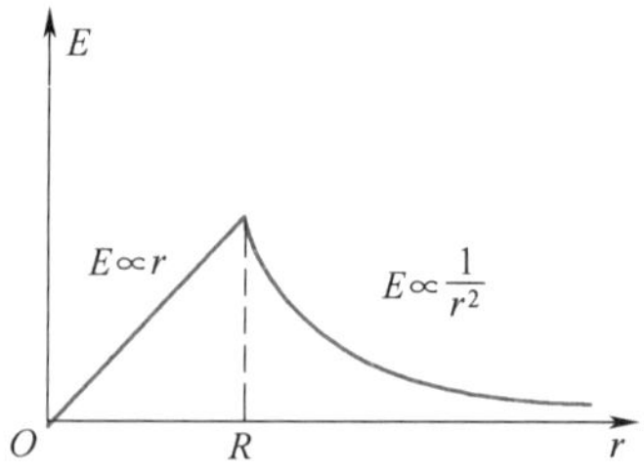

图 4-23 $E-r$ 曲线

E-r 曲线如图 4-23 所示。$q > 0$，E 的方向沿 OP_2 方向；若 $q < 0$，则 E 的方向沿 P_2O 方向。

例 3 一无限长均匀带电直线，设电荷线密度为 $+\lambda$，求直线外任一点场强。

视频

无线长直导线例题

解 由题意知，这里的电场是关于直线轴对称的，$\boldsymbol{E}$ 的方向垂直直线。在以直线为轴的任一圆柱面上的各点场强大小是等值的。以直线为轴线，过考察点 P 作半径为 r 高为 h 的圆柱高斯面，上底为 S_1、下底为 S_2、侧面为 S_3，如图 4-24 所示。

高斯定理为
$$\oint_S \boldsymbol{E} \cdot \mathrm{d}\boldsymbol{S} = \frac{1}{\varepsilon_0}\sum_{S_{in}} q$$

在此，有

$$\oint_S \boldsymbol{E}\cdot d\boldsymbol{S} = \int_{S_1}\boldsymbol{E}\cdot d\boldsymbol{S} + \int_{S_2}\boldsymbol{E}\cdot d\boldsymbol{S} + \int_{S_3}\boldsymbol{E}\cdot d\boldsymbol{S}$$

因为,在 S_1、S_2 上各面元 $d\boldsymbol{S}\perp\boldsymbol{E}$,所以前二项积分 $=0$。

又因为,在 S_3 上 $\boldsymbol{E}$ 与 $d\boldsymbol{S}$ 方向一致,且 $E=$ 常数,所以

$$\oint_S \boldsymbol{E}\cdot d\boldsymbol{S} = \oint_{S_3}\boldsymbol{E}\cdot d\boldsymbol{S} = \int_{S_3} E dS = E\int_{S_3} dS = E\cdot 2\pi rh$$

$$\frac{1}{\varepsilon_0}\sum_{S_{in}} q = \frac{1}{\varepsilon_0}\lambda h$$

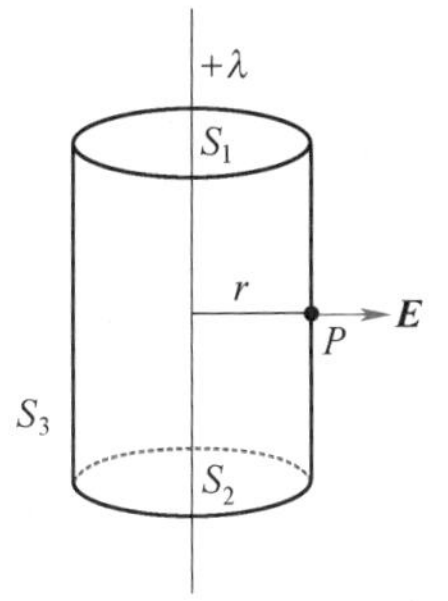

图 4-24　例 3 的示意图

得
$$E\cdot 2\pi rh = \frac{1}{\varepsilon_0}\lambda h$$

即
$$E = \frac{\lambda}{2\pi\varepsilon_0 r}$$

$\boldsymbol{E}$ 由带电直线指向考察点。若 $\lambda<0$,则 $\boldsymbol{E}$ 由考察点指向带电直线。

例 4　无限长均匀带电圆柱面,半径为 R,电荷面密度为 $\sigma>0$,求柱面内外任一点场强。

视 频

无限长圆柱体

解　由题意知,柱面产生的电场具有轴对称性,场强方向由柱面轴线向外辐射,并且任意以柱面轴线为轴的圆柱面上各点 $\boldsymbol{E}$ 值相等。

(1)带电圆柱面内任一点 P_1 的电场强度 $\boldsymbol{E}$

如图 4-25 所示,以 OO' 为轴,过 P_1 点作以 r_1 为半径,高为 h 的圆柱高斯面,上底为 S_1,下底为 S_2,侧面为 S_3。由高斯定理:

$$\oint_S \boldsymbol{E}\cdot d\boldsymbol{S} = \frac{1}{\varepsilon_0}\sum_{S_{in}} q$$

$$\frac{1}{\varepsilon_0}\sum_{S_{in}} q = 0$$

所以
$$\boldsymbol{E} = \boldsymbol{0}$$

结论:无限长均匀带电圆筒内任一点场强为零。

(2)带电柱面外任一点场强 $\boldsymbol{E}$

以 OO' 为轴,过 P_2 点作半径为 r_2 高为 h 的圆柱形高斯面,上底为 S'_1,下底为 S'_2,侧面为 S'_3。在此,有

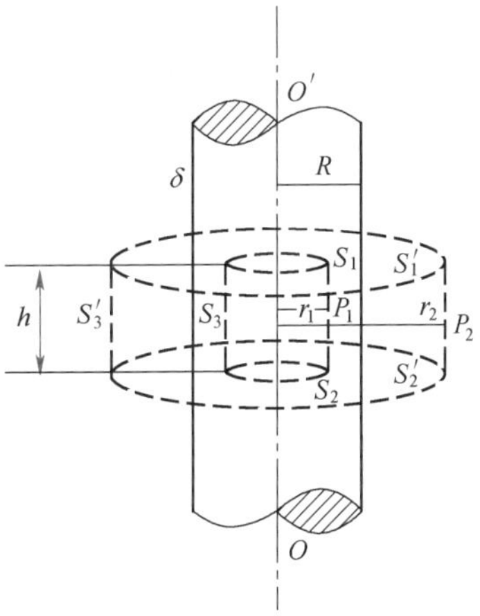

图 4-25　做高斯面

$$\oint_S \boldsymbol{E}\cdot d\boldsymbol{S} = \int_{S'_1}\boldsymbol{E}\cdot d\boldsymbol{S} + \int_{S'_2}\boldsymbol{E}\cdot d\boldsymbol{S} + \int_{S'_3}\boldsymbol{E}\cdot d\boldsymbol{S}$$

因为在 S'_1,S'_2 上各面元 $d\boldsymbol{S}'_1\perp\boldsymbol{E}$、$d\boldsymbol{S}'_2\perp\boldsymbol{E}$,所以上式前两项积分为零。又在 S'_3 上 $d\boldsymbol{S}$ 与 $\boldsymbol{E}$ 同向,且 E 为常数,所以

$$\oint_S \boldsymbol{E}\cdot d\boldsymbol{S} = \int_{S'_3} E dS = E\int_{S'_3} dS = E\cdot 2\pi r_2 h$$

由高斯定理有

$$E\cdot 2\pi r_2 h = \frac{1}{\varepsilon_0}\cdot\sigma 2\pi Rh$$

得
$$E = \frac{\sigma\cdot 2\pi R}{2\pi\varepsilon_0 r_2}$$

因为 $\sigma \cdot 2\pi R = \sigma \cdot [2\pi R \cdot 1] =$ 单位长柱面的电荷(电荷线密度) $= \lambda$，所以 $E = \dfrac{\lambda}{2\pi\varepsilon_0 r_2}$，$\boldsymbol{E}$ 由轴线指向 P_2。$\sigma < 0$ 时，$\boldsymbol{E}$ 沿 P_2 指向轴线。

结论：无限长均匀带电圆柱面在其外任一点的场强，和全部电荷都集中在带电柱面的轴线上的无限长均匀带电直线产生的场强一样。

视频

带电平面例题

例 5 有无限大均匀带电平面，电荷面密度为 $+\sigma$，求平面外任一点场强。

解 由题意知，平面产生的电场是关于平面二侧对称的，场强方向垂直平面，距平面相同的任意二点处的 $\boldsymbol{E}$ 值相等。设 P 为考察点，过 P 点做一底面平行于平面且关于平面对称的圆柱形高斯面，右端面为 S_1，左端面为 S_2，侧面为 S_3，如图 4-26 所示高斯定理为

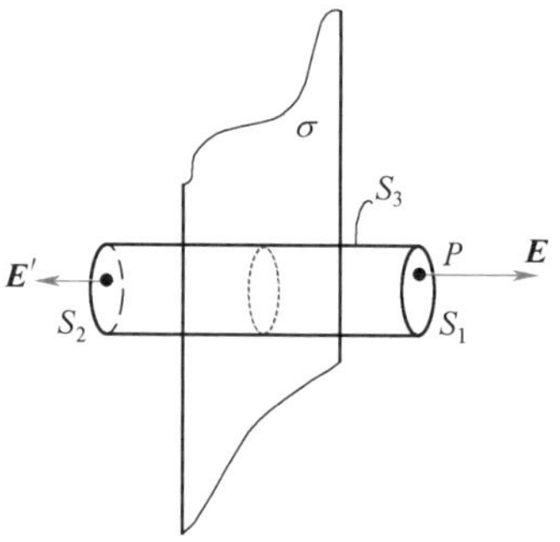

图 4-26 例 5 的示意图

$$\oint_S \boldsymbol{E} \cdot \mathrm{d}\boldsymbol{S} = \frac{1}{\varepsilon_0}\sum_{S_{in}} q$$

在此，有

$$\oint_S \boldsymbol{E} \cdot \mathrm{d}\boldsymbol{S} = \int_{S_1} \boldsymbol{E} \cdot \mathrm{d}\boldsymbol{S} + \int_{S_2} \boldsymbol{E} \cdot \mathrm{d}\boldsymbol{S} + \int_{S_3} \boldsymbol{E} \cdot \mathrm{d}\boldsymbol{S}$$

因为，在 S_3 上的各面元 $\mathrm{d}\boldsymbol{S} \perp \boldsymbol{E}$，所以第三项积分等于零

又因为在 S_1，S_2 上各面元 $\mathrm{d}\boldsymbol{S}$ 与 $\boldsymbol{E}$ 同向，且在 S_1，S_2 上 $|\boldsymbol{E}| =$ 常数，所以有

$$\oint_S \boldsymbol{E} \cdot \mathrm{d}\boldsymbol{S} = \int_{S_1} E\mathrm{d}S + \int_{S_2} E\mathrm{d}S = E\int_{S_1}\mathrm{d}S + E\int_{S_2}\mathrm{d}S = ES_1 + ES_2 = 2ES_1$$

$$\frac{1}{\varepsilon_0}\sum_{S_{in}} q = \frac{1}{\varepsilon_0} \cdot \sigma S_1$$

得

$$E \cdot 2S_1 = \frac{1}{\varepsilon_0} \cdot \sigma S_1$$

即

$$E = \frac{\sigma}{2\varepsilon_0}\ (\text{均匀电场})$$

$\boldsymbol{E}$ 垂直平面指向考察点(若 $\sigma < 0$，则 $\boldsymbol{E}$ 由考察点指向平面)。

上面，我们应用高斯定理求出了几种带电体产生的场强，从这几个例子看出，用高斯定理求场强是比较简单的。但是，我们应该明确，虽然高斯定理是普遍成立的，但是任何带电体产生的场强不是都能由它计算出，因为这样的计算是有条件的，它要求电场分布具有一定的对称性，在具有某种对称性时，才能适当选择高斯面，从而很方便地计算出值。

应用高斯定理时，要注意下面环节：(1)分析对称性；(2)适当选择高斯面；(3)计算 $\oint_S \boldsymbol{E} \cdot \mathrm{d}\boldsymbol{S}$ 和 $\dfrac{1}{\varepsilon_0}\sum_{S_{内}} q$；(4)由高斯定理 $\oint_S \boldsymbol{E} \cdot \mathrm{d}\boldsymbol{S} = \dfrac{1}{\varepsilon_0}\sum_{S_{in}} q$ 求出 E。

在这一节中学习了球对称性、轴对称性和面对称性的电场强度，深刻体会到对称的重要性以及对称的美，对称也是物理学中的学习方法，它是科学家探索世界的一种工具。对称有多种形式，轴对称是一种对称，中心对称是一种对称，镜面对称也是一种对称。自然界的种种对称现象映照在人们

的头脑中,产生了对称的潜意识,科学的对称原理,形成了人们的对称观念,又被人们进一步用来认识世界、改造世界,成为一种心灵的智慧。中国人一直追求着造物里的对称美,北京的大兴国际机场,被誉为“世界第七大奇迹”,完美诠释了中国基建实力的新高度,是中国面向世界的新国门。对称的事物能给人一种“安静”的严肃感,蕴含着平衡、稳定之美,如图 4-27 所示。

图 4-27　北京大兴国际机场

4.5　静电场的环路定理　电势能

前面我们从电荷在电场中受力作用出发,研究了静电场的性质,并引入电场强度作为描述电场特性的物理量,且知道静电场是有源场。本节我们将进一步从电场力对电荷的做功出发来研究静电场的另一个重要的性质——保守场。

视 频
电场力做功特点

4.5.1　静电场力做功的特点

问题:如图 4-28 所示,在静电场 $\boldsymbol{E}$ 中,试验电荷 q_0 沿任意路径 acb 从点 a 移动到点 b,计算电场力对试验电荷所做的功。采用微元法,选取位移元 $\mathrm{d}\boldsymbol{l}$,在位移元 $\mathrm{d}\boldsymbol{l}$ 内,可认为电场力是恒定的,可得

$$\mathrm{d}W = \boldsymbol{F} \cdot \mathrm{d}\boldsymbol{l} = q_0 \boldsymbol{E} \cdot \mathrm{d}\boldsymbol{l} \tag{4-17a}$$

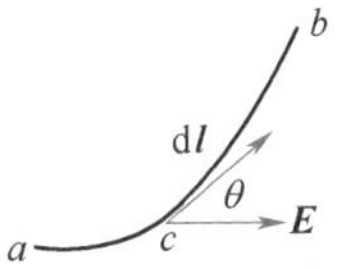

图 4-28　试验电荷沿任意路径运动

积分可得电场力所做的功为

$$W = \int \mathrm{d}W = q_0 \int \boldsymbol{E} \cdot \mathrm{d}\boldsymbol{l} \tag{4-17b}$$

我们知道了电场力做功的表达式,那么电场力做功有哪些特点呢?下面分情况进行讨论:

1. 均匀电场

讨论试验电荷在均匀电场中移动的情况。如图 4-29 所示,设场强为 $\boldsymbol{E}$,试验电荷 q_0 沿任意路径从点 a 移动到点 b,对位移元 $\mathrm{d}\boldsymbol{l}$,电场力做功为

$$\mathrm{d}W = q_0 \boldsymbol{E} \cdot \mathrm{d}\boldsymbol{l} = q_0 E \mathrm{d}l \cos\theta = q_0 E \mathrm{d}x$$

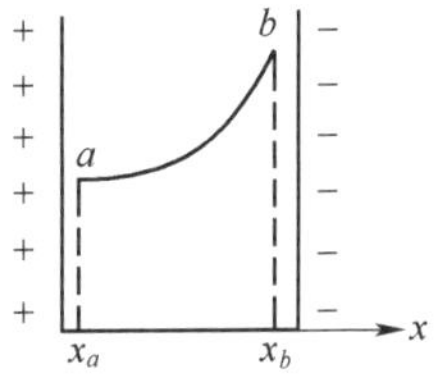

图 4-29　匀强电场中电场力做功

积分可得电场力做功为

$$W = \int_{x_a}^{x_b} q_0 E \mathrm{d}x = q_0 E (x_b - x_a) \tag{4-18}$$

可见:在匀强电场中,电场力对试验电荷所做的功与其移动时起始位置与终了位置有关,与其所经历的路径无关。

2. 点电荷电场

如图 4-30 所示,设一正点电荷 q 固定于 O 点,试验电荷 q_0 在 q 的电场中沿任意路径从点 A 移动到点 B,对位移元 $\mathrm{d}\boldsymbol{l}$,电场力做功为 $\mathrm{d}W = \boldsymbol{F} \cdot \mathrm{d}\boldsymbol{l} = q_0 \boldsymbol{E} \cdot \mathrm{d}\boldsymbol{l}$

点电荷的场强公式为

$$\boldsymbol{E} = \frac{1}{4\pi\varepsilon_0}\frac{q}{r^2}\boldsymbol{e}_r$$

$$\mathrm{d}W = \frac{1}{4\pi\varepsilon_0}\frac{qq_0}{r^2}\boldsymbol{e}_r \cdot \mathrm{d}\boldsymbol{l} = \frac{1}{4\pi\varepsilon_0}\frac{qq_0}{r^2}\mathrm{d}r$$

其中 $\boldsymbol{e}_r \cdot \mathrm{d}\boldsymbol{l} = \mathrm{d}l\cos\theta = \mathrm{d}r$

积分可得电场力所做的功为

$$W = \int_{r_A}^{r_B}\frac{qq_0}{4\pi\varepsilon_0 r^2}\cdot \mathrm{d}r = \frac{qq_0}{4\pi\varepsilon_0}\left(\frac{1}{r_A} - \frac{1}{r_B}\right) \tag{4-19}$$

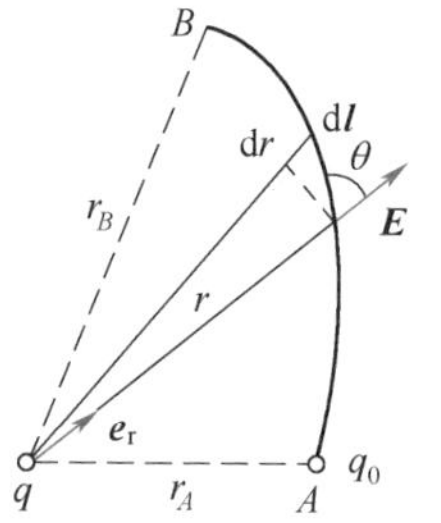

图 4-30　非匀强电场中电场力做功

结论:在点电荷的非匀强电场中,电场力对试验电荷所做的功与其移动时起始位置与终了位置有关,与其所经历的路径无关。

3. 点电荷系的电场

任意带电体都可以看成由许多点电荷组成的点电荷系,根据叠加原理可知,点电荷系的场强为各点电荷场强的叠加。

$$\boldsymbol{E} = \boldsymbol{E}_1 + \boldsymbol{E}_2 + \cdots$$

因而任意点电荷系的电场力所做的功为

$$W = q_0\int_l \boldsymbol{E}\cdot \mathrm{d}\boldsymbol{l} = q_0\int_l \boldsymbol{E}_1 \cdot \mathrm{d}\boldsymbol{l} + q_0\int_l \boldsymbol{E}_2 \cdot \mathrm{d}\boldsymbol{l} + \cdots \tag{4-20}$$

每一项均与路径无关,故它们的代数和也必然与路径无关。

结论:在真空中,一试验电荷在静电场中移动时,静电场力对它所做的功,仅与试验电荷的电量、起始与终了位置有关,而与试验电荷所经过的路径无关。因而静电场力也是保守力,静电场是保守场。

视频　环路定理和电势能

4.5.2　静电场的环路定理

在静电场中,将试验电荷沿闭合路径移动一周时,电场力所做的功为

$$W = \oint_l q_0\boldsymbol{E}\cdot \mathrm{d}\boldsymbol{l} = q_0\oint_l \boldsymbol{E}\cdot \mathrm{d}\boldsymbol{l}$$

由于电场力做功与路径无关,只与起始和终了位置有关的性质可知,将试验电荷沿闭合路径移动一周时,电场力所做的功为零。

如图 4-31 所示,电场力做功

$$W = q_0\oint \boldsymbol{E}\cdot \mathrm{d}\boldsymbol{l} = q_0\int_{abc}\boldsymbol{E}\cdot \mathrm{d}\boldsymbol{l} + q_0\int_{cda}\boldsymbol{E}\cdot \mathrm{d}\boldsymbol{l}$$

由于 $\int_{cda}\boldsymbol{E}\cdot \mathrm{d}\boldsymbol{l} = -\int_{adc}\boldsymbol{E}\cdot \mathrm{d}\boldsymbol{l}$

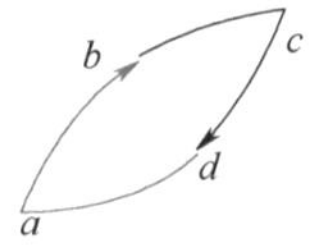

图 4-31　q_0 沿闭合路径移动一周电场力做功为零

且电场力做功与路径无关,

$$q_0\int_{adc}\boldsymbol{E}\cdot \mathrm{d}\boldsymbol{l} = q_0\int_{abc}\boldsymbol{E}\cdot \mathrm{d}\boldsymbol{l}$$

所以 $$W = q_0\oint \boldsymbol{E}\cdot \mathrm{d}\boldsymbol{l} = 0$$

又因为 $q_0 \neq 0$, 所以

$$\oint \boldsymbol{E}\cdot \mathrm{d}\boldsymbol{l} = 0 \tag{4-21}$$

定义：**E 沿任意闭合路径的线积分称为 E 的环流。**

静电场环路定理：在静电场中，电场强度的环流为零。

至此，我们明白了静电场力与万有引力、弹性力一样，都是保守力；静电场也是保守场。

4.5.3 电势能

在力学中，为了反映重力、弹性力这一类保守力做功与路径无关的特点，曾引进重力势能和弹性势能。从上面的讨论中知道，静电场力也是保守力，它对试验电荷所做的功也具有与路径无关的特点，因此也可引进相应的势能。

请同学们进一步思考，如果电荷沿不同路径移动时静电力做的功不一样，还能建立电势能的概念吗？为什么？

静电力是保守力，只要在场中电荷移动的始末位置确定，那么电荷沿不同路径移动时静电力做的功就相同，因此，才能建立电势能的概念，否则不能。与物体在重力场中具有重力势能一样，电荷在电场的一定位置上具有一定的电势能，静电场力对电荷所做的功等于电势能增量的负值。因而静电场力对电荷做正功时，电势能减少；静电场力对电荷做负功时，电势能增加。

用 E_{pa} 和 E_{pb} 表示试验电荷在 a 和 b 的电势能，则试验电荷从 a 移动到 b，静电场力做功

$$W_{ab} = -(E_{pb} - E_{pa}) = E_{pa} - E_{pb} \tag{4-22a}$$

即

$$q_0\int_a^b \boldsymbol{E}\cdot d\boldsymbol{l} = E_{pa} - E_{pb} \tag{4-22b}$$

式(4 - 22b)说明势能具有相对性。

电势能也和重力势能一样，是一个相对的量。在重力场中，要决定某点的重力势能，就必须先选择一个势能为零的参考点，与此相似，要决定电荷在电场中某一点的势能数值，也必须先选择一个电势能参考点，并设该点的电势能为零。这一参考点的选择是任意的，处理问题时怎样方便就怎样选取。当场源电荷为有限带电体时，通常选取无限远处为电势能零点。令 b 点在无穷远，则：$E_{pb}=0$，这样试验电荷 q_0 在 a 点处具有的电势能为：

$$E_{pa} = q_0\int_a^{\infty} \boldsymbol{E}\cdot d\boldsymbol{l} \tag{4-23}$$

即试验电荷 q_0 在电场中某点处具有的电势能值，等于将 q_0 由该点移至无限远（或者电势能零点）处电场力所做的功。

在国际单位制中，电势能的单位是焦[耳]，符号为 J。

4.6 电　势

4.6.1 电势概述

1. 电势的基本概念

视频

电势定义法

在电势的学习中，同样用到了比值法来描述某种事物的性质。由于电势能的大小，与试验电荷的电量 q_0 有关，因而电势能不能直接用来描述某一给定电场的性质。但是比值 E_{pa}/q_0 与 q_0 无关，只决定于电场的性质及场点的位置，所以这个比值是反映电场本身性质的物理量，并且称之为电势，其定义为：静电场中试验电荷 q_0 在某点 a 处所具有的电势能与该

试验电荷的电量 q_0 的比值定义为电势。

$$U_a = \frac{E_{pa}}{q_0} = \int_a^{“0”} \boldsymbol{E} \cdot \mathrm{d}\boldsymbol{l} \tag{4-24}$$

令 q_0 为单位正电荷，则 $U_a = E_{pa}$。可见，电场中某点的电势在数值上等于放在该点的单位正电荷的电势能，或者说电场中某点的电势在数值上等于把单位正电荷从该点移到势能为零的点时，电场力所做的功。

2. 说明

(1)电势是标量，有正有负，把单位正电荷从某点移到无穷远点时，若静电场力做正功，则该点的电势为正；若静电场力做负功，则该点的电势为负（在电场力的作用下，正电荷从电势高的地方移向电势低的地方，负电荷电势低的地方移向电势高的地方）。

(2)电势的单位：伏[特]，$1\ \mathrm{V} = 1\ \mathrm{J \cdot C^{-1}}$。

(3)电势具有相对意义，它决定于电势零点的选择。电势零点的选择是任意的，视研究问题的方便而定。在理论计算中，当电荷分布在有限区域时，通常选择无穷远处的电势为零；在实际工作中，通常选择地面的电势为零。但是对于“无限大”或“无限长”的带电体，就不能将无穷远点作为电势的零点，这时只能在有限的范围内选取某点为电势的零点。

伏打(Alessandro Volta，1745—1827)

伏打

意大利物理学家。伏打在物理学方面做出了许多重要贡献，他发明过起电盘，发明过验电器、储电器等多种静电实验仪器。

伏打最显赫的功绩是发明了伏打电池。伏打电池的出现对电学的发展产生了深远的影响，开创了一个新的广阔天地，成为人类征服自然的最有力的武器。伏打成为第一个使人类获得持续电流的最伟大的发明家。

伽伐尼在1786年和1792年在实验中观察到用铜钩挂起来的蛙腿在碰到铁架时会发生痉挛。他认为这是生物电产生的效果。伏打认为上述现象的产生是由于两种不同金属接触时所产生的电效应。两种观点曾引起了十年之久的争论。此期间，伏打进行了大量的实验。他先后采用了多种不同金属，放在各种液体中进行了几百次实验，终于发明了伏打电池。1800年他正式向英国皇家学会报告了他的发现，从此产生稳恒电流的装置开始在电磁学研究中发挥了巨大作用。

为了纪念伏打的贡献，以他的名字命名了电源的电动势和电路中电势差的单位，即伏[特]。

3. 电势差

在静电场中，任意两点 a 和 b 之间的电势之差，称为电势差，通常也叫电压。

$$U_{ab} = U_a - U_b = \int_a^{“0”} \boldsymbol{E} \cdot \mathrm{d}\boldsymbol{l} - \int_b^{“0”} \boldsymbol{E} \cdot \mathrm{d}\boldsymbol{l} = \int_a^{“0”} \boldsymbol{E} \cdot \mathrm{d}\boldsymbol{l} + \int_{“0”}^{b} \boldsymbol{E} \cdot \mathrm{d}\boldsymbol{l}$$

可见

$$U_{ab} = \int_a^b \boldsymbol{E} \cdot \mathrm{d}\boldsymbol{l} \tag{4-25}$$

即静电场中任意两点 a、b 之间的电势差，在数值上等于把单位正电荷从点 a 移到点 b 时，静电场力所做的功。

引入电势差后，静电场力所做的功可以用电势差表示为

$$W_{ab} = q_0\int_a^b \boldsymbol{E} \cdot \mathrm{d}\boldsymbol{l} = q_0 U_{ab} = q_0(U_a - U_b) \tag{4-26}$$

说明：

(1)电势和电场强度一样，都是描述电场性质的物理量；

(2)电势与零电势的选择有关，但两点之间的电势差与零电势的选择无关；

(3)电势与电势能是两个不同概念，电势是电场具有的性质，而电势能是电场中电荷与电场组成的系统所共有的；

(4)场强的方向即电势降落的方向。

4.6.2 点电荷电场中的电势

真空中点电荷 q 激发的电场的场强分布规律已知时，就可以应用场强积分法计算它的电势分布，零电势点选在无穷远处。由于点电荷电场的电场线以 q 为中心呈辐射状，所以选取从 q 出发经过待求电势的场点向无限远的射线作积分路径是最方便的。在电荷 q 激发的电场中取任一场点 P，设 q 到 P 的距离为 r。取

从 q 经 P 伸向无限远的射线为积分路径时，$\boldsymbol{E} \cdot \mathrm{d}\boldsymbol{l} = E\mathrm{d}r$，因此有

$$U = \int_r^\infty \boldsymbol{E} \cdot \mathrm{d}\boldsymbol{l} = \int_r^\infty \frac{q}{4\pi\varepsilon_0 r^2}\mathrm{d}r = \frac{q}{4\pi\varepsilon_0 r} \tag{4-27}$$

可见正电荷的电势为正的，负电荷的电势为负的。

4.6.3 电势的叠加原理

视频

电势叠加原理

1. 离散型——点电荷系电场中的电势

设电场由几个点电荷 $q_1, q_2, \cdots, q_n$ 产生，由场强叠加原理可知电场强度为

$$\boldsymbol{E} = \sum \boldsymbol{E}_i \quad \text{矢量和}$$

因而电势为

$$U = \int \boldsymbol{E} \cdot \mathrm{d}\boldsymbol{l} = \int \sum \boldsymbol{E}_i \cdot \mathrm{d}\boldsymbol{l} = \sum \int \boldsymbol{E}_i \cdot \mathrm{d}\boldsymbol{l} = \sum U_i \quad \text{标量和} \tag{4-28}$$

即点电荷系电场中某点的电势，等于各点电荷单独存在时在该点的电势的叠加(代数和)。这个结论叫作静电场的电势叠加原理。

2. 连续型——连续分布电荷电场中的电势

如图 4-32 所示，若场源为电荷连续分布的带电体，可以把它分成无穷多个电荷元 $\mathrm{d}q$，每个电荷元都可以看成点电荷，那么 $\mathrm{d}q$ 在场点 P 处产生的电势为

$$\mathrm{d}U = \frac{\mathrm{d}q}{4\pi\varepsilon_0 r} \tag{4-29a}$$

而该点的电势为这些电荷元电势的叠加

$$U = \int \frac{\mathrm{d}q}{4\pi\varepsilon_0 r} \tag{4-29b}$$

积分区域为带电体所在的区域。

线分布 $$U = \int_l \frac{\lambda \mathrm{d}l}{4\pi\varepsilon_0 r} \tag{4-30a}$$

面分布 $$U = \int_S \frac{\sigma \mathrm{d}S}{4\pi\varepsilon_0 r} \tag{4-30b}$$

体分布 $$U = \int_V \frac{\rho \mathrm{d}V}{4\pi\varepsilon_0 r} \tag{4-30c}$$

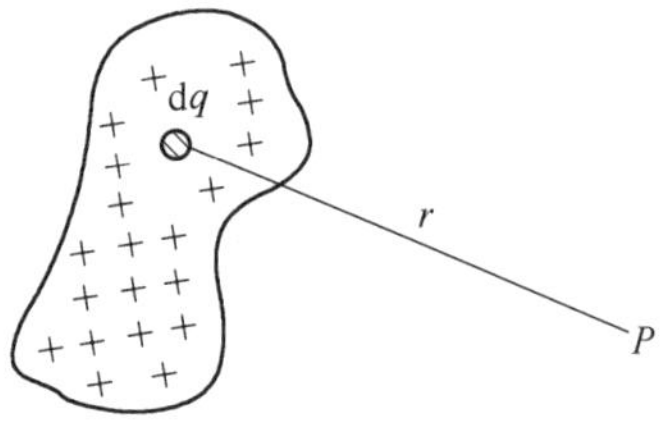

图 4-32 电荷连续分布带电体所建立的电势

4.6.4 电势的计算

计算电势的方法有两种:

1. 电势定义法(电场强度线积分法)

利用公式 $U_a = \int_a^b \boldsymbol{E}\cdot\mathrm{d}\boldsymbol{l} + U_b$,已知场强分布,对路径积分。

说明:

- 注意参考点的选择,只有电荷分布在有限的空间时,才能选无穷远点的电势为零;
- 积分路径上的电场强度的函数形式要求已知或可求;
- 积分对路径进行,是一维积分。

2. 叠加法

利用公式 $U = \int_{L,S,V} \frac{\mathrm{d}q}{4\pi\varepsilon_0 r}$,已知电荷分布,对电荷分布区域积分。

说明:

- 要求电荷的分布区域是已知的。
- 积分对电荷分布的区域进行,可能是一维、二维或三维。
- 当电荷分布在有限的区域内,并且是选择无穷远点作为电势的零点的;而当激发电场的电荷分布延伸到无穷远时,不宜把电势的零点选在无穷远点,否则将导致场中任一点的电势值为无限大。这时只能根据具体问题,在场中选择某点为电势的零点。

例 1 如图 4-33(a)所示,半径为 R 的均匀带电圆环,带电量为 q,求其轴线上任一点电势。

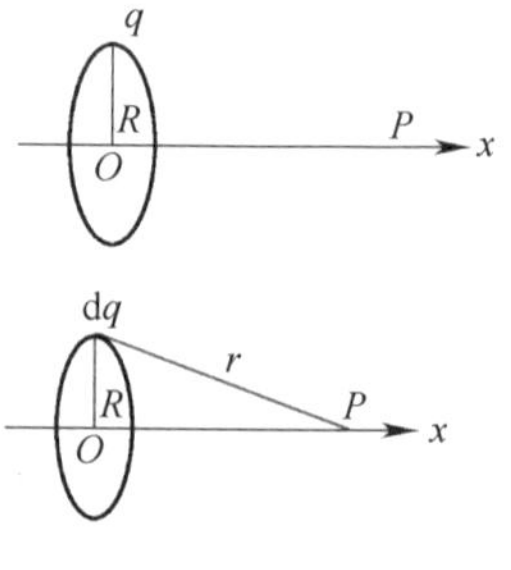

图 4-33 例 1 的图

方法一 建立如图 4-33 所示的坐标系,x 轴在圆环轴线上,用 $U_P = \int_x^\infty \boldsymbol{E}\cdot\mathrm{d}\boldsymbol{r}$ 来求解,圆环在其轴线上任一点产生的场强为

视频 圆环例题

$$E = \frac{qx}{4\pi\varepsilon_0 (R^2+x^2)^{3/2}} \quad (\boldsymbol{E}\text{ 与 } x \text{ 轴平行})$$

$$U_p = \int_x^\infty \boldsymbol{E}\cdot\mathrm{d}\boldsymbol{r}$$

$$\xlongequal[\text{可沿 }x\text{ 轴}\to\infty]{\text{积分与路径无关}} \int_x^{\infty} E\mathrm{d}x$$

$$= \int_x^{\infty} \frac{qx}{4\pi\varepsilon_0 (R^2+x^2)^{3/2}}\mathrm{d}x$$

$$= \frac{q}{4\pi\varepsilon_0} \cdot \frac{1}{2} \int_x^{\infty} \frac{\mathrm{d}(R^2+x^2)}{(R^2+x^2)^{3/2}}$$

$$= \frac{q}{4\pi\varepsilon_0} \cdot \frac{1}{2} \cdot \frac{1}{-\frac{1}{2}} \frac{1}{\sqrt{R^2+x^2}}\Bigg|_x^{\infty}$$

$$= \frac{q}{4\pi\varepsilon_0 \sqrt{R^2+x^2}}$$

方法二　用电势叠加原理解 $U_P = \int \mathrm{d}U_P$。

把圆环分成一系列电荷元，每个电荷元视为点电荷，如图 4-33(b)所示，dq 在 P 点产生电势为

$$\mathrm{d}U_P = \frac{\mathrm{d}q}{4\pi\varepsilon_0 r} = \frac{\mathrm{d}q}{4\pi\varepsilon_0 \sqrt{R^2+x^2}}$$

整个环在 p 点产生电势为

$$U_P = \int \mathrm{d}U_P = \int_0^q \frac{\mathrm{d}q}{4\pi\varepsilon_0 \sqrt{R^2+x^2}} = \frac{q}{4\pi\varepsilon_0 \sqrt{R^2+x^2}}$$

讨论：

(1) $x = 0$ 处，$U_P = \dfrac{q}{4\pi\varepsilon_0 R}$；

(2) $x \gg R$ 时，$U_P = \dfrac{q}{4\pi\varepsilon_0 x}$，这时带电圆环可视为点电荷。

例 2　求均匀带电圆盘轴线的电势。已知电荷 q 均匀地分布在半径为 R 的圆盘上，求圆盘的轴线上与环心相距 x 的点的电势。

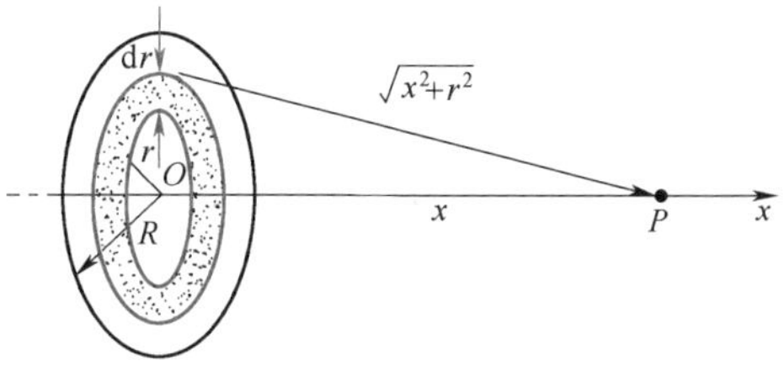

图 4-34　例 2 的图

解　如图 4-34 所示，在圆盘上取一半径为 r，宽度为 dr 的圆环，其电量为

$$\mathrm{d}q = \sigma 2\pi r\mathrm{d}r$$

在场点 P 的电势为

$$\mathrm{d}U = \frac{1}{4\pi\varepsilon_0} \frac{1}{\sqrt{x^2+r^2}} \sigma 2\pi r\mathrm{d}r = \frac{\sigma}{2\varepsilon_0} \frac{r\mathrm{d}r}{\sqrt{x^2+r^2}}$$

积分得场点的电势为

$$U = \int_0^R \frac{\sigma}{2\varepsilon_0} \frac{r\mathrm{d}r}{\sqrt{x^2+r^2}} = \frac{\sigma}{2\varepsilon_0}(\sqrt{x^2+R^2} - x)$$

当 $x \gg R$ 时，$\sqrt{x^2+R^2} = x + R^2/(2x)$

$$U = \frac{\sigma}{2\varepsilon_0} \frac{R^2}{2x} = \frac{q}{\pi R^2} \frac{1}{2\varepsilon_0} \frac{R^2}{2x} = \frac{q}{4\pi\varepsilon_0 x}$$

视频
带电圆盘例题

即可把圆盘当作一个点电荷。

备注:利用泰勒公式展开

$$(1+z)^a = 1 + az + \frac{a(a-1)}{2!}z^2 + \frac{a(a-1)(a-2)}{3!}z^3 + \cdots$$

$$+ \frac{a(a-1)\cdots(a-n+1)}{n!}z^n + \cdots(|z|<1)$$

例 3 一均匀带电球面,半径为 R,电荷为 q,求球面内外任一点电势。

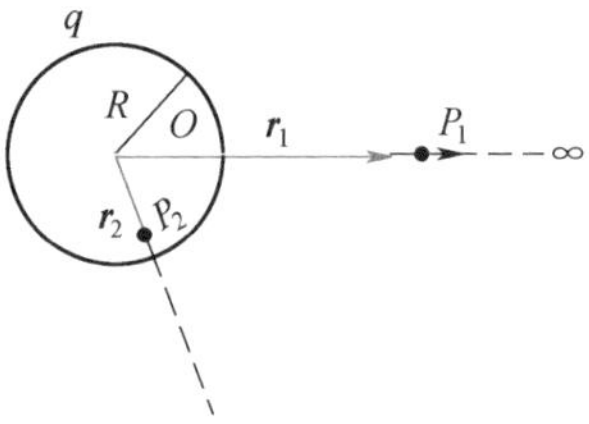

图 4-35 例 3 的图

解 如图 4-35 所示,带电球面场强分布为

$$\boldsymbol{E} = \begin{cases} 0 & \text{当 } r_2 < R \\ \dfrac{q}{4\pi\varepsilon_0 r_1^2}\boldsymbol{e}_r & \text{当 } r_1 \geqslant R \end{cases}$$

球面外任一点 P_1 处电势

$$U_{p_1} = \int_{r_1}^{\infty} \boldsymbol{E}\cdot \mathrm{d}\boldsymbol{r} = \int_{r_1}^{\infty} E\mathrm{d}r \text{(因为积分与路径无关,所以可沿 } \boldsymbol{r}_1 \text{ 方向}\to\infty\text{)}$$

$$= \int_{r_1}^{\infty} \frac{q}{4\pi\varepsilon_0 r^2}\mathrm{d}r = \frac{q}{4\pi\varepsilon_0 r_1}$$

视频

带电球面例题

球面内任一点 P_2 电势

$$U_{p_2} = \int_{r_2}^{\infty} \boldsymbol{E}\cdot \mathrm{d}\boldsymbol{r} = \int_{r_2}^{R} \boldsymbol{E}\cdot \mathrm{d}\boldsymbol{r} + \int_{R}^{\infty} \boldsymbol{E}\cdot \mathrm{d}\boldsymbol{r}$$

$$= \int_{R}^{\infty} \boldsymbol{E}\cdot \mathrm{d}\boldsymbol{r} = \int_{R}^{\infty} \frac{q}{4\pi\varepsilon_0 r^2}\mathrm{d}r$$

$$= \frac{q}{4\pi\varepsilon_0 R}$$

可见,球面内任一点电势与球面上电势相等。(因为球面内任一点 $\boldsymbol{E}=0$,所以在球面内移动试验电荷时,无电场力做功,即电势差 $=0$,即有上面结论。)

例 4 求均匀带电球体的电势。已知电荷 q 均匀地分布在半径为 R 的球体上,求空间各个点的电势。

解 由高斯定理可求出电场强度大小的分布

$$E = \begin{cases} \dfrac{q}{4\pi\varepsilon_0 r^2} & \text{当 } r > R \\ \dfrac{qr}{4\pi\varepsilon_0 R^3} & \text{当 } r \leqslant R \end{cases} \quad \text{方向沿径向。}$$

由积分公式 $U = \int_r^{\infty} \boldsymbol{E}\cdot \mathrm{d}\boldsymbol{l}$ 可以计算电势。

当 $r>R$ 时, $U = \int_r^{\infty} \frac{q}{4\pi\varepsilon_0 r^2}\mathrm{d}r = \frac{q}{4\pi\varepsilon_0 r}$;

当 $r\leqslant R$ 时, $U = \int_r^{R} \frac{qr}{4\pi\varepsilon_0 R^3}\mathrm{d}r + \int_R^{\infty} \frac{q}{4\pi\varepsilon_0 r^2}\mathrm{d}r = \frac{q(R^2-r^2)}{8\pi\varepsilon_0 R^3} + \frac{q}{4\pi\varepsilon_0 R}$。

4.7 电场强度与电势梯度

电场强度和电势是从不同的角度描述电场的性质,二者之间存在着密切的关系。本节将进一步研究二者之间的关系。先引入等势面的概念。

4.7.1 等势面

视频

等势面

1. 等势面

在前面用电场线描绘了电场中场强的情况,使我们对电场有了一个比较形象、直观的认识。同样也可以用图示的方法来描绘电场中各点电势的情况。静电场中各点有各自的电势值,但电场中总有许多点的电势是相等的,由这些电势相等的点所组成的曲面(或平面)叫作等势面。

前面曾用电场线的疏密程度来表示电场的强弱,这里也可以用等势面的疏密程度来表示电场的强弱。为此,对等势面的疏密做这样的规定:电场中任意两个相邻等势面之间的电势差都相等。以下是几个典型的电场线与等势面之间的关系,如图 4-36 所示。

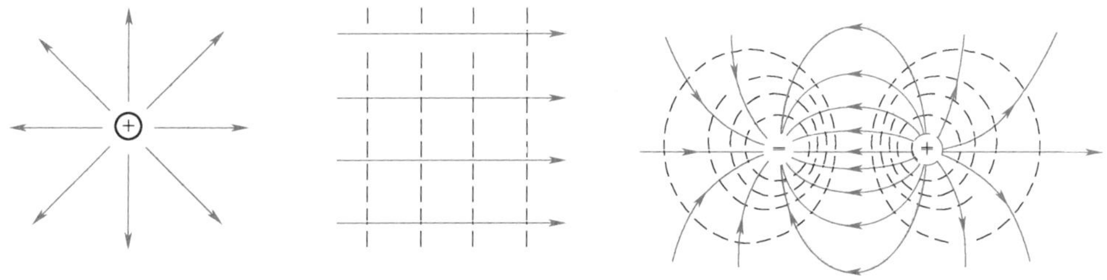

(a)正点电荷的电场　　(b)匀强电场　　(c)两等量异号电荷的电场

图 4-36　电场线与等势面,虚线为等势面,实线为电场线

等势面的有如下的性质:

(1)在等势面上移动电荷时,电场力不做功;

(2)电场线与等势面垂直;

(3)电场线的方向沿着电势降落的地方。

其证明为:在等势面上移动电荷时, $U_a - U_b = q_0\int \boldsymbol{E}\cdot \mathrm{d}\boldsymbol{l}/q_0 = 0$, 电场力不做功,

因而
$$\mathrm{d}W = q_0\boldsymbol{E}\cdot \mathrm{d}\boldsymbol{l} = q_0 E\cdot \mathrm{d}l\cdot \cos\theta = 0$$

由于 E,$\mathrm{d}l$ 不为零,故 $\cos\theta = 0$,$\theta = \dfrac{\pi}{2}$, 电场线与等势面垂直。

在实际中,由于电势差易于测量,所以常常是先测出电场中电势差为零的各点,并把这些点连起来,画出电场的等势面,再根据等势面与电力线的关系画出电力线,从而对电场有一个定性的、直观的了解。等势面画法规定:画等势面时,任何两个等势面之间的电势差相等。因而等势面的疏密程度可以表示电场强度的强弱。等势面越密的地方,电场强度越大;等势面越疏的地方,电场强度越小。

4.7.2 电场强度与电势梯度的关系

前面已学过 $\boldsymbol{E}$、U 之间有一种积分关系 $U_a = \int_a^{\infty} \boldsymbol{E} \cdot \mathrm{d}\boldsymbol{l}$（无限远处 $U_{\infty} = 0$）那么，$\boldsymbol{E}$、U 之间是否还存在着微分关系呢？这正是下面要研究的问题。如图 4-37 所示，设 a、b 为无限接近的二点，相应所在等势面分别为 U 和 $U + \mathrm{d}U$，且 $\mathrm{d}U > 0$。过 Ⅰ 面上的任意点 a 作等势面 Ⅰ 法线 $\boldsymbol{n}$，与等势面 Ⅱ 交于 b 点，这里规定法线 $\boldsymbol{n}$ 的方向为指向电势增加的方向，并设两等势面间过 a 点的法线距离为 $\mathrm{d}n$。

视 频

电势梯度的理解

在数学中，任意标量场定义梯度是矢量，其大小等于该标量函数沿其等值面的法线方向的方向导数，方向沿等势面的法线方向，并用符号 **grad** 表示。根据梯度的定义可将图 4-37 中 a 点处的电势梯度表示为

$$\mathbf{grad}\ U = \frac{\mathrm{d}U}{\mathrm{d}n}\boldsymbol{n} \tag{4-31}$$

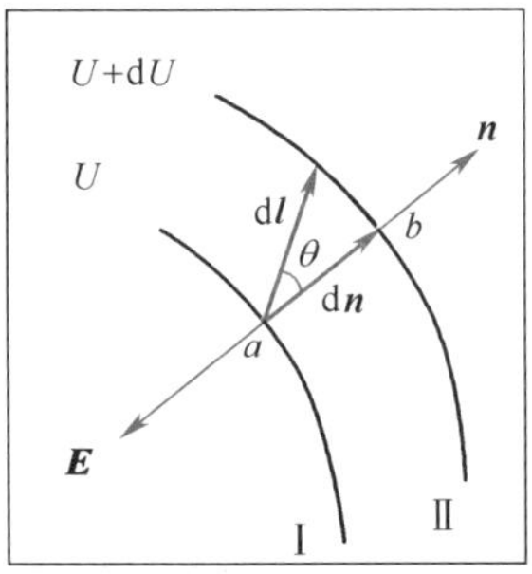

图 4-37　场强与电势的微分关系

电势梯度的方向也可以理解为电势增加最快的方向，这一点也可以通过计算任意方向的电势增加率来证明。因为 $\mathrm{d}l > \mathrm{d}n$，所以$\frac{\mathrm{d}U}{\mathrm{d}n} > \frac{\mathrm{d}U}{\mathrm{d}l}$。根据等势面的性质可知，电场强度 $\boldsymbol{E}$ 垂直于等势面并且指向电势降落的方向，如图 4-37 所示，这与电势梯度的方向刚好相反。根据电势差的定义，图 4-37 中 a 、b 两点之间的电势差可以计算为

$$U_a - U_b = U - (U + dU) = \int_a^b \boldsymbol{E} \cdot \mathrm{d}\boldsymbol{n}$$

$$-\mathrm{d}U = E n \mathrm{d}n$$

$$En = \frac{-\mathrm{d}U}{\mathrm{d}n} \tag{4-32}$$

式(4-32)说明电场强度的大小等于电势梯度的大小。

将 E 写成矢量式有

$$\boldsymbol{E} = -\frac{\mathrm{d}U}{\mathrm{d}n}\boldsymbol{n} = -\mathbf{grad}\ U \tag{4-33}$$

即电场中任何一点的电场强度的大小在数值上等于该点电势梯度的大小，方向与电势梯度方向相反，指向电势降低的方向。

在直角坐标系中，电势可写成 $U = U(x,y,z)$，则

$$\mathrm{d}U = \frac{\partial U}{\partial x}\mathrm{d}x + \frac{\partial U}{\partial y}\mathrm{d}y + \frac{\partial U}{\partial z}\mathrm{d}z$$

另外

$$-\mathrm{d}U = \boldsymbol{E} \cdot \mathrm{d}\boldsymbol{l} = E_x \mathrm{d}x + E_y \mathrm{d}y + E_z \mathrm{d}z$$

场强 $\boldsymbol{E}$ 可用该坐标系中的各分量来表示，即

$$E_x = -\frac{\partial U}{\partial x} \tag{4-34a}$$

$$E_y = -\frac{\partial U}{\partial y} \tag{4-34b}$$

$$E_z = -\frac{\partial U}{\partial z} \tag{4-34c}$$

得
$$E=-\left(\frac{\partial U}{\partial x}\boldsymbol{i}+\frac{\partial U}{\partial y}\boldsymbol{j}+\frac{\partial U}{\partial z}\boldsymbol{k}\right)\quad\text{（矢量式）}\tag{4-34}$$

从电场强度和电势的关系看到，在电势不变的空间内，由于电势梯度恒为零，所以电场强度必为零。但也要明确，在电势为零处，电场强度不一定为零；反之，在电场强度为零处，电势也不一定为零。这是由于电势为零处，电势梯度不一定为零，而电势梯度为零处，也并不意味着电势为零。

例 1　用场强与电势关系求点电荷 q 产生的场强。

解　如图 4-38 所取坐标，

$$U_p=\frac{q}{4\pi\varepsilon_0 x}$$

$$E_x=-\frac{\partial U_p}{\partial x}=-\left[-\frac{q}{4\pi\varepsilon_0 x^2}\right]=\frac{q}{4\pi\varepsilon_0 x^2}$$

$$E_y=E_z=0$$

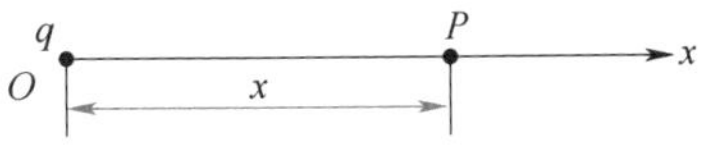

图 4-38　例 1 的图

$q>0$，$\boldsymbol{E}$ 沿 x 轴正向，$q<0$，$\boldsymbol{E}$ 沿 x 轴负向。

例 2　一均匀带电圆盘，半径为 R，电荷面密度为 σ。试求：

（1）盘轴线上任一点电势；

（2）由场强与电势关系求轴线上任一点场强。

视频

例题

解　（1）如图 4-39 所示，利用叠加原理计算，x 轴与盘轴线重合，原点在盘上。以 O 为中心取半径为 r 宽为 $\mathrm{d}r$ 的圆环在 P 处产生的电势为：

$$\mathrm{d}U_P=\frac{\mathrm{d}q}{4\pi\varepsilon_0\sqrt{x^2+r^2}}=\frac{\sigma\cdot 2\pi r\mathrm{d}r}{4\pi\varepsilon_0\sqrt{x^2+r^2}}=\frac{\sigma r\mathrm{d}r}{2\varepsilon_0\sqrt{x^2+r^2}}$$

整个盘在 P 点产生的电势为

$$U_P=\int\mathrm{d}U_P=\int_0^R\frac{\sigma r\mathrm{d}r}{2\varepsilon_0\sqrt{x^2+r^2}}$$

$$=\frac{\sigma}{4\varepsilon_0}\int_0^R\frac{\mathrm{d}(x^2+r^2)}{\sqrt{x^2+r^2}}=\frac{\sigma}{2\varepsilon_0}\sqrt{x^2+r^2}\Big|_0^R$$

$$=\frac{\sigma}{2\varepsilon_0}\left(\sqrt{x^2+R^2}-x\right)$$

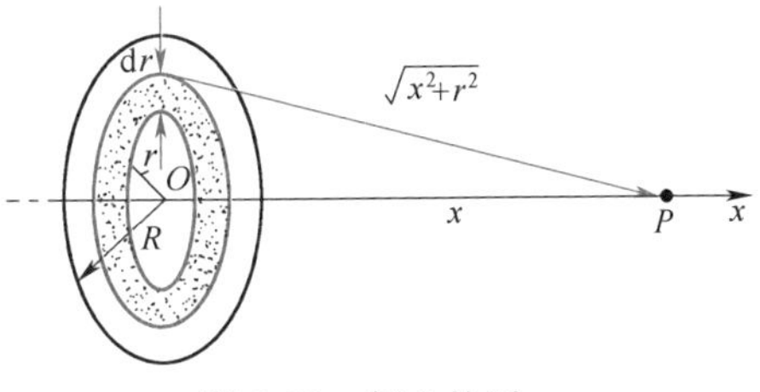

图 4-39　例 2 的图

（2）利用电势和场强的关系解题，已知 $U_P=\frac{\sigma}{2\varepsilon_0}\left(\sqrt{x^2+R^2}-x\right)$

$$E_x=-\frac{\partial U}{\partial x}=-\frac{\sigma}{2\varepsilon_0}\left(\frac{2x}{2\sqrt{x^2+R^2}}-1\right)=\frac{\sigma}{2\varepsilon_0}\left(1-\frac{x}{\sqrt{x^2+R^2}}\right)$$

$$E_y=E_z=0$$

$\sigma>0$，$\boldsymbol{E}_x$ 沿 x 正向；$\sigma<0$，$\boldsymbol{E}_x$ 沿 x 负向（P 在 $x>0$ 处）。

扩展：还可以利用场强和电势的关系求得电势，解法如下

$$U_P=\int_P^{\infty}\boldsymbol{E}\cdot\mathrm{d}\boldsymbol{x}=\int_{x_P}^{\infty}\frac{\sigma}{2\varepsilon_0}\left(1-\frac{x}{\sqrt{x^2+R^2}}\right)\mathrm{d}x$$

$$= \frac{\sigma}{2\varepsilon_0}\lim_{b\to\infty}\int_{x_P}^{b}\left(1-\frac{x}{\sqrt{x^2+R^2}}\right)\mathrm{d}x$$

$$= \frac{\sigma}{2\varepsilon_0}\lim_{b\to\infty}\left[b-x_P-\frac{1}{2}\int_{x_P}^{b}\frac{\mathrm{d}(x^2+R^2)}{\sqrt{x^2+R^2}}\right]$$

$$= \frac{\sigma}{2\varepsilon_0}\lim_{b\to\infty}\left(b-x_P-\frac{1}{2}\cdot\frac{1}{\frac{1}{2}}\sqrt{x^2+R^2}\,\Big|_{x_P}^{b}\right)$$

$$= \frac{\sigma}{2\varepsilon_0}\lim_{b\to\infty}\left(b-x_P-\sqrt{b^2+R^2}+\sqrt{x_P^2+R^2}\right)$$

$$= \frac{\sigma}{2\varepsilon_0}\left(\sqrt{x_P^2+R^2}-x_P\right)$$

电势是标量,容易计算。可以先计算电势,然后利用场强与电势的微分关系计算电场强度,这样做的好处是可以避免直接用场强叠加原理计算电场强度的矢量运算的麻烦。

4.8 静电场中的导体

4.8.1 导体的静电平衡条件

1. 静电感应

(1)金属导体的电结构

从微观角度来看,金属导体是由带正电的晶格点阵和自由电子构成,晶格不动,相当于骨架,而自由电子可自由运动,充满整个导体,是公有化的。例如:金属铜中的自由电子密度为 $n_{\mathrm{Cu}} = 8\times10^{28}\ \mathrm{m}^{-3}$。当没有外电场时,导体中的正负电荷等量均匀分布,宏观上呈电中性。

(2)静电感应

金属导体在电结构上的重要特点是有自由电子,当导体不带电或不受外电场作用时,导体中的自由电子做无规则的热运动,正负电荷均匀分布,导体呈电中性。若把导体放在静电场中,导体中的自由电子将在电场力的作用下作宏观定向运动,引起导体中电荷重新分布而呈现出带电的现象,叫作静电感应。

静电感应是非平衡态问题,在静电学中,我们只讨论静电场与导体之间通过相互作用影响达到静电平衡状态以后,电荷与电场的分布问题。

2. 静电平衡状态

视频

静电平衡

如图 4-40(a)所示,在匀强电场中放入一块金属导体板,在电场力的作用下,金属板内部的自由电子将逆着电场的方向运动,使得金属板的两个侧面出现了等量异号的电荷。这些电荷将在金属板的内部建立一个附加电场,如图 4-40(b)所示,其场强 $\boldsymbol{E}'$ 与原来的场强 $\boldsymbol{E}_0$ 的方向相反。这样金属板内部的场强 $\boldsymbol{E}$ 就是 $\boldsymbol{E}_0$ 和 $\boldsymbol{E}'$ 的叠加。开始时,$E' < E_0$,金属板内部的场强不为零,自由电子继续运动,使得 $\boldsymbol{E}'$ 增大。这个过程一直延续到 $E' = E_0$,即导体内部的场强为零时为止,如图 4-40(c)所示,此时导体内没有电荷做定向运动,导体处于静电平衡

状态。此时电场的分布也不随时间变化,不管导体原来是否带电和有无外电场的作用,导体内部和表面都没有电荷的宏观定向运动的状态称为**导体的静电平衡状态**。

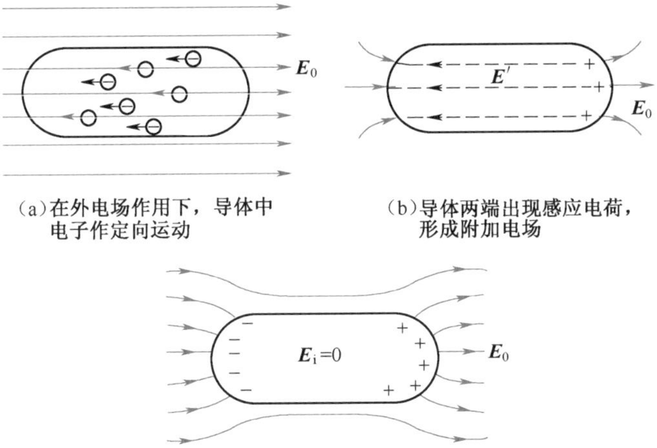

(a)在外电场作用下，导体中电子作定向运动

(b)导体两端出现感应电荷，形成附加电场

(c)静电平衡时，感应电荷不再变化，导体内总场强为零

图 4-40　静电感应和导体的静电平衡

3. 静电平衡条件——导体达到静电平衡时必须满足的条件

(1)用电场表示

导体内部任一点的场强为零;若不为零,则自由电子将作定向运动,即没有达到静电平衡状态;在紧靠导体表面处的场强,都与导体的表面垂直。

(2)用电势表示

导体是个等势体;对于导体中的任何两点 P,Q, $U_{PQ} = \int_P^Q \boldsymbol{E} \cdot \mathrm{d}\boldsymbol{l} = 0$;导体表面是等势面。

导体的静电平衡状态是由导体的电结构特征和静电平衡的要求决定的,与导体的形状无关。

证明:如图 4-41 所示,假设导体表面电场强度有切向分量,即 $\boldsymbol{E}_\tau \neq 0$,则自由电子将沿导体表面做宏观定向运动,导体未达到静电平衡状态,和命题条件矛盾。因为 $\boldsymbol{E}_{内} = 0, \boldsymbol{E}_\tau = 0$,所以 $\frac{\mathrm{d}U}{\mathrm{d}l} = 0$, $\frac{\mathrm{d}U}{\mathrm{d}\tau} = 0$, 即导体为等势体,导体表面为等势面。

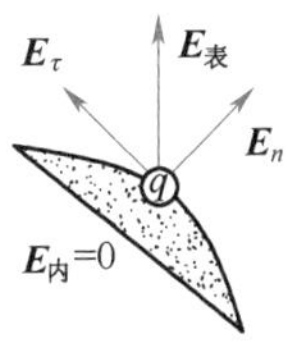

图 4-41　导体表面的电场强度

4.8.2　静电平衡条件下导体上的电荷分布

在静电平衡时,带电导体的电荷的分布可以运用高斯定理来进行讨论。

在静电平衡时,导体内部的场强为零,所以通过导体内部任一高斯面的电场强度通量必为零,即

$$\oint_S \boldsymbol{E} \cdot \mathrm{d}\boldsymbol{S} = 0$$

因而此高斯面所包围的电荷的代数和为零。因而高斯面是任意作的,所以可以得到如下结论:在静电平衡时,导体所带的电荷只能分布在导体的表面,导体内部没有净电荷。

证明:用反证法证明。如图 4-42 所示,假设导体内某处有净电荷 q,则在导体内取高斯面 S 包围

q,应用高斯定理:

$$\oint_S \boldsymbol{E} \cdot \mathrm{d}\boldsymbol{S} = \frac{q}{\varepsilon_0} \neq 0$$

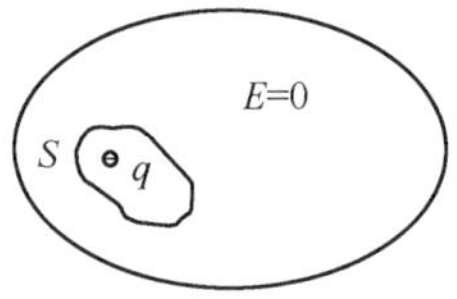

图 4-42　导体内无净电荷

另一方面,由于导体内部任一点场强 $\boldsymbol{E}=0$,则对于同一个高斯面 S 有

$$\oint_S \boldsymbol{E} \cdot \mathrm{d}\boldsymbol{S} = 0$$

这与假设发生矛盾,故静电平衡时,导体内部不会有净电荷,净电荷只能分布在表面。

4.8.3　导体表面附近的电场

讨论导体表面的电荷面密度与其邻近处场强的关系。

设在导体表面取面积元 ΔS,当 ΔS 很小时,其上的电荷可当作均匀分布的,设其电荷面密度为 σ,则面积元 ΔS 上的电量为 $\Delta q = \sigma \Delta S$。围绕面积元 ΔS 作图 4-43 所示的高斯面,下底面处于导体中,场强为零,通过下底面的电场强度的通量为零;在侧面,场强与侧面的法线垂直,所以通过侧面的电场强度的通量也为零;故通过上底面的电场强度的通量就是通过高斯面的电场强度的通量。由高斯定理得证明:在导体表面任取无限小面积元 ΔS,认为它是电荷分布均匀的带电平面,电荷面密度为 σ, 作高斯面(如图:扁平圆柱面),轴线与表面垂直,Δl 很小,由高斯定理:

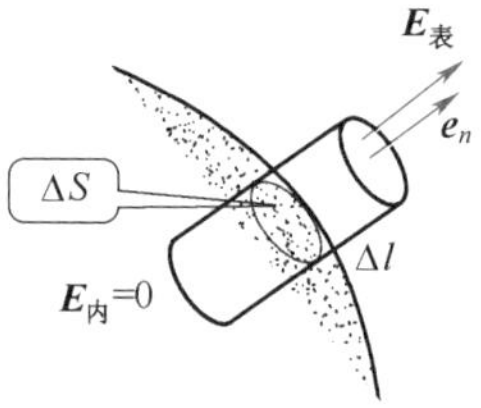

图 4-43　带电导体表面电场强度和电荷密度的关系

$$\oint_S \boldsymbol{E} \cdot \mathrm{d}\boldsymbol{S} = \int_{\text{上底}} \boldsymbol{E} \cdot \mathrm{d}\boldsymbol{S} + \int_{\text{下底}} \boldsymbol{E}_{\text{内}} \cdot \mathrm{d}\boldsymbol{S} + \int_{\text{侧}} \boldsymbol{E}_{\text{表}} \cdot \mathrm{d}\boldsymbol{S}$$

$$= E_{\text{表}} \Delta S + 0 \cdot \Delta S + E_{\text{表}} \Delta S_{\text{侧}} \cos \frac{\pi}{2}$$

$$= E_{\text{表}} \Delta S = \frac{\sigma \Delta S}{\varepsilon_0}$$

由此得 $\sigma = \varepsilon_0 E_{\text{表}}$, 即 $\boldsymbol{E}_{\text{表}} = \dfrac{\sigma}{\varepsilon_0}\boldsymbol{e}_{\mathrm{n}}$。　(4-35)

结论:

(1) $\boldsymbol{e}_{\mathrm{n}}$ 为导体表面的外法线方向单位矢量;

(2) $\boldsymbol{E}_{\text{表}}$ 由导体上及导体外全部电荷所产生的合场强,而非仅由导体表面该点处的电荷面密度所产生。

带电导体处于静电平衡时,导体表面之外邻近表面处的场强,其数值与该处电荷面密度成正比,其方向与导体表面垂直。当导体带正电时,电场强度的方向垂直表面向外;当导体带负电时,电场强度的方向垂直表面指向导体。

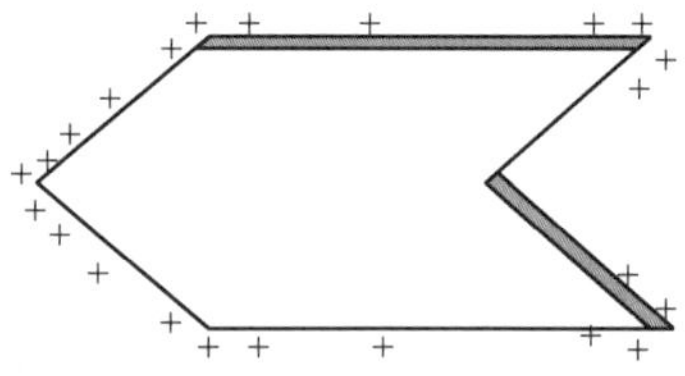

图 4-44　孤立导体上电荷密度分布

实验还表明,电荷在导体表面上的分布与导体本身的形状和外界条件有关。如图 4-44 所示,一个孤立的带电导体,

其表面的电荷面密度 σ 与表面的曲率半径有密切关系，表面凸而尖（曲率半径小）处 σ 较大，表面较平坦（曲率半径大）处 σ 较小，表面凹处（曲率半径为负）σ 更小。

关于这一点，不妨设想一个极端例子，比如一根缝衣针，带电后由于同种电荷相互排斥，电荷自然要被“挤”到针的两端。

对于有尖端的带电导体，尖端处电荷面密度大，则导体表面邻近处场强也特别大。当场强超过空气的击穿场强时，就会产生空气被电离的放电现象，称为尖端放电。

火花放电设备的电极往往做成尖端形状；高压输电要避免尖端放电而浪费电能，为此高压输电线表面应做得光滑，其半径也不能过小。在夜间，高压线周围有时会出现一层绿色光晕，俗称电晕，这是一种微弱的尖端放电。此外，一些高压设备的电极常常做成光滑的球面，也是为了避免尖端放电而漏电，以维持高电压。可利用尖端放电，在建筑物上安装避雷针，现代避雷针往往具有很多组金属尖棒，做成蒲公英花的形状，以增强避雷效果。用粗铜缆将避雷针接地，通地的一端埋在几尺深的潮湿泥土里，或接到埋在地下的金属电极上，以保持避雷针与大地接触良好。当带电云层接近建筑物时，通过避雷针和通地导体放电，可使建筑物免遭雷击而损坏。

4.8.4 静电屏蔽

视 频

静电屏蔽和例题

1. 静电屏蔽现象

根据静电平衡导体内部场强为零这一规律，利用空腔导体将空腔内外电场隔离，使之互不影响，这种作用称为静电屏蔽。

2. 原理

(1) 利用空腔导体来屏蔽外电场（见图 4-45）

一个空腔的导体放在静电场中，导体内部的场强为零，这样就可以利用空腔导体来屏蔽外电场，使空腔内的物体不受外电场的影响。

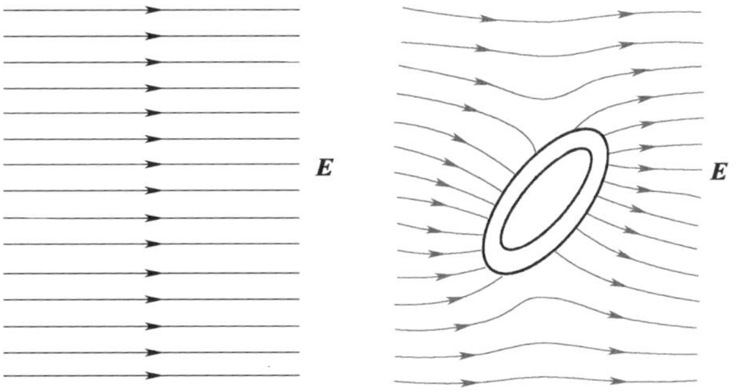

图 4-45 用空腔导体屏蔽外电场

(2) 利用空腔导体来屏蔽内电场（见图 4-46）

一个空腔导体内部带有电荷，放在静电场中，导体内部的场强为零，则内部面上将感应异号电荷，外表面将感应同号电荷。若把空腔外表面接地，则空腔外表面的电荷将和从地面上来的电荷中和，空腔外面的电场也就消失了。这样空腔内的带电体对空腔外就不会产生任何影响。

综上所述，一个接地的空腔导体可以隔离内、外静电场的影响，这就是静电屏蔽的原理。在实际中,常用编织得相当紧密的金属网来代替金属壳体。例如,高压设备周围的金属栅网,校测电子仪器的屏蔽室等。再如,野外的高压线受到雷击的可能性很大,所以在三条输电线的上方还有两条导线,它们与大地相连,形成一个稀疏的金属"网",把高压线屏蔽起来,免遭雷击。高压输电线路和设备的维护检修中,工作人员带电作业时,必须穿上屏蔽服。它是用铜丝(或导电纤维)和纤维编织在一起制成的导电性能良好的工作服。穿着时,把手套、帽子、衣裤和袜子连成一体,工作人员穿上它,就相当于把人体罩在导体网罩中,使人体各处电势相等,以保证安全。

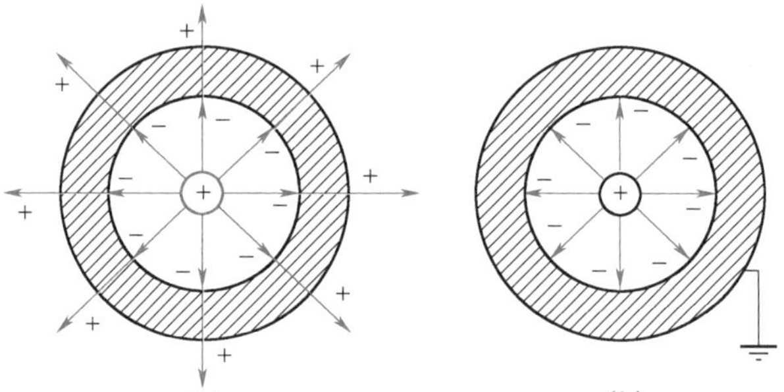

图 4-46　接地空腔导体屏蔽内电场

例　如图 4-47 所示,有一外半径为 R_1、内半径为 R_2 的金属球壳,其内有一同心的半径为 R_3 的金属球。球壳和金属球所带的电量均为 q。求两球体的电势分布。

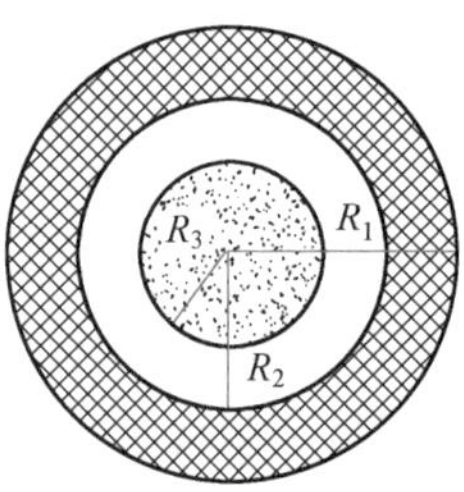

图 4-47　例 1 的图

解　由于球与球壳均为导体,故内球的电荷 q 均匀分布在其表面上,由于静电感应球壳的内表面出现了等量异号电荷 $-q$,则球壳的外表面所带电量为 $2q$。根据高斯定理可以求得空间各点的电场强度的分布为

$$r < R_3 \text{ 时}, E_1 = 0$$

$$R_3 < r < R_2 \text{ 时}, E_2 = \frac{q}{4\pi\varepsilon_0 r^2}$$

$$R_2 < r < R_1 \text{ 时}, E_3 = 0$$

$$r > R_1 \text{ 时}, E_4 = \frac{2q}{4\pi\varepsilon_0 r^2}$$

球壳表面的电势为

$$U_{R_1} = \int_{R_1}^{\infty} \boldsymbol{E} \cdot \mathrm{d}\boldsymbol{r} = \int_{R_1}^{\infty} \frac{2q}{4\pi\varepsilon_0 r^2} \cdot \mathrm{d}r = \frac{2q}{4\pi\varepsilon_0 R_1}$$

球壳为等势体,电势为 $U_{R_2} = U_{R_1} = \dfrac{2q}{4\pi\varepsilon_0 R_1}$

球体表面的电势为

$$U_{R_3} = \int_{R_3}^{\infty} \boldsymbol{E} \cdot \mathrm{d}\boldsymbol{r} = \int_{R_3}^{R_2} \boldsymbol{E} \cdot \mathrm{d}\boldsymbol{r} + \int_{R_1}^{\infty} \boldsymbol{E} \cdot \mathrm{d}\boldsymbol{r}$$

$$= \int_{R_3}^{R_2} \frac{q}{4\pi\varepsilon_0 r^2} \cdot \mathrm{d}r + \int_{R_1}^{\infty} \frac{2q}{4\pi\varepsilon_0 r^2} \cdot \mathrm{d}r = \frac{q}{4\pi\varepsilon_0}\left(\frac{1}{R_3} - \frac{1}{R_2} + \frac{2}{R_1}\right)$$

球体为等势体,电势为

$$U_0 = \frac{q}{4\pi\varepsilon_0}\left(\frac{1}{R_3} - \frac{1}{R_2} + \frac{2}{R_1}\right)$$

4.9　电容　电容器

电容器是存储电荷和电能的元件,在电工和电气设备中得到广泛的应用,电容是电学中一个重要的物理量,本节讨论电容、电容器、电容器的并联和串联。

4.9.1　孤立导体的电容

在真空中,一个孤立导体的电势与其所带的电量和形状有关(所谓孤立导体是指其他导体或带电体都离它足够远,以至于其他导体或带电体对它的影响可以忽略不计)。例如,真空中一个半径为 R 、带电量为 Q 的孤立球形导体的电势为

视频
电容定义

$$U = \frac{Q}{4\pi\varepsilon_0 R}$$

从上式可以看出,当电势一定时,球的半径越大,则它所带的电量也越多,但其电量与电势的比值却是一个常量,只与导体的形状有关,由此我们可以引入电容的概念。

孤立导体所带的电量与其电势的比值叫作孤立导体的电容,用 C 表示,即

$$C = \frac{Q}{U} \tag{4-36}$$

对于孤立的球形导体,电容为

$$C = \frac{Q}{U} = 4\pi\varepsilon_0 R \tag{4-37}$$

即电容只与导体的形状和尺寸有关。

电容的单位:法[拉](F),1 F = 1 C · V^{-1},也可用微法(μF)和皮法(pF),1 μF = 10^{-6} F,1 pF = 10^{-12} F。

4.9.2　电容器

1. 电容器

实际上,孤立导体是不存在的,导体的周围总是存在其他导体,从而改变原来的电场,当然也要影响导体的电容。现在我们来讨论导体系统的电容。

对于导体 A,为了消除周围导体对它的影响,可以利用一个封闭的导体壳将它屏蔽起来。可以证明,A、B 之间的电势差与导体所带的电量成正比,且不受外界的影响。我们把导体壳 B 与其腔内的导体 A 所组成的导体系称为电容器。组成电容器的两导体称为电容器的极板。在实际应用中,对电容器的屏蔽性能要求并不高,只要从一个极板发出的电场线几乎都终止在另一个极板上即可。

视频
电容器概念

两个带有等值而异号电荷的导体所组成的系统,叫作电容器。电容器可以用来存储电荷和

能量。

电容器电容的大小取决于极板的形状、大小、相对位置以及电介质的电容率，与电容器是否带电无关。

电容器符号：—||—，固定电容器；可调电容器符号，可调电容器。

2. 电容器的电容

如图4-48所示的两个导体A、B放在真空中，它们所带的电量为$+Q$，$-Q$，它们的电势分别为U_1，U_2，电容器的电容定义如下：

两导体中任何一个导体所带的电量与两导体间的电势差的比值，即

$$C = \frac{Q}{U} = \frac{Q}{U_1 - U_2} \tag{4-38}$$

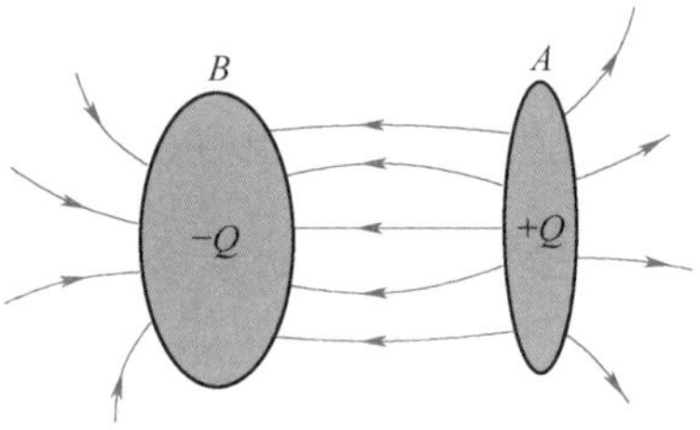

图4-48　电容器

导体A、B称为电容器的电极或极板。

3. 电容器的分类

任何导体间都存在电容，例如导线之间存在分布电容。在生产和科研中使用的各种电容器（见图4-49）种类繁多，外形各不相同，但它们的基本结构是一致的。

按可调与否分类，有可调电容器、微调电容器、双连电容器、固定电容器等。

按介质分类，有空气电容器、云母电容器、陶瓷电容器、纸质电容器、电解电容器等。

按体积分类，有大型电容器、小型电容器、微型电容器等。

按形状分类，有平板电容器、圆柱形电容器、球形电容器等。

电容器除了标明型号外，还有两个重要的性能指标：容量和耐压值。

4. 电容器的作用

(1)在电路中：通交流、隔直流；

(2)与其他元件可以组成振荡器、时间延迟电路等；

(3)存储电能的元件；

(4)真空器件中建立各种电场等。

图4-49　各种电容器

4.9.3　电容器电容的计算

电容器的电容与两极板的形状和极板之间的电介质有关，一般由实验测量。只有在特殊情况下才能通过理论计算得到。

计算电容的一般步骤为：

(1)设电容器的两极板带有等量异种电荷；

(2)求出两极板之间的电场强度的分布；

(3)计算两极板之间的电势差；

(4)根据电容器电容的定义求得电容。

例1　求平板电容器的电容。

如图4-50所示，平板电容器由两个彼此靠得很近的平行极板导体A、B组成，两极板的面积均为S，分别带有$+Q$、$-Q$的电荷，于是极板上的电荷面密度为$\sigma=\dfrac{Q}{S}$，两极板之间的电场接近于匀强电场。由高斯定理可得极板间的场强为

$$E=\frac{\sigma}{\varepsilon_0}=\frac{Q}{S\varepsilon_0}$$

上面的情况是两极板之间的距离d比极板的线度小得多的近似。于是两极板之间的电势差为

$$U_A-U_B=\int_A^B \boldsymbol{E}\cdot \mathrm{d}\boldsymbol{l}=Ed=\frac{Qd}{S\varepsilon_0}$$

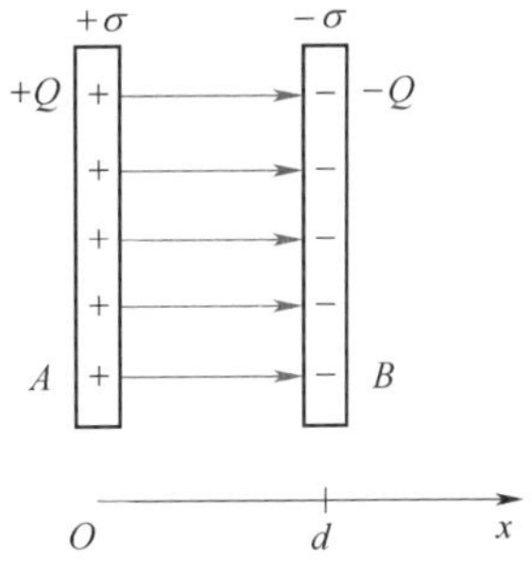

图4-50　平行板电容器

视频

例题1平行板电容器

于是平板电容器的电容为

$$C=\frac{Q}{U_A-U_B}=\frac{S\varepsilon_0}{d}$$

结论：平板电容器的电容与极板的面积成正比，与极板之间的距离成反比，还与电介质的性质有关。

由$C=\dfrac{Q}{V_A-V_B}=\dfrac{S\varepsilon_0}{d}$结论得出电容传感器的应用，如果保持其中两个参数不变，而仅改变其中一个参数，就可把该参数的变化转换为电容器的变化，这类属于电容式传感器的应用，共分为三类，变极距型、变面积型和变介质型电容传感器。

例2　求圆柱形电容器的电容。

如图4-51所示，圆柱形电容器由半径分别为R_A和R_B的同轴圆柱导体A、B组成，且圆柱体的长度l比两半径之差(R_B-R_A)大得多，因而A、B两圆柱面之间的电场可以看成无限长圆柱面的电场。设内、外圆柱分别带有$+Q$，$-Q$的电荷，单位长度上的电荷线密度为$\lambda=Q/l$，两圆柱面之间距圆柱体轴线为r处的电场强度为

$$E=\frac{\lambda}{2\pi\varepsilon_0 r}\quad (R_A<r<R_B)$$

场强方向垂直于圆柱轴线。两圆柱面之间的电势差为

$$U=\int_{R_A}^{R_B}\frac{\lambda\mathrm{d}r}{2\pi\varepsilon_0 r}=\frac{Q}{2\pi\varepsilon_0 l}\ln\frac{R_B}{R_A}$$

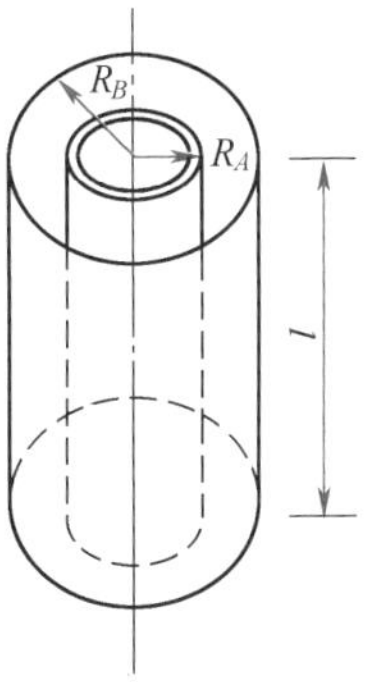

图4-51　圆柱形电容器

于是圆柱形电容器的电容为

$$C=\frac{Q}{U}=\frac{2\pi\varepsilon_0 l}{\ln\dfrac{R_B}{R_A}}$$

视频

例题2圆柱形电容器

结论：圆柱越长，电容越大；两圆柱之间的间隙越小，电容越大。

讨论：用d表示两圆柱面之间的间距，当$d=R_B-R_A\ll R_A$时

$$\ln\frac{R_B}{R_A}=\ln\frac{R_A+d}{R_A}=\ln\left(1+\frac{d}{R_A}\right)\approx\frac{d}{R_A}$$

得

$$C \approx \frac{2\pi\varepsilon_0 l R_A}{d} = \frac{\varepsilon_0 S}{d}$$

即当两圆柱之间的间隙远小于圆柱体半径,圆柱形电容器可当作平板电容器。

视频

例题3 球形电容器

例 3　求球形电容器的电容。

如图 4-52 所示,球形电容器由半径分别为 R_1 和 R_2 的同心金属导体球壳 A、B 组成,设内、外球壳分别带有 $+Q$、$-Q$ 的电荷,由高斯定理可求得两金属球壳之间的电场强度为

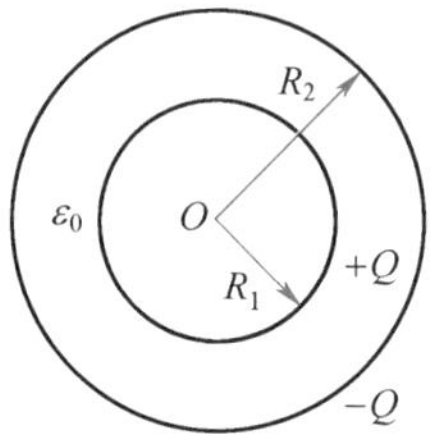

图 4-52　球形电容器

$$\boldsymbol{E} = \frac{Q}{4\pi\varepsilon_0 r^2}\boldsymbol{e}_r = \frac{Q\boldsymbol{r}}{4\pi\varepsilon_0 r^3}$$

场强方向沿半径方向。于是两球壳之间的电势差为

$$U_A - U_B = \int_{R_1}^{R_2} \boldsymbol{E}\cdot \mathrm{d}\boldsymbol{r} = \int_{R_1}^{R_2} \frac{Q\boldsymbol{r}}{4\pi\varepsilon_0 r^3}\cdot \mathrm{d}\boldsymbol{r} = \frac{Q}{4\pi\varepsilon_0}\left(\frac{1}{R_1} - \frac{1}{R_2}\right)$$

于是球形电容器的电容为

$$C = \frac{Q}{U_A - U_B} = \frac{4\pi\varepsilon_0}{\dfrac{1}{R_1} - \dfrac{1}{R_2}} = 4\pi\varepsilon_0\left(\frac{R_1 R_2}{R_2 - R_1}\right)$$

结论:球形电容器的电容只与它的几何结构有关。

当 $R_2 \to \infty$,$U_B \to 0$,有

$$C = 4\pi\varepsilon_0 R_1$$

即孤立球形导体的电容。

视频

电容器的串并联

4.9.4　电容器的并联和串联

在实际应用中,现成的电容器不一定能适合实际的要求,如电容大小不合适,或者电容器的耐压程度不符合要求等。因此有必要根据需要把若干电容器适当地连接起来。若干个电容器连接成电容器的组合,各种组合的电量和两端电压之比,称为该电容器组合的等值电容。

1. 串联

几个电容器的极板首尾相接(特点:各电容的电量相同)。

设 A、B 间的电压为 $U_A - U_B$,两端极板电荷分别为 $+q$, $-q$,由于静电感应,其他极板电量情况如图 4-53所示,

$$U_A - U_B = \frac{q}{C_1} + \frac{q}{C_2} + \frac{q}{C_3} + \cdots + \frac{q}{C_n}$$

由电容定义有

$$C = \frac{q}{U_A - U_B} = \frac{1}{\dfrac{1}{C_1} + \dfrac{1}{C_2} + \dfrac{1}{C_3} + \cdots + \dfrac{1}{C_n}}$$

$$\frac{1}{C} = \frac{1}{C_1} + \frac{1}{C_2} + \frac{1}{C_3} + \cdots + \frac{1}{C_n} \tag{4-39}$$

2. 并联

如图 4-54 所示，每个电容器的一端接在一起，另一端也接在一起。（特点：每个电容器两端的电压相同，匀为 $U_A - U_B$，但每个电容器上电量不一定相等）等效电量为：

$$q = q_1 + q_2 + q_3 + \cdots + q_n,$$

由电容定义有：

$$C = \frac{q}{U_A - U_B} = \frac{q_1 + q_2 + q_3 + \cdots + q_n}{U_A - U_B}$$
$$= C_1 + C_2 + C_3 + \cdots + C_n$$
$$C = C_1 + C_2 + C_3 + \cdots + C_n$$

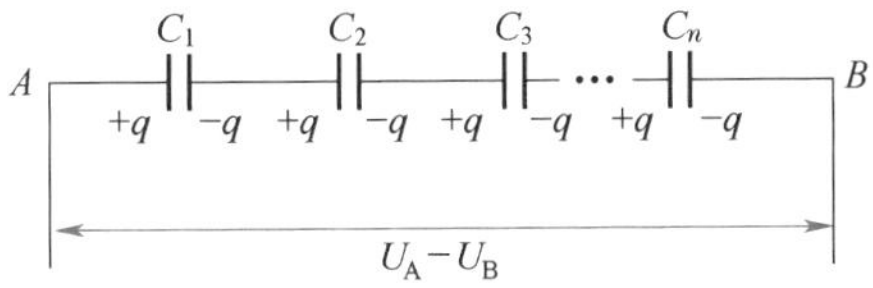

图 4-53 电容器串联

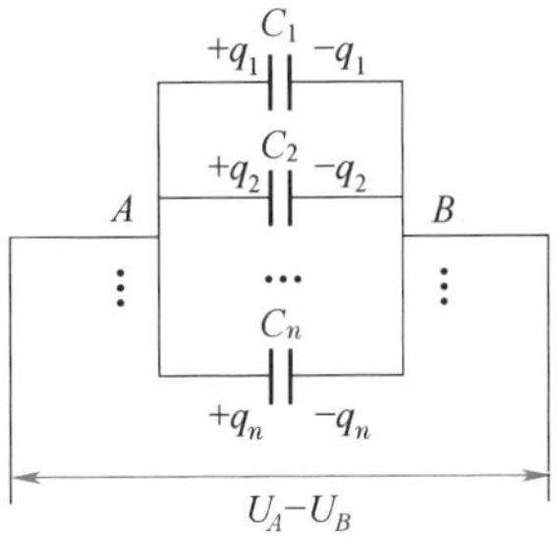

图 4-54 电容器的并联

4.10 静电场的能量 能量密度

4.10.1 电容器的电能

电容器的基本功能是存储电荷，当已充电的电容器两极板短路时，可以看到放电火花，因而电容器也存储电能。

在电容器的充电过程中，外力克服静电力做功，把正电荷由带负电的负极板搬运到带正电的正极板，外力所做的功等于电容器的静电能。

视频 电容器的电能

如图 4-55 所示，平行板电容器正处于充电过程中，设在某时刻两极板之间的电势差为 U，此时若继续把 $+\mathrm{d}q$ 电荷从带负电的极板移到带正电的极板时，外力因克服静电力而需做的功为

$$\mathrm{d}W = U\mathrm{d}q = \frac{q}{C}\mathrm{d}q \tag{4-40}$$

若使电容器的两极板分别带有 $\pm Q$ 的电荷，则外力所做的功为

$$W = \int_0^Q \frac{q}{C}\mathrm{d}q = \frac{Q^2}{2C} = \frac{1}{2}QU = \frac{1}{2}CU^2 \tag{4-41}$$

这也就是电容器所储存的静电能。于是有

$$W_e = \frac{Q^2}{2C} = \frac{1}{2}CU^2 = \frac{1}{2}QU \tag{4-42}$$

即外力克服静电场力做功，把非静电能转换为带电体系的静电能。

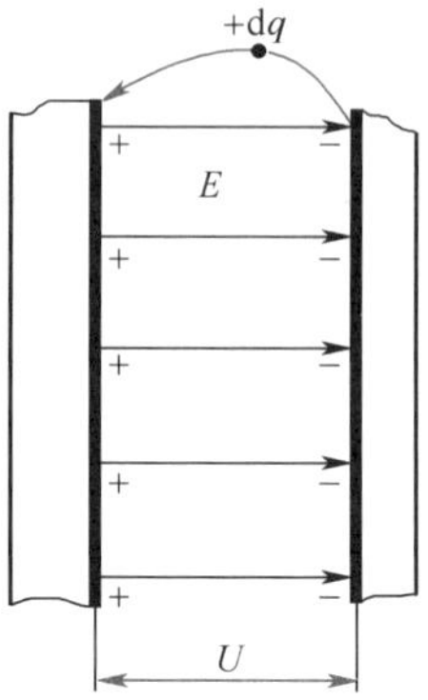

图 4-55　把 + dq 电荷从带负电极板板移到带正电极板，外力所做的功为 dW = Udq

4.10.2　静电场的能量和能量密度

1. 静电场的能量

以平行板为例，对于极板面积为 S、极板间距为 d 平板电容器，电场所占的体积为 Sd，电容器储存的静电能为

$$W_e = \frac{1}{2}CU^2 = \frac{1}{2}\frac{\varepsilon_0 S}{d}(Ed)^2 = \frac{1}{2}\varepsilon_0 SE^2 d = \frac{1}{2}\varepsilon_0 E^2 V \quad (4\text{-}43)$$

在恒定状态下，电荷与电场是同时存在的，无法分辨电能是与电荷有关，还是与电场有关。但是大量的实验事实证明，电能与电场有关。例如电磁波的电场可以脱离电荷而传播，因而电能确实储存在电场中。

电场具有能量是电场的一个重要特性，是电场物质性的表现之一。

2. 电场的能量密度

定义：单位体积内的能量，即

$$w_e = \frac{1}{2}\varepsilon_0 E^2 \quad (4\text{-}44)$$

能量密度与场强的平方成正比。对于任意电场，本结论也是成立的。

3. 电场的能量

$$W_e = \int_V \frac{1}{2}\varepsilon_0 E^2 \mathrm{d}V \quad (4\text{-}45)$$

积分区域遍布电场分布的区域。

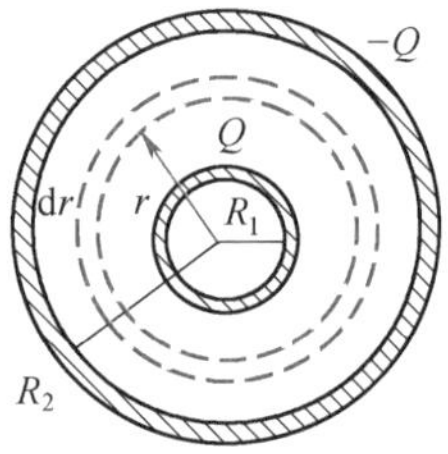

图 4-56　球形电容器

例　如图 4-56 所示，球形电容器的内、外半径分别为 R_1 和 R_2，所带的电量为 ± Q。若在两球之间充满电容率为 ε_0 的电介质，问此电容器电场的能量为多少。

解　若电容器两极板上电荷的分布是均匀的，则球壳间的电场是对称的。由高斯定理求得球壳间的电场强度的大小为

$$E = \frac{Q}{4\pi\varepsilon_0 r^2}$$

视频　例题

电场的能量密度为

$$\omega_e = \frac{1}{2}\varepsilon_0 E^2 = \frac{Q^2}{32\pi^2\varepsilon_0 r^4}$$

取半径为 r、厚为 dr 的球壳，其体积为 $\mathrm{d}V = 4\pi r^2\mathrm{d}r$。所以此体积元内的电场的能量为

$$\mathrm{d}W_e = \omega_e \mathrm{d}V = \frac{Q^2}{32\pi^2\varepsilon_0 r^4}4\pi r^2\mathrm{d}r = \frac{Q^2}{8\pi\varepsilon_0 r^2}\mathrm{d}r$$

电场总能量为

$$W_e = \int_{R_1}^{R_2}\frac{Q^2}{8\pi\varepsilon_0 r^2}\mathrm{d}r = \frac{Q^2}{8\pi\varepsilon_0}\left(\frac{1}{R_1} - \frac{1}{R_2}\right)$$

知识结构框图

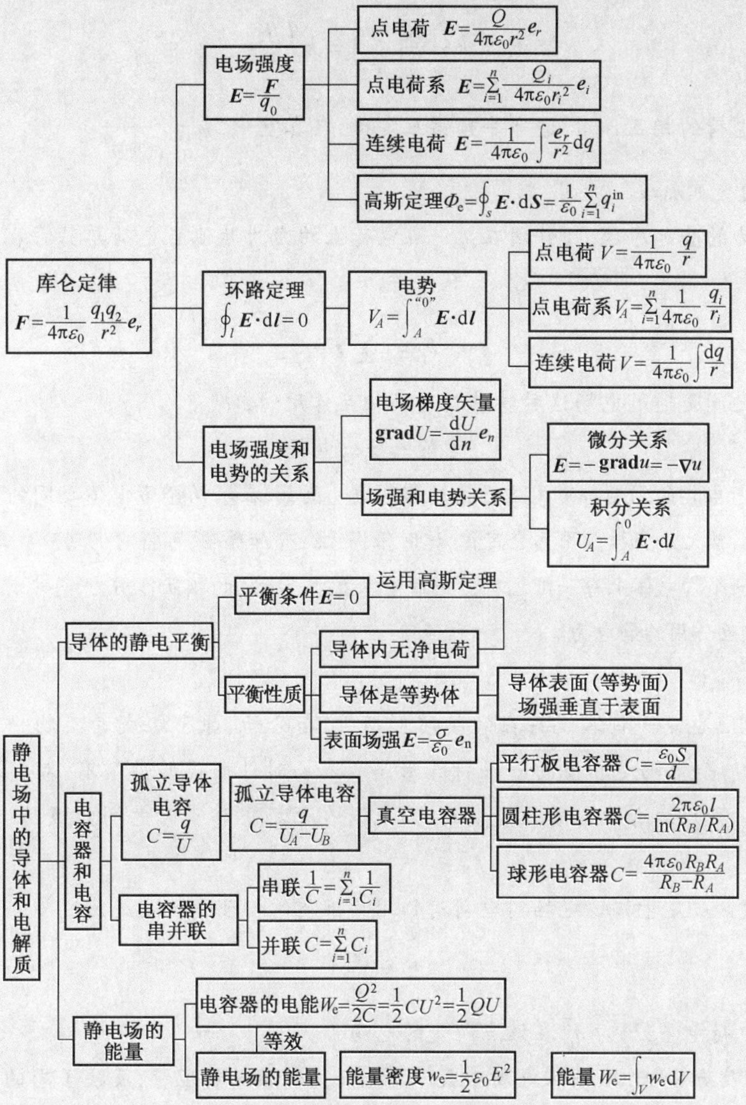

小　结

1. 电荷及电荷守恒定律

(1)电荷有正、负电荷。表示物体所带电荷量值的物理量,称为电量。电量不能连续地取任意值,只能是基本电荷量($e=1.6\times10^{-19}$C)的整数倍值,称为电荷的量子化。电荷的相互作用是同种电荷相斥,异种电荷相吸。

(2)电荷守恒定律:与外界没有电荷交换的系统(孤立系统)内,正负电荷的代数和在任何物理过程中始终保持不变。

2. 电荷的相互作用

(1)库仑定律

$$\boldsymbol{F} = k\frac{q_1 q_2}{r^2}\left(\frac{\boldsymbol{r}}{r}\right) = k\frac{q_1 q_2}{r^2}\boldsymbol{e}_r$$

表示两个静止点电荷的相互作用,遵守牛顿第三定律,在真空中,$k = \dfrac{1}{4\pi\varepsilon_0}$。

(2)静电力的叠加原理

静电力遵守力的叠加原理,即作用在某一点电荷上的力为其他点电荷单独存在时对该点电荷静电力的矢量和。

$$\boldsymbol{F} = \sum_i^n \boldsymbol{F}_i$$

电荷与电荷之间是通过电场这种特殊物质而相互作用的,即

电荷⇔场⇔电荷

原则上,有关静电学的问题都可用这两条规律解决。例如,在求两个带电体之间的作用力时,若不能把它们当作点电荷,就无法直接应用库仑定律,这时根据上述叠加原理,可将它们划分成无数个能看成为点电荷的微元,求出一个带电体上每一微元对另一带电体上每一微元的相互作用力,再求其矢量和,就可得到两个带电体之间相互作用的静电力。

3. 电场、电场强度

(1)电场。电场也是一种客观存在的物质形态,它与分子、原子组成的实物一样,具有质量、能量、动量和角动量。静电场是物质的一种特殊形态。电场对外表现的性质有:对引入电场中的电荷有作用力,称为电场力,库仑力本质上是电场力;电荷在电场中移动时电场力做功,这也表明电场具有能量。

(2)电场强度。$\boldsymbol{E}$ 定量描述电场对电荷有作用力性质的物理量。定义为

$$\boldsymbol{E} = \frac{\boldsymbol{F}}{q_0}$$

式中:q_0 为试验电荷电量,$\boldsymbol{F}$ 为 q_0 在该点所受的电场力。

注意:电场强度 $\boldsymbol{E}$ 是矢量,表征电场中某一点电场力特性的物理量,反映了场的性质与试验电荷的大小、符号无关。电场强度的方向为正试验电荷在该点的受力方向,大小为单位正试验电荷在该点受力的大小。在国际单位制(SI)中,电场强度的单位是牛/库(N/C)或伏/米(V/m)。$\boldsymbol{E}$ 一般是空间位置的函数,可表示为 $\boldsymbol{E} = \boldsymbol{E}(x,y,z)$,所有的 $\boldsymbol{E} = \boldsymbol{E}(x,y,z)$ 构成矢量场。

(3)场强的叠加原理。在由若干个点电荷形成的电场中,任一点的总场强等于各点电荷在该点单独产生的场强的矢量和,即 $\boldsymbol{E} = \boldsymbol{E}_1 + \boldsymbol{E}_2 + \boldsymbol{E}_3 + \cdots + \boldsymbol{E}_n = \sum_i \boldsymbol{E}_i$。

4. 高斯定理

(1)电场线。电场线是形象描述电场分布的一簇空间曲线。电场线上任一点的切线方向表示该点场强 $\boldsymbol{E}$ 的方向,电场线分布的疏密程度表示该处场强的大小。电场线在电场中并非真实存在的曲线。静电场中的电场线,起始于正电荷(或来自无穷远处),终止于负电荷(或伸向无穷远),不会在没

有电荷的地方中断，不会形成闭合的曲线；在没有电荷存在处任何两条电场线不可能相交。

(2)电通量。设在电场中有一曲面 S，我们定义一个物理量 Φ_e，令

$$\Phi_e = \int_S \boldsymbol{E} \cdot d\boldsymbol{S}$$

称为通过该曲面的电场强度通量，可以形象地说为穿过该曲面的电场线"数目"，上式中 $d\boldsymbol{S} = dS\boldsymbol{e}_n$，$\boldsymbol{e}_n$ 为该曲面面积元 $d\boldsymbol{S}$ 的法向单位矢量。

通过任意闭合曲面的电通量为 Φ_e

$$\Phi_e = \oint_S \boldsymbol{E} \cdot d\boldsymbol{S}$$

式中，规定 $d\boldsymbol{S}$ 的方向为面积元的外法线方向。因此，电场从封闭曲线内向外界穿出时电通量为正值，由外向内穿进时电通量为负值。

(3)高斯定理

在真空中的任何静电场中，通过任一闭合曲面的电通量等于该闭合曲面所包围的电荷的代数和除以 ε_0，数学表达式为

$$\Phi_e = \oint_S \boldsymbol{E} \cdot d\boldsymbol{S} = \frac{\sum_i q_i}{\varepsilon_0}$$

高斯定理是描述静电场规律的基本方程之一。它反映了电场和形成电场的场源电荷之间的关系，说明静电场是有源场。在电场分布具有较高对称性时可求解电场强度的分布。

5. 电势

(1)环路定理

静电场力做功的特点：电荷 q_0 在静电场中从 a 点经某一路径移到 b 点，电场力做的功

$$W_{ab} = q_0 \int_a^b \boldsymbol{E} \cdot d\boldsymbol{r}$$

只与起点 a 和终点 b 的位置有关，而与电荷移动的路径无关。也可表示为

$$\oint_L \boldsymbol{E} \cdot d\boldsymbol{l} = 0$$

环路定理 $\oint_L \boldsymbol{E} \cdot d\boldsymbol{l} = 0$ 反映静电场基本特性的一个重要规律。任何具备场强的环流为0的特性的力场为保守力场。

(2)电势能

静电场是保守力场，可以引入电势能的概念。即电荷在电场中一定的位置处，具有一定的势能。电场力做的功即电势能改变的量度。将电荷 q_0 从 a 点移到 b 点，电场力做的功 W_{ab} 等于 E_{pa}、E_{pb} 增量的负值，即

$$W_{ab} = -\Delta E_p = E_{pa} - E_{pb}$$

电势能与重力势能相似，是一个相对的量，为表明电荷在电场中某一点势能的大小，必须有一个作为参考的标度，即零电势能点。通常在电荷分布于有限区域内时，规定无限远处电势能为零，这时 a 点的电势能为

$$E_{pa} = W_{a\infty} = q_0\int_a^{\infty} \boldsymbol{E}\cdot \mathrm{d}\boldsymbol{r}$$

与重力势能相似，电势能属于电荷 q_0 和静电场整个系统。

(3)电势

为直接描述某给定点 a 处电场的性质，将 W_a 与 q_0 的比值定义为该点的电势，即

$$U_a = \frac{E_{pa}}{q_0} = \int_a^{\infty} \boldsymbol{E}\cdot \mathrm{d}\boldsymbol{r}$$

电势是描述电场力做功性质的物理量，该式表明了电势与电场强度之间的积分关系。电势的值只具有相对意义。理论研究中，对有限的电荷分布，通常取无穷远处为电势零点；对无限大的电荷分布，电势零点的选择是任意的；实际问题中常以大地或电器的金属外壳为电势零点。在国际单位制中，电势的单位是焦/库(J/C)，即伏(V)。

(4)电势差

静电场中，任意两点电势之差，即

$$U_{ab} = U_a - U_b = \int_a^{b} \boldsymbol{E}\cdot \mathrm{d}\boldsymbol{r}$$

电势差与零电势点的选择无关。

(5)电势叠加原理

空间中任一点的电势等于各场源电荷在该点单独产生的电势的代数和，即

$$U = U_1 + U_2 + U_3 + \cdots + U_n = \sum_i U_i$$

(6)电场力做功

$$W = q_0 U_{ab} = q_0(U_a - U_b)$$

(7)等势面

等势面即电场中电势相等的点连成的曲面。

等势面与电场线处处正交，在等势面上移动电荷时电场力不做功。电场线方向指向电势降落的方向。规定相邻等势面间电势差相等，则等势面越密场强越大，越疏处场强越小。

(8)电势梯度矢量

其方向与等势面垂直，指向 U 增加的方向。电势梯度与场强的关系 $\boldsymbol{E} = -\mathbf{grad}\, U$

电场中各点的场强大小等于该点电势梯度的大小，场强方向与电势梯度方向相反。表明了电场强度与电势的微分关系。

6. 电场对电荷的作用

(1)电场力 $\boldsymbol{F}$

电荷 q 在电场中受到场的作用：$\boldsymbol{F} = q\boldsymbol{E}$。

(2)电荷 q 受到电场力

如果场源电荷也为点电荷 Q_0，则

$$\boldsymbol{F} = q\boldsymbol{E} = \frac{1}{4\pi\varepsilon_0}\frac{qQ_0}{r^3}\boldsymbol{r}$$

(3)带电体受到的电场力

$$\boldsymbol{F} = \int \mathrm{d}\boldsymbol{F} = \int \boldsymbol{E}\mathrm{d}q$$

7. 需记忆的电荷典型分布的场强、电势

(1)点电荷

$$\boldsymbol{E} = \frac{1}{4\pi\varepsilon_0}\frac{q}{r^2}\boldsymbol{e}_r,\quad U = \frac{1}{4\pi\varepsilon_0}\frac{q}{r}$$

(2)均匀带电圆环轴线上

$$\boldsymbol{E} = \frac{qx}{4\pi\varepsilon_0(x^2+R^2)^{3/2}}\boldsymbol{i}$$

(3)均匀带电球面

$$E = 0 \quad (r < R)$$

$$E = \frac{q}{4\pi\varepsilon_0 r^2} \quad (r > R)$$

(4)均匀带电球体

$$E = \frac{1}{4\pi\varepsilon_0}\cdot\frac{qr}{R^3} \quad (r < R)$$

$$E = \frac{q}{4\pi\varepsilon_0 r^2} \quad (r > R)$$

(5)均匀带电无限长直线

$$E = \frac{\lambda}{2\pi\varepsilon_0 r}$$

(6)均匀带电无限长圆柱面

$$E = 0 \quad (r < R)$$

$$E = \frac{\lambda}{2\pi\varepsilon_0 r} \quad (r > R)$$

(7)均匀带电无限大平面

$$E = \frac{\sigma}{2\varepsilon_0}$$

8. 导体的静电平衡

(1)静电平衡状态:导体内部及表面没有电荷做宏观定向移动的状态。

(2)静电平衡状态:导体内部场强为零。

(3)静电平衡性质:处于静电平衡的导体,必然有以下结论。

①导体是等势体,即导体内各点电势相同,且表面是等势面。

②导体表面的场强垂直于导体表面。

③导体内部无静电荷存在,电荷只能分布于导体表面。

④导体表面附近的场强与该表面电荷密度的关系:$\boldsymbol{E} = \frac{\sigma}{\varepsilon_0}\boldsymbol{e}_n$。

9. 导体内外的静电场

(1)实心导体:静电平衡状态下,导体内各点场强等于零;电荷只能分布于导体表面。

(2)空腔导体(腔中无电荷):静电平衡状态下,导体内及空腔的内各点场强等于零;电荷只能分布于导体外表面。

(3)空腔导体(腔中有电荷):静电平衡状态下,腔内表面出现与带电体等量异号的电荷,腔内电场决定于带电体及内表面电荷,腔外表面感应出与带电体等量同号的电荷,腔外电场决定于腔外表面电荷及腔外其他电荷,与腔内带电体的位置无关。

(4)静电屏蔽:使导体空腔内的电场不受外界影响或利用接地的空腔导体将腔内带电体对外界的影响隔绝的现象。

10. 电容和电容器

(1)孤立导体的电容

以无限远为电势零点,则孤立导体的电容定义为

$$C = \frac{Q}{U}$$

Q、U分别是孤立导体的电量、电势。

孤立导体球的电容 $C = 4\pi\varepsilon_0 R$。孤立导体的电容 C 只与导体的大小、形状及周围的介质有关,是表征导体储电能力的物理量,即使导体升高单位电势所需的电量。电容的单位是法拉(F),实际常用的单位是微法(μF)和皮法(pF)。

$$1\ \mathrm{F} = 10^6\ \mu\mathrm{F} = 10^{12}\ \mathrm{pF}$$

(2)电容器的电容

①电容器:两块靠得很近的金属导体 A、B 和介于中间的绝缘介质构成的系统。

②电容器的电容:$C = \frac{Q}{U}$。C 取决于两极板的大小、形状、相应位置及板间介质。

几种常见的真空电容器的电容:

平行板电容器 $$C = \varepsilon_0 \frac{S}{d}$$

球形电容器 $$C = 4\pi\varepsilon_0 \frac{R_A R_B}{R_B - R_A}$$

圆柱形电容器 $$C = 2\pi\varepsilon_0 \frac{l}{\ln\left(\frac{R_B}{R_A}\right)}$$

(3)电容器的串联和并联

①串联。串联电容器的等效电容的倒数等于各电容器电容的倒数之和

$$\frac{1}{C} = \frac{1}{C_1} + \frac{1}{C_2} + \cdots + \frac{1}{C_n} = \sum_i^n \frac{1}{C_i}$$

电容器串联时,每个电容器上的两极板上都带有相同的等量异号电荷,且等于等效电容器两极板上的电荷,串联方式起提高耐压能力和减小电容值的作用。

②并联。并联电容器的等效电容等于各电容器电容之和

$$C = C_1 + C_2 + \cdots + C_n = \sum_{i}^{n} C_i$$

电容器并联时,每个电容器两端电压相等,并等于等效电容器两端的电压,并联方式在满足耐压情况下,可增大电容量。

11. 电场的能量

(1)孤立导体或电容器储存的电能 W 为

$$W_e = \frac{1}{2}\frac{Q^2}{C} = \frac{1}{2}CU^2 = \frac{1}{2}QU$$

(2)静电场的能量

静电场能量的体密度 w_e 为

$$w_e = \frac{1}{2}\varepsilon E^2$$

体积 V 中所储存能量 W 为

$$W_e = \int_V w_e \mathrm{d}V$$

自 测 题

4.1 试验电荷 q_0 在电场中受力为 f,其电场强度的大小为 f/q_0,以下说法正确的是(   )。

A. E 正比于 f

B. E 反比于 q_0

C. E 正比于 f 且反比于 q_0

D. 电场强度 E 是由产生电场的电荷所决定的,不以试验电荷 q_0 及其受力的大小决定

4.2 在没有其他电荷存在的情况下,一个点电荷 q_1 受另一点电荷 q_2 的作用力为 $\boldsymbol{f}_{12}$,当放入第三个电荷 Q 后,以下说法正确的是(   )。

A. $\boldsymbol{f}_{12}$ 的大小不变,但方向改变,q_1 所受的总电场力不变

B. $\boldsymbol{f}_{12}$ 的大小改变了,但方向没变,q_1 受的总电场力不变

C. $\boldsymbol{f}_{12}$ 的大小和方向都不会改变,但 q_1 受的总电场力发生了变化

D. $\boldsymbol{f}_{12}$ 的大小、方向均发生改变,q_1 受的总电场力也发生了变化

4.3 关于试验电荷以下说法正确的是(   )。

A. 试验电荷是电量极小的正电荷

B. 试验电荷是体积极小的正电荷

C. 试验电荷是体积和电量都极小的正电荷

D. 试验电荷是电量足够小,以至于它不影响产生原电场的电荷分布,从而不影响原电场;同时由于体积足够小,以至于它所在的位置真正代表一点的正电荷(这里的足够小都是相对问题而言的。)

4.4 在点电荷激发的电场中,如以点电荷为中心作一个球面,关于球面上的电场,以下说法正确的是(　　)。

视频

4.4–4.8习题讲解

A. 球面上的电场强度矢量 $\boldsymbol{E}$ 处处不等

B. 球面上的电场强度矢量 $\boldsymbol{E}$ 处处相等,故球面上的电场是匀强电场

C. 球面上的电场强度矢量 $\boldsymbol{E}$ 的方向一定指向球心

D. 球面上的电场强度矢量 $\boldsymbol{E}$ 的方向一定沿半径垂直球面向外

4.5 关于电场线,以下说法正确的是(　　)。

A. 电场线上各点的电场强度大小相等

B. 电场线是一组曲线,曲线上的每一点的切线方向都与该点的电场强度方向平行

C. 开始时处于静止的电荷在电场力的作用下运动的轨迹必与一条电场线重合

D. 在无电荷的电场空间,电场线可以相交

4.6 如图 4-57 所示,一半球面的底面圆所在的平面与匀强电场 $\boldsymbol{E}$ 的夹角为 30°,球面的半径为 R,球面的法线向外,则通过此半球面的电通量为(　　)。

A. $\pi R^2 E/2$　　B. $-\pi R^2 E/2$

C. $\pi R^2 E$　　D. $-\pi R^2 E$

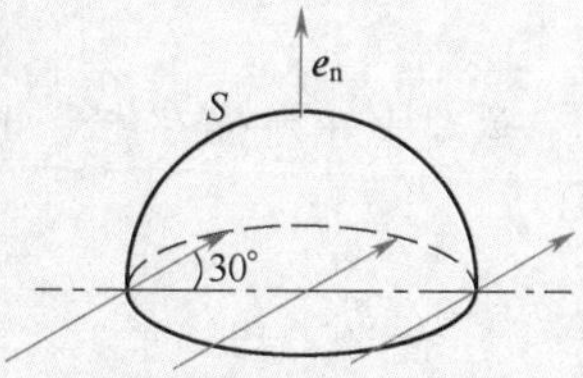

图 4-57　题 4.6 图

4.7 真空中有 AB 两板,相距为 d,板面积为 $S(S \gg d^2)$,分别带 $+q$ 和 $-q$,在忽略边缘效应的情况下,两板间的有一点电荷 q 所受的电场力的大小为(　　)。

A. $q^2/(4\pi\varepsilon_0 d^2)$　　B. $q^2/(\varepsilon_0 S)$　　C. $2q^2/(\varepsilon_0 S)$　　D. $q^2/(2\varepsilon_0 S)$

4.8 如果对某一闭合曲面的电通量 $\oint_S \boldsymbol{E} \cdot \mathrm{d}\boldsymbol{S} \neq 0$,以下说法正确的是(　　)。

A. S 面上所有点的 E 必定不为零

B. S 面上有些点的 E 可能为零

C. 空间电荷的代数和一定不为零

D. 空间所有地方的电场强度一定不为零

4.9 关于高斯定理的理解有下面几种说法,其中正确的是(　　)。

A. 如高斯面上 E 处处为零,则该面内必无电荷

B. 如高斯面内无电荷,则高斯面上 E 处处为零

C. 如高斯面上 E 处处不为零,则高斯面内必有电荷

D. 如高斯面内有净电荷,则通过高斯面的电通量必不为零

视频

4.9–4.15习题讲解

4.10 如图 4-58 所示,为一轴对称性静电场的 $E-r$ 关系曲线,请指出该电场是由哪种带电体产生的?(E 表示电场强度的大小,r 表示离对称轴的距离)(　　)

A. "无限长"均匀带电直线

B. 半径为 R 的"无限长"均匀带电圆柱体

C. 半径为 R 的"无限长"均匀带电圆柱面

D. 半径为 R 的有限长均匀带电圆柱面

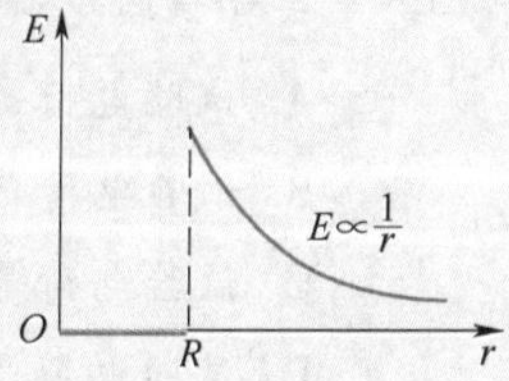

图 4-58　题 4.10 图

4.11　如图 4-59 所示，一个带电量为 q 的点电荷位于立方体的 A 角上，则通过侧面 $abcd$ 的电场强度通量等于(　　)。

A. $q/(24\varepsilon_0)$　　B. $q/(12\varepsilon_0)$

C. $q/(6\varepsilon_0)$　　D. $q/(48\varepsilon_0)$

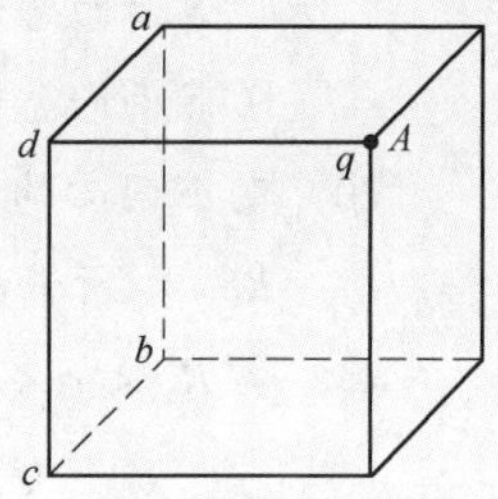

图 4-59　题 4.11 图

4.12　点电荷 $q_1 = 2.0\times10^{-6}$ C，$q_2 = 4.0\times10^{-6}$ C 两者相距 $d = 10$ cm，试验电荷 $q_0 = 1.0\times10^{-6}$ C，则 q_0 处于 q_1q_2 连线的正中位置处受到的电场力为(　　)。

A. 7.2 N　　B. 1.79 N　　C. 7.2×10^{-4} N　　D. 1.79×10^{-4} N

4.13　一半径 R 的均匀带电圆环，电荷总量为 q，环心处的电场强度为(　　)。

A. $\dfrac{q}{4\pi\varepsilon_0 R^2}$　　B. 0　　C. $\dfrac{q}{4\pi\varepsilon_0 R}$　　D. $\dfrac{q^2}{4\pi\varepsilon_0 R^2}$

4.14　两根平行的无限长带电直线，相距为 d，电荷密度为 λ，在与它们垂直的平面内有一点 P，P 与两直线的垂足成等边三角形，则点 P 的电场强度大小为(　　)。

A. $\dfrac{\lambda}{\pi\varepsilon_0 d}$　　B. $\dfrac{\lambda}{2\pi\varepsilon_0 d}$　　C. $\dfrac{\lambda^2}{2\pi\varepsilon_0 d}$　　D. $\dfrac{\sqrt{3}\lambda}{2\pi\varepsilon_0 d}$

4.15　真空中两块相互平行的无限大均匀带电平板，其中一块电荷密度为 σ，另一块电荷密度为 2σ，两平板间的电场强度大小为(　　)。

A. $\dfrac{3\sigma}{2\varepsilon_0}$　　B. $\dfrac{\sigma}{\varepsilon_0}$　　C. 0　　D. $\dfrac{\sigma}{2\varepsilon_0}$

4.16　两根平行的无限长带电直线，相距为 d，电荷线密度为 λ，在它们所在平面的正中间有一点 P，则点 P 的电场强度为(　　)。

A. $\dfrac{\lambda}{\pi\varepsilon_0 d}$　　B. 0　　C. $\dfrac{2\lambda}{\pi\varepsilon_0 d}$　　D. $\dfrac{\lambda}{2\pi\varepsilon_0 d}$

4.17　一均匀带电球面，电荷面密度为 σ，半径为 R，球心处的场强为(　　)。

A. $\dfrac{\sigma}{\varepsilon_0}$　　B. $\dfrac{\sigma}{4\pi\varepsilon_0 R^2}$　　C. 0　　D. $\dfrac{\sigma^2}{4\pi\varepsilon_0 R^2}$

4.18　图 4-60 所示为一正六边形，边长为 a，各顶点的电荷电量大小相等，极性如图，A 电荷受力为(　　)。

A. $\dfrac{kQ^2}{4a^2}$　　B. 0

C. $\dfrac{kQ^2}{2a^2}$　　D. $\dfrac{kQ^2}{a^2}$

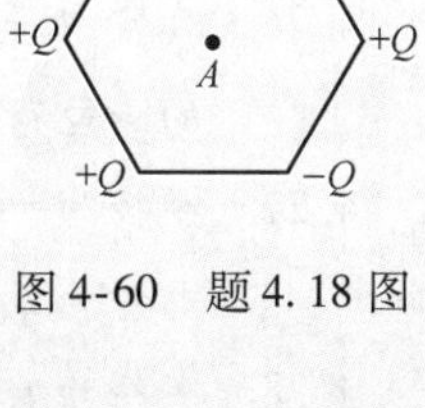

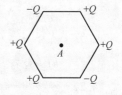

图 4-60　题 4.18 图

4.19　如图 4-61 所示，闭合曲面 S 内有一点电荷 q，P 为 S 面上一点，在 S 面外 A 点有一点电荷 q'，若将 q' 移至点 B，则(　　)。

A. S 面的总通量改变，P 点的场强不变

B. S 面的总通量不变，P 点的场强改变

C. S 面的总通量和 P 点的场强都不变

D. S 面的总通量和 P 点的场强都改变

4.20 两个同心均匀带电球面，半径分别为 R_a 和 R_b（$R_a < R_b$），所带电量分别为 Q_a 和 Q_b，设某点与球心相距 r，当 $R_a < r < R_b$ 时，该点的电场强度的大小为（　　）。

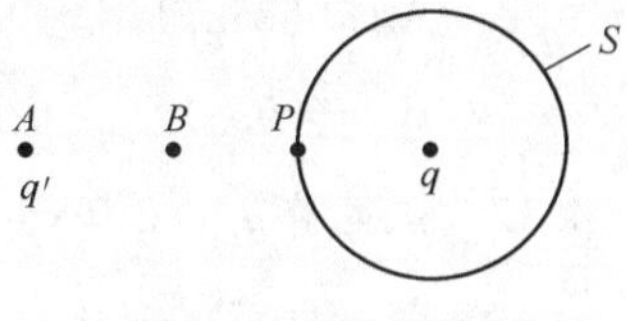

图 4-61　题 4.19 图

A. $\dfrac{1}{4\pi\varepsilon_0}\cdot\dfrac{Q_a+Q_b}{r^2}$

B. $\dfrac{1}{4\pi\varepsilon_0}\cdot\dfrac{Q_a-Q_b}{r^2}$

C. $\dfrac{1}{4\pi\varepsilon_0}\cdot\left(\dfrac{Q_a}{r^2}+\dfrac{Q_b}{R_b^2}\right)$

D. $\dfrac{1}{4\pi\varepsilon_0}\cdot\dfrac{Q_a}{r^2}$

4.21 一个带正电的点电荷飞入如图 4-62 所示的电场中，它在电场中的运动轨迹为（　　）。

A. 沿 a　　B. 沿 b

C. 沿 c　　D. 沿 d

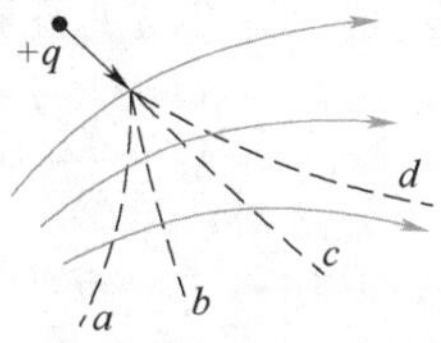

图 4-62　题 4.21 图

4.22 一均匀带电的球形薄膜，带电为 Q，当它的半径从 R_1（$R_1 < R_2$）扩大到 R_2 时，距球心 R（$R_1 < R < R_2$）处的电势将（　　）。

A. 由 $\dfrac{Q}{4\pi\varepsilon_0 R_1}$ 变为 $\dfrac{Q}{4\pi\varepsilon_0 R}$　　B. 由 $\dfrac{Q}{4\pi\varepsilon_0 R}$ 变为零

C. 由 $\dfrac{Q}{4\pi\varepsilon_0 R}$ 变为 $\dfrac{Q}{4\pi\varepsilon_0 R_2}$　　D. 保持 $\dfrac{Q}{4\pi\varepsilon_0 R}$ 不变

4.23 无限长均匀带电直线外的场强公式__________，均匀带电导体球内的场强公式__________，均匀带电导体球外的场强公式__________。

4.24 设有带负电的小球 A、B、C，其电量比为 1:3:5，三球在同一直线上，A、C 固定不动，而 B 也不动时，BA 和 BC 距离的比值为__________。

4.25 一均匀带电的球形橡皮气球，在气球逐渐膨胀的过程中，下列各点 $\boldsymbol{E}$ 将如何变化：(1) 气球内部__________；(2) 气球膨胀没有超过球外的点，气球外部__________；(3) 气球表面__________。

4.26 真空中一个半径为 R 的球面均匀带电，面电荷密度为 $\sigma > 0$，在球心处有一个带电量为 q 的点电荷。取无限远处作为参考点，则球内距球心 r 的 P 点处的电势为__________。

4.27 半径为 r 的均匀带电球面 1，带电量为 q_1，其外有一同心的半径为 R 的均匀带电球面 2，带电量为 q_2，则两球面间的电势差为__________。

4.28 半径为 R 的均匀带电球面，所带电荷为 Q，设无限远处的电势为零，则球内距离球心为 r（$r < R$）处的点 P 的电势为__________。

4.29 为了把 4 个点电荷 q 置于边长为 L 的正方形的四个顶点上，外力须做功__________。

4.30 如图4-63所示,长为l、电荷线密度为λ的两根相同的均匀带电细塑料棒,沿同一直线放置,两棒近端相距l,求两棒之间的静电相互作用力。

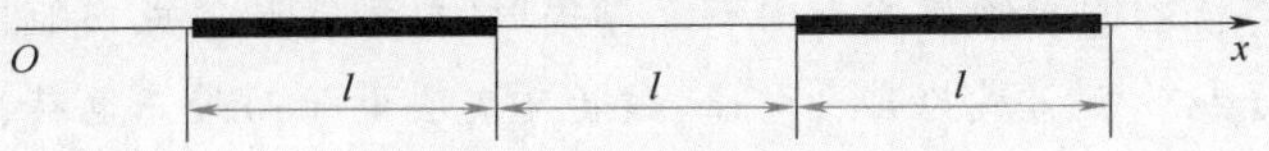

图4-63 题4.30图

4.31 半径为R的半圆细环上均匀分布电荷Q,求环心处的电场强度。

4.32 两个带有等量异号电荷的无限长同轴圆柱面,半径分别为R_1和R_2($R_2 > R_1$),单位长度上的电荷为λ,求离轴线为r处的电场强度。

(1)$r < R_1$;(2)$R_1 < r < R_2$;(3)$r > R_2$。

4.33 如图4-64所示,两个均匀带电的同心球面,半径分别为R_1和R_2,带电量分别为q_1和q_2。求场强和电势的分布。

4.34 如图4-65所示,真空中有一高h、底面半径R的圆锥体。在其顶点与底面中心的连线中点上置一电荷量q的点电荷,求通过该圆锥体侧面的电场强度通量。

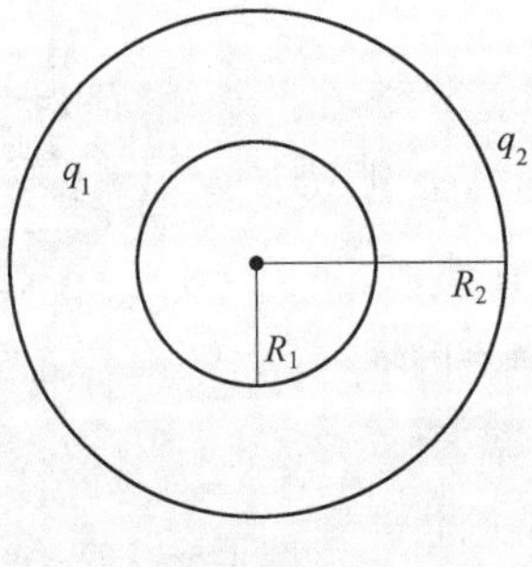

图4-64 题4.33图

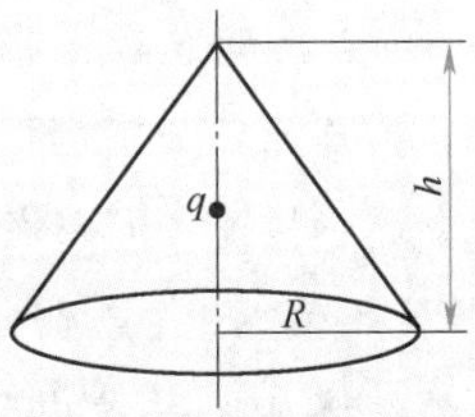

图4-65 题4.34图

4.35 有一半径为R的均匀带电球体,试求:

(1)球体外的电势分布;

(2)球体内的电势分布。(设球体电荷密度为ρ,无限远处为电势零点)

阅读材料4

静电的应用和防护

从人类认识摩擦起电现象开始,到今天静电在能源、环保、兵器、生物工程等众多领域的广泛应用,静电理论和静电技术的研究走过了漫长的历程,使静电成为既古老而又年轻的研究和应用技术体系。但是,静电所造成的危害也日益严重。在微电子领域,由于静电危害每年损失上百亿美元;在航天、航空方面,静电危害曾使机毁人亡、火箭发射失败、卫星发生故障等。因此,了解静电的利用和危害以及静电危害的消除,既拓宽知识面,又增加静电在生产生活中的实用性。

一、静电起电的基本原理

物体的静电带电现象也叫静电起电,它包括使正、负电荷发生分离的一切过程。摩擦起电,是产生静电的基本原因或方式。两种物质的表面相互摩擦时,机械能转化成内能,使一物质的原子外层电子获得能量挣脱原子核的吸引成为自由电子,该物质失去电子而带正电荷,另一物质则得到等量的带负电的电子,从而两个物体一方带正电,另一方带等量的负电。感应带电,又是产生静电的一种方式。在外电场的作用下,电场力使电子挣脱原子核的束缚成为自由电子,这些自由电子聚集在物体表面,使物体表面产生静电。电场力越强,各界的电荷越多。例如:滴水起电,让水滴通过一个带电的金属小环,使小水滴感应而带电,将水滴聚集后,通过导体集中电荷,产生高电位。合理地开发静电的应用,有效地避免静电带来的危害,对我们来说极其值得关注。

二、静电的应用

石油化工、水泥建材、粮食加工等许多工业生产单位及人们生活中排放的烟尘、粉尘、有害气体等是环境污染的主要来源之一。在消除这些污染的方法中,静电除尘效率高、耗电省、费用低、处理流量大、适用范围广,已被广泛应用。

1. 静电在除尘中的应用

静电除尘器是一种高效的除尘设备,图 4-66 为一种静电装置示意图,它主要由一只金属筒 B 和一根悬挂在圆筒轴线上的多角形的金属细棒 A 组成。其工作原理如下:圆筒 B 接地,金属细棒 A 接高压负端,于是在圆筒 B 和金属细棒 A 之间形成很强的径向对称的电场,在细棒附近电场最强,它能使气体电离,产生自由电子和带正电的离子,正离子被吸引到带负电的细棒 A 上并被中和,而自由电子则被吸引向带正电的圆筒 B。电子在向圆筒 B 运动的过程中与尘埃粒子相碰,使尘埃带负电,在电场力的作用下,带负电的尘埃被吸引到圆筒上,并黏附在那里。定期清理圆筒可将尘埃聚集起来并予以处理。在烟道中采用这种装置能净化气流,减少尘埃对大气的污染,还可以从这些尘埃中回收许多重要的原料,如发电厂的煤尘中可提取半导体材料锗以及橡胶工业所需的炭黑等。静电除尘器具有很多优点,如除尘效率高、阻力低、耗能少;能够高效收集大流量气体和高温或腐蚀性气体中的粉尘;自动化程度高及维修容易等。因此它被广泛应用于电站锅炉、冶炼、水泥等工业除尘领域。

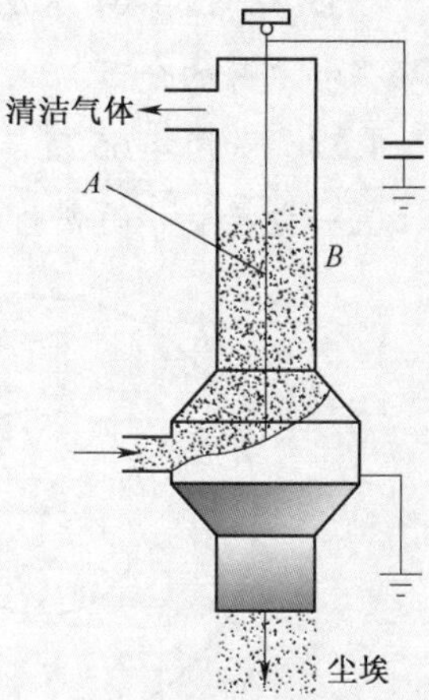

图 4-66　静电装置示意图

2. 静电在酿造生产中的应用

(1)静电在酱油生产中的应用

酱油是通过酿造生产,需要陈化老熟才能添香增色,另外,酱油还可能染上有害微生物,需做灭菌处理,传统方法是使用化学灭菌或是加热灭菌,这两种灭菌方法均存在着一定的缺点:热处理灭菌会损失酱油中的某些营养成分,化学灭菌将残留一些对人体有害的化学物质。采取静电方法处理酱油,不但可改变其中的有利成分,即实现老熟陈化,而且静电产生臭氧,臭氧的强氧化性,对酱油进行灭菌,同时残余的臭氧促进自由基生成,自由基能诱导许多化学反应的发生,有利于醛类的减少和具有香味酯类的增加,提高酱油的口感口味品质。

(2)静电在酿酒中的应用

新生产的白酒,因含丙烯醛有辛辣味,含异戊醇有涩味,含杂醇油有刺激性味。要使白酒的口味醇香绵柔、色泽清亮,必须老熟陈化,如果是自然进行,则耗时、生产周期长(俗话说的陈年老酒),对工厂来说生产率低,限制了工厂的大规模化生产,造成资金积压,同时,导致供不应求。通过 2 ~ 400 kV/m的静电处理 1 min ~ 16 h,达到自然老熟陈化的作用,可以缩短生产周期,大大提高生产效率。

3. 静电在水净化中的应用

由于工农业生产的大量用水,使得淡水缺乏,因此,需要净化大量海水和已被污染的水,以供生产、生活用水。利用静电渗析法,在盛水的阴阳离子交换膜的两侧接通直流电,水中的阴离子向正电极方向移动,阳离子向负电极方向移动,加之阳离子交换膜只允许阳离子通过,阴离子交换膜只允许阴离子通过,水中的阴阳离子被积集在阴阳离子交换膜的外侧,膜之间的水不含阴阳离子,就可得到无离子的纯净水,同时,将富有阴阳离子的水经过合适的处理,又可提出有用的金属或含有某些金属的化合物。本方法的优点在于装置简单、操作方便、耗能少,以及变废为利,既净化了水质,又富积了量少而有害的物质。

静电技术的应用十分广泛,除了以上应用外,还在农业的选种及喷药、人工授粉、人工降雨等方面发挥着极其重要的作用;在工业方面,静电分离、静电复印、静电植绒、电喷漆等;静电技术在科研领域也是贡献卓越,利用静电原理制成的种种仪器已成为科学家手中的有力武器,其中静电示波管的应用,被称为观察点波形的"眼睛";在研究原子能时,常常利用静电加速器来加速带电粒子,产生千万伏的高电压。然而,静电技术还有待于进一步完善和提高来造福人类。

三、静电的危害

构成静电危害具备三个基本条件:一是产生并积累足够的静电,形成"危险静电源";二是有易燃易爆物质或静电敏感器件及电子装置等静电易爆、易损物质存在;三是易燃易爆或易损物质与静电源之间能够形成能量耦合。这三个条件中缺少任何一个,都不可能造成危害。

1. 静电在易燃易爆物品生产、储运和技术处理中的危害

静电对易燃易爆物品造成危害的根本原因是其中的电火工品、药剂对静电放电敏感所致。例如:运油、加油设备的使用过程中均会引起静电电位的升高,对静电消除不及时,容易因火花放电形成火灾;在充满可燃性粉尘和气体的车间厂房内,因工具使用或行走或衣物摩擦而产生静电火花,也容易导致火灾;等等。在生产工艺、存储、技术检查、修理和报废处理等过程中,由于人体的各种活动、工装机具的接触分离和被加工对象之间的摩擦、剥离等,都可能积累静电,这些场所存在人体静电、机具带电、药剂带电等危险静电源,又存在易燃易爆活性物质,很容易发生静电放电导致燃烧爆炸事故。

2. 静电的其他危害

或许你有过因开门、握手或使用某些工具被电击的体验,是因为空气湿度下降后,衣物摩擦的静电积集,当接触导体时,形成电流瞬间放电形成电击。如果从事包装、绝缘薄膜(线材)等行业生产的人,常常因生产设备在生产过程中静电积累,而受电击,在生产线上如果产生大量静电,引起如纺织物缠绞、纸张吸附和表面粉尘积集等,造成生产设备运行故障或生产率下降。在各种信息化技术

的电子装备中包含着大量微功耗、低电平、高集成度、高电磁灵敏度的大规模集成电路和元器件，静电放电已成为电子装备的主要危害源之一。

四、静电的消除

静电是由于正负电荷积累而产生的，如果将积集起来的电荷疏导或是中和掉，那物体就不带电荷，从而避免了因电荷积累后放电引起的危害。如避雷针、油罐车拖在地上的金属链，就是及时将静电引入大地，这种电荷疏导使电荷不能积累。但由于当前的生产方式日益复杂，疏导电荷并不能适用于许多生产，消除静电就有了不同的具体体现。

1. 感应式静电消除技术

将一个针状接地导体靠近带电体，由于尖锐放电，致使带电体与针状导体之间的空气发生电离，从而使带电体的电荷传送给接地导体，将电荷引入大地，消除带电体的电荷。

2. 采用抗静电火工品和元器件、降低场所危险程度

在有些情况下使用抗静电的电火工品和抗静电元器件，这些材料在生产过程中不产生或少产生静电；在易产生静电的材料中加入抗静电物质，如在管道输油、洗衣服时加入抗静电的柔顺剂，提高空气湿度，等等。

3. α射线静电消除技术

α射线能使空气发生电离，由放射源提供的放射线穿透性很强，对封闭空间产生的静电，尤其显示出其特有优点：当α射线照射时电离的空气，将静电电荷中和，从而实现静电的消除。但使用α射线要严格管理，防止造成放射性污染。

4. 控制气体混合物浓度，防止爆炸事故发生

存在易燃、易爆气体混合物的危险场所，应严格控制气体混合物的浓度，使其不在爆炸浓度极限范围，如通过通风、降低生产速率等办法减少易燃易爆气体，使其与空气混合后低于爆炸浓度极限。这样，即使有静电危险源，也不会发生燃烧、爆炸等恶性事故。同时也应该加强静电安全管理工作，才能使各项防护原则和有关规范、标准贯彻实施，使防护器材和设施得到维护保养，确保静电危害彻底消除，才能充分发挥静电的积极作用。

第5章

稳恒磁场

※磁现象介绍

传说：古希腊牧人玛格内斯在克里特岛的艾达山上，他的皮鞋底上的铁钉与手杖上的铁尖，被脚下石头牢牢吸住，以致很难离开，于是他发现了一种奇妙的石头(磁铁矿石)。还有一则寓言讲到，一座有很大吸引力的磁山，吸引甚至是距它很远的木船上的铁钉。另一个关于天然磁石的故事：传说在亚历山大城(埃及，地中海沿岸)亚西诺寺庙里，用磁铁矿建成的拱形屋顶结构，是为了把皇后的铁铸像悬吊在空中。

我国是发现天然磁体(磁石，主要成分是 Fe_3O_4)最早的国家：

①春秋战国时期，《吕氏春秋》一书中已有“磁石召铁”的记载；

②东汉思想家王充在《论衡》中所描述的“司南勺”被认为是最早的磁性指南器具；

③11 世纪沈括发明指南针，并发现地磁偏角，比哥伦布的发现早四百年；

④12 世纪，我国已有关于指南针用于航海的记录。指南针传入欧洲则已是 12 世纪末了。

在历史上很长的一段时间内，电学与磁学的研究一直是彼此独立地发展的，直到 19 世纪 20 年代，人们才认识到电与磁之间的联系。

1820 年 7 月 21 日，丹麦物理学家奥斯特(Oersted)首先发现电流的磁效应。(奥斯特在课堂上做的演示实验，原意在于证明电与磁之间没有联系，结果却发现了电流的磁效应。)

1820 年 7 月 21 日，奥斯特用拉丁文以四页的篇幅报告他 60 几次电流磁效应实验的结果，这个消息很快传到德国和瑞士，正在瑞士访问的法国科学院院士、物理学家阿拉果敏锐地察觉到这一成果的重要性，立即于 1820 年 9 月初从瑞士赶回法国，9 月 11 日便详细地向科学院的同事们报告了奥斯特的这一最新发现。在当时法国物理学界“受库仑的影响”普遍认为电与磁没有联系的背景下，安培第二天就重复了奥斯特的实验，并加以发展。在同一年 9 月 18 日、25 日和 10 月 9 日安培发现圆电流对磁针有偏转，两平行直导线和两圆电流间也都存在相互作用，并连续以三篇论文汇报了他的研究工作。1822 年，安培提出了物质磁性本质的假设。安培认为一切磁现象都起源于电流。在磁性物质的分子中，存在着小的回路电流，称为分子电流，它相当于最小的基元磁体。物质的磁性就是决定于这些分子电流对外磁效应的总和。如果这些分子电流毫无规则地向各种方向运动，它们对外界引起的磁效应就会互相抵消，整个物质就不会显磁性。当这些分子电流的取向出现某种有规则的排列时，就会对外界产生一定的磁效应，显示出物质的磁化状态。用近代的观点看，安培假说中的分子电流，可以看成是由分子中电子绕原子核的运动和电子与核本身的自旋运动产生的。

1820 年 10 月 30 日法国物理学家毕奥(Biot)与萨伐尔(Savart)发表了长直导线通有电流时产生磁场的实验,并从数学上找出了电流元产生磁场的公式。

1821 年英国物理学家法拉第(Faraday)开始研究把"磁变成电",经过十年的努力,在 1831 年发现了电磁感应现象。

1866 年,在英国曼彻斯特制成了世界上第一台直流发电机。

科学需要接受新事物的勇气以及探索新事物的热情。此时,人们才逐渐认识到电与磁之间的联系,到 20 世纪初,由于科学技术的进步和原子结构理论的建立与发展,认识到磁场也是物质存在的一种形式,磁力是运动电荷之间的一种作用力。此时,人们进一步认识到磁场现象起源于电荷的运动,磁力就是运动电荷之间的一种相互作用力。磁现象与电现象之间有密切的联系。

本章主要的内容有:恒定电流的电流密度,电源电动势;描述磁场的物理量——磁感应强度;电流激发磁场的规律——毕奥-萨伐尔定律;反映磁场性质的基本定理——磁场的高斯定理和安培环路定理;以及磁场对运动电荷的作用力——洛伦兹力和磁场对电流的作用力——安培力等。

5.1 电流 电流密度

5.1.1 电流

1. 电流的形成

电流是电荷的定向运动形成的,形成电流的带电粒子称为载流子,它们可以是自由电子、离子或运动的物体。

以金属为例讨论电流的形成。金属可以认为是由自由电子和正离子组成的。正离子构成金属的晶格,而自由电子则在晶格之间做无规则的热运动。无外电场时,电子向各个方向运动的概率是相等的,电子热运动的平均速度为零,不形成电流。当导体两端存在电势差时,导体内部有电场存在,这时自由电子都将受到与电场方向相反的作用力。因此每个电子除了原来不规则的热运动之外,还要在电场的反方向上附加一个运动,既漂移运动。大量电子的漂移运动则表现为电子的定向运动(电子定向漂移运动的平均速度为漂移速度,数量级为 $10^{-4}\ \mathrm{m\cdot s^{-1}}$,方向与电场的方向相反)。这时就形成了电流。

根据载流子的不同,把导体分为以下几类:

- 第一类导体(金属导体):自由电子的定向运动。
- 第二类导体(电解质溶液):离子的定向运动。
- 气体导电:离子和电子的定向运动。
- 带电体的机械运动:运流电流(大学物理不讨论)。

通常遇到的情况是离子或自由电子相对于导体作定向运动,这种由离子或自由电子相对于导体作定向运动形成的电流称为传导电流,我们主要讨论传导电流。

传导电流形成的条件:

- 导体内有可移动的电荷——内因。
- 导体两端有电势差——外因。

2. 电流的方向

在金属导体内,自由电子定向移动的方向是由低电势到高电势,但在历史上,人们把正电荷移动的方向定义为电流的方向,因而电流的方向与自由电子移动的方向是相反的。

3. 电流强度

为了描述电流的强弱,引入了电流强度的概念,电流强度指单位时间内通过导体任一横截面的电量,简称电流,如果 $\mathrm{d}t$ 时间内通过导体横截面的电量为 $\mathrm{d}q$,则通过该截面的电流为

$$I=\frac{\mathrm{d}q}{\mathrm{d}t} \tag{5-1}$$

若导体中的 I(大小、方向)不随时间改变,则称为稳恒电流,或直流电。电流强度是标量,其单位为安培,符号为 A,$1\ \mathrm{A}=1\ \mathrm{C}\cdot\mathrm{s}^{-1}$

4. 电流与电子漂移速度的关系

设在导体中自由电子的数密度为 n,电子的电量为 e,假定每个电子的漂移速度为 v,我们把自由电子在电场力作用下产生的定向运动的平均速度叫漂移速度,在时间间隔 $\mathrm{d}t$ 内,长为 $\mathrm{d}l=v\mathrm{d}t$、横截面积为 S 的圆柱体内的自由电子都要通过横截面积 S,所以此圆柱体内的自由电子数为 $nSv\mathrm{d}t$,电量为 $\mathrm{d}q=neSv\mathrm{d}t$,因而通过此导体的电流强度为

$$I=\frac{\mathrm{d}q}{\mathrm{d}t}=\frac{neSv\mathrm{d}t}{\mathrm{d}t}=neSv \tag{5-2}$$

因而导体中的电流强度正比于自由电子数密度和漂移速度的乘积。(电子的漂移速度是很小的)

5.1.2 电流密度

1. 电流密度

电流强度只能用于描述导体中通过某一截面的整体特征。为了描述导体内各点电流的分布情况,需要引入一个新的物理量——电流密度,即流过单位面积的电流。

电流密度是矢量,其方向和大小规定如下:导体中任一点电流密度的方向为该点正电荷运动的方向(电流的方向);电流密度的大小等于通过该点并与电流方向垂直的单位面积上的电流强度。

$$j=\frac{\mathrm{d}q}{\mathrm{d}S\mathrm{d}t}=\frac{\mathrm{d}I}{\mathrm{d}S} \tag{5-3}$$

电流密度的单位为 $\mathrm{A}\cdot\mathrm{m}^{-2}$。

可以证明:$\boldsymbol{j}=ne\boldsymbol{v}$

2. 电流强度与电流密度的关系:

电流密度的大小等于垂直于正电荷运动方向单位面积上的电流。

$$\mathrm{d}I=j\mathrm{d}S$$

写成矢量形式,即

$$\mathrm{d}I=\boldsymbol{j}\cdot\mathrm{d}\boldsymbol{S} \tag{5-4a}$$

因而由上式可得,通过任意面积的电流为

$$I=\int\mathrm{d}I=\int_S\boldsymbol{j}\cdot\mathrm{d}\boldsymbol{S} \tag{5-4b}$$

此式表明电流密度和电流强度的关系是矢量场和它的通量的关系，电流密度是矢量场，也是电流场，仿照电场用电场线描述，电流场也可用电流线来描述，电流线的切线方向为电流密度的方向，电流线密度即为电流密度的大小。

电流线——相当于流体中的流线，其特点如下：

(1)在导体中引入的一种形象化的曲线，用于表示电流的分布。

(2)规定：曲线上每一点的切线方向与该点的电流密度方向相同；而任一点的曲线数密度与该点的电流密度的大小成正比。

安培(André-Marie，1775—1836)

安培

法国物理学家。电动力学的创始人，是近代物理学史上功绩显赫的科学家。特别在电磁学方面的贡献尤为显著，总结出了电与磁之间的相互作用的有关理论，揭示了电与磁之间的本质联系。

安培善于深入研究各种规律，并且善于应用数学理论进行定量分析。安培定律和安培环路定理是物理学中非常重要的定律。

安培的工作结束了磁是一种特殊物质的观点，使电磁学开始走上了全面发展的道路。为了纪念他的贡献，以他的名字命名了电流的单位。

5.2 电源 电动势

在电路中，若能在导体两端维持恒定的电势差，那么导体中就将有稳恒的电流通过。怎样才能维持恒定的电势差呢？本节将要讨论的电源就是回答这个问题的。

5.2.1 电源

如图5-1(a)所示，开始时，极板 A 和 B 分别带有正负电荷。在电场力的作用下，正电荷从极板 A 通过导线移到极板 B，并与极板 B 上的负电荷中和，直到两极板间的电势差消失。

但是，若能把正电荷从负极板 B 沿两极板间的另一路径，移到正极板 A 上，并使两极板间维持正负电荷不变，这样极板间就有恒定的电势差，导线中就有恒定的电流通过。显然要把正电荷从负极板 B 移到正极板 A 必须有非静电力作用才行。这种能够提供非静电力的装置叫作电源。电源的作用是把其他形式的能量转变为电能。

电势高的地方为正极，电势低的地方为负极。

电流的流向：内电路——从负极流向正极；外电路——从正极流向负极。

5.2.2 电动势

电源在电路中的作用是把其他形式的能量转换为电能。衡量电源转换能量大小的物理量称为电源的电动势，它反映了电源中非静电力做功的本领。

在电源内部一般既有静电力又有非静电力。如图 5-1(b)所示，如果以 $\boldsymbol{E}$ 表示静电场，以 $\boldsymbol{E}_k$ 表示非静电场(作用在单位电荷上的非静电力)，那么，当正电荷通过电源绕闭合电路一周时，静电力与非静电力对正电荷所做的功为

$$W = \oint_L q(\boldsymbol{E} + \boldsymbol{E}_k) \cdot d\boldsymbol{l}$$

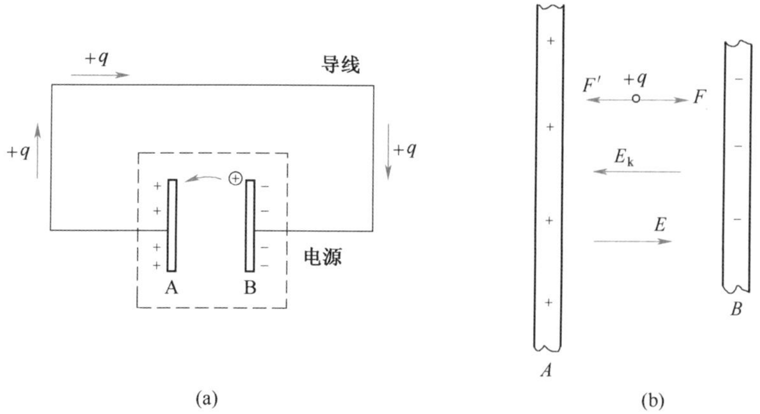

图 5-1　电源内的非静电力把正电荷从负极板移至正极板

由于静电场为保守场，故

$$\oint_L \boldsymbol{E} \cdot d\boldsymbol{l} = 0$$

则
$$W = \oint_L q\boldsymbol{E}_k \cdot d\boldsymbol{l}$$

即
$$\frac{W}{q} = \oint_L \boldsymbol{E}_k \cdot d\boldsymbol{l}$$

定义：单位正电荷绕闭合电路一周时，非静电力对它所做的功定义为电源的电动势，用 ε 表示，即

$$\varepsilon = \frac{W}{q} = \oint_L \boldsymbol{E}_k \cdot d\boldsymbol{l} \tag{5-5}$$

由于 $\boldsymbol{E}_k$ 只存在于电源的内部，在外电路没有非静电力的作用，所以在外电路上

$$\int_{AB} \boldsymbol{E}_k \cdot d\boldsymbol{l} = 0$$

所以电源的电动势可改写为

$$\varepsilon = \oint_L \boldsymbol{E}_k \cdot d\boldsymbol{l} = \int_B^A \boldsymbol{E}_k \cdot d\boldsymbol{l}$$

即
$$\varepsilon = \int_-^+ \boldsymbol{E}_k \cdot d\boldsymbol{l} \tag{5-6}$$

可见电源电动势的大小等于把单位正电荷从负极经电源内部移到正极时非静电力所做的功。

电动势是标量，但有方向；其方向规定为电源内部电势升高的方向，即从负极经电源内部到正极的方向规定为电动势的方向。电动势的大小只取决于电源本身的性质，一定的电源具有一定的电动势，而与外电路无关。

5.3 磁场 磁感应强度

5.3.1 磁场

许多动物除了视觉、听觉、味觉、嗅觉和触觉外,还能感受到磁场,并能用磁场来“导航”。例如候鸟和海龟的长途迁徙不会迷失方向,它们凭借的“秘密武器”之一,可能就是地磁场发挥的作用。

人类只有了解磁场的性质,才能更好地利用磁场为人们服务。利用磁场进行电能和机械能的相互转变,制造出了发电机、电动机,利用地球的磁场,可以为人们导航和找到矿产,帮助人们测定岩石的年龄等,世界万物,磁现象无处不在。

发现磁针能够指向南北,这实际上就发现了地球的磁场。地球的地理两极与地磁两极并不重合,因此,磁场并非指向南北,其间有一个夹角,这个夹角称为磁偏角。磁偏角在不同地方数值也不同,磁偏角在航海的应用很重要。不但地球具有磁场,宇宙很多天体也具有磁场,太阳黑子和太阳风等活动都与太阳磁场有关。

在静电学中我们知道,静止电荷之间的静电力表面上看来是超距的,但实际上是通过电场来传递的;电荷之间的静电力实质上是电场对电荷的作用力。电流之间的作用力表面上看来也是“超距”的,实际上也是通过一种特殊的物质——磁场来传递的。根据磁场的观点,电流在其周围产生磁场;磁场的基本性质之一就是对置入其中的电流施以磁场力的作用。因此,电流之间、运动电荷之间和磁体之间的磁力作用是通过图 5-2所示的模式进行的。

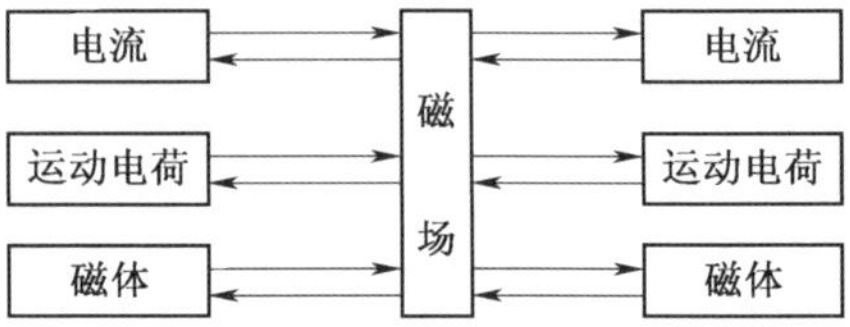

图 5-2 电流之间、运动电荷之间和磁体之间的磁力作用

5.3.2 磁感应强度

电场最基本的性质之一是对置入其中的电荷具有电场力的作用,根据电场对检验电荷的作用力来测量电场的强弱,从而引进了电场强度 $\boldsymbol{E}$ 的概念。磁场最基本的性质之一是对置于磁场中的电流具有磁场力的作用,类似地,也可根据磁场对电流作用力的性质来描述它的强弱。描述磁场的物理量叫作磁感应强度,用 $\boldsymbol{B}$ 表示。

小磁针在磁场中受力的大小和方向与小磁针的位置有关,因而需要一个既具有大小又有方向的物理量来定量描述磁场。由于磁场对小磁针的作用本质上是磁场对运动电荷的作用,因而可以根据实验运动电荷在磁场中的受力情况来研究磁场。

将一个速度为 $\boldsymbol{v}$ 、电量为 q 的运动试验电荷引入磁场,实验发现:

(1)运动电荷所受的磁场力 $\boldsymbol{F}$ 不仅与运动电荷的电量 q 和速度 $\boldsymbol{v}$ 有关,而且还与运动电荷的运动方向有关,且磁场力总是与该电荷的运动方向垂直,即 $\boldsymbol{F} \perp \boldsymbol{v}$;

(2)运动电荷所受磁力 $\boldsymbol{F}$ 的大小与该电荷的电量 q 和速率 v 的乘积成正比,即 $F \propto qv$, 此外,$\boldsymbol{F}$ 的大小还与电荷在磁场中的运动方向有关;

(3)磁场中的每一点都存在着一个与运动电荷无关的特征方向,这反映出磁场本身的一个性质。当试验电荷 q 沿该方向运动时,所受的磁力为零,当 q 垂直于该方向运动时,所受的磁力最大($F =$

F_{max}),并且 F_{max} 与电荷 q 的比值是与 q、v 无关的确定值,比值 $F_{max}/(qv)$ 是位置的函数。

由实验结果可知,磁场中任一点都存在一个特殊的方向和确定的比值 $F_{max}/(qv)$,与实验运动电荷的性质无关,它们分别客观地反映了磁场在该点的方向特征和强弱特征。为了描述磁场的性质,可据此定义一个矢量函数 $\boldsymbol{B}$,规定它的大小为

$$B = \frac{F_{max}}{qv} \tag{5-7}$$

即以单位速率运动的单位正电荷所受到的磁力。其方向为放在该点的小磁针平衡时 N 极的指向。$\boldsymbol{B}$ 称为磁感应强度。

磁感应强度的单位为特[斯拉],符号为 T,$1\ T = 1\ N \cdot A^{-1} \cdot m^{-1}$

在工程中,磁感应强度的单位有时还用:高斯(Gs),$1\ Gs = 10^{-4}\ T$,$1\ T = 10^4\ Gs$

几种常见的磁场的数量级如表 5-1 所示。

表 5-1 几种常见磁场的数量级

地球磁场 0.5×10^{-4} T	一般永磁体 1×10^{-2} T	大型磁铁 2 T
超导材料 10^3 T(强电流)	赤道 0.3×10^{-4} T	两极 0.6×10^{-4} T
心脏 0.3×10^{-9} T	脉冲星 1×10^8 T	原子核 1×10^4 T

※特斯拉(Nikola Tesla,1856—1943)

特斯拉

特斯拉,美籍塞尔维亚人,发明家、物理学家、机械工程师和电机工程师。他被认为是电力商业化的重要推动者,并因主持设计了现代广泛应用的交流电力系统而最为人知。19 世纪末,20 世纪初,他对电力学和磁力学做出了杰出贡献。他的专利和理论工作依据现代交变电流电力系统,包括多相电力分配系统和交流电发电机,帮助了他带起了第二次工业革命。成就是 1882 年,他继爱迪生发明直流电(DC)后不久,发明了交流电(AC),并制造出世界上第一台交流发电机,并创立了多项电力传输技术。他是一个绝世天才,也是一位被世界遗忘的伟人。之后被大家称为"科学超人"。他为人类广泛而安全地进入电气化时代做出了杰出的贡献。为此,1960 年国际电气学会以特斯拉作为磁感应强度单位的名称。特斯拉一生致力于全世界而不是为特定某个国家效力。

※中国北斗卫星导航系统

中国北斗卫星导航系统(英文名称:BeiDou Navigation Satellite System,简称 BDS)是中国自行研制的全球卫星导航系统,也是继 GPS、GLONASS 之后的第三个成熟的卫星导航系统。北斗卫星导航系统(简称北斗系统)是中国着眼于国家安全和经济社会发展需要,自主建设、独立运行的卫星导航系统,是为全球用户提供全天候、全天时、高精度的定位、导航和授时服务的国家重要空间基础设施。随着北斗系统建设和服务能力的发展,相关产品已广泛应用于交通运输、海洋渔业、水文监测、气象预报、测绘地理信息、森林防火、通信时统、电力调度、救灾减灾和应急搜救等领域,逐步渗透到人类社会生产和人们生活的方方面面,为全球经济和社会发展注入新的活力。<摘自百度百科>

5.4 毕奥-萨伐尔定律

毕奥-萨伐尔定律(简称毕-萨定律,Biot-Savart law),又称毕－萨－拉定律。作为电磁学中关于电的磁效应定量研究成果的最重要的基本实验定律之一,它在静磁学中的地位如同库仑定律在静电学的地位,标志着人类对电磁现象的认识发展到了新阶段，对电磁学的发展具有里程碑的意义。1820年法国物理学家毕奥和萨伐尔通过长直和弯折载流导线对磁极作用力的两个实验,得出了作用力与距离和弯折角的关系,法国数学家拉普拉斯运用绝妙的数学分析,得到了电流元对磁极作用力的规律。本节讨论稳恒电流产生磁场的规律。

5.4.1 毕奥-萨伐尔定律简介

在计算任意带电体在空间某点的电场强度时,可把带电体分成无限多个电荷元,先求出每个电荷元在该点产生的电场强度,再按场强叠加原理就可以计算出带电体在该点产生的电场强度($dq \to dE \to E$)。可以以此思路,把流过某一线元矢量 $\mathrm{d}\boldsymbol{l}$ 的电流 I 与 $\mathrm{d}\boldsymbol{l}$ 的乘积 $I\mathrm{d}\boldsymbol{l}$ 称为电流元,电流元的方向与电流的方向相同。则对于稳恒电流产生磁场的计算问题,可把稳恒电流分成无限多个电流元,先求出每个电流元在该点产生的磁感应强度,再按场强叠加原理就可以计算出带电体在该点产生的磁感应强度($I\mathrm{d}\boldsymbol{l} \to \mathrm{d}\boldsymbol{B} \to \boldsymbol{B}$),那么电流元 $I\mathrm{d}\boldsymbol{l}$ 与它所激发的磁感应强度 $\mathrm{d}\boldsymbol{B}$ 之间的关系如何呢?

在实验基础上经科学抽象:如图 5-3 所示,在载流导线上取电流元 $I\mathrm{d}\boldsymbol{l}$, 空间任一点 P,该点的磁感应强度为 $\mathrm{d}\boldsymbol{B}$, $I\mathrm{d}\boldsymbol{l}$ 与矢径 $\boldsymbol{r}$ 的夹角为 θ, 实验表明,真空中

$$\mathrm{d}B = k\frac{I\mathrm{d}l\sin\theta}{r^2} \tag{5-8}$$

在 SI 中, $k = \mu_0/(4\pi)$, 其中 μ_0 为真空中的磁导率, $\mu_0 = 4\pi\times10^{-7}\ \mathrm{T\cdot m\cdot A^{-1}}$。

故
$$\mathrm{d}B = \frac{\mu_0}{4\pi}\frac{I\mathrm{d}l\sin\theta}{r^2} \tag{5-9a}$$

$\mathrm{d}\boldsymbol{B}$ 的方向:即 $I\mathrm{d}\boldsymbol{l}\times\boldsymbol{r}$ 的方向,由右手螺旋法则确定,写成矢量形式为

$$\mathrm{d}\boldsymbol{B} = \frac{\mu_0}{4\pi}\frac{I\mathrm{d}\boldsymbol{l}\times\boldsymbol{r}}{r^3} \tag{5-9b}$$

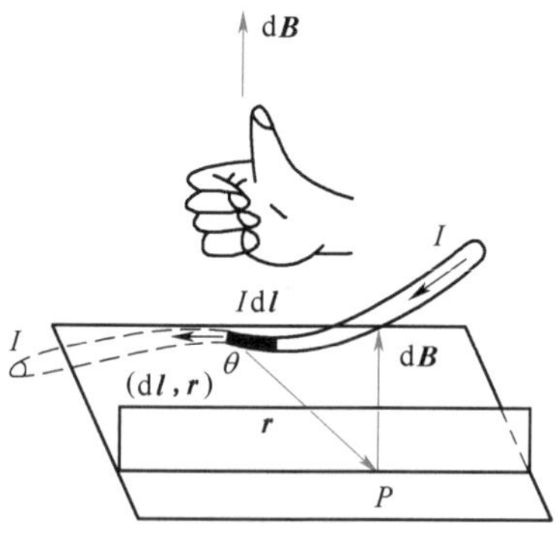

图 5-3 电流元磁感强度的方向

或

$$\mathrm{d}\boldsymbol{B} = \frac{\mu_0}{4\pi}\frac{I\mathrm{d}\boldsymbol{l}\times\boldsymbol{e}_r}{r^2} \tag{5-9c}$$

式中, $\boldsymbol{e}_r = \boldsymbol{r}/r$ 为矢径 $\boldsymbol{r}$ 方向上的单位矢量。

这就是**毕奥-萨伐尔定律**,其内容为:在真空中,一电流元 $I\mathrm{d}\boldsymbol{l}$ 在某点 P 产生的磁感应强度 $\mathrm{d}\boldsymbol{B}$ 大小,与电流元的大小 $I\mathrm{d}\boldsymbol{l}$ 成正比,与电流元 $I\mathrm{d}\boldsymbol{l}$ 到 P 点矢量 $\boldsymbol{r}$ 的夹角 θ 的正弦成正比,并与电流元到点 P 的距离 r 的平方成反比。

这样,任意载流导线在 P 点的磁感应强度 $\boldsymbol{B}$ 为

$$\boldsymbol{B} = \int \mathrm{d}\boldsymbol{B} = \int \frac{\mu_0}{4\pi} \frac{I\mathrm{d}\boldsymbol{l} \times \boldsymbol{e}_r}{r^2} \tag{5-10}$$

该定律是在实验的基础上抽象出来的,不能由实验直接加以证明,但是由该定律出发得出的一些结果,却能很好地与实验符合。$\mathrm{d}\boldsymbol{B}$ 的方向由 $I\mathrm{d}\boldsymbol{l}\times\boldsymbol{r}$ 确定,即用右手螺旋法则确定;毕奥-萨伐尔定律是求解电流磁场的基本公式,利用该定律,原则上可以求解任何稳恒载流导线的磁感应强度。

毕-萨定律的建立体现了学科融合及合作精神,毕-萨定律表达式正是由于借助拉普拉斯的绝妙分析才达到了一个理论的普适高度,使得毕-萨定律可用来对任何形状载流导线产生的磁场可以通过求和或积分求解。当代科学的快速发展更是离不开学科间的融合以及团队合作精神。

5.4.2　毕奥-萨伐尔定律应用举例

解题步骤:

(1)根据已知电流的分布与待求场点的位置,选取合适的电流元 $I\mathrm{d}\boldsymbol{l}$。

(2)选取合适的坐标系。要根据电流的分布与磁场分布的特点来选取坐标系,其目的是要使数学运算简单。

(3)根据所选择的坐标系,按照毕奥-萨伐尔定律写出电流元产生的磁感应强度。

(4)由叠加原理求出磁感应强度的分布。

(5)一般说来,需要将磁感应强度的矢量积分变为标量积分,并选取合适的积分变量,来统一积分变量。

由于数学上的困难,下面仅计算几个基本而又典型的稳恒电流产生磁场问题。

例 1　载流长直导线周围的磁场

问题:如图 5-4 所示,设有一载流长直导线 AB 放在真空中,通过导线的电流为 I,试求此长直导线旁任一点 P 的磁感应强度,已知 P 点与长直导线间的垂直距离为 a。

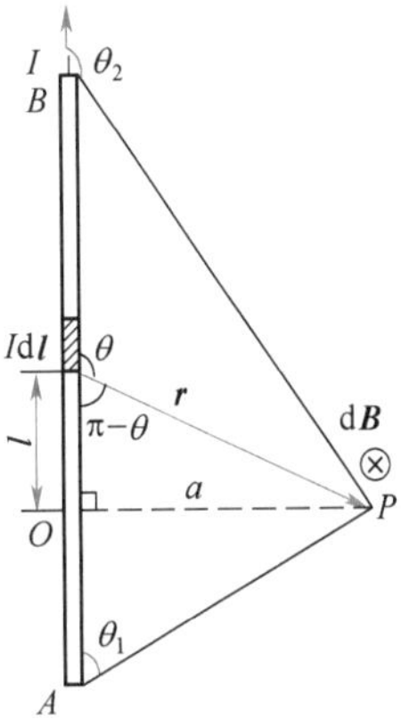

图 5-4　例 1 示意图

解　如图 5-4 所示,在 AB 上距 O 点为 l 处取电流元 $I\mathrm{d}\boldsymbol{l}$, $I\mathrm{d}\boldsymbol{l}$ 在 P 点产生的 $\mathrm{d}\boldsymbol{B}$ 的大小为

$$\mathrm{d}B = \frac{\mu_0}{4\pi} \frac{I\mathrm{d}l\sin\theta}{r^2}$$

$\mathrm{d}\boldsymbol{B}$ 方向垂直指向纸面($I\mathrm{d}\boldsymbol{l}\times\boldsymbol{r}$ 方向)。同样可知,AB 上所有电流元在 P 点产生的 $\mathrm{d}\boldsymbol{B}$ 方向均相同,所以 P 点 $\boldsymbol{B}$ 的大小即等于下面的代数积分

$$B = \int \mathrm{d}B = \int_{AB} \frac{\mu_0}{4\pi} \cdot \frac{I\mathrm{d}l\sin\theta}{r^2}$$

统一变量,由图 5-4 可知

$$r = \frac{a}{\sin(\pi-\theta)} = \frac{a}{\sin\theta}, l = a\cdot\cot(\pi-\theta) = -a\cdot\cot\theta$$

$$\mathrm{d}l = -a\cdot(-\csc^2\theta)\mathrm{d}\theta = a\csc^2\theta\mathrm{d}\theta = \frac{a}{\sin^2\theta}\mathrm{d}\theta$$

$$\Rightarrow B=\int_{\theta_1}^{\theta_2}\frac{\mu_0}{4\pi}\frac{I\frac{a}{\sin^2\theta}\mathrm{d}\theta\cdot\sin\theta}{\frac{a^2}{\sin^2\theta}}=\frac{\mu_0 I}{4\pi a}\int_{\theta_1}^{\theta_2}\sin\theta\mathrm{d}\theta$$

$$=\frac{\mu_0 I}{4\pi a}(\cos\theta_1-\cos\theta_2)\text{（}\boldsymbol{B}\text{ 垂直指向纸面）}$$

讨论：(1) $AB\to\infty$ 时，$\theta_1=0,\theta_2=180°,B=\frac{\mu_0 I}{2\pi a}$（方向可用右手螺旋法则判定）。

(2)对半无限长（A 在 O 处），$\theta_1=\frac{\pi}{2}$，$\theta_2=\pi$，$B=\frac{\mu_0 I}{4\pi a}$。

说明：(1) $B=\frac{\mu_0 I}{4\pi a}(\cos\theta_1-\cos\theta_2)$ 要记住，做题时关键找出 a、θ_1、θ_2。

(2) θ_1、θ_2 是电流方向与 P 点用 A、B 连线间夹角。

例 2　圆形载流导线轴线上的磁场

问题：在真空中有一半径为 R 的载流导线，通过的电流为 I，试求通过圆心并垂直圆形导线平面的轴线上任意一点 P 的磁感应强度 $\boldsymbol{B}$。

解：如图 5-5 所示，建立坐标系，取电流 $I\mathrm{d}\boldsymbol{l}$，在 P 点的 $\mathrm{d}\boldsymbol{B}$ 大小为

$$\mathrm{d}B=\frac{\mu_0}{4\pi}\frac{I\mathrm{d}l}{r^2}\sin\theta$$

由于 $I\mathrm{d}\boldsymbol{l}\perp\boldsymbol{r}$，所以 $\theta=\frac{\pi}{2}$，因而 $\mathrm{d}B=\frac{\mu_0}{4\pi}\frac{I\mathrm{d}l}{r^2}$。

$\mathrm{d}\boldsymbol{B}$ 的方向为垂直于 $I\mathrm{d}\boldsymbol{l}$ 与 $\boldsymbol{r}$ 组成的平面。设 $\mathrm{d}\boldsymbol{B}$ 与 x 轴夹角为 α。把 $\mathrm{d}\boldsymbol{B}$ 分解为平行于 x 轴的分量和垂直于 x 轴的分量，即

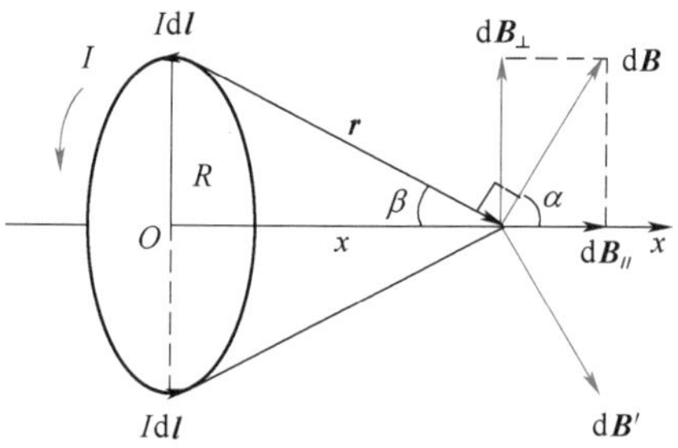

图 5-5　例 2 示意图

$$\mathrm{d}B_{//}=\mathrm{d}B\cos\alpha \qquad \text{——平行于 } x \text{ 轴的分量}$$

$$\mathrm{d}B_{\perp}=\mathrm{d}B\sin\alpha \qquad \text{——垂直于 } x \text{ 轴的分量}$$

由于电流分布的轴对称性可知垂直于 x 轴的分量的和为零，因而 P 点的 B 为

$$B=\int_l\mathrm{d}B_{//}=\int_l\mathrm{d}B\cos\alpha=\int_l\mathrm{d}B\sin\beta=\int_l\frac{\mu_0}{4\pi}\cdot\frac{I\mathrm{d}l}{r^2}\sin\beta$$

由于

$$\sin\beta=\frac{R}{r}$$

对于给定 P 点，$\boldsymbol{r}$ 为常数，故

$$B=\int_l\frac{\mu_0}{4\pi}\frac{I\mathrm{d}l}{r^2}\sin\beta=\int_0^{2\pi R}\frac{\mu_0}{4\pi}\cdot\frac{IR}{r^3}\mathrm{d}l=\frac{\mu_0}{4\pi}\cdot\frac{IR}{r^3}2\pi R=\frac{\mu_0 IR^2}{2r^3}$$

因为

$$r^2=R^2+x^2$$

故

$$B=\frac{\mu_0 IR^2}{2(R^2+x^2)^{3/2}}\text{（方向可用右手螺旋法则判定）}$$

方向：沿 x 轴正向。

讨论：

(1)圆心处：$x=0$，$B=\dfrac{\mu_0 I}{2R}$。

(2)一段圆弧：对应的圆心角为 θ，积分可得圆心处的磁感应强度为 $B=\dfrac{\mu_0 I}{2R}\cdot\dfrac{\theta}{2\pi}$。

(3)线圈另一侧：$\boldsymbol{B}$ 方向也是相同的。

(4)对于无穷远点：$x\gg R$，$(R^2+x^2)^{3/2}\approx x^3$，$B=\dfrac{\mu_0 IR^2}{2x^3}$。

用圆电流的面积 $S=\pi R^2$ 表示，则为 $B=\dfrac{\mu_0 IS}{2\pi x^3}$。

说明：忽略线圈宽度 N 匝线圈　$B=\dfrac{\mu_0 R^2 NI}{2(x^2+R^2)^{\frac{3}{2}}}$

例 3　一半径为 r 的圆盘，其电荷面密度为 σ，设圆盘以角速度 ω 绕通过盘心垂直于盘面的轴转动，求圆盘中心的磁感应强度。

解　设圆盘带正电荷，且绕轴 O 逆时针旋转，在圆盘上取半径分别为 ρ 与 $\rho+\mathrm{d}\rho$ 的细环带(见图 5-6)，此环带的电量为 $\mathrm{d}q=\sigma\mathrm{d}s=\sigma 2\pi\rho\mathrm{d}\rho$，考虑到圆盘以角速度 ω 绕 O 轴旋转，周期为 $T=2\pi/\omega$，于是此环带上的圆电流为

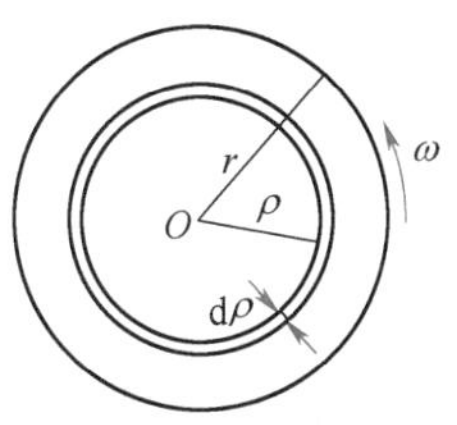

图 5-6　例 3 示意图

$$\mathrm{d}I=\frac{\mathrm{d}q}{T}=\frac{\sigma 2\pi\rho\mathrm{d}\rho}{\dfrac{2\pi}{\omega}}=\sigma\omega\rho\mathrm{d}\rho$$

已知圆电流在圆心处的磁感应强度为 $B=\mu_0 I/(2R)$，其中 I 为圆电流，R 为圆电流半径，因此，圆盘转动时，圆电流在盘心 O 的磁感应强度为：

$$\mathrm{d}B=\frac{\mu_0\mathrm{d}I}{2\rho}=\frac{\mu_0}{2\rho}\sigma\omega\rho\mathrm{d}\rho=\frac{\mu_0}{2}\sigma\omega\mathrm{d}\rho$$

于是整个圆盘转动时，在盘心 O 的磁感应强度为：

$$B=\int_0^r\frac{\mu_0}{2}\sigma\omega\mathrm{d}\rho=\frac{1}{2}\mu_0\sigma\omega r$$

磁感应强度的方向取决于 σ 的正负，如圆盘带上正电，则磁感应强度的方向垂直纸面向外，如圆盘带上负电，则磁感应强度的方向垂直纸面向里。

例 4　载流直螺线管轴线上的磁场

问题：如图 5-7 所示，有一长为 l，半径为 R 的载流密绕螺线管，总匝数为 N，管中电流为 I，设把螺线管放在真空中，求管内轴线上一点磁感应强度。

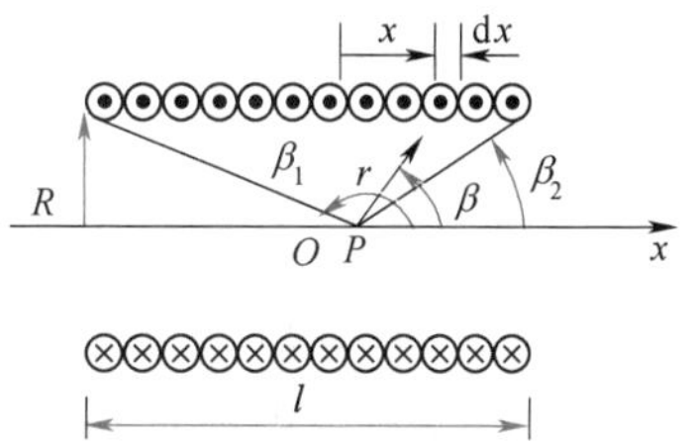

图 5-7　例 4 示意图

解　由于螺线管上线圈是密绕的，每匝线圈可近似当作闭合的圆形电流，于是轴线上任意一

点 P 的磁感应强度 $\boldsymbol{B}$ 可以认为是 N 个圆电流在该点各自产生的磁感应强度的叠加,现取轴线上点 P 为坐标原点 O,并以轴线为 Ox 轴,在线管上取长为 $\mathrm{d}x$ 的一小段,匝数为 $n\mathrm{d}x$, 其中 $n=N/l$ 为单位长度的匝数,这一小段载流线圈相当于通有电流为 $In\mathrm{d}x$ 的圆形电流,它在 Ox 轴上 P 点的 $\boldsymbol{B}$ 大小为

$$\mathrm{d}B = \frac{\mu_0}{2}\frac{R^2 In\mathrm{d}x}{(R^2+x^2)^{3/2}} \tag{1}$$

沿 Ox 轴正向考虑螺线管上各小段载流在 Ox 轴上点 P 所产生的 $\boldsymbol{B}$ 方向相同,均沿 Ox 轴正向,所以整个载流螺线管在 P 的 $\boldsymbol{B}$ 应为各小段载流线圈在该点 $\boldsymbol{B}$ 的矢量和。

$$B = \int \mathrm{d}B = \int \frac{\mu_0}{2}\frac{R^2 In\mathrm{d}x}{(R^2+x^2)^{3/2}} \tag{2}$$

为了便于积分方便,用 β 代替 x

$$x = R\cdot\cot\beta \qquad \mathrm{d}x = -R\csc^2\beta\mathrm{d}\beta$$

$$r^2 = R^2+x^2 = R^2\cdot\csc^2\beta$$

代入(2)式:

$$B = \frac{\mu_0 nI}{2}\int_{\beta_1}^{\beta_2} -\frac{R^2\cdot R\csc^2\beta\mathrm{d}\beta}{R^3\csc^3\beta} = -\frac{\mu_0 nI}{2}\int_{\beta_1}^{\beta_2}\sin\beta\mathrm{d}\beta$$

$$= \frac{\mu_0 nI}{2}(\cos\beta_2 - \cos\beta_1)$$

讨论:

(1)若 P 点位于管内轴线中点

则 $\beta_1 = \pi - \beta_2$, $\cos\beta_1 = -\cos\beta_2 = -\dfrac{l/2}{\sqrt{(l/2)^2+R^2}}$

代入得 $$B = 2\cdot\frac{\mu_0 nI}{2}\cos\beta_2 = \frac{\mu_0 nI}{2}\frac{l}{\sqrt{(l/2)^2+R^2}}$$

若 $l \gg R$,即螺线管可视为无限长,则可得管内与轴线上中点处 $\boldsymbol{B}$ 大小为 $B=\mu_0 nI$。

若螺线管为无限长,则有 $\beta_1 = \pi, \beta_2 = 0$,

$$B = \mu_0 nI$$

$\boldsymbol{B}$ 的方向:沿 Ox 轴正向。

(2)若点 P 位于半无限长载流螺线管一端 $\beta_1 = \pi/2, \beta_2 = 0$ 或 $\beta_1 = \pi, \beta_2 = \dfrac{\pi}{2}$, 则

$$B = \frac{1}{2}\mu_0 nI$$

其值为轴线上中点处的 $\boldsymbol{B}$ 值的一半。

(3)长直螺线管内轴线上磁感应强度分布如图 5-8 所示。从图中可以看出,长直螺线管内中部的磁场可以看成是均匀的。

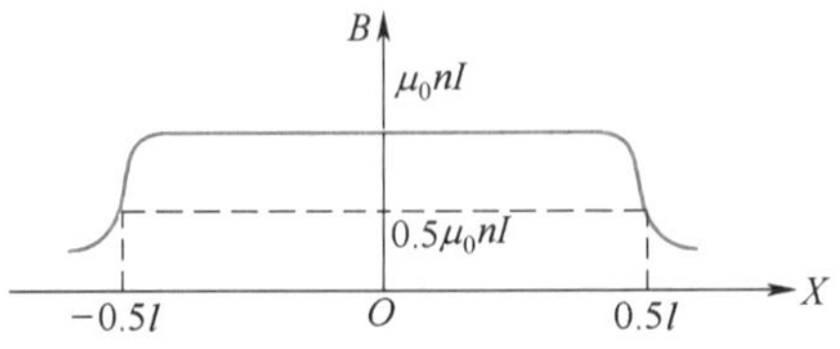

图 5-8　磁感应强度分布

5.5　磁通量　磁场的高斯定理

5.5.1　磁感应线

在静电场中可以用电场线来表示电场的分布情况,在稳恒磁场中,也可以用磁感应线来表示磁场的分布情况。磁感应线:磁感应线是一簇曲线,用来描述磁场分布的一系列曲线。我们知道,磁场中某一点磁感应强度 $\boldsymbol{B}$ 的大小和方向都是确定的,因此,我们规定:磁感应线上任一点切线的方向即为磁感应强度 $\boldsymbol{B}$ 的方向;磁感应强度 $\boldsymbol{B}$ 的大小可用磁感应线的疏密程度表示。

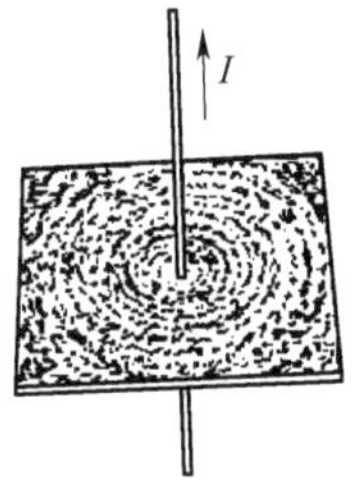

图 5-9　磁感线借助铁屑显示出来

磁感应线是人为画出来的,并非磁场中确有这种线。但该线可借助小磁针或铁屑显示出来,如图 5-9 所示。介绍几种典型的磁感应线分布,如图 5-10 所示。

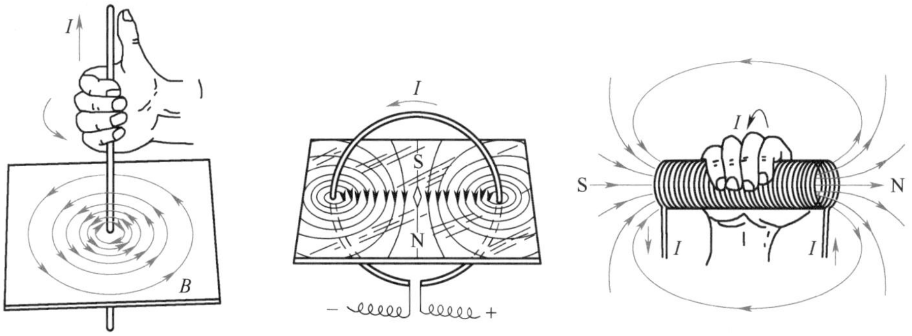

图 5-10　载流长直导线、圆电流和载流长直螺线管的磁感应线分布

如图 5-10 所示,对于载流长直导线,磁感应线的绕行方向与电流流向之间的关系可用右手螺旋法则判定:用右手握住载流导线,伸直的拇指与导线平行,以拇指的指向表示电流的方向,则其余四指指向就是磁感应线环绕电流的方向,也即磁感应强度的方向。而对于圆电流和载流长直螺线管的磁感应线图形,它们的磁感应线方向,也可由右手螺旋定则来确定。不过这时要用右手握住螺线管(或圆电流),使四指弯曲的方向沿着电流的方向,而伸直大拇指的指向就是螺线管内(或圆电流中心处)磁感应线的方向。

磁感应线具有如下特性:

(1)磁感应线是环绕电流的无头无尾的闭合曲线,无起点无终点——与电场线不同;原因:正负电荷可以分离,而磁铁的两极不可分离。

(2)磁感应线不相交——与电场线相同。

5.5.2　磁通量和磁场的高斯定理

与电场线一样,磁感应线不但可以用来表示空间各点磁感应强度 $\boldsymbol{B}$ 的方向,也可以用它在空间分布的疏密来表示空间各点磁感应强度的大小。为此,我们规定:在与磁感应线垂直的单位面积上穿过的磁感应线的数目(磁感应线密度)等于该点磁感应强度 $\boldsymbol{B}$ 的数值。因此,磁感应线密度等于该点磁感应强度的大小。磁感应强度大的地方，磁感应线密；磁感应强度小的地方，磁感应线疏。

通过磁场中某一曲面的磁感应线的数目，叫作通过此曲面的磁通量，用符号 Φ_m 表示。

在匀强磁场中，如图5-11所示，设平面的面积为 S，单位法线矢量 $\boldsymbol{e}_n$，$\boldsymbol{e}_n$ 与磁感应强度 $\boldsymbol{B}$ 的夹角为 θ，则 S 在垂直于 $\boldsymbol{B}$ 的方向的投影为 $S_\perp = S\cos\theta$

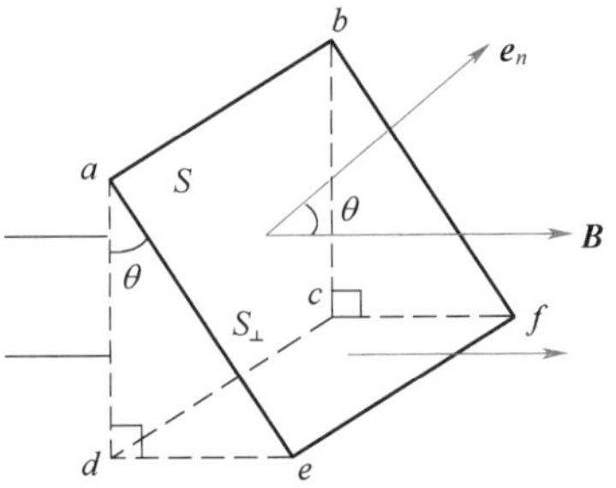

图5-11　匀强磁场

所以
$$\Phi_m = BS_\perp = BS\cos\theta \tag{5-11}$$

当 $\theta = 0$ 时，$\boldsymbol{e}_n /\!/ \boldsymbol{B}$，$\Phi_m = BS$（最大）

当 $\theta = \pi/2$ 时，$\boldsymbol{e}_n \perp \boldsymbol{B}$，$\Phi_m = 0$（最小），无磁感应线通过。

在非匀强磁场，如图5-12所示，取面元 $\mathrm{d}\boldsymbol{S}$，其单位法线矢量 $\boldsymbol{e}_n$，$\boldsymbol{e}_n$ 与磁感应强度 $\boldsymbol{B}$ 的夹角为 θ，通过 $\mathrm{d}\boldsymbol{S}$ 的磁通量为

$$\mathrm{d}\Phi_m = B\mathrm{d}S\cos\theta \tag{5-12a}$$

通过有限曲面的磁通量为

$$\Phi_m = \int_S \mathrm{d}\Phi_m = \int_S B\mathrm{d}S\cos\theta \tag{5-12b}$$

或

$$\Phi_m = \int_S \boldsymbol{B}\cdot\mathrm{d}\boldsymbol{S} \tag{5-12c}$$

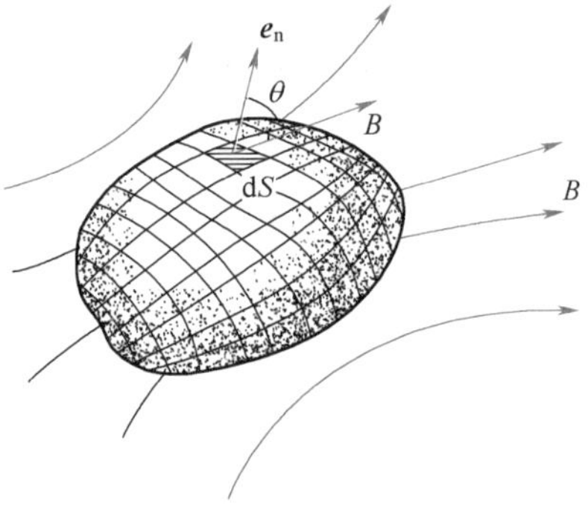

图5-12　非匀强磁场

对于一个封闭曲面，取由曲面内指向曲面外的方向为法线的正方向。于是，从封闭曲面内穿出曲面的磁感应线为正，从曲面外穿入曲面内的磁感应线为负。由于磁感应线的闭合性，因此穿入封闭曲面的任何一根磁感应线必然要穿出封闭曲面。这表明，通过任何一个封闭曲面的磁感应线总条数为零即磁通量为零，这就是磁场高斯定理。磁场高斯定理又叫磁通量连续性原理。其数学表达式为

$$\oint_S \boldsymbol{B}\cdot\mathrm{d}\boldsymbol{S} = 0 \tag{5-13}$$

磁场高斯定理表明磁场的重要定理之一，它说明磁感应线没有起点和终点，磁场是一个无源场，反映出自然界没有磁单极子存在。在磁场中，以任一闭合曲线为边界的所有曲面都有相同的磁通量，都为零。磁通量的单位是韦[伯]（Wb），1 Wb = 1 T·m²。

5.6　安培环路定理

静电场是保守场，电场强度的环流 $\oint_l \boldsymbol{E}\cdot\mathrm{d}\boldsymbol{l} = 0$，这是静电场的基本性质之一。为了研究磁场的性质，我们也要研究磁感应强度 $\boldsymbol{B}$ 的环流，求磁感应强度 $\boldsymbol{B}$ 的环流 $\oint_l \boldsymbol{B}\cdot\mathrm{d}\boldsymbol{l}$ 的值，这就是安培环路定理的内容。下面取真空中无限长载流直导线的磁场为例来介绍安培环路定理。

5.6.1 安培环路定理概述

1. 闭合路径包围电流

如图 5-13 所示，假设真空中无限长直电流 I，在半径为 R（垂直于导线）的圆周上，任一点磁感应强度 $\boldsymbol{B}$ 的大小为

$$B = \frac{\mu_0 I}{2\pi R}$$

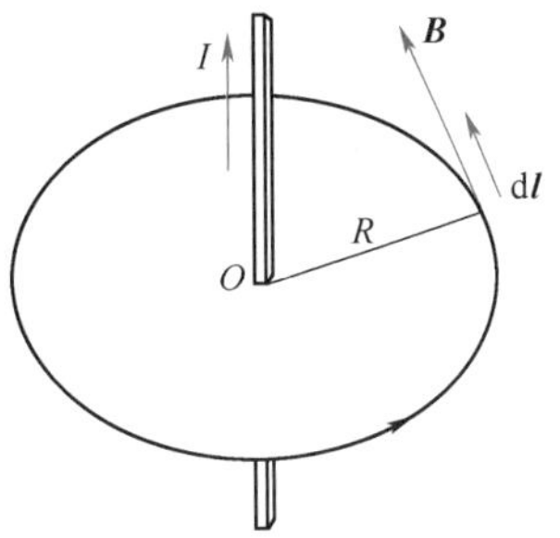

图 5-13 无限长载流直导线 $\boldsymbol{B}$ 的环流

$\boldsymbol{B}$ 的方向与线元 $\mathrm{d}\boldsymbol{l}$ 同向，则磁感应强度 $\boldsymbol{B}$ 沿此圆周积分为

$$\oint_l \boldsymbol{B} \cdot \mathrm{d}\boldsymbol{l} = \oint_l B\cos\theta \mathrm{d}l = \oint_l \frac{\mu_0 I}{2\pi R}\mathrm{d}l = \frac{\mu_0 I}{2\pi R} \cdot 2\pi R = \mu_0 I$$

即

$$\oint_l \boldsymbol{B} \cdot \mathrm{d}\boldsymbol{l} = \mu_0 I \tag{5-14}$$

上式表明：在稳恒磁场中，磁感应强度 $\boldsymbol{B}$ 沿闭合路径的线积分，等于此闭合路径包围的电流与真空磁导率的乘积。磁感应强度 $\boldsymbol{B}$ 沿闭合路径的积分，又叫 $\boldsymbol{B}$ 的环流。该关系式对任何闭合路径都成立。

2. 闭合路径不包围电流

若所选的回路不包围电流，则可以证明

$$\oint_l \boldsymbol{B} \cdot \mathrm{d}\boldsymbol{l} = 0$$

3. 闭合路径包围多个电流

由于

$$\oint_l \boldsymbol{B}_i \cdot \mathrm{d}\boldsymbol{l} = \mu_0 I_i$$

因而有

$$\sum \oint_l \boldsymbol{B}_i \cdot \mathrm{d}\boldsymbol{l} = \sum \mu_0 I_i$$

故有

$$\oint_l \left(\sum \boldsymbol{B}_i\right) \cdot \mathrm{d}\boldsymbol{l} = \mu_0 \left(\sum I_i\right)$$

即

$$\oint_l \boldsymbol{B} \cdot \mathrm{d}\boldsymbol{l} = \mu_0 I$$

式中，$I = \sum_i I_i$，为闭合回路包围的电流，$\boldsymbol{B} = \sum \boldsymbol{B}_i$，为总磁场的分布。

综合所述：

$$\oint_l \boldsymbol{B} \cdot \mathrm{d}\boldsymbol{l} = \mu_0 \sum_i I_i \tag{5-15}$$

这就是安培环路定理，磁感应强度沿任一闭合路径的线积分，等于穿过该闭合路径所包围的电流的代数和的 μ_0 倍。它是电流与磁场之间关系的基本公式之一。

说明：

- 安培环路定理对于稳恒电流的任一形状的闭合回路均成立,反映了稳恒电流产生磁场的规律。
- 电流的正负规定:若电流流向与积分回路的绕向满足右手螺旋关系,电流取正值;反之取负值。
- $\oint_l \boldsymbol{B}\cdot \mathrm{d}\boldsymbol{l}$ 与电流分布有关,但路径上磁感应强度仍是闭合路径内外电流的合贡献。
- 闭合回路包围的电流是指穿过以闭合回路为边界的任一曲面的电流,该定律在电磁理论中很重要。
- 安培环路定理是描述磁场特性的重要规律。
- 磁场中 $\boldsymbol{B}$ 的环流一般不等于零,说明磁场属于非保守场,不能引入势能的概念。
- 定理仅适用于稳恒电流的稳恒磁场。由式(5-15)可以看出,不管闭合路径外面的电流如何分布,只要闭合路径内没有包围电流,或者所包围电流的代数和等于零,总有 $\oint_l \vec{B}\cdot \mathrm{d}\vec{l}=0$。但是,应当注意 $\boldsymbol{B}$ 的环流为零一般并不意味着闭合路径上各点的磁感强度为零。

5.6.2　安培环路定理的应用举例

应用安培环路定理可以求出某些有规则分布的电流的磁感应强度分布。

解题步骤如下:

- 分析磁场的对称性:根据电流的分布来确定磁场的分布是否具有对称性;如磁场具有对称性,则可以用安培环路定理来求解;如果不具有对称性,则不能用安培环路定理求解。
- 过场点选取合适的闭合积分路径,在此闭合路径的各段上,磁感应强度或者与之垂直,或者与之平行,或者成一定的角度,总之使得 $\boldsymbol{B}$ 的环流容易计算。
- 选好积分回路的取向,并根据取向来确定回路内电流的正负值。
- 最后由安培环路定理求出磁感应强度。

例 1　有一无限长均匀载流直导体,半径为 R,电流为 I 均匀,求 $\boldsymbol{B}$ 的分布。

解　由题意知,磁场是关于导体轴线对称的。磁感应线是在垂直于该轴平面上以此轴上点为圆心的一系列同心圆周,在每一个圆周上 $\boldsymbol{B}$ 的大小是相同的。

(1)求导体内 P 点处 $\boldsymbol{B}_P$

过 P 点做以 O 为圆心半径为 r_P 的圆周,OP 与轴垂直,由安培环路定理

$$\oint_l \boldsymbol{B}\cdot \mathrm{d}\boldsymbol{l}=\mu_0\sum_i I_i$$

(取过 P 点的一电力线为回路 L_1)

可知

$$\oint_{L_1}\boldsymbol{B}\cdot \mathrm{d}\boldsymbol{l}=\oint_{L_1}B\mathrm{d}l\cos 0^\circ=\oint_{L_1}B\mathrm{d}l=B\oint_{L_1}\mathrm{d}l=B\cdot 2\pi r_P$$

$$\mu_0\sum_{L_{1内}}I=\mu_0\left[\frac{I}{\pi R^2}\cdot \pi r_P^2\right]=\mu_0 I\frac{r_P^2}{R^2}\Rightarrow B\cdot 2\pi r_P$$

$$=\mu_0 I\frac{r_P^2}{R^2}$$

即

$$B_P=\frac{\mu_0 I}{2\pi R^2}r_P$$

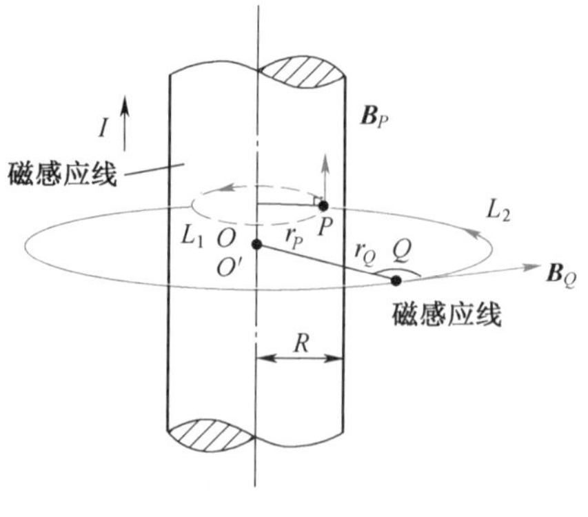

图 5-14　例 1 示意图

方向如图 5-14 所示(与轴线及 r_P 垂直)。

(2)求导体外任一点 Q 处 $\boldsymbol{B}_Q$

过 Q 点做以 O' 为圆心，r_Q 为半径的圆周，圆周平面垂直导体轴线，同样由安培环路定理得：

$$\oint_{L_2} \boldsymbol{B} \cdot \mathrm{d}\boldsymbol{l} = B \cdot 2\pi r_Q ,$$

$$\mu_0 \sum_{L_2内} I = \mu_0 I \quad , \quad B_Q = \frac{\mu_0 I}{2\pi r_Q}$$

B_Q 方向如图 5-14 所示(与轴线及 r_Q 垂直)。

注意：若电流为面分布，即电流 I 均匀分布在圆柱面上，则由安培环路定理得空间的磁场分布为

$$\boldsymbol{B} = \begin{cases} 0 & 当\ r < R \\ \dfrac{\mu_0 I}{2\pi r} & 当\ r > R \end{cases}$$

例 2 载流长直螺线管内的磁场

如图 5-15 所示，密绕长直的螺线管内的磁场可视为均匀磁场，设其单位长度匝数为 n，电流为 I，磁感应强度为 $\boldsymbol{B}$，方向与轴线平行，大小相等，管外磁感应强度为零。如图 5-16 所示，根据磁场的分布，取闭合回路 $abcda$，则磁感应强度 $\boldsymbol{B}$ 沿此回路积分为

$$\oint_l \boldsymbol{B} \cdot \mathrm{d}\boldsymbol{l} = \int_{ab} \boldsymbol{B} \cdot \mathrm{d}\boldsymbol{l} + \int_{bc} \boldsymbol{B} \cdot \mathrm{d}\boldsymbol{l} + \int_{cd} \boldsymbol{B} \cdot \mathrm{d}\boldsymbol{l} + \int_{da} \boldsymbol{B} \cdot \mathrm{d}\boldsymbol{l}$$
$$= B \cdot \overline{ab} + 0 + B \cdot \overline{cd} + 0 = 2B \cdot \overline{ab}$$

再根据安培环路定理可得

$$\oint_l \boldsymbol{B} \cdot \mathrm{d}\boldsymbol{l} = \mu_0 \cdot \overline{ab} \cdot nI$$

比较两式可得
$$B = \frac{\mu_0 nI}{2}$$

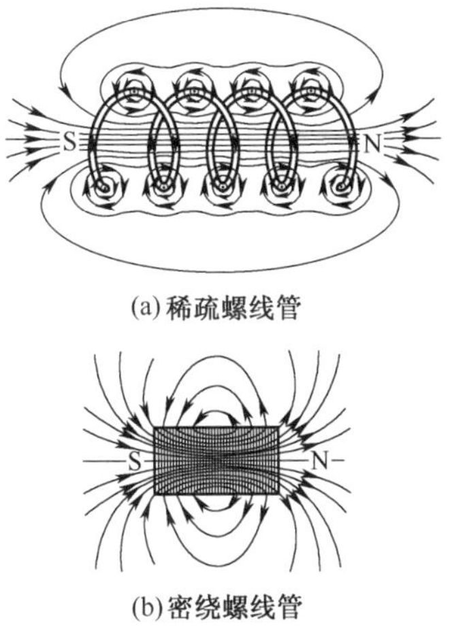

图 5-15 示意图 1

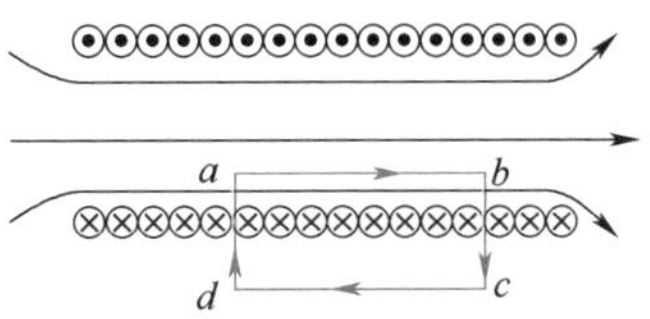

图 5-16 示意图 2

螺线管内部磁场是两侧电流产生的磁场的叠加。所以，内部磁场为 $2B$，即载流长直螺线管内的磁场为 $B = \mu_0 nI$。

方向:右手螺旋定则判定。

注意: n 是单位长度的匝数,$n = N/L$。

例 3 求载流环形螺线管内的磁场,如图 5-17(a)所示。

解 如果螺线管上导线绕的很密,则全部磁场都集中在管内,磁感应线是一系列圆周,圆心都在螺线管的对称轴上。由于对称之故,在同一磁感应线上各点的 $\boldsymbol{B}$ 的大小是相同的。下面给出了螺线管过中心的剖面图如图 5-17(b)所示。取 P 所在磁感应线为积分路径 l, 则

$$\oint_l \boldsymbol{B} \cdot \mathrm{d}\boldsymbol{l} = \mu_0 \sum_l I$$

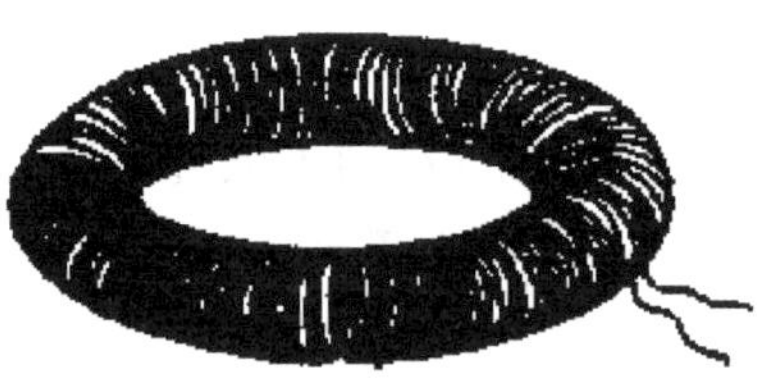

(a)螺绕环

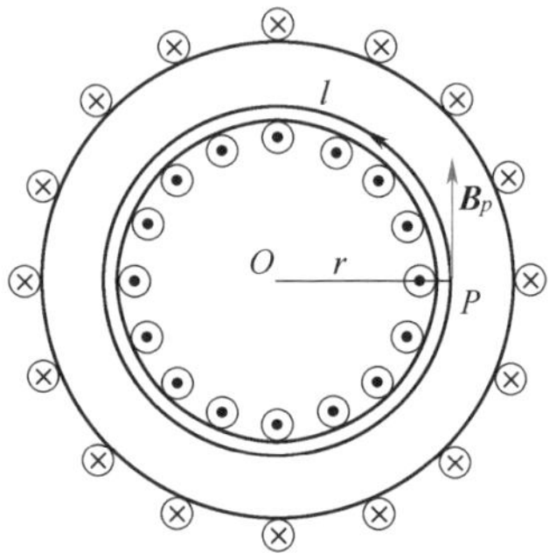

(b)螺绕环内的磁场

图 5-17 螺绕环及其磁场

可知

$$\oint_l \boldsymbol{B} \cdot \mathrm{d}\boldsymbol{l} = \oint_l B\mathrm{d}l\cos 0^\circ = B\int_l \mathrm{d}l = Bl$$

$$\mu_0 \sum_{l内} I = \mu_0 NI \Rightarrow Bl = \mu_0 NI$$

即

$$B = \frac{\mu_0 NI}{l}$$

方向在纸面内垂直 OP。

讨论:(1)因为 r 不同时,l 不同,所以不同半径 r 处 $\boldsymbol{B}$ 大小不同。

(2)当 L 表示环形螺线管中心线的周长时,则在此圆周上各点 $\boldsymbol{B}$ 的大小为 $B = \frac{\mu_0 NI}{L} = \mu_0 nI$, $n = \frac{N}{L}$ 为单位长度上的匝数。

(3)如果环的外半径与内半径之差远小于环中心线的半径 R 时,则可认为环内为均匀磁场(大小),即大小均为 $B = \frac{\mu_0 NI}{L} = \mu_0 nI$。

※500 米口径球面射电望远镜

500 米口径球面射电望远镜(Five-hundred-meter Aperture Spherical radio Telescope, FAST),位于中国贵州省黔南布依族苗族自治州境内,是中国国家“十一五”重大科技基础设施建设项目。500 米口径球面射电望远镜(见图 5-18)开创了建造巨型望远镜的新

模式,建设了反射面相当于30个足球场的射电望远镜,灵敏度达到世界第二大望远镜的2.5倍以上,大幅拓展人类的视野,用于探索宇宙起源和演化。科学目标:巡视宇宙中的中性氢,研究宇宙大尺度物理学,以探索宇宙起源和演化;观测脉冲星,研究极端状态下的物质结构与物理规律;主导国际低频甚长基线干涉测量网,获得天体超精细结构;探测星际分子,研究恒星形成与演化和星系核心黑洞一级探索太空生命起源;搜索可能的星际通信信号,搜寻外星文明。

图5-18　500米口径的射电望远镜

5.7　带电粒子在电场和磁场中的运动

带电粒子无论运动不运动,在电场中都要受到电场力的作用,那么运动的电荷在磁场中是否受到作用力?静止的电荷情况又如何呢?

5.7.1　洛伦兹力

如图5-19(a)所示,在均匀磁场 $\boldsymbol{B}$ 中,运动电荷 q,其速度为 $\boldsymbol{v}$,$\boldsymbol{v}$ 与 $\boldsymbol{B}$ 的夹角为 θ,由磁感应强度 $\boldsymbol{B}$ 的定义式

$$B = \frac{F_{\max}}{qv}$$

可知

当 $\boldsymbol{v}//\boldsymbol{B}$ 时,$F = 0$;当 $\boldsymbol{v} \perp \boldsymbol{B}$ 时,$F = Bqv$

可见,F 的大小只与和磁场方向垂直的速度分量有关,故运动电荷所受到的磁力为

$$F = Bqv\sin\theta$$

$\boldsymbol{v}$ 与 y 轴夹角 θ,则

$$\begin{cases} v_x = v\sin\theta \\ v_y = v\cos\theta \end{cases}$$

运动电荷在磁场中所受的力(通常称为洛伦兹力)为

$$F = Bqv\sin\theta \tag{5-16}$$

写成矢量形式:

$$\boldsymbol{F} = q\boldsymbol{v} \times \boldsymbol{B} \tag{5-17}$$

方向:由右手螺旋法则确定,如图5-19(b)所示。

讨论:

- 磁场只对运动电荷有作用力。
- 洛伦兹力与电荷正负有关,当 $q > 0$ 时,洛伦兹力的方向与 $\boldsymbol{v} \times \boldsymbol{B}$ 的方向相同;当 $q < 0$ 时,洛伦兹力的方向与 $\boldsymbol{v} \times \boldsymbol{B}$ 的方向相反。

- 由于 $\boldsymbol{F} \perp \boldsymbol{v}$，因而洛伦兹力只改变带电粒子运动的方向，而不改变其运动速度的大小，故洛伦兹力对带电粒子不做功。
- 电子，质子等微观粒子在磁场中运动，洛伦兹力远大于重力，可以不考虑重力，只考虑洛伦兹力。

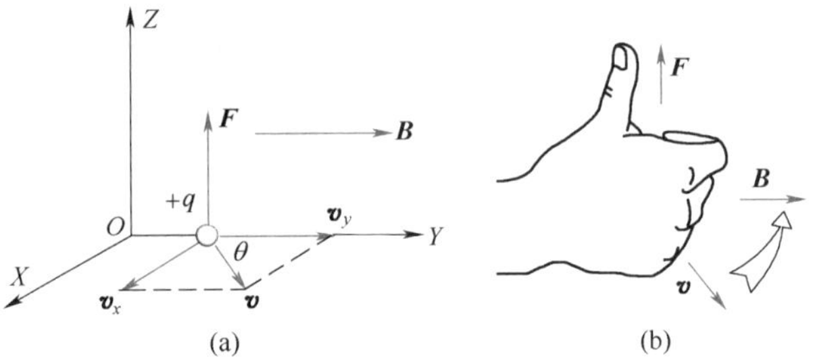

图 5-19　洛伦兹力及右手定则

5.7.2　带电粒子在均匀磁场中的运动

设磁场 $\boldsymbol{B}$，带电粒子 q，速度 $\boldsymbol{v}$，分三种情况讨论带电粒子的运动。

1. 粒子的初速度与磁场平行或反平行

$\boldsymbol{v}//\boldsymbol{B}$，$\theta = 0$ 或 π，此时磁场对运动粒子的作用力 $\boldsymbol{F} = 0$，带电粒子做匀速直线运动，不受磁场的影响。

2. 粒子的初速度与磁场垂直

$\boldsymbol{v} \perp \boldsymbol{B}$，带电粒子垂直于磁场的方向进入磁场，洛伦兹力的大小为

$$F = qvB$$

方向：与速度 $\boldsymbol{v}$ 垂直。

洛伦兹力的作用：只改变速度方向，不改变速度大小，带电粒子将做匀速圆周运动。

由牛顿第二定律，得

$$qvB = m\frac{v^2}{R} \tag{5-18}$$

其中 m 为粒子的质量，所以轨道半径

$$R = \frac{mv}{qB} \tag{5-19}$$

周期（period）：粒子运行一周所用的时间

$$T = \frac{2\pi R}{v} = \frac{2\pi}{v}\cdot\frac{mv}{qB} = \frac{2\pi m}{qB} \tag{5-20}$$

频率（frequency）：带电粒子在单位时间内运行的周数

$$f = \frac{1}{T} = \frac{qB}{2\pi m} \tag{5-21}$$

3. 速度 $\boldsymbol{v}$ 与磁场 $\boldsymbol{B}$ 有一个夹角 θ

把速度 $\boldsymbol{v}$ 分解成平行于磁场 $\boldsymbol{B}$ 的量 $v_{//}$ 与垂直于磁场 $\boldsymbol{B}$ 的分量 $v_{\perp}$。

$$\begin{cases} v_{//} = v\cos\theta \\ v_{\perp} = v\sin\theta \end{cases}$$

带电粒子在平行于磁场 $\boldsymbol{B}$ 的方向：$F_{//}=0$，做匀速直线运动。

带电粒子在垂直于磁场 $\boldsymbol{B}$ 的方向：$F_{\perp}=qvB\sin\theta$，匀速圆周运动，半径为

$$R=\frac{mv}{qB}\sin\theta \tag{5-22}$$

故带电粒子同时参与两个运动，结果粒子作螺旋线向前运动，轨迹是螺旋线如图 5-20 所示。

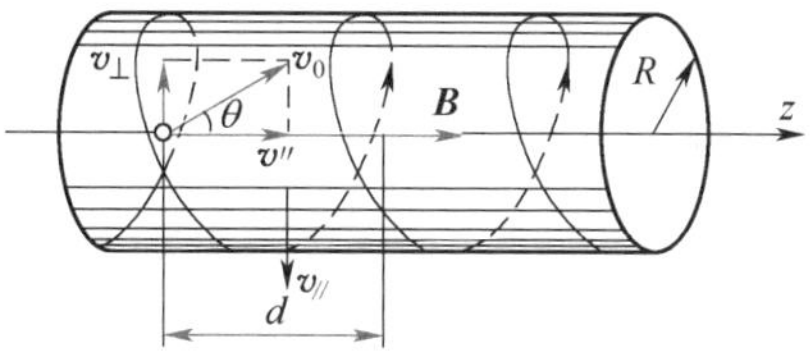

图 5-20　螺旋线运动

粒子回旋周期　$T=\dfrac{2\pi R}{v_\perp}=\dfrac{2\pi m}{qB}$

粒子回旋频率　$f=\dfrac{1}{T}=\dfrac{qB}{2\pi m}$

螺距——粒子回转一周前进的距离

$$d=v_{//}T=\frac{2\pi m}{qB}v\cos\theta \tag{5-23}$$

可见：螺距 d 与 $v_\perp$ 无关，只与 $v_{//}$ 成正比，若各粒子的 $v_{//}$ 相同，则其螺距是相同的，每转一周粒子都相交一点，利用这个原理，可实行磁聚焦。在实际中用得更多的是短线圈产生的非均匀磁场的磁聚焦作用，这种线圈称为磁透镜，它在电子显微镜中起了透镜类似的作用。

5.7.3　带电粒子在电场的运动举例

1. 质谱仪

作用：用于分析同位素。

英国物理学家与化学家阿斯顿（Aston）于 1919 年发明了质谱仪，当年发现了 Cl 与 Hg 的同位素，1922 年获诺贝尔化学奖。原理图如图 5-21 所示。

从离子源出来的离子经过 S_1、S_2 加速进入 P_1、P_2，若粒子带正电荷 $+q$，则电荷所受的力有：洛伦兹力：qvB；电场力：qE。

若粒子能进入下面磁场，必须满足：

$$qvB=qE$$

所以

$$v=\frac{E}{B}$$

从而起到了速度选择器的作用。

从 S_3 射出了粒子进入磁场 $\boldsymbol{B}'$ 中，做匀速圆周运动。

$$qvB'=M\frac{v^2}{R}$$

所以

$$M=\frac{qB'R}{v}$$

磁场 $\boldsymbol{B}'$ 与 v 已知，若每个粒子的电量是相等的，则离子的质量与它的轨道半径成正比。

若离子中有不同质量的同位素，则它们的轨道半径就不同，如图 5-22 所示，故质量不同的离子，将分别射到照片底板的不同位置上，形成若干条线，每一条线相当于一定质量的离子，从条纹的位置，可以推出轨道半径 R，从而推出它们的相对质量。

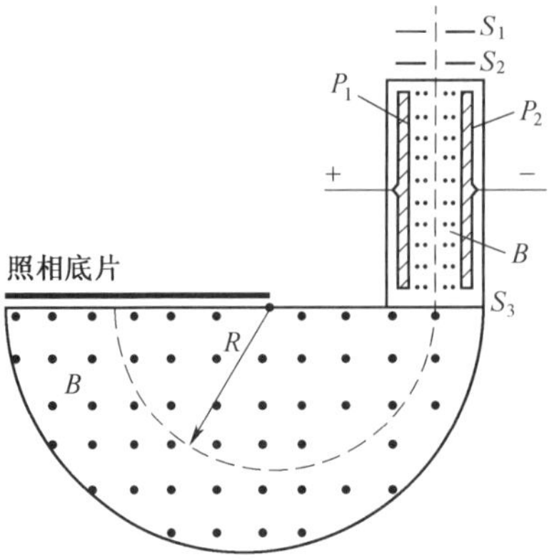

图 5-21　质谱仪示意图

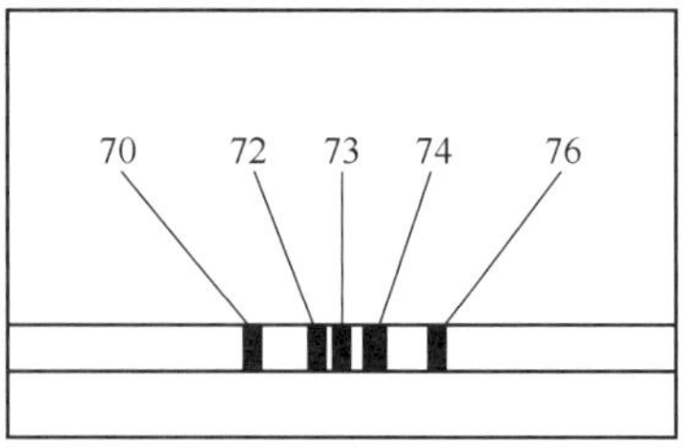

图 5-22　Ge 的质谱

2. 回旋加速器

目的:用来获得高能带电粒子,去轰击原子核或其他粒子,观察其中的反应,从而研究原子核或其他粒子的性质。

原理:使带电粒子在电场与磁场作用下,得以往复加速达到高能。

性能:(1)带电粒子在电场的作用下得到加速;

(2)带电粒子在磁场的作用下作回旋运动。

结构:如图 5-23 所示,半圆形金属盒 D_1、D_2形成的真空容器,放在强大均匀磁场中,两极上加高频交变电压。

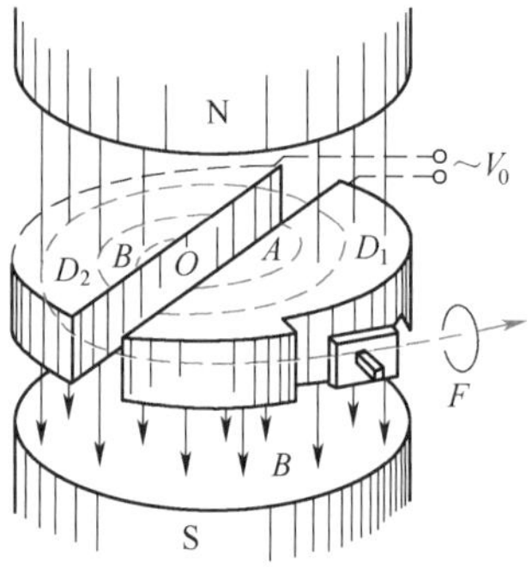

图 5-23　回旋加速器原理图

粒子被电场加速,以速度 $\boldsymbol{v}_1$ 进入半盒 D_1,速率为 v_1,则粒子在盒内作圆周运动。经时间 t,粒子到达边缘,这时恰好交变电压改变符号,粒子又被加速,由 v_1变成 v_2,进入 D_2,半径也增大,其中回旋频率为

$$f = \frac{qB}{2\pi m}$$

其中 m 为粒子质量,因而频率 f 与速度 v 无关,这样,带电粒子在交变电场与均匀磁场的作用下,继续不断地被加速,沿着螺旋形平面轨道运动,直到粒子到达半圆形电极的边缘,引出加速器。

当粒子到达半圆边缘时,粒子轨道半径为 R_0,则粒子的速率可由式 $qvB = m\frac{v^2}{R_0}$ 求得

$$v = \frac{qBR_0}{m}$$

粒子动能为

$$E_k = \frac{1}{2}mv^2 = \frac{1}{2}m\left(\frac{BqR_0}{m}\right)^2 = \frac{q^2B^2R_0^2}{2m}$$

可见

$$E_k \propto B^2R_0^2$$

注意:在上面的讨论中,没有考虑相对论效应。

从原理上说,要增大粒子的能量,可以从增大电磁铁的截面(即增大半圆盒的面积)着手,但实际上这里很困难的,例如,要在 1.5 T 的磁场中,使质子产生获得300 MeV的能量,磁铁直径就要得到

10.9 m,这样大的电磁铁,制造是困难的。

此外,当电子的速率增加到可以与光速相比时,其质量要随速率变化,即

$$m = \frac{m_0}{\sqrt{1-(v/c)^2}}$$

这样 $f = \dfrac{qB}{2\pi m}$ 应改写为

$$f = \frac{qB}{2\pi m_0}\sqrt{1-\left(\frac{v}{c}\right)^2}$$

即回旋频率要减少,周期 T 要变长,不能与交流电的周期一致,此时就不能加速了。若要使粒子处于被加速的情况,必须使交变电压的频率(或周期)的变化与粒子速率的变化保持相适应的同步状态,这就是同步回旋加速器。

※ 薛其坤和"7-11"院士

薛其坤

薛其坤,汉族,1963 年 12 月生,山东蒙阴人,1984 年 9 月参加工作,中共党员,材料物理学家,理学博士,教授,中国科学院院士。2012 年,薛其坤带领其研究团队,在量子反常霍尔效应研究中取得重大突破,从实验上首次观测到量子反常霍尔效应。该成果在美国《科学》杂志发表后,引起国际学术界的震动,著名物理学家杨振宁称其为"诺贝尔奖级的物理学论文"。其成果将推动新一代低能耗晶体管和电子学器件的发展,可能加速推进信息技术革命进程。薛其坤院士用了 3 次机会考上研究生,花了 7 年时间博士毕业,拥有一个比院士还响亮的名号"7-11"教授,他早上 7 点扎进实验室,会一直干到晚上 11 点,而这样的习惯薛其坤坚持了 20 多年。薛其坤院士的事迹让同学们明白,每个人在成长过程中都不是一帆风顺的,遇到困难需要有坚持不懈的毅力和迎难而上的精神,相信自己,向着自己的梦想方向不断前进,终将会实现。

5.8 载流导线在磁场中所受的力

安培力的本质:在洛伦兹力的作用力,导体中做定向运动的电子与金属导体中晶格上的正离子不断地碰撞,把动量传给了导体,从而使整个载流导体在磁场中受到磁力的作用。

5.8.1 安培力

1820 年,安培由实验发现了电流之间的相互作用力,并在其后通过几个精心设计的实验和推理,得出了电流元之间相互作用规律,在引入磁感应强度的概念以后,该规律可以表示成现在的安培定律。本节先从洛伦兹力推导出安培定律。

如图 5-24 所示,取电流元 $Id\boldsymbol{l}$,与磁场 $\boldsymbol{B}$ 的夹角为 φ,若其中自由电子的定向漂移速度为 $\boldsymbol{v}_d$,与磁场 $\boldsymbol{B}$ 的夹角为 θ,则 $\theta = \pi - \varphi$。根据洛伦兹力公式,电流元中一个自由电子受到的洛伦兹力大小:

$f = evB\sin\theta$，方向：垂直纸面向里。

若电流元的截面积为 S，单位体积内的自由电子数为 n，则电流元共有电子数 $nSdl$，电流元所受的力，即为这些电子所受洛伦兹力的总和，所以，磁场作用于电流元上的力为

$$\mathrm{d}F = nS\mathrm{d}l \cdot f = nS\mathrm{d}l \cdot ev_d B\sin\theta$$

又因为

$$I = neSv_d$$

所以

$$\mathrm{d}F = I\mathrm{d}lB\sin\theta$$

又因为

$$\sin\theta = \sin(\pi - \varphi) = \sin\varphi$$

故

$$\mathrm{d}F = I\mathrm{d}lB\sin\varphi \tag{5-24}$$

上式表明：磁场对电流元 $I\mathrm{d}\boldsymbol{l}$ 作用的力，在数值上等于电流元 $I\mathrm{d}\boldsymbol{l}$ 的大小、电流元所处磁感应强度 $\boldsymbol{B}$ 的大小以及电流元 $I\mathrm{d}\boldsymbol{l}$ 和磁感应强度 $\boldsymbol{B}$ 之间夹角的正弦之乘积，这个规律叫作安培定律。

方向由右手螺旋法则来判定：右手四指由 $I\mathrm{d}\boldsymbol{l}$ 经小于180°的角弯向 $\boldsymbol{B}$，这时大拇指的指向就是安培力的方向，如图 5-25 所示。

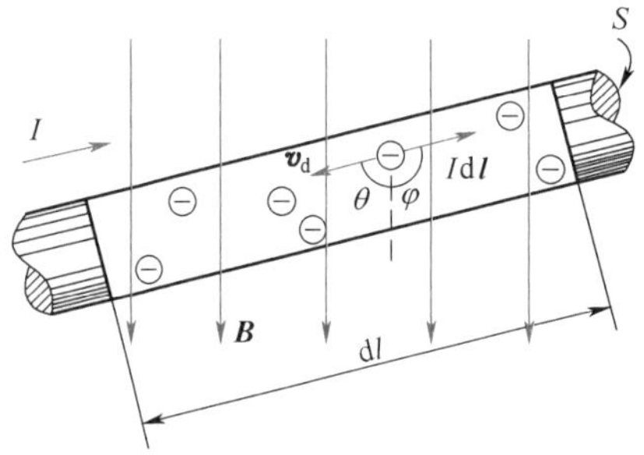

图 5-24　磁场对电流元的作用力

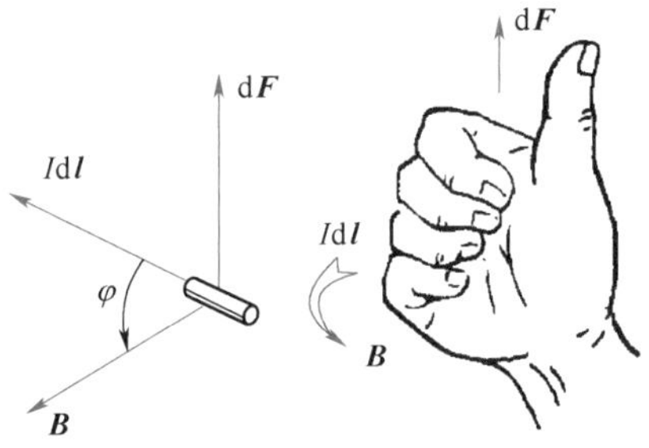

图 5-25　安培力的方向

写成矢量形式：

$$\mathrm{d}\boldsymbol{F} = I\mathrm{d}\boldsymbol{l} \times \boldsymbol{B} \tag{5-25}$$

显然，安培力 $\mathrm{d}\boldsymbol{F}$ 垂直于 $I\mathrm{d}\boldsymbol{l}$ 和 $\boldsymbol{B}$ 所组成的平面，且 $\mathrm{d}\boldsymbol{F}$ 的方向与矢积 $I\mathrm{d}\boldsymbol{l} \times \boldsymbol{B}$ 的方向一致。

※磁悬浮列车

磁悬浮列车是一种靠磁悬浮力来推动的列车，它通过电磁力实现列车与轨道之间无接触的悬浮和导向，再利用直线电机产生的电磁力牵引列车运行。由于其轨道的磁力使之悬浮在空中，减少了摩擦力，行走时不同于其他列车需要接触地面，列车只受来自空气的阻力，高速磁悬浮列车的速度可达每小时400 km以上，中低速磁悬浮则多数在100～200 km/h。2016年5月6日，中国首条具有完全自主知识产权的中低速磁悬浮商业运营示范线——长沙磁浮快线开通试运营。该线路也是世界上最长的中低速磁浮运营线。2018年6月，我国首列商用磁浮2.0版列车在中车株洲电力机车有限公司下线。2021年12月14日，国内首条磁浮空轨车辆“兴国号”在武汉下线。由于磁悬浮列车具有快速、低耗、环保、安全等优点，因此前景十分广阔。常导磁悬浮列车可达400～500 km/h，超导磁悬浮列车可达500～600 km/h。它的高速度使其在1 000～1 500 km的旅行距离中比乘坐飞机更优越。由于没有轮子、无摩擦等因素，它比目前最先进的高速火车少耗电30%。在500 km/h速度下，每座位/千米的能耗仅为飞机的1/3至1/2，比汽车也少耗能30%。因为无轮轨接触，所以振动小，舒适性较好。

例 1　如图 5-26 所示,一无限长载流直导线 AB,电流为 I_1,在它的一侧有一长为 l 的有限长载流导线 CD,其电流为 I_2,AB 与 CD 共面,且 $CD \perp AB$,C 端距 AB 为 a。求 CD 受到的安培力。

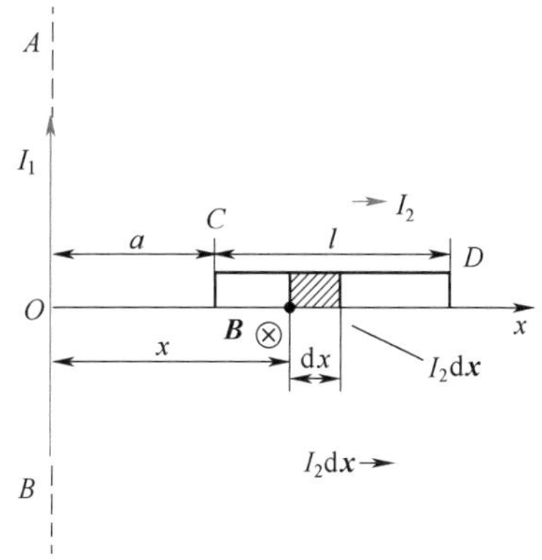

图 5-26　例 1 的示意图

解　取 x 轴与 CD 重合,原点在 AB 上。x 处电流元 $I_2\mathrm{d}x$,在 x 处 $\boldsymbol{B}$ 方向垂直纸面向里,大小为

$$B = \frac{\mu_0 I_1}{2\pi x}$$

$$\mathrm{d}F = \frac{\mu_0 I_1 I_2}{2\pi x}\mathrm{d}x\sin 90^\circ = \frac{\mu_0 I_1 I_2}{2\pi x}\mathrm{d}x$$

$\mathrm{d}\boldsymbol{F}$ 方向:沿 $\boldsymbol{BA}$ 方向。

因为 CD 上各电流元受到的安培力方向相同,所以 CD 段受到安培力 $\boldsymbol{F} = \int \mathrm{d}\boldsymbol{F}$ 可化为标量积分,有

$$F = \int \mathrm{d}F = \int_a^{a+l} \frac{\mu_0 I_1 I_2}{2\pi x}\mathrm{d}x = \frac{\mu_0 I_1 I_2}{2\pi}\ln\frac{a+l}{a}$$

$\boldsymbol{F}$ 方向:沿 $\boldsymbol{BA}$ 方向。

注意:因为本题 CD 处于非均匀磁场中,所以 CD 受到的磁场力不能用与磁场中的受力公式 $F = BIl$ 计算。

例 2　如图 5-27 所示,半径为 R、电流为 I 的平面载流线圈,放在匀强磁场中,磁感应强度为 $\boldsymbol{B}$,$\boldsymbol{B}$ 的方向垂直纸面向外,求半圆周 $\overset{\frown}{abc}$ 和 $\overset{\frown}{cda}$ 受到的安培力。

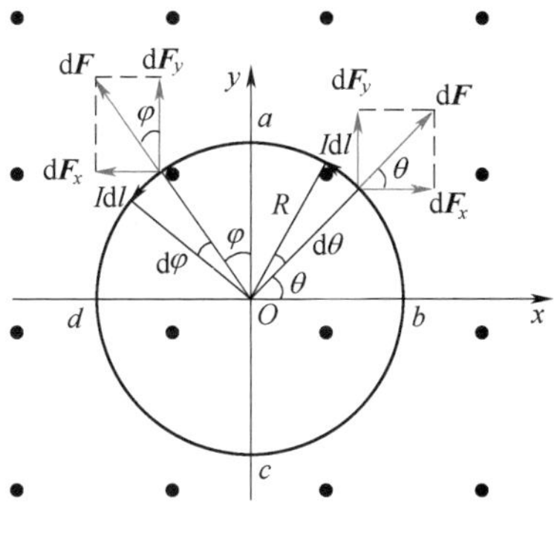

图 5-27　例 2 的示意图

解　如图 5-27 所示,所取坐标系,原点在圆心,y 轴过 a 点,x 轴在线圈平面内。

(1)求 $\overset{\frown}{abc}$ 受到安培力 $\boldsymbol{F}_{\overset{\frown}{abc}}$

电流元 $I\mathrm{d}l$ 受到安培力

$$\mathrm{d}\boldsymbol{F} = I\mathrm{d}\boldsymbol{l} \times \boldsymbol{B}$$

大小为　　$\mathrm{d}F = I\mathrm{d}lB\sin\frac{\pi}{2}$

方向为:沿半径向外。

因为 $\overset{\frown}{abc}$ 各处电流元受力方向不同,均沿各自半径向外,将 $\mathrm{d}\boldsymbol{F}$ 分解成 $\mathrm{d}\boldsymbol{F}_x$ 及 $\mathrm{d}\boldsymbol{F}_y$ 来进行叠加。

求 F_x:

$$\mathrm{d}F_x = \mathrm{d}F\cos\theta = BI\mathrm{d}l\cos\theta$$

$$F_x = \int \mathrm{d}F_x = \int_{abc} BI\mathrm{d}l\cos\theta = \int_{-\frac{\pi}{2}}^{\frac{\pi}{2}} BI(R\mathrm{d}\theta)\cos\theta = 2BIR\text{(沿 } x \text{ 正方向)}$$

求 F_y:

$$\mathrm{d}F_y = \mathrm{d}F\sin\theta = BI\mathrm{d}l\sin\theta$$

$$F_y = \int \mathrm{d}F_y = \int_{abc} BI\mathrm{d}l\sin\theta = \int_{-\frac{\pi}{2}}^{\frac{\pi}{2}} BI(R\mathrm{d}\theta)\sin\theta = 0\text{(奇函数对称区间积分为 0)}$$

实际上由受力对称性可直接得知 $F_y=0 \Rightarrow \boldsymbol{F}_{\widehat{abc}}=2BIR\boldsymbol{i}$。

(2)求 $\boldsymbol{F}_{\widehat{cda}}$

考虑电流元 $I\mathrm{d}\boldsymbol{l}'$，它受安培力为 $\mathrm{d}\boldsymbol{F}'=I\mathrm{d}\boldsymbol{l}'\times\boldsymbol{B}$，大小为 $\mathrm{d}F'=I\mathrm{d}l'B\sin\frac{\pi}{2}$，方向:沿半径向外。

因为 $\widehat{cda}$ 上各电流元受力方向不同，所以也将 $\mathrm{d}\boldsymbol{F}'$ 分解成 $\mathrm{d}\boldsymbol{F}'_x$，$\mathrm{d}\boldsymbol{F}'_y$ 处理。

求 $\boldsymbol{F}'_x$:

$$\mathrm{d}F'_x=-\mathrm{d}F'\sin\varphi=-BI\mathrm{d}l'\sin\varphi$$

$$F'_x=\int\mathrm{d}F'_x=\int_{cda}-BI\mathrm{d}l'\sin\varphi=\int_0^{\pi}-BI(R\mathrm{d}\varphi)\sin\varphi=-2BIR(\text{沿 } x \text{ 负方向})$$

求 $\boldsymbol{F}'_y$:

$$\mathrm{d}F'_y=\mathrm{d}F'\cos\varphi=BI\mathrm{d}l'\cos\varphi$$

$$F'_y=\int\mathrm{d}F'_y=\int_0^{\pi}BI(R\mathrm{d}\varphi)\cos\varphi=0$$

$$\Rightarrow\boldsymbol{F}_{\widehat{cda}}=-2BIR\boldsymbol{i}$$

讨论:(1)各电流元受力方向不同时,应先求出 $\mathrm{d}\boldsymbol{F}'_x$ 及 $\mathrm{d}\boldsymbol{F}'_y$，之后再求 $\boldsymbol{F}_x$ 及 $\boldsymbol{F}_y$。

(2)分析导线受力对称性。如此题中,不用计算 F_y，F'_y 就能知道它们为零。

(3)因为 $\boldsymbol{F}_{\widehat{abc}}+\boldsymbol{F}_{\widehat{cda}}=\boldsymbol{0}$，所以圆形平面线载流线圈在均匀磁场中受力为零。

推广:任意平面闭合线圈在均匀磁场中受到的安培力为零。

5.8.2 两无限长平行载流直导线间的相互作用

1. 平行长直电流之间的相互作用

问题:有两无限长平行直导线 AB 与 CD 之间的距离为 a，各自通有电流 I_1，I_2，且电流的流向相同,求 CD 段单位长度导线所受的作用力。

如图 5-28 所示,当 AB 通有电流 I_1 时,它在 CD 段上各点的磁场为

$$B=\frac{\mu_0 I_1}{2\pi a}$$

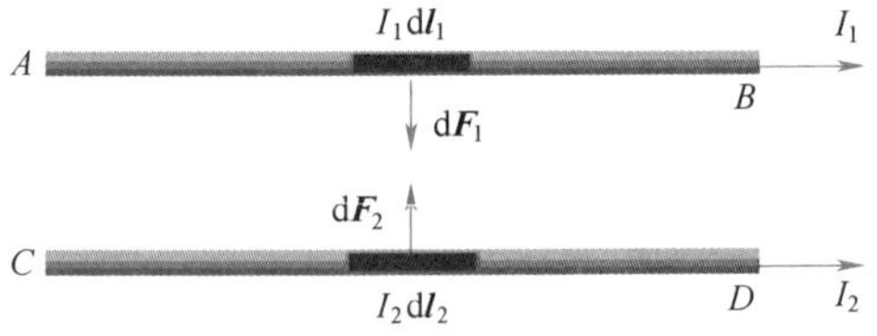

图 5-28 两无限长平行载流直导线间的相互作用

磁感应强度的方向垂直于 CD，由安培定律，CD 上任意电流元所受的安培力为

$$\mathrm{d}F_2=BI_2\mathrm{d}l_2=\frac{\mu_0 I_1 I_2}{2\pi a}\mathrm{d}l_2$$

其方向垂直于 CD 且指向 AB。

所以 CD 上单位长度导线所受的安培力为

$$\frac{\mathrm{d}F_2}{\mathrm{d}l_2}=\frac{\mu_0 I_1 I_2}{2\pi a} \tag{5-26}$$

两载流导线,同方向时互相吸引;不同方向时互相排斥。

2. 电流单位“安培”的定义

在真空中有两根平行的长直导线,它们之间相距 1 m,两导线上电流流向相同,大小相等,调节它

们的电流，使得两导线每单位长度上的吸引力为 2×10^{-7} N·m^{-1}，我们就规定这个电流为 1 A。

5.8.3 载流平面线圈的法线方向与磁矩

在磁式电流计和直流电动机内，一般都有处在磁场中的线圈。当线圈中有电流通过时，它们将在磁场的作用下发生转动，因而讨论磁场对载流线圈的作用有重要的实际意义。下面介绍磁矩的定义。

线圈平面的法线方向 $\boldsymbol{e}_n$：按右手螺旋法则规定，四指与电流方向相同，大拇指方向即为法线方向。

线圈磁矩： $\boldsymbol{p}_m = I\boldsymbol{S} = IS\boldsymbol{e}_n$

若有 N 匝线圈，则磁矩为 $\boldsymbol{p}_m = NI\boldsymbol{S} = NIS\boldsymbol{e}_n$

磁矩是描述线圈物理性质的物理量，单位 A·m^2。

5.8.4 磁场对载流线圈作用的磁力矩

在匀强磁场 $\boldsymbol{B}$ 中，线圈 $abcd$（长为 l_1，宽为 l_2），通过的电流为 I，线圈平面的法线方向 $\boldsymbol{e}_n$ 与磁场 $\boldsymbol{B}$ 的夹角为 θ，线圈半面与磁场 $\boldsymbol{B}$ 夹角为 φ，则 ab、cd 两边受力大小为 $F_2 = BIl_2$，方向如图 5-29(a) 所示，$F_2' = BIl_2$ 方向如图 5-29(a) 所示，两者方向相反，但不在同一平面上 bc、ad 两边受力情况为

$$F_1 = BIl_1\sin\varphi$$

$$F_1' = BIl_1\sin(\pi-\varphi) = BIl_1\sin\varphi$$

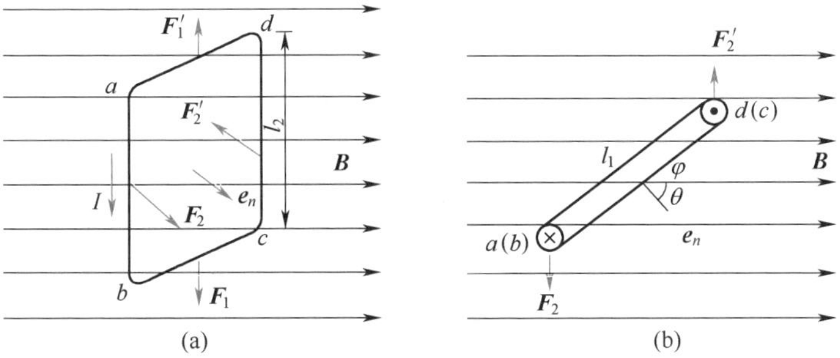

图 5-29 矩形载流线圈在匀强磁场中所受的磁力矩

两者大小相等，方向相反，且在同一直线上，故对于线圈来说，它们合力矩为零（或不产生力矩）。而 F_2 与 F_2' 形成一个力偶，其力偶臂为 $l_1\cos\varphi$。

所以线圈所受有磁力矩为

$$M = F_2 l_1\cos\varphi$$

又因为 $\varphi = \dfrac{\pi}{2} - \theta$，所以 $\cos\varphi = \sin\theta$。

于是
$$M = F_2 l_1\cos\varphi = BIl_2 l_1\sin\theta = BIS\sin\theta \tag{5-27}$$

当线圈有 N 匝时，则线圈所受的磁力矩为

$$M = NBIS\sin\theta \tag{5-28}$$

引入磁矩 $\boldsymbol{p}_m$，把上式写成矢量形式，则

$$\boldsymbol{M} = \boldsymbol{p}_m \times \boldsymbol{B} \tag{5-29}$$

讨论：$\theta=0°$，载流线圈的 $\boldsymbol{e}_{\mathrm{n}}$ 方向与磁场 $\boldsymbol{B}$ 的方向相同，磁通量 $\Phi=BS$，力矩 $M=0$，此时线圈处于稳定平衡；

$\theta=90°$，载流线圈的 $\boldsymbol{e}_{\mathrm{n}}$ 方向与磁场 $\boldsymbol{B}$ 方向垂直，磁通量 $\Phi=0$，磁力矩 $M_{\max}=ISB$；

$\theta=180°$，载流线圈的 $\boldsymbol{e}_{\mathrm{n}}$ 方向与磁场 $\boldsymbol{B}$ 的方向相反，磁通量 $\Phi=-BS$，力矩 $M=0$，在这种情况下，只要线圈稍稍偏过一个微小角度，它就会在磁力矩作用下离开这个位置，而稳定在 $\theta=0°$ 时的平衡状态。所以常把 $\theta=180°$ 时，线圈的状态叫作不稳定状态，而把 $\theta=0°$ 时线圈的状态叫作稳定平衡的状态。总之，磁场对载流线圈作用的磁力矩，总要使线圈转到它的 $\boldsymbol{e}_{\mathrm{n}}$ 方向与磁场方向相一致的稳定平衡位置。

应当指出式(5－29)虽然是从矩形线圈推导出来的，但可以证明它对任意形状的平面线圈都是适用的。

知识结构框图

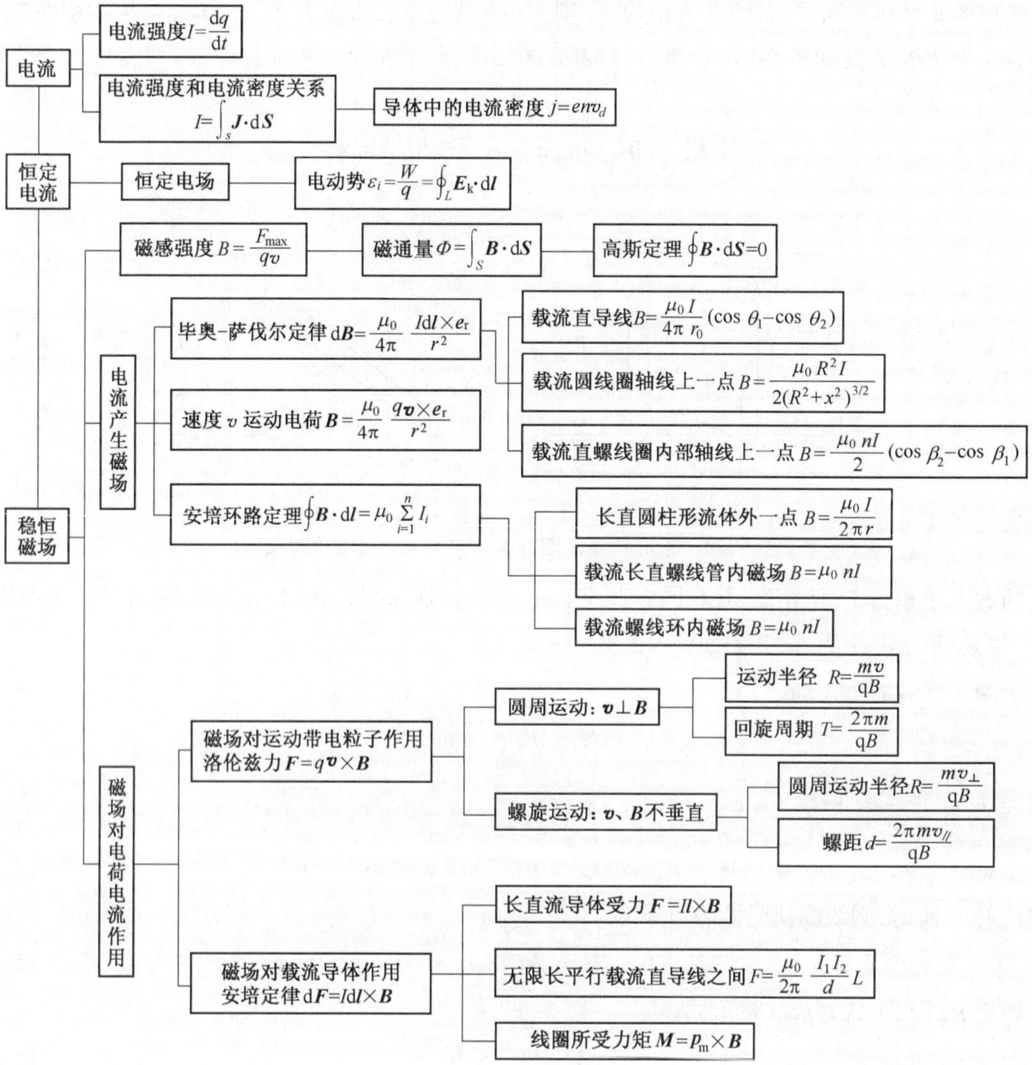

小　结

1. 磁感应强度和磁场的高斯定理

(1)磁场。在运动电荷(电流)周围,除了形成电场外,还形成另一种特殊物质——磁场。磁场的基本性质之一是它对置于其中的运动电荷或电流施加作用力。

运动电荷 ⇔ 磁场 ⇔ 运动电荷

(2)磁感应强度 $\boldsymbol{B}$。描述磁场对运动电荷或电流有作用力性质的物理量,在磁场中,电荷 q 以速度 $\boldsymbol{v}$ 沿不同方向运动时,所受磁场力大小和方向不同,我们用运动电荷所受最大磁场力 $\boldsymbol{F}_{\perp}$ 来定义磁感应强度 $\boldsymbol{B}$, 其大小为

$$B = \frac{F_{\perp}}{qv}$$

磁感应强度的方向:当 q 为正电荷时,由矢积 $\boldsymbol{F}_{\perp} \times \boldsymbol{v}$ 的方向确定,这种规定所确定的磁场的方向与小磁针的 N 极所确定的磁场方向是一致的,且 $\boldsymbol{F}_{\perp}$ 与磁场方向是垂直的,磁感应强度的单位是特斯拉(T)。

(3)磁感应线。一簇形象描述磁场分布的假想的有向曲线,其上各点切线方向表示该点磁感应强度的方向,其疏密程度表示磁感应强度的大小。恒定磁场中每一条磁感应线都是与激发磁场的电流套合的无头无尾的闭合曲线,其环绕方向和电流方向形成右手螺旋方向。

注意对长直电流、载流圆线圈、长直载流螺线管和条形磁铁和磁感应线要熟练掌握。磁铁的磁感应线在磁铁外部从 N 极出发指向 S 极,在内部从 S 极指向 N 极,构成闭合曲线。

(4)磁通量 Φ。在磁场中,穿过任意曲面 S 的磁感应通量为

$$\Phi = \int_S \boldsymbol{B} \cdot \mathrm{d}\boldsymbol{S}$$

Φ 可以形象地理解为穿过曲面 S 的磁感应线的“数目”,磁通量为标量,其正负决定于 $\boldsymbol{B} \cdot \boldsymbol{e}_{\mathrm{n}}$, $\boldsymbol{e}_{\mathrm{n}}$ 是曲面的单位法线,对于闭合曲面 $\boldsymbol{e}_{\mathrm{n}}$ 的方向为曲面的外法线方向,其单位是韦伯(Wb)。

(5)磁场的高斯定理。在磁场中,由于磁感应线是闭合曲线,因此通过任意闭合曲面 S 的磁感应通量恒等于零。表示为

$$\oint_S \boldsymbol{B} \cdot \mathrm{d}\boldsymbol{S} = 0$$

说明磁场是“无源的”这一基本特性。

2. 毕奥-萨伐尔定律

(1)电流元 $I\mathrm{d}l$ 在空间任一点 P 处所激发的磁感应强度 $\mathrm{d}\boldsymbol{B}$ 为

$$\mathrm{d}\boldsymbol{B} = \frac{\mu_0}{4\pi} \frac{I\mathrm{d}\boldsymbol{l} \times \boldsymbol{r}}{r^3}$$

式中 $\mu_0 = 4\pi \times 10^{-7}\,\mathrm{T \cdot m/A}$, 即真空中的磁导率,上式称为毕奥–萨伐尔定律。注意:电流元 $I\mathrm{d}\boldsymbol{l}$ 方向为电流方向, $\boldsymbol{r}$ 为电流元到所求 P 点的有向线段。

(2)磁场叠加原理。导线 L 中的电流在某一场点 P 处产生的磁感应强度等于每个电流元单独存

在时，在 P 点所产生的磁感应强度的矢量和，即

$$\boldsymbol{B}=\int_L \mathrm{d}\boldsymbol{B} \text{ 或 } \boldsymbol{B}=\sum \boldsymbol{B}_i$$

注意：如某一场点 P 处的磁感应强度 $\boldsymbol{B}$ 是由多个载流导线电流共同产生的，则 $\boldsymbol{B}_i$ 为各载流导线电流在 P 处单独产生的磁感应强度，$\boldsymbol{B}$ 是其矢量和。

(3)一些特殊形状线电流所激发的磁场：

①载流直导线：

$$B=\frac{\mu_0 I}{4\pi d}(\cos\theta_1-\cos\theta_2)$$

式中，d 为 P 点距导线的距离，θ_1，θ_2 分别为直导线的始末两个端点到 P 点的矢量与电流方向的夹角。

无限长载流长直导线的磁场

$$B=\frac{\mu_0 I}{2\pi d}$$

$\boldsymbol{B}$ 的方向与电流方向成右手螺旋关系。

②载流圆线圈轴线上的磁场：

$$B=\frac{\mu_0 I R^2}{2(R^2+x^2)^{3/2}}$$

式中，R 为圆线圈半径，x 为 P 点距线圈平面的距离，$\boldsymbol{B}$ 的方向沿轴方向，与电流方向成右手螺旋关系。

a. 载流圆线圈中心处的磁场

$$B=\frac{\mu_0 I}{2R}$$

b. 远离载流圆线圈处（$x\geqslant R$）

$$\boldsymbol{B}=\frac{\mu_0 \boldsymbol{p}_\mathrm{m}}{2\pi x^3}$$

引入磁矩 $\boldsymbol{p}_\mathrm{m}$　载流平面线圈的磁矩 $\boldsymbol{p}_\mathrm{m}$

$$\boldsymbol{p}_\mathrm{m}=IS\boldsymbol{e}_\mathrm{n}$$

$\boldsymbol{S}$ 为载流圆线圈的面积，$\boldsymbol{e}_\mathrm{n}$ 为线圈平面的正法线方向的单位矢量（即电流绕向的右手螺旋方向）。磁矩的单位是安·米^2（$\mathrm{A}\cdot\mathrm{m}^2$）。

③载流长直螺线管内部的磁场

$$B=\mu_0 n I$$

n 为螺线管单位长度的匝数。无限长螺线管内部的磁场是均匀的。

3. 安培环路定理

在磁场中，沿任何闭合曲线 $\boldsymbol{B}$ 矢量的线积分（即 $\boldsymbol{B}$ 矢量的环流）等于真空的磁导率 μ_0 乘以穿过以这闭合曲线为边界所围的任意曲面的各恒定电流的代数和。

$$\oint_l \boldsymbol{B} \cdot \mathrm{d}\boldsymbol{l} = \mu_0 \sum I_i$$

注意:(1)电流I的正负由积分路径环绕的右手螺旋关系确定,一致时,取正,反之取负。

(2)$\boldsymbol{B}$的环流与未穿过环路的电流无关,是由穿过环路的电流决定,而环路上任意点的磁感应强度是环路内、外所有电流所激发的场在该点叠加后的总场强。

(3)$\boldsymbol{B}$的环流不一定为零,表明了磁场的"有旋"性,它不同于静电场,不是保守力场,一般不能引进标量势的概念来描述磁场。

(4)安培环路定理对不闭合的稳恒电流产生的磁场是不适用的,也是无物理定义的。

(5)对具有某种对称性的电流分布,可利用安培环路定理计算磁感应强度。主要掌握长直圆柱形载流导体(包括载流长直导线)、载流长直螺线管内、载流螺旋环内的磁场。

4. 带电粒子在磁场中所受作用及其运动

(1)洛伦兹力:带电粒子在磁场中以速度$\boldsymbol{v}$运动时受洛伦兹力$\boldsymbol{F}$作用。

$$\boldsymbol{F} = q\boldsymbol{v} \times \boldsymbol{B}$$

洛伦兹力与速度方向垂直,不改变速度大小,因此磁力对运动带电粒子所做的功恒为零。洛伦兹力的方向总是垂直于速度$\boldsymbol{v}$和磁感应强度$\boldsymbol{B}$,且对于带正电粒子,洛伦兹力的方向由$\boldsymbol{v} \times \boldsymbol{B}$决定,带负电粒子所受洛伦兹力方向与带正电粒子相反。

(2)带电粒子在磁场中的运动

质量为m,带电量为q的粒子以速度$\boldsymbol{v}$进入一均匀磁场。

①当$\boldsymbol{v} \perp \boldsymbol{B}$时,粒子将做匀速圆周运动,运动的半径$R$。

$$R = \frac{mv}{qB}$$

运动的周期(回旋周期)

$$T = 2\pi \frac{m}{qB}$$

②当$\boldsymbol{v}$与$\boldsymbol{B}$不垂直时,粒子沿磁场方向作等螺距的螺旋运动,运动的半径R为

$$R = \frac{mv_{\perp}}{qB}$$

$v_{\perp}$表示与$\boldsymbol{B}$垂直的速度分量。

螺距d为

$$d = v_{/\!/}T = v_{/\!/}\frac{2\pi m}{qB}$$

式中,$v_{/\!/}$为$\boldsymbol{B}$平行的速度分量。

5. 磁场对电流的作用

(1)安培定律:一段任意形状的载流导线L在磁场中受到的磁力,即安培力为

$$\boldsymbol{F} = \int \mathrm{d}\boldsymbol{F} = \int_L I\mathrm{d}\boldsymbol{l} \times \boldsymbol{B}$$

对于均匀磁场中的长直载流导体

$$\boldsymbol{F} = I\boldsymbol{l} \times \boldsymbol{B}$$

注意：一段任意形状的载流导线在均匀磁场中受到的磁力，等效于从其起点到终端的矢量在磁场中所受的磁场力。

(2)磁场对载流平面线圈的作用

①合力。载流线圈在均匀磁场中受到的磁场力的合力等于零。

②磁力矩。磁矩为 $\boldsymbol{p}_m$ 的任意形状的载流平面线圈在磁感应强度为 $\boldsymbol{B}$ 的均匀磁场中所受力矩 $\boldsymbol{M}$ 为

$$\boldsymbol{M} = \boldsymbol{p}_m \times \boldsymbol{B}$$

注意：不要把线圈平面与 $\boldsymbol{e}_n$ 方向搞混了；磁力矩总是试图使磁矩 $\boldsymbol{p}_m$ 转向磁感应强度 $\boldsymbol{B}$ 的方向，因此在磁力矩为零时，平面线圈在平衡位置处分为稳定和非稳定平衡。当磁场为非均匀时，载流平面线圈在磁场中所受到的磁场力的合力和磁力矩不为零，线圈既要发生平动，又要发生转动。

自 测 题

5.1 边长为 l 的正方形线圈，分别用图 5-30 中所示的两种方式通以电流 I（其中 ab、cd 与正方形共面），在这种两种情况下，线圈在其中心产生的磁感应强度的大小分别为(　　)。

A. $B_1 = 0$，　$B_2 = 0$

B. $B_1 = 0$，　$B_2 = \dfrac{2\sqrt{2}\mu_0 I}{\pi l}$

C. $B_1 = \dfrac{2\sqrt{2}\mu_0 I}{\pi l}$，　$B_2 = 0$

D. $B_1 = \dfrac{2\sqrt{2}\mu_0 I}{\pi l}$，　$B_2 = \dfrac{2\sqrt{2}\mu_0 I}{\pi l}$

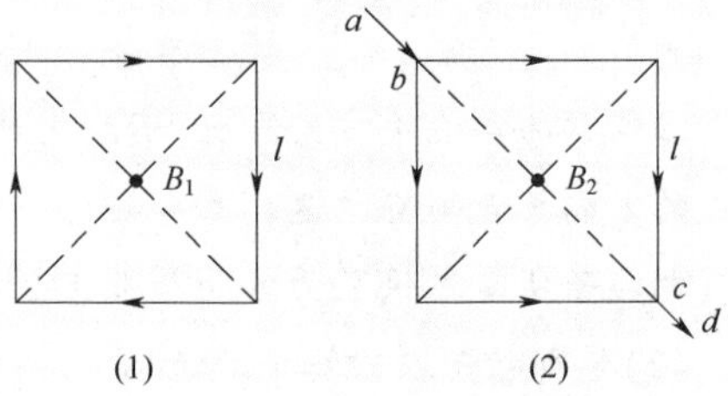

图 5-30　题 5.1 图

5.2 无限长直圆柱体，半径为 R，沿轴向均匀流有电流。设圆柱体内 $(r < R)$ 的磁感应强度为 B_1，圆柱体外 $(r > R)$ 的磁感应强度为 B_2，则有(　　)。

A. B_1,B_2 均与 r 成正比

B. B_1,B_2 均与 r 成反比

C. B_1 与 r 成正比，B_2 与 r 成反比

D. B_1 与 r 成反比，B_2 与 r 成正比

5.3 电流 I 由长直导线 1 沿对角线 AC 方向经 A 点流入一电阻均匀分布的正方形导线框，再由 D 点沿对角线 BD 方向流出，经长直导线 2 返回电源，如图 5-31 所示，若载流直导线 1、2 和正方形框在导线框中心 O 点产生的磁感应强度分别用 $\boldsymbol{B}_1$、$\boldsymbol{B}_2$ 和 $\boldsymbol{B}_3$ 表示，则 O 点磁感应强度的大小为(　　)。

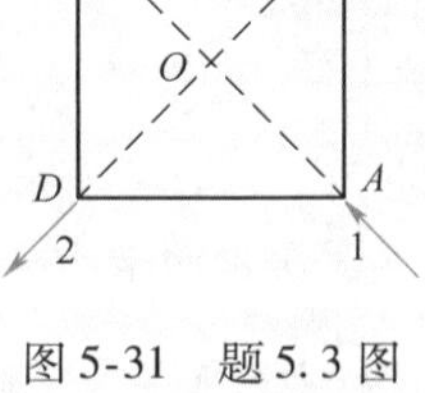

图 5-31　题 5.3 图

A. $\boldsymbol{B} = \boldsymbol{0}$，因为 $\boldsymbol{B}_1 = \boldsymbol{B}_2 = \boldsymbol{B}_3 = \boldsymbol{0}$

B. $\boldsymbol{B} = \boldsymbol{0}$，因为虽然 $\boldsymbol{B}_1 \neq \boldsymbol{0}, \boldsymbol{B}_2 \neq \boldsymbol{0}, \boldsymbol{B}_1 + \boldsymbol{B}_2 = \boldsymbol{0}, \boldsymbol{B}_3 = \boldsymbol{0}$

C. $\boldsymbol{B} \neq \boldsymbol{0}$，因为虽然 $\boldsymbol{B}_3 = \boldsymbol{0}$，但 $\boldsymbol{B}_1 + \boldsymbol{B}_2 \neq \boldsymbol{0}$

D. $\boldsymbol{B} \neq \boldsymbol{0}$，因为虽然 $\boldsymbol{B}_1 + \boldsymbol{B}_2 = \boldsymbol{0}$，但 $\boldsymbol{B}_3 \neq \boldsymbol{0}$

5.4 如图5-32所示，有一无限大通有电流的扁平铜片，宽度为a，厚度不计，电流I在铜片上均匀分布，在铜片外与铜片共面，离铜片右边缘为b处的P点的磁感应强度的大小为(　　)。

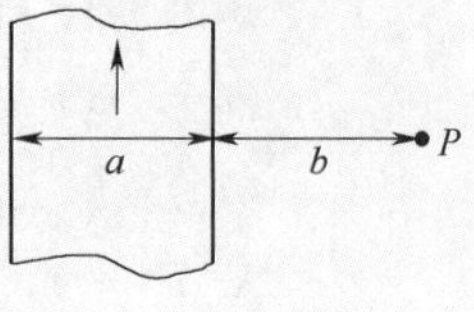

图5-32　题5.4图

A. $\dfrac{\mu_0 I}{2\pi(a+b)}$　　B. $\dfrac{\mu_0 I}{2\pi b}\ln\dfrac{a+b}{a}$

C. $\dfrac{\mu_0 I}{2\pi a}\ln\dfrac{a+b}{b}$　　D. $\dfrac{\mu_0 I}{2\pi[(a/2)+b]}$

5.5 有一个圆形回路1及一个正方形回路2，圆直径和正方形的边长相等，二者中通有大小相等的电流，它们在各自中心产生的磁感应强度的大小之比B_1/B_2为(　　)。

A. 0.90　　B. 1.00　　C. 1.11　　D. 1.22

5.6 如图5-33所示，两种形状的载流线圈中的电流强度相同，则O_1、O_2处的磁感应强度大小关系是(　　)。

A. $B_{O_1} < B_{O_2}$

B. $B_{O_1} > B_{O_2}$

C. $B_{O_1} = B_{O_2}$

D. 无法判断

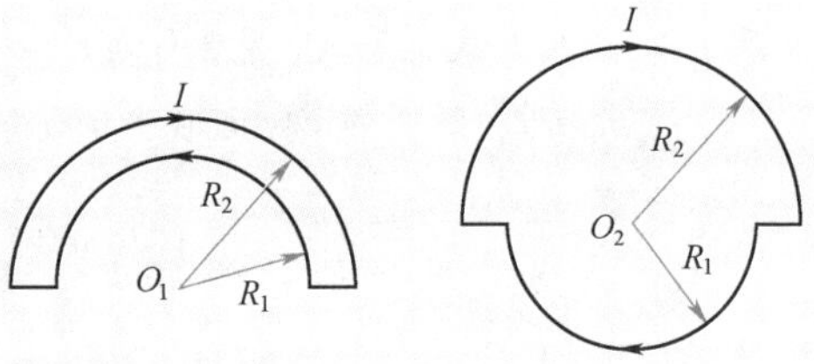

图5-33　题5.6图

5.7 半径为a_1的载流圆形线圈与边长为a_2的正方形线圈通有相同电流I，若两中心O_1和O_2处的磁感应强度大小相同，则半径与边长之比$a_1:a_2$为(　　)。

A. 1∶1　　B. $\sqrt{2}\pi:1$　　C. $\sqrt{2}\pi:4$　　D. $\sqrt{2}\pi:8$

5.8 磁场的高斯定理$\oint_S \boldsymbol{B}\cdot \mathrm{d}\boldsymbol{S}=0$说明了下面叙述是正确的是(　　)。

①穿入闭合曲面的磁感应线条数必然等于穿出的磁感应线条数

②穿入闭合曲面的磁感应线条数不等于穿出的磁感应线条数

③一根磁感应线可以终止在闭合曲面内

④一根磁感应线可以完全处于闭合曲面内

A. ①、④　　B. ①、③　　C. ①、②　　D. ③、④

5.9 如图5-34所示，三条无限长直导线等距地并排安放，导线Ⅰ、Ⅱ、Ⅲ分别载有1A、2A、3A同方向的电流，由于磁相互作用的结果，导线单位长度上分别受力F_1、F_2和F_3，则F_1与F_2的比值是(　　)。

A. 7/8　　B. 5/8

C. 7/18　　D. 5/4

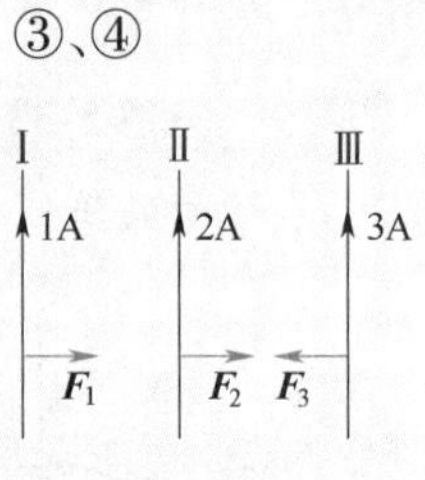

图5-34　题5.9图

5.10 一运动电荷q，质量为m，以初速v_0进入均匀磁场，若v_0与磁场方向的夹角为α，则(　　)。

A. 其动能改变，动量不变　　B. 其动能和动量都改变

C. 其动能不变，动量改变　　D. 其动能、动量都不变

5.11 如图5-35所示，两个比荷（q/m）相同的带异号电荷的粒子，以不同的初速度 v_1 和 v_2（$v_1>v_2$）射入匀强磁场 $\boldsymbol{B}$ 中，设 T_1，T_2 分别为两粒子作圆周运动的周期，则以下结论正确的是（　　）。

A. $T_1=T_2$，q_1 和 q_2 都向顺时针方向旋转

B. $T_1=T_2$，q_1 和 q_2 都向逆时针方向旋转

C. $T_1\neq T_2$，q_1 向顺时针方向旋转，q_2 向逆时针方向旋转

D. $T_1=T_2$，q_1 向顺时针方向旋转，q_2 向逆时针方向旋转

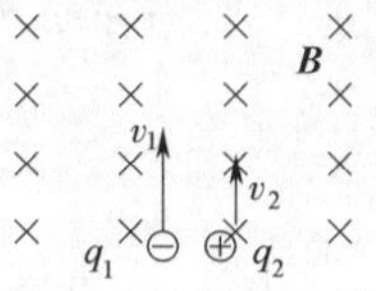

图5-35　题5.11图

5.12 在匀强磁场中，有两个平面线圈，其面积 $A_1=2A_2$，通有电流 $I_1=2I_2$，它们所受的最大磁力矩之比 M_1/M_2 等于（　　）。

A. 4　　B. 2　　C. 1　　D. 1/4

5.13 一长直载流导线，沿空间直角坐标 Oy 轴垂直放置，电流沿 y 正向．在原点 O 处取一电流元 $I\mathrm{d}\boldsymbol{l}$，则该电流元在（$a$,0,0）点处的磁感应强度的大小为________，方向为________。

5.14 将通有电流的导线弯成如图5-36所示形状，O 点的磁感应强度 $\boldsymbol{B}$ 的大小为________，方向为________。

5.15 沿半径为 R 的细导线环流过的强度为 I 的电流，那么离环上所有点的距离皆等于 r 的一点处的磁感应强度大小 $B=$________。

5.16 真空中一载有电流 I 的长直螺线管，单位长度的线圈匝数为 n，管内中段部分的磁感应强度为________，端点部分的磁感应强度为________。

5.17 在磁感应强度为 $\boldsymbol{B}=a\boldsymbol{i}+b\boldsymbol{j}+c\boldsymbol{k}$（T）的均匀磁场中，有一个半径为 R 的半球面形碗，碗口向上，即开口沿 z 轴正方向。则通过此半球形碗的磁通量为________。

5.18 两根长直导线通有电流 I，如图5-37所示有三种环路，

对于环路 a，$\oint_{L_a}\boldsymbol{B}\cdot\mathrm{d}\boldsymbol{l}=$________；

对于环路 b，$\oint_{L_b}\boldsymbol{B}\cdot\mathrm{d}\boldsymbol{l}=$________；

对于环路 c，$\oint_{L_c}\boldsymbol{B}\cdot\mathrm{d}\boldsymbol{l}=$________。

5.19 如图5-38所示，在磁感应强度为 $\boldsymbol{B}$ 的均匀磁场中作一半径为 r 的半球面 S，S 边线所在平面的法线方向单位矢量 $\boldsymbol{n}$ 与 $\boldsymbol{B}$ 的夹角为 α，则通过半球面 S 的磁通量为________。

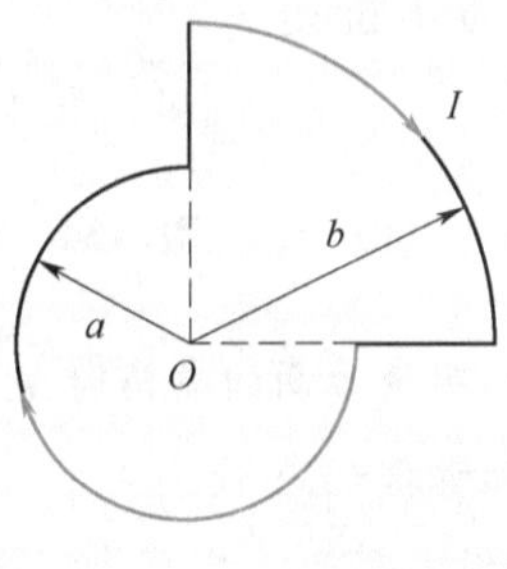

图5-36　题5.14图

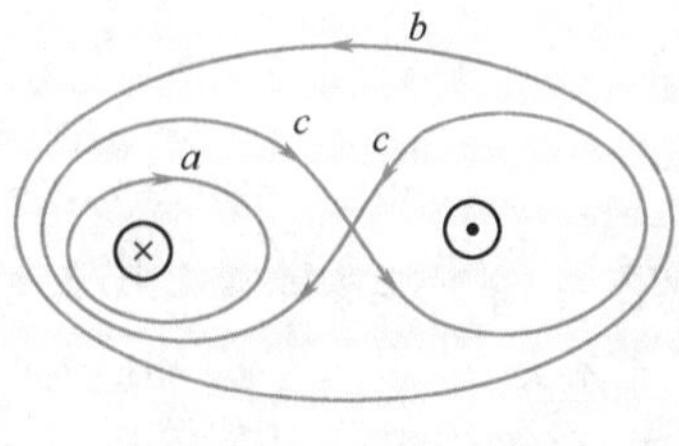

图5-37　题5.18图

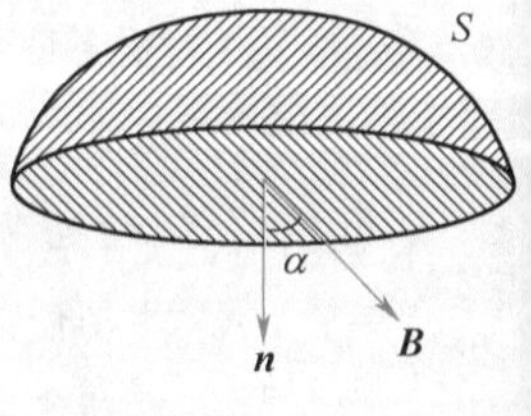

图5-38　题5.19图

5.20　如图5-39所示，真空中有两圆形电流I_1和I_2和三个环路L_1，L_2，L_3，则安培环路定律的表达式为$\oint_{L_1}\boldsymbol{B}\cdot d\boldsymbol{l}=$________，$\oint_{L_2}\boldsymbol{B}\cdot d\boldsymbol{l}=$________，$\oint_{L_3}\boldsymbol{B}\cdot d\boldsymbol{l}=$________。

5.21　均匀磁场中放置三个周长相等且通以相同电流的线圈，分别为圆、矩形和三角形，则三个线圈所受的最大磁力矩中________的最大。

5.22　一任意形状的载流线圈匝数为N，若其面积为S，通以电流I，当线圈平面与磁感应强度$\boldsymbol{B}$的夹角为60°时，线圈的磁矩为$\boldsymbol{p}_m=$________，线圈所受的磁力矩大小为$M=$________。

5.23　有三根平行等距的长直通电导线，如图5-40所示，导线1、导线2、导线3分别载有1 A、2A、3A的电流，则F_2（导线2单位长度受力）为________。

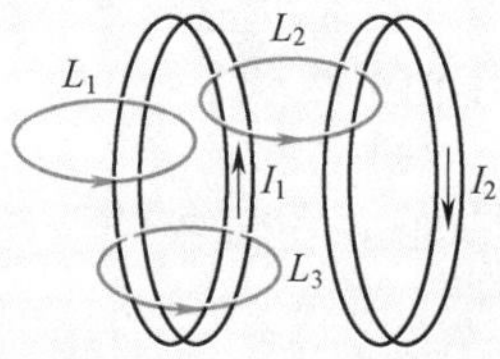

图5-39　题5.20图

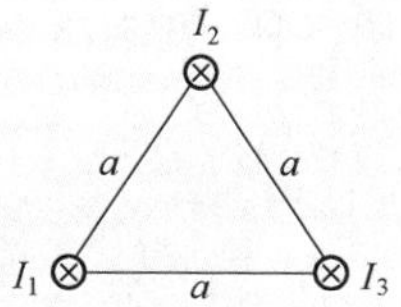

图5-40　题5.23图

5.24　在圆柱形导体中，电流沿轴向流动，电流在截面积上的分布是均匀的，且圆柱截面的半径为R。用安培环路定理来求圆柱体内外的磁感应强度。

5.25　有一同轴电缆，其尺寸如图5-41所示，两导体中的电流均为I，但电流的流向相反，导体的磁性可不考虑，试计算以下各处的磁感应强度。

(1) $r<R_1$；(2) $R_1<r<R_2$；(3) $R_2<r<R_3$；(4) $R_3<r$。

5.26　总匝数为N的矩形截面的螺绕环，通有电流为I，尺寸如5-42图所示，(1)用安培环路定理求环内的磁感应强度分布；(2) 通过螺绕环的一个截面（图5-42中阴影区）的磁通量的大小。

5.27　两根长直导线沿半径方向引到铁环上的A、B两点，并与很远的电源相连，如图5-43所示，求环中心O的磁感应强度。

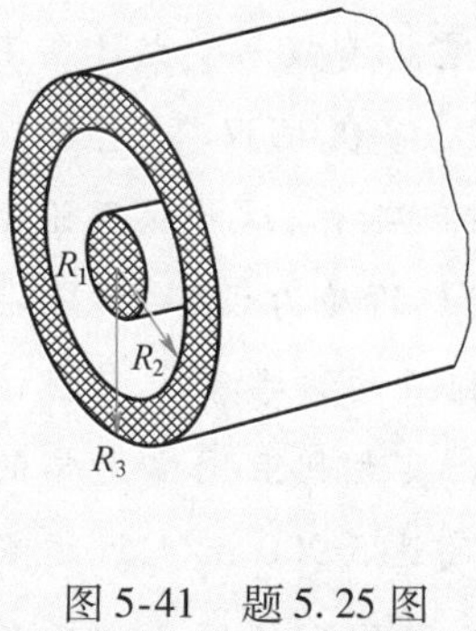

图5-41　题5.25图

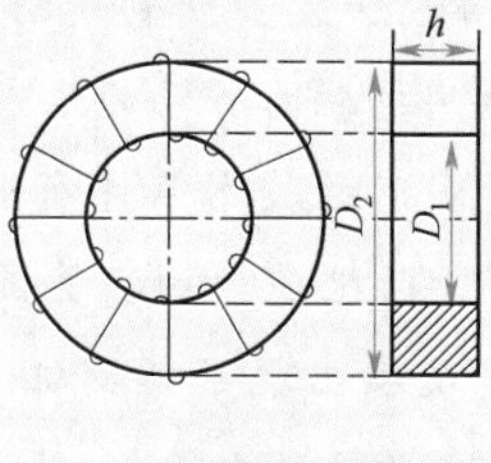

图5-42　题5.26图

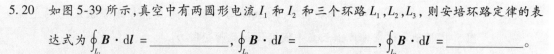

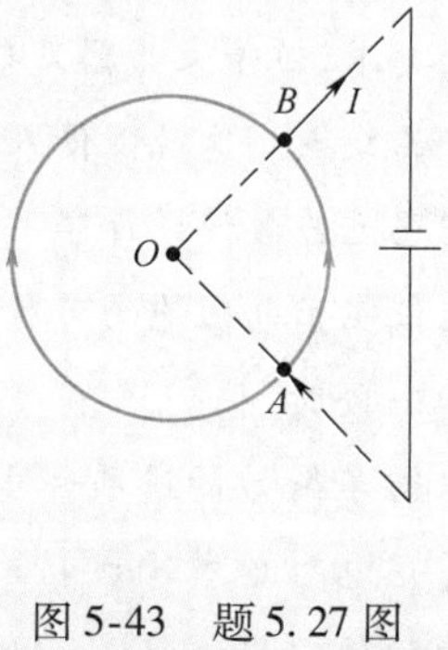

图5-43　题5.27图

5.28　如图5-44所示，有一无限长载流直导线，其电流I_1，其旁边有另一有限长载流直导线ab，电流为I_2。求I_2所受的磁场力。

5.29 一半径为 R 的无限长半圆柱面导体，载有与轴线上的长直导线等值反向的电流 I，如图5-45所示。试求轴线上长直导线单位长度所受磁力。

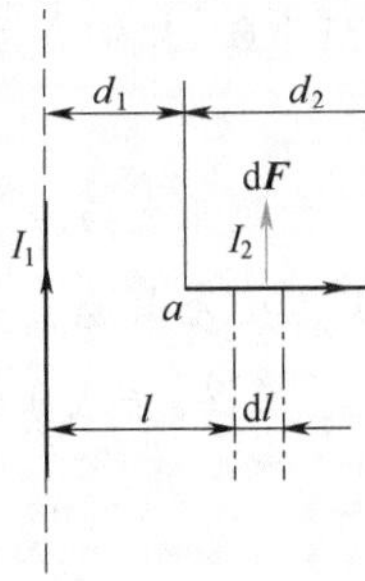

图 5-44　题 5.28 图

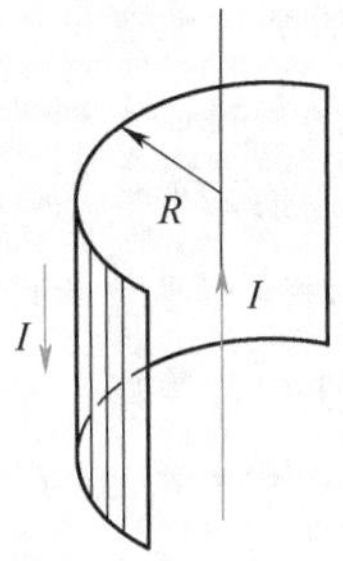

图 5-45　题 5.29 图

阅读材料 5

电磁轨道炮

一、轨道炮（电磁炮）

轨道炮是一种利用电流间相互作用的安培力将弹头发射出去的武器。两个扁平的互相平行的长直导轨，导轨间由一滑块状的弹头连接，强大的电流从一直导轨流经弹头后，再从另一直导轨流回。电流在两导轨之间产生一近似均匀的垂直于弹头的强磁场。通电的弹头在磁场的安培力作用下被加速。

在现代战争中，导弹作为一种新式武器扮演着越来越重要的作用。于是，要把正在飞行的导弹击毁，研究反导弹就成为一项重要的任务。必须从地面上以极短的时间发射一个具有高速度、高能量的物体，与导弹在空中相遇而摧毁之。一般的火炮，因受炮筒强度的制约，炮弹的质量被限制在100 kg 左右，而且火药爆炸气体的膨胀速度也是有限的，使射出的炮弹速度不能超出 2 km/s。利用火箭，虽可达到很快的速度，但依靠火箭发射炮弹是低效率的，因为火箭的发动机和所带燃料的质量远远超过炮弹的质量。而且要使火箭达到一定值的高速度需要相当长的加速时间，这不能满足瞬时发射的要求，粒子束武器发射的粒子速度虽然接近 3×10^8 m/s 的光速，但它也有极易受大气层不稳定干扰的缺点。这就促使人们试图从电磁原理出发去研制新的发射武器。早在 1937 年，普林斯顿大学诺思厄普教授设计了一个装置，成功地用电磁力作动力发射了第一个抛射体，这就从理论上和技术上证实了电磁炮的可行性。然而，由于当时的技术条件有限，缺乏理想的动力设备，所以在相当长的一段时间内，这项研究进展缓慢。20 世纪 60 年代，美国和澳大利亚的科学家首先在这个领域取得了微妙的进展。电磁炮的研究和发展出现了新契机。70 年代，澳大利亚国立大学的研究人员用电磁炮首次成功地发射了一颗质量为 3 g 的弹丸，其飞行速度高达 5 900 m/s，远远超过常规炮弹的飞行速度。1980 年，美国的研究人员在威斯汀豪斯研究和发展中心用电磁炮成功地发射了一颗质量为 317 g 的弹丸，其飞行速度为 4 200 m/s。这两次实验表明，电磁炮已不再是科学幻想中的憧憬。

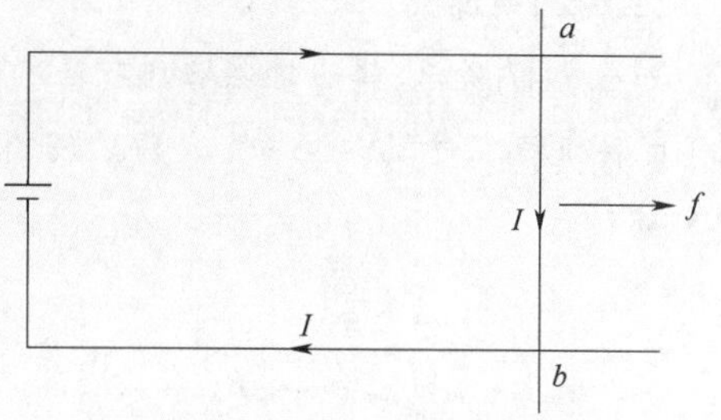

图 5-46　电磁轨道炮结构图

电磁轨道炮的基本原理可以简单地用电流间的相互作用力来做定性说明。设想两条平行长直导线间用一根可以滑动的短直导线相连接(见图 5-46),假设电流按图示方向流动。根据电流的磁场方向规则,可以判定载流的两条平行长直导线之间产生的磁场方向垂直纸面向里。于是由安培定律可知,短导线 ab 所受的作用力 f(安培力)方向向右,因此短导线将向右方加速运动。如果把这段短直导线当作炮弹,那两条平行长直导线当作炮架,这就是一尊电磁轨道炮了。图 5-45 是电磁轨道炮的结构示意图。图中的活动短导线 ab 由电枢(电流通道)和弹丸取代,两条平行长直导线由两条并行导轨取代。发射时,电流由一条导轨流入,经电枢以相反方向流经另一条导轨输出,电磁力驱使电枢产生加速度,并将弹丸推射出去。

从理论上说,电枢可用固态导电材料制成,但因受到电刷的限制,当发射弹丸的速度超过 1 000 m/s 时,电磁炮就不能使用固态电枢,而要采用电弧等离子体电枢。

理论研究表明,利用电磁力驱动弹丸,可以使其在瞬时内获得比一般火炮炮弹高得多的速度。利用高速弹丸直接撞击目标(带有微型制导装置,可自动追寻目标),可以摧毁目标而无须炸药。例如,质量 1 kg 的弹丸,经电磁炮加速后,当其速度为10 km/s时,动能为 50 MJ,相当于 10 kg TNT 炸药爆炸的能量。而且,这样大的能量集中在一个小的面积上是无法抵挡的。当然电磁炮要发射这样高速的弹丸,其实际结构是相当复杂的,而且需要配置一个功率巨大的能源系统。电磁炮发射期间的功率要高达 200 万千瓦,假若需要持续地向它供电,就必须为它专门建造大功率的电站。然而,实际上电磁炮只是在发射瞬间才需要如此高的功率。所需要的高功率可以分散到弹丸发射前的一段时间内产生。因此,可以利用高功率汽涡轮机先驱动飞轮高速旋转,利用飞轮的转动惯性将能量贮存起来,然后周期性地把能量释放出来并转换成强大的电脉冲,供发射弹丸使用。

电磁炮发射的弹丸不仅初速度快、飞得远、威慑力强,而且它是利用电磁力所做的功作为发射能,故不会产生强大的冲击波和弥漫的烟雾,隐蔽性好。电磁炮没有圆形炮管,它的弹丸形状可以经特殊设计制造,使其在飞行时空气阻力很小。电磁炮可以根据目标性质和距离远近调节,选择相应的发射能量。从能量的成本来看,常规大炮的发射药产生每兆焦能量需 10 美元,而电磁炮由于采用廉价柴油发电,每兆焦能量大约只需 0.1 美元。此外,电磁炮发射稳定性好、命中率高。以上优点都是常规火炮所望尘莫及的。

如今,人们已在实验室里,试验场上看到了电磁炮的威力。当然电磁炮要由实验室走向战场,还存在许多技术问题。例如,导轨问题、强功率能源问题、强大电流的开关装置、强电磁辐射对操作人员的健康影响等问题,都有待于进一步解决。但是,电磁炮初露锋芒,已引起世界各国军事家们的关注。

电磁炮是利用电磁力推进原理代替传统火药高速发射弹丸的一种新概念动能武器,与传统火炮相比,优点包括:弹丸初速度大,可与火箭匹敌,无声响,无烟尘,易操作,生存力强,可望用于反卫星、反导弹、反装甲与战术防空。

二、磁约束现象

如图5-47所示，非均匀磁场具有轴对称分布，中间区域的磁场较弱，两端的磁场较强。因为带电粒子能被束缚在这类磁场中，这种磁场有时称为磁束，它可以用两个通电的平面线圈来产生，如图5-48所示。

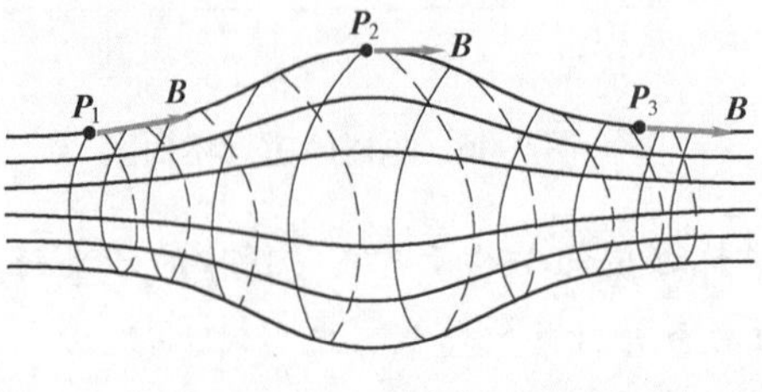

图5-47　磁约束

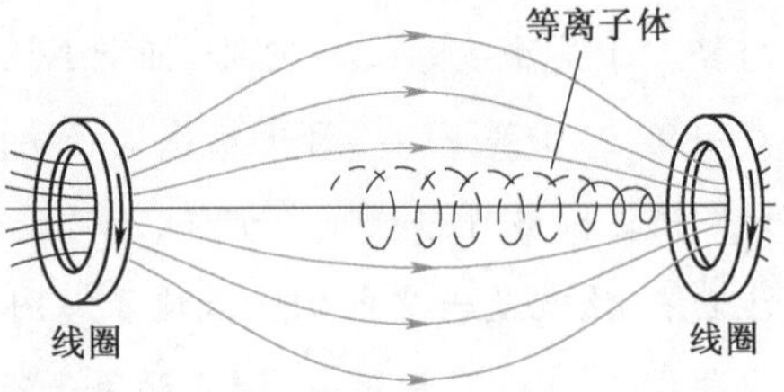

图5-48　磁束

假设带正电的粒子以垂直于纸面向里的速度 $\boldsymbol{v}$ 进入图5-47中的 P_1 点，由于此处 $\boldsymbol{B}$ 的轴向分量，带电粒子将做圆周运动。$\boldsymbol{B}$ 还有一个不大的径向分量，此分量使做回旋运动的带电粒子受到一指向右边的力，从而使带电粒子向右运动，进入较弱的磁场区。由于这里的磁场较弱，因而带电粒子的回旋半径增大。在 P_2 点处，$\boldsymbol{B}$ 没有径向分量，故在这里作回旋运动的粒子不再获得向右的加速度，但由于粒子具有向右的速度，它仍能继续向右运动而进入右端较强的磁场区。在右端磁场区中（如 P_3 点），带电粒子也将受到轴向和径向磁场的作用，但右端磁场的径向分量的指向与左端磁场的径向分量的指向正好相反，因此这时带电粒子受到的轴向磁场力方向向左。对带负电的粒子也可做类似的分析。

在非均匀磁场中运动的带电粒子，总是受到一个指向磁场减弱方向的轴向分力。在这个分离的作用下，接近两端的带电粒子就像光线遇到镜面反射一样，又沿一定的回旋螺线向中心弱磁场区域返回，这就是所谓的磁镜效应，于是带电粒子将在两"磁镜"之间来回振荡。

在可控热核反应装置中，常采用强磁束把高温等离子体束缚在有限的空间区域，从而实现热核反应。

三、范艾仑辐射带和北极光

如图5-49所示，地球的磁场与一个棒状磁体的磁场相似，地磁轴与自转轴的交角为11.5°，地磁两极在地面上的位置是经常变化的。

地磁场实际上也是一磁束，地球是一个天然的磁约束捕集器，它使来自宇宙射线和"太阳风"的带电粒子在地磁南、北两极之间来回振荡。被地磁场捕获的罩在地球上空的质子层和电子层，形成范·阿仑(Van Allen)辐射带，如图5-50所示。在高纬度地区出现的极光则是高速电子与大气相互作用引起的，图5-51是探索者1号宇航器从太空拍摄到的地磁北极上空极光的紫外照片。

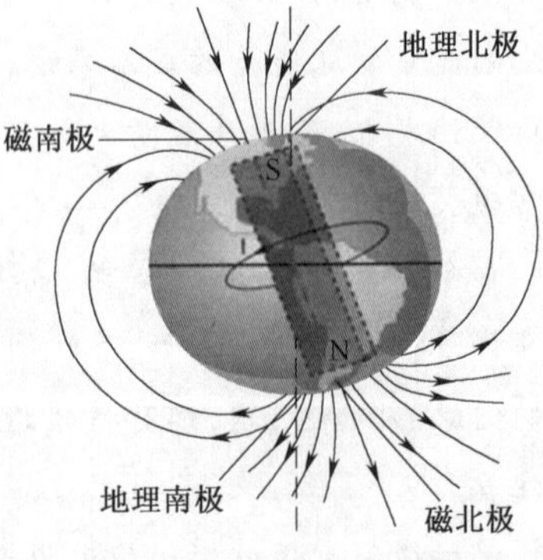

图5-49　地磁场

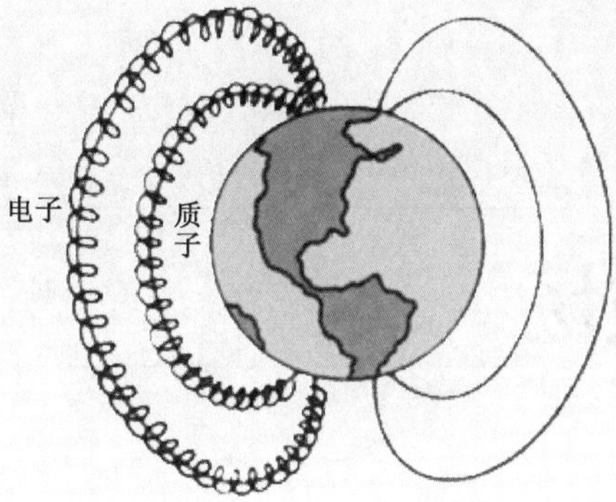

图 5-50　范·阿仑辐射带

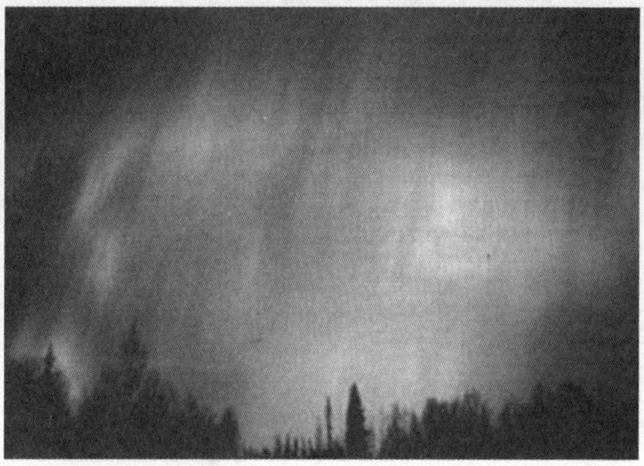
图 5-51　极光

四、太阳风和磁爆

从太阳表面抛出的带电粒子(质子和电子)形成的"太阳风"以 400 km/s 的速度吹向地球,因为带电粒子在磁场中要做回旋运动,因而地球磁场对太阳风来说是一座屏障。太阳风在地球迎阳的一面约 65 000 km 的上空形成了一个类似飞机音爆的巨大冲击波,在穿过这个冲击波后,绝大部分的太阳风绕地磁场发生偏向,在这个过程中,迎阳一面的地磁场被"挤压",而背阳一面的地磁场形成一个长长的"磁尾",如图 5-52 所示。

太阳风在太阳活动期的风速可高达 1 000 m/s,对地球产生全球性的干扰,称为磁爆。磁爆对电离层的干扰,可使短波无线电通信中断。

正是靠地磁场将来自宇宙空间能致生物死亡的各种高能粒子或射线捕获住,才使地球上的生物安全地生存下来。

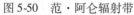

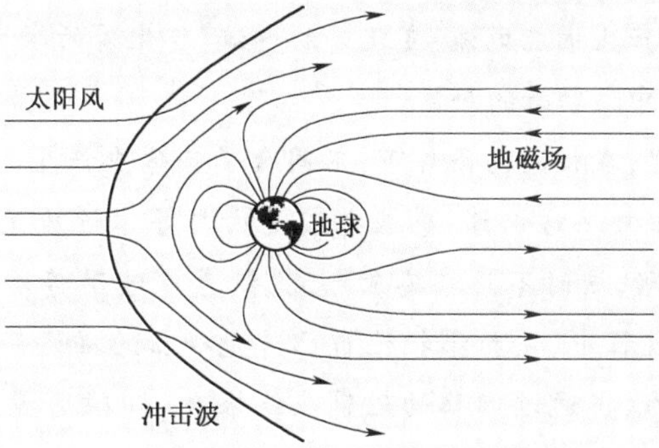

图 5-52　太阳风

第 6 章

电磁感应　电磁场

引言(历史简介)

第 5 章讨论的是电流激发了磁场,本章讨论的是“磁”也能产生“电”。这种现象由英国实验物理学家法拉第发现,并总结出电磁感应定律。

1820 年,奥斯特发现了电流的磁效应,从一个侧面揭示了长期以来一直认为是彼此独立的电现象和磁现象之间的联系。既然电流可以产生磁场,从自然界的对称原理出发,不少物理学家考虑:磁场是否也能产生电流? 于是,许多科学家都开始对这个问题进行探索研究。

法拉第(M. Faraday,1791—1867)深信磁产生电流一定会成功,并决心用实验来证实这一信念。然而,在早期的实验中,法拉第企图在导线附近放置强磁铁而使导线产生稳恒电流,或者在导线中通以强电流而使附近的导线产生稳恒电流,这些尝试都失败了。从 1822 年到 1831 年,经过一个又一个的失败,法拉第终于发现,感应电流并不是与原电流本身有关,而是与原电流的变化有关。1831 年,法拉第在关于电磁感应的第一篇重要论文中,总结出以下五种情况都可以产生感应电流:变化着的电流、变化着的磁场、运动着的恒定电流、运动着的磁铁和在磁场中运动着的导体。

1832 年法拉第发现,在相同的条件下,不同金属导体中产生的感应电流的大小与导体的电导率成正比。他由此意识到,感应电流是由与导体性质无关的感应电动势产生的:即使不形成闭合回路,这时不存在感应电流,但感应电动势却仍然有可能存在。在解释电磁感应现象的过程中,法拉第把他自己首先提出的描述静态相互作用的力线图像发展到动态。他认为,当通过回路的磁感应线根数(即磁通量)变化时,回路里就会产生感应电流,从而揭示出了产生感应电动势的原因。

1834 年,楞次(Lenz,1804—1865)通过分析实验资料总结出了判断感应电流方向的法则。1845 年,诺埃曼(F. E. Neumann,1798—1895)借助于安培的分析方法,从矢势的角度推出了电磁感应定律的数学形式。

麦克斯韦系统总结了从库仑、高斯、安培、法拉第、诺埃曼、汤姆逊等人的电磁学说的全部成就,特别是把法拉第的磁感应线和场的概念用数学方法加以描述、论证、推广和提升,提出了有旋电场和位移电流的假说,他指出:不但变化的磁场可以产生(有旋)电场,而且变化的电场也可以产生磁场。在相对论出现之前,麦克斯韦就揭示了电场和磁场的内在联系,把电场和磁场统一为电磁场，归纳出了电磁场的基本方程——麦克斯韦方程组，建立了完整的电磁场理论体系。1862 年，麦克斯韦从他建立的电磁理论出发，预言了电磁波的存在，并论证了光是一种电磁波。1888 年，赫兹(H. R. Hertz,1857—1894)在实验上证实了麦克斯韦的这一预言。

电磁感应现象的发现是电磁学发展史上的一个重要成就，它进一步揭示了自然界电现象与磁现象之间的联系。电磁感应现象的发现，在理论上，为揭示电与磁之间的相互联系和转化奠定了实验基础，而且电磁感应定律本身就是麦克斯韦电磁理论的基本组成部分之一；在实践上，它为人类获取巨大而廉价的电能开辟了道路，标志着一场重大的工业和技术革命的到来。

本章主要内容：电磁感应定律、动生电动势和感应电动势、自感与互感、磁场的能量。

6.1 电磁感应定律

视频

电磁感应定律

6.1.1 电磁感应现象

1831 年 8 月 29 日法拉第首次发现，处于随时间而变化的电流附近的闭合回路中有感应电流产生。兴奋之余，他又做了一系列实验，用不同的方式证实电磁感应现象的存在和规律。

下面是几个典型实验来说明产生这一现象的条件。

(1)如图 6-1 所示，永久磁铁与闭合线圈之间的相对运动，把线圈 A 的两端和一个电流计连成一个闭合回路，若将一磁铁插入线圈或从线圈中抽出，或者磁铁不动，线圈向着(或背离)磁铁运动，即两者发生相对运动时，电流计的指针都将发生偏转。但电流的流向与线圈和磁铁的相对运动情况有关。

(2)如图 6-2 所示，线圈 A 和 B 绕在一环形铁芯上，B 与电键 S 和电源相接，A 接电流计。在电键 S 闭合和打开的瞬间时，与线圈 A 连接的电流计的指针将发生偏转，线圈中都有电流，但电流的流向相反，即两闭合线圈，其中一线圈中电流变化时，可在另一线圈中感应出电流。

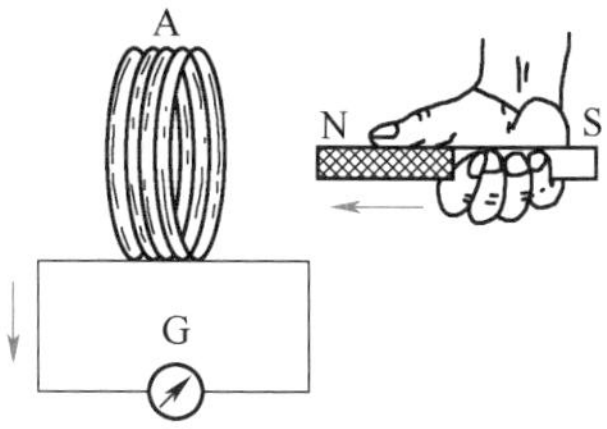

图 6-1 磁体与线圈有相对运动时，电流计的指针发生偏转

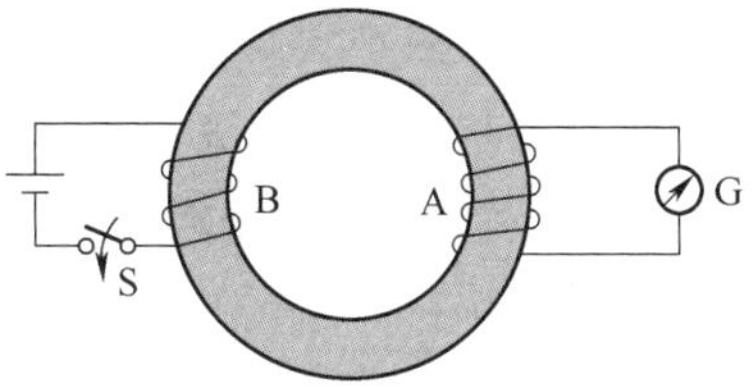

图 6-2 S 闭合和断开的瞬间线圈 A 中电流计指针发生偏转

(3)如图 6-3 所示，在两个磁铁中间，放置一个矩形线圈，此线圈的两端与导线和电流计 G 相连，当闭合线圈在磁场中做切割磁感应线运动时，电流计的指针会发生偏转，说明回路中有电流。

(4)如图 6-4 所示，当导线在磁场中运动时，电流计的指针会发生偏转，说明回路中有电流。

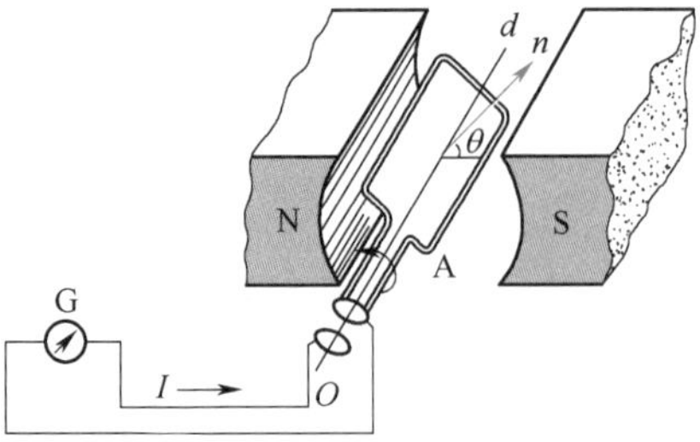

图 6-3 闭合线圈在磁场中做切割磁感线运动时,电流计的指针会发生偏转

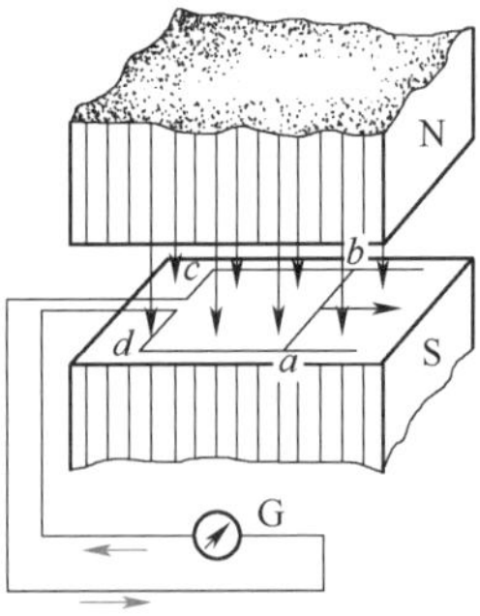

图6-4 导线在磁场中运动时,电流计的指针会发生偏转

以上实验共同的特点:尽管在闭合回路中引起电流的方式有所不同,但都归结出一个共同点,即穿过闭合回路的磁通量都发生了变化。这里要特别强调一下,关键不是磁通量本身,而是磁通量的变化。于是可以得出:**当通过一个闭合导体回路所包围的面积的磁通量发生变化时,不管这种变化是由什么原因引起的,回路中就有电流产生,这种现象叫作电磁感应现象**。由于通过回路中的磁通量发生变化,而在回路中产生的电流,称为**感应电流**。

回路中由于磁通量的变化而引起的电动势称为**感应电动势**。

※法拉第(Michael Faraday,1791—1867)。法拉第是 19 世纪电磁理论中最伟大的实验物理学家。法拉第主要从事电学、磁学、磁光学、电化学方面的研究,并在这些领域取得了一系列重大发现。他创造性地提出场的思想。他是电磁理论的创始人之一,于 1831 年发现电磁感应现象后,又相继发现电解定律、物质的抗磁性和顺磁性,以及光的偏振面在磁场中的旋转。法拉第做了大量的实验,不成功的尝试比成功的尝试多得多,关于这一点,法拉第有一句名言:"有千分之一的成功也就心满意足。"

6.1.2 法拉第电磁感应定律

法拉第对电磁感应现象做了定量研究,分析了大量的实验,电磁感应定律可表述为:当穿过闭合回路所包围面积的磁通量发生变化时,不论这种变化是什么原因引起的,回路中就有感应电动势产生,并且感应电动势正比于磁通量对时间变化率的负值。

在国际单位制中:

$$\varepsilon_i = -\frac{\mathrm{d}\Phi}{\mathrm{d}t} \tag{6-1}$$

式中,ε_i 的单位为伏(V),Φ 的单位为韦伯(Wb),t 的单位为秒(s)。

如果回路由 N 匝密绕线圈组成,则通过线圈的磁通用磁链表示 $\Psi = N\Phi$,Ψ 也叫磁链。对此,电磁感应定律就可写成

$$\varepsilon_i = -\frac{N\mathrm{d}\Phi}{\mathrm{d}t} = -\frac{\mathrm{d}\Psi}{\mathrm{d}t} \tag{6-2}$$

若回路的电阻为 R,则回路的感应电流为

$$I_i = \frac{\varepsilon_i}{R} = -\frac{1}{R}\frac{\mathrm{d}\Phi}{\mathrm{d}t} \tag{6-3}$$

如果令 $\Delta t = t_2 - t_1$, 且 t_1 时刻磁通量为 Φ_1, t_2 时刻磁通量为 Φ_2, 因为

$$I = \frac{\mathrm{d}q}{\mathrm{d}t}$$

所以

$$\mathrm{d}q = I\mathrm{d}t = -\frac{1}{R}\frac{\mathrm{d}\Phi}{\mathrm{d}t}\mathrm{d}t = -\frac{\mathrm{d}\Phi}{R}$$

故在 $\Delta t = t_2 - t_1$ 时间内,通过回路的电量为

$$q = \int_{\Phi_1}^{\Phi_2} -\frac{\mathrm{d}\Phi}{R} = \frac{1}{R}(\Phi_1 - \Phi_2) \tag{6-4}$$

说明:回路中的感应电量只与磁通量的变化有关。

测出在某段时间中通过回路导体任一截面的感应电量,而且回路电阻为已知,则可求得在这段时间内通过回路所围面积的磁通量的变化,这就是磁强计的设计原理。在地质勘探和地震监测等部门中,常用磁强计来探测地磁场的变化。

6.1.3　楞次定律

楞次(1804—1865),俄国物理学家,生于爱沙尼亚,1836 年起任彼得堡大学教授,是彼得堡科学院院士。楞次主要从事电学的研究。楞次定律对充实、完善电磁感应规律是一大贡献。1842 年,楞次还和焦耳各自独立地确定了电流热效应的规律,这就是大家熟知的焦耳-楞次定律。他还定量地比较了不同金属线的电阻率,确定了电阻率与温度的关系;并建立了电磁铁吸力正比于磁化电流二次方的定律。

楞次

1833 年,**楞次又从实验中总结出关于感应电流指向的楞次定律:闭合回路中的感应电流的方向,总是企图使感应电流本身所产生的通过回路面积的磁通量去补偿或者说反抗引起感应电流的磁通量的改变。或:闭合的导体回路中所产生的感应电流,总是使它所产生的磁场反抗任何引起电磁感应的变化。**具体来说,就是当原磁通量增加时,感应电流产生的磁通量与原磁通量方向相反;当原磁通量减小时,感应电流产生的磁通量与原磁通量方向相同。楞次定律的物理意义:说明法拉第电磁感应定律中负号的物理意义。

注意:感应电流所产生的磁通量要阻碍的是"磁通量的变化",而不是磁通量本身;阻碍并不意味着抵消,如果磁通量的变化完全被抵消了,则感应电流也不存在了。

视频

楞次定律

例如,如图 6-5(a)所示,取回路的绕行方向为顺时针方向,线圈中各匝回路的正法线 $\boldsymbol{e}_n$ 的方向与 $\boldsymbol{B}$ 的方向相同,所以穿过线圈所围面积的磁通量为正值,即 $\Phi > 0$。当磁铁插入线圈时,穿过线圈的磁通量增加,故磁通量随时间的变化率 $\mathrm{d}\Phi/\mathrm{d}t > 0$。由式(6-1)可知, $\varepsilon_i < 0$,

即线圈中各回路的感应电动势的方向与回路的绕行方向相反。此时，线圈中感应电流所激发的磁场与 **B** 的方向相反，它是阻碍磁铁向线圈运动的。

当磁铁从线圈中抽出时，如图 6-5(b) 所示，穿过线圈的磁通量虽仍为正值，即 $\Phi > 0$。但因磁铁是从线圈中抽出，所以穿过线圈的磁通量将有所减小，故有 $\mathrm{d}\Phi/\mathrm{d}t < 0$。由式(6-1)可知，$\varepsilon_i > 0$，即线圈中各回路的感应电动势的方向与回路的绕行方向相同。此时，线圈中感应电流所激发的磁场与 **B** 的方向相同，它是阻碍磁铁远离线圈运动。

在实际中，运用楞次定律来确定感应电动势的方向往往是比较方便的。在应用楞次定律时，应该注意：回路绕行方向与回路正法线方向遵守右手螺旋法则；回路感应电动势方向与回路绕行方向一致时感应电动势取正值；相反时取负值。

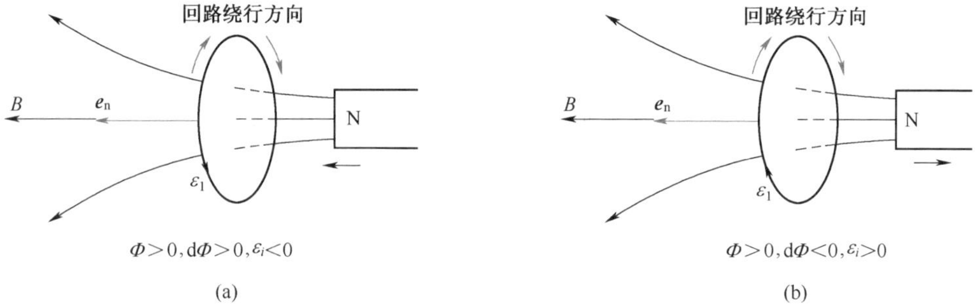

图 6-5　感应电动势方向的判定

楞次定律是能量守恒定律在电磁感应现象中的具体体现。如图 6-4 所示，由于电磁感应，在磁场中运动的导线 ab 向右运动，受到向左安培力，其作用总是反抗导线运动的。因此，要移动导线，就需要外力对它做功，这样，就把某种形式的能量(如机械能、电能)转换为其他形式的能量(如电能、热能等)。感应电流在闭合回路中流动时将释放焦耳热，根据能量守恒定律，这部分热量只能从其他形式的能量转化而来。法拉第电磁感应定律中的负号，正是表明感应电动势的方向和能量守恒定律之间的内在联系。

视频

扩展例题解析

例 1　如图 6-6 所示，磁感应强度 **B** 垂直于线圈平面向里，通过线圈的磁通量按下式关系随时间变化 $\Phi = 6t^2 + 7t + 1$，式中 Φ 的单位为韦伯、时间的单位为 s，问：

(1) 当 $t = 2.0$ s 时，回路中的感应电动势的大小是多少？

(2) 通过 R 的电流方向为何？

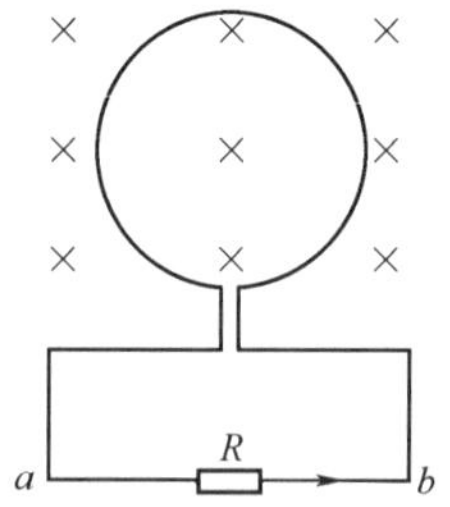

图 6-6　例 1 的示意图

解　(1) 根据法拉第电磁感应定律，可得回路中的感应电动势的大小为

$$|\varepsilon_i| = \frac{\mathrm{d}\Phi}{\mathrm{d}t} = \frac{\mathrm{d}}{\mathrm{d}t}(6t^2 + 7t + 1) = (12t + 7)\,\mathrm{V}$$

当 $t = 2.0$s 时，回路中的感应电动势的大小为

$$\varepsilon_i = (12 \times 2.0 + 7) = 31\ \mathrm{V}$$

(2) 由楞次定律，电动势方向：$a \rightarrow b$。

电流的方向：$a \rightarrow R \rightarrow b$。

例 2　交流发电机原理

如图 6-7 所示，面积为 S 的线圈有 N 匝，放在均匀磁场 B 中，可绕 OO' 轴转动，若线圈转动的角

速度为 ω, 求线圈中的感应电动势。

解 设在 $t=0$ 时,线圈平面的正法线 $\boldsymbol{n}$ 方向与磁感应强度 $\boldsymbol{B}$ 的方向平行,那么,在时刻 t, $\boldsymbol{n}$ 与 $\boldsymbol{B}$ 之间的夹角 $\theta=\omega t$, 此时,穿过 N 匝线圈的全磁通为

$$\Psi = NBS\cos\theta = NBS\cos\omega t$$

由电磁感应定律可得线圈中的感应电动势为

$$\varepsilon_i = -\frac{\mathrm{d}\Phi}{\mathrm{d}t} = -\frac{\mathrm{d}}{\mathrm{d}t}(NBS\cos\omega t) = NBS\omega\sin\omega t$$

令 $\varepsilon_m = NBS\omega$, 则

$$\varepsilon_i = \varepsilon_m\sin\omega t$$

令 $\omega = 2\pi f$, 则

$$\varepsilon_i = \varepsilon_m\sin(2\pi f)t$$

ε_i 为时间的正弦函数。

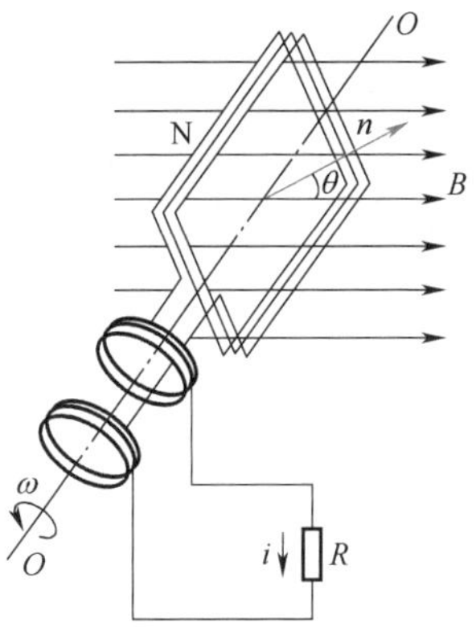

图 6-7 例 2 的示意图

讨论:当外电路的电阻 R 比线圈的电阻 R_i 大很多时,根据欧姆定律,闭合回路中的感应电流为 $i=\dfrac{\varepsilon_m}{R}\sin\omega t = I_m\sin\omega t$, 式中的 $i=\dfrac{\varepsilon_m}{R}$ 为感应电流的幅值,如图 6-8 所示,可见,在均匀磁场中匀速转动的线圈内的感应电流也是时间的正弦函数。这种电流叫作正弦交变电流,简称交流电。

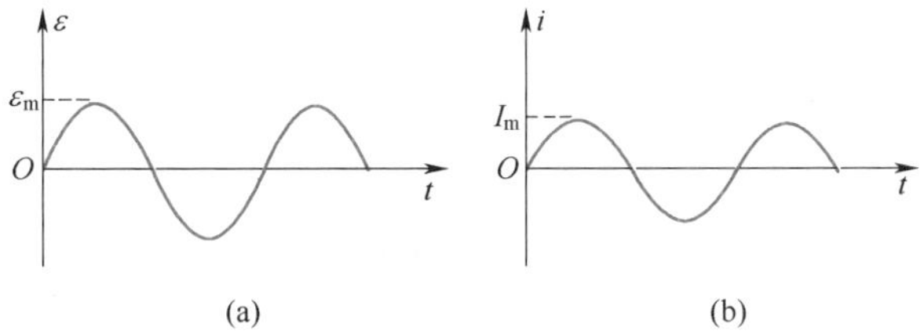

图 6-8 正弦函数

三峡工程水电站发电过程是一种能量转换过程,由高处下落的水的势能转化为动能,水流动的能量带动水轮机转动,由水轮机带动发电机转动,并输出感应电动势,将水库中水流的能量转换为电能。三峡大坝,位于中国湖北省宜昌市夷陵区三斗坪镇境内,三峡大坝工程包括主体建筑物及导流工程两部分,全长约 2 335 m,坝顶高程 185 m,三峡水电站 2018 年发电量突破 1 000 亿千瓦绿色电能时,创单座电站年发电量世界新纪录。三峡大坝建成后,形成长达 600 km 的水库,采取分期蓄水,成为世界罕见的新景观。装机容量达到 2 250 万千瓦的三峡水电站,2012 年 7 月 4 日已成为全世界最大的水力发电站和清洁能源生产基地。三峡大坝有效降低了二氧化碳气体的排放量,践行"绿水青山就是金山银山"的发展理念,三峡大坝发挥防洪、发电、航运、养殖、旅游、南水北调、供水灌溉等十大效益,是世界上任何巨型电站无法比拟的。

6.2 动生电动势与感生电动势

根据法拉第电磁感应定律:只要穿过回路的磁通量发生了变化,在回路中就会有感应电动势产

生。而实际上,引起磁通量变化的原因不外乎两条:其一是回路相对于磁场有运动;其二是回路在磁场中虽无相对运动,但是磁场在空间的分布是随时间变化的,我们将前一原因产生的感应电动势称为动生电动势,而后一原因产生的感应电动势称为感生电动势。

应该注意,动生电动势和感生电动势的名称也是一个相对的概念,因为在不同的惯性系中,对同一个电磁感应过程的理解不同,如图 6-9 所示。

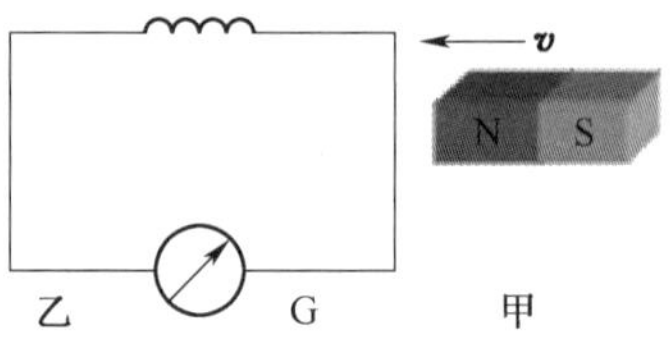

图 6-9　电磁感应过程

(1)设观察者甲随磁铁一起向左运动

甲:线圈中的自由电子相对磁铁运动,受洛伦兹力作用,作为线圈中产生感应电流和感应电动势的原因——动生电动势。

(2)设观察者乙相对线圈静止

乙:线圈中的自由电子静止不动,不受磁场力作用。产生感应电流和感应电动势的原因是运动磁铁(变化磁场)在空间产生一个感应(涡旋)电场,电场力驱动使线圈中电荷定向运动形成电流——感生电动势。

6.2.1　动生电动势

导体或导体回路在磁场中运动而产生的电动势称为动生电动势。

1. 从运动导线切割磁感应线导出动生电动势公式(宏观)

如图 6-10 所示,在磁感应强度为 $\boldsymbol{B}$ 的均匀磁场中,有一长为 l 的导线 ab 以速度 $\boldsymbol{v}$ 向右运动,且速度 $\boldsymbol{v}$ 的方向与 $\boldsymbol{B}$ 的方向垂直。设在 t 时刻,穿过回路面积的磁通量为

视频

动生电动势

$$\Phi = BS = Blx$$

当 ab 运动时,则回路中磁通量将发生变化,由法拉第电磁感应定律可知,回路中感应电动势的大小为

$$|\varepsilon_i| = \frac{\mathrm{d}\Phi}{\mathrm{d}t} = \frac{\mathrm{d}(Blx)}{\mathrm{d}t} = Bl\frac{\mathrm{d}(x)}{\mathrm{d}t} = Blv$$

方向:由楞次定律可知,为逆时针,即 $b \rightarrow a$。我们可以想到,此种情况,只是 ab 运动,其他边均不动,所以,动生电动势应归之于 ab 导线的运动,所以动生电动势集中于 ab 段导线内。

2. 从运动电荷在磁场中所受的洛伦兹力导出动生电动势公式(微观)

问题:电动势是非静电力作用的表现,引起动生电动势的非静电力是什么?

如图 6-11 所示,当导线 ab 以速度 $\boldsymbol{v}$ 在磁场中运动时,导线中电子所受的洛伦兹力为

$$\boldsymbol{F}_{\mathrm{m}} = -e\boldsymbol{v} \times \boldsymbol{B}$$

$-e$ 为电子所带的电量。方向向下 $a \rightarrow b$。这个力是非静电力,它驱使电子由 $a \rightarrow b$ 运动,使得 b 端聚集负电荷,a 端聚集正电荷。这两种电荷在导体中建立起静电场,所以,电子还要受到静电力 $\boldsymbol{F}_e$ 的作用,方向 $b \rightarrow a$,当 $F_{\mathrm{m}} = F_e$ 时,ab 两端保持稳定的电势差。

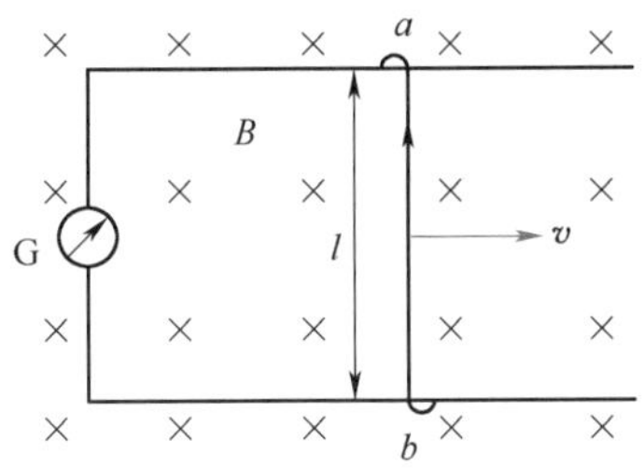

图 6-10　导线切割磁感应线

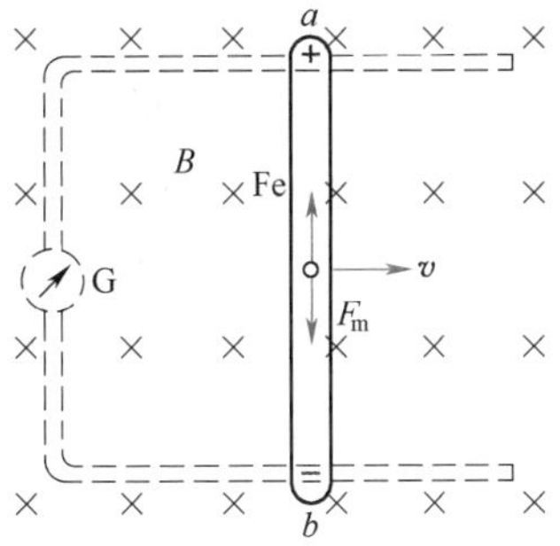

图 6-11　动生电动势

结论：洛伦兹力是使在磁场中运动的导线产生电势差的根本原因，即洛伦兹力为非静电力，若以 $\boldsymbol{E}_k$ 表示非静电场强，则有

$$\boldsymbol{E}_k = \frac{\boldsymbol{F}_m}{-e} = \boldsymbol{v} \times \boldsymbol{B}$$

由电动势的定义，可知在磁场中运动直导线 ab 产生的动生电动势为

$$\varepsilon_i = \int_b^a \boldsymbol{E}_k \cdot \mathrm{d}\boldsymbol{l} = \int_b^a (\boldsymbol{v} \times \boldsymbol{B}) \cdot \mathrm{d}\boldsymbol{l} \tag{6-5}$$

当 $\boldsymbol{v} \perp \boldsymbol{B}$ 时，且 $\boldsymbol{v} \times \boldsymbol{B}$ 与 $\mathrm{d}\boldsymbol{l}$ 同向时

$$\varepsilon_i = \int_0^l vB \cdot \mathrm{d}l = Bvl$$

对于任意形状的导线，在非均匀磁场中运用所产生的动生电动势，由

$$\varepsilon_i = \int_a^b (\boldsymbol{v} \times \boldsymbol{B}) \cdot \mathrm{d}\boldsymbol{l}$$

讨论：(1)当 $\boldsymbol{v} \perp \boldsymbol{B}$ 且 $\boldsymbol{B}$ 为恒矢量(均匀磁场)时，

$$\varepsilon_i = \int_a^b (\boldsymbol{v} \times \boldsymbol{B}) \cdot \mathrm{d}\boldsymbol{l} = \int_0^L vB\mathrm{d}l = BLv$$

(2)一般情况下，$\varepsilon_i = \int_l (\boldsymbol{v} \times \boldsymbol{B}) \cdot \mathrm{d}\boldsymbol{l}$，积分是沿运动的导线段进行，积分路径上各点 $\boldsymbol{v}$ 及 $\boldsymbol{B}$ 都可能不同，不一定能提出积分号外。

(3)当导体为闭合回路时可以应用 $\varepsilon_i = \oint_l (\boldsymbol{v} \times \boldsymbol{B}) \cdot \mathrm{d}\boldsymbol{l}$ 或法拉第电磁感应定律

$$\varepsilon_i = -\frac{\mathrm{d}\Phi}{\mathrm{d}t}$$

(4)动生电动势只存在于运动的导体上，不动的那段导体上没有电动势，只是提供电流的通路，若只有一段导体，则该段导体两端存在电势差，即有动生电动势产生，但无电流。

例 1　如图 6-12 所示，一根长度为 L 的铜棒 AB，在磁感应强度为 $\boldsymbol{B}$ 的均匀的磁场中，以角速度 ω 在与磁场方向垂直的平面上绕棒的一端 A 做匀速运动，试求铜棒两端之间产生的感应电动势的大小。

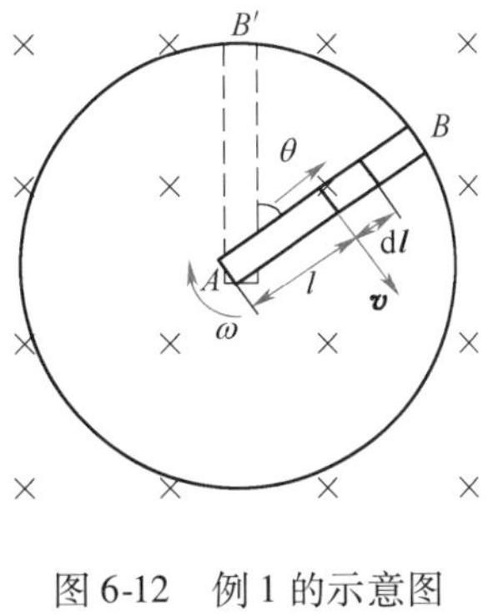

图 6-12　例 1 的示意图

视频

动生电动势例题

解法1 按定义式解。

在铜棒上取很小的一段线元 $\mathrm{d}\boldsymbol{l}$，运动速度大小 $v=\omega l$ 并且 $\boldsymbol{v}$，$\boldsymbol{B}$，$\mathrm{d}\boldsymbol{l}$ 互相垂直。于是 $\mathrm{d}\boldsymbol{l}$ 两端的动生势为

$$\mathrm{d}\varepsilon_i=(\boldsymbol{v}\times\boldsymbol{B})\cdot\mathrm{d}\boldsymbol{l}=Bv\mathrm{d}l=B\omega l\mathrm{d}l$$

把铜棒看成是由许多长度为 $\mathrm{d}\boldsymbol{l}$ 的小线段元组成的，每小段的线速度 $\boldsymbol{v}$ 都与 $\boldsymbol{B}$ 垂直，于是铜棒两端的电势差为

$$\varepsilon_i=\int_0^L B\omega l\mathrm{d}l=\frac{1}{2}B\omega L^2$$

方向为 $A\rightarrow B$，A 端带负电，B 端带正电。

解法2 用法拉第电磁感应定律求解。

设 $t=0$ 时，AB 位于 AB' 位置，t 时刻转到实线位置，取 $AB'BA$ 为绕行方向（$AB'BA$ 视为回路），则通过此回路所围面积的磁通量为

$$\Phi=BS=B\frac{L^2}{2}\theta$$

因而动生电动势大小为

$$\varepsilon_i=\left|\frac{\mathrm{d}\Phi}{\mathrm{d}t}\right|=B\frac{L^2}{2}\omega=\frac{1}{2}B\omega L^2$$

方向：由楞次定律判断 ε_i 沿 $A\rightarrow B$ 的方向。

例2 如图6-13所示，直导线 ab 以速率 v 沿平行于直导线的方向运动，ab 与直导线共面，且与它垂直，设直导线中的电流强度为 I，导线 ab 长为 L，a 端到直导线的距离为 d，求导线 ab 中的动生电动势，并判断哪端电势较高。

解法1 在导线 ab 所在区域，长直线载流导线在距其 r 处的磁感应强度 $\boldsymbol{B}$ 大小为

$$B=\frac{\mu_0 I}{2\pi r}$$

方向为"⊙"，即垂直纸面向外。

在导线 ab 上距载流导线 r 处取一线元 $\mathrm{d}\boldsymbol{r}$，方向向右，因 $\boldsymbol{v}\times\boldsymbol{B}$ 方向也向右，所以该线元中产生的电动势为

$$\mathrm{d}\varepsilon_i=(\boldsymbol{v}\times\boldsymbol{B})\cdot\mathrm{d}\boldsymbol{r}=vB\mathrm{d}r=v\frac{\mu_0 I}{2\pi r}\mathrm{d}r$$

故导线 ab 中的总电动势为

$$\varepsilon_{ab}=\int_d^{d+L}v\frac{\mu_0 I}{2\pi r}\mathrm{d}r=\frac{v\mu_0 I}{2\pi}\ln\frac{d+L}{d}$$

由于 $\varepsilon_{ab}>0$，表明电动势的方向由 $a\rightarrow b$，b 端电势较高。

解法2 应用法拉第电磁感应定律求解。

如图6-14所示，假想一个U形导体框与 ab 组成一个闭合回路，先算出回路的感应电动势，由于U形框不动，不会产生动生电动势，因而，回路的感应电动势就是导线 ab 在磁场中运动时所产生的动生电动势。

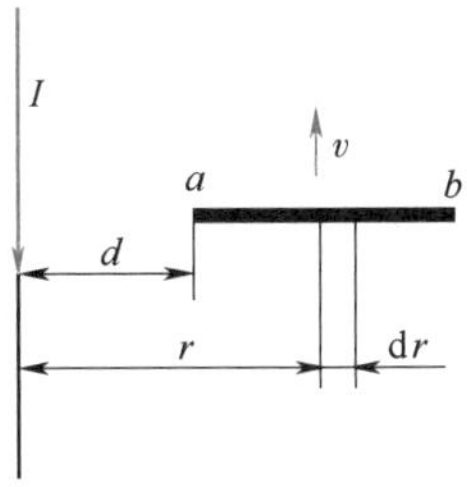

图 6-13 例 2 的示意图

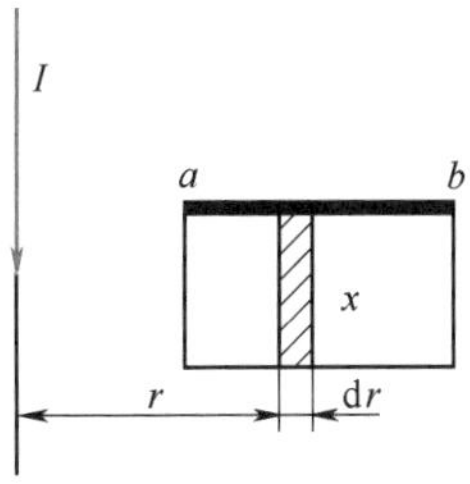

图 6-14 应用法拉第电磁感应定律求解

设某时刻导线 ab 到 U 形框底边的距离为 x，取顺时针方向为回路的正方向，则该时刻通过回路的磁通量

$$\Phi = \int_S \boldsymbol{B} \cdot \mathrm{d}\boldsymbol{S} = \int_d^{d+L} -\frac{\mu_0 I}{2\pi r} x \mathrm{d}r = -\frac{\mu_0 I}{2\pi} x \ln \frac{d+L}{d}$$

则回路中的电动势为

$$\varepsilon_i = -\frac{\mathrm{d}\Phi}{\mathrm{d}t} = -\frac{\mathrm{d}}{\mathrm{d}t}\left(-\frac{\mu_0 I}{2\pi} x \ln \frac{d+L}{d}\right) = \frac{\mu_0 I}{2\pi} v \ln \frac{d+L}{d}$$

$\varepsilon_i > 0$ 表示电动势方向与所选回路正方向相同，即沿顺时针方向，因此在导线 ab 上，电动势为 $a \to b$，b 端电势高。

6.2.2 感生电动势

1. 感生电场

视频

感生电动势

问题：闭合回路在磁场中，当磁场变化时，在回路中要产生感应电流，因而要产生感应电动势，其非静电力不可能是洛伦兹力。那么引起感应电流的电场是什么？

英国著名物理学家麦克斯韦分析了一些电磁感应现象以后，提出假设：变化的磁场在其周围空间要激发一种电场——感生电场，它就是产生感应电动势的“外来场”，可以形成感应电流。即感生电场是由变化的磁场引起的。

实验证实了麦克斯韦提出的感生电场确实存在，而且还可以扩展到原磁场未达到的区域。通常把由感生电场引起的电动势，叫作感生电动势。可见，变化的磁场是产生感生电动势的非静电力。

2. 感生电场与变化磁场的关系

由电动势定义可知，由于磁场的变化，在一个导体回路 L 中产生的感生电动势为

$$\varepsilon_i = \oint_L \boldsymbol{E}_\mathrm{k} \cdot \mathrm{d}\boldsymbol{l}$$

由法拉第电磁感应定律

$$\varepsilon_i = -\frac{\mathrm{d}\Phi}{\mathrm{d}t} = -\frac{\mathrm{d}}{\mathrm{d}t}\int_S \boldsymbol{B} \cdot \mathrm{d}\boldsymbol{S}$$

当仅考虑磁场 $\boldsymbol{B}$ 随时间变化，而导体回路不动时，则有

$$\varepsilon_i = \oint_L \boldsymbol{E}_\mathrm{k} \cdot \mathrm{d}\boldsymbol{l} = -\frac{\mathrm{d}\Phi}{\mathrm{d}t}$$

即

$$\oint_L \boldsymbol{E}_k \cdot d\boldsymbol{l} = -\int_S \frac{d\boldsymbol{B}}{dt} \cdot d\boldsymbol{S} \tag{6-6}$$

式中 $\frac{d\boldsymbol{B}}{dt}$ 是闭合回路所围面积内某点的磁感应强度随时间的变化率。式(6-6)表明,只要存在着变化的磁场,就一定会有感生电场,而且 $-\frac{d\boldsymbol{B}}{dt}$ 与 $\boldsymbol{E}_k$ 在方向上应遵从右手螺旋定则。

这就是感生电场与变化磁场之间的关系,是电磁场的基本方程之一。

3. 感生电场与静电场比较(见表6-1)

表6-1 感生电场与静电场的比较

	静电场	感生电场
场源	正负电荷	变化的磁场
场的性质	$\oint_S \boldsymbol{E} \cdot d\boldsymbol{S} = \frac{1}{\varepsilon_0}\sum q$ 有源场	$\oint_S \boldsymbol{E}_k \cdot d\boldsymbol{S} = 0$ 无源场
	$\oint_L \boldsymbol{E} \cdot d\boldsymbol{l} = 0$ 保守场	$\oint_L \boldsymbol{E}_k \cdot d\boldsymbol{l} = -\int_S \frac{d\boldsymbol{B}}{dt} \cdot d\boldsymbol{S}$ 非保守场
电场线	起源于正电荷,终止于负电荷,不闭合	闭合线
作用力	$\boldsymbol{F} = q\boldsymbol{E}$	$\boldsymbol{F} = q\boldsymbol{E}_k$

4. 感生电动势的计算:

(1)用公式 $\varepsilon_i = \oint_L \boldsymbol{E}_k \cdot d\boldsymbol{l}$ 计算(要求知道 $\boldsymbol{E}_k$)。

(2)用 $\varepsilon_i = -\frac{d\Phi}{dt}$, 又分两种情况:

①闭合回路感应电动势,只要知道 $\frac{d\Phi}{dt}$, 即可求 ε_i。

②求一段非闭合的感应电动势——辅助线方法。

注意:作辅助线应满足两个条件之一:辅助线上的感应电动势为零;或辅助线上的感应电动势容易计算。

例3 在一长直螺线管内通以电流,其内部就会产生一轴向均匀的磁场 B,如果使螺线管中的电流以一定规律变化,则磁感应强度 B 也将随之变化。这样,空间各点将产生涡旋电场 E_k,设空间有磁场存在的圆柱形区域的半径 $R=5$ cm,磁感应强度对时间的变化率 $dB/dt=0.2$ T/s,试计算离开轴线的距离 $r=2$ cm,$r=5$ cm 及 $r=10$ cm 处涡旋电场的 E_k。

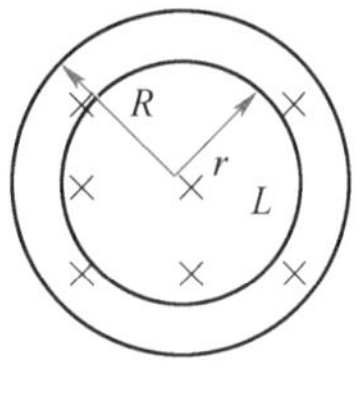

图6-15 例3的示意图

解 如图6-15所示,以 r 为半径作一圆形闭合回路 L,根据磁场分布的轴对称性和感生电场的电场线呈闭合曲线特点,可知回路上感生电场的电场线处在垂直于轴线的平面内,它们是以轴为圆心的一系列同心圆,同一同心圆上任一点

的感生电场的 E_k 大小相等，并且方向必然与回路相切。于是沿 L 取 E_k 的线积分，有

$$\oint_L \boldsymbol{E}_k \cdot d\boldsymbol{l} = 2\pi r E_k$$

若 $r<R$，则 $\Phi = B\pi r^2$。

而

$$\oint_L \boldsymbol{E}_k \cdot d\boldsymbol{l} = -\frac{d\Phi}{dt} = -\pi r^2 \frac{dB}{dt}$$

即

$$2\pi r E_k = -\pi r^2 \frac{dB}{dt}$$

所以

$$E_k = -\frac{r}{2}\cdot\frac{dB}{dt}$$

若 $r\geqslant R$，则 $\Phi = B\pi R^2$

即

$$2\pi r E_k = -\pi R^2 \frac{dB}{dt}$$

所以

$$E_k = -\frac{R^2}{2r}\cdot\frac{dB}{dt}$$

故本题的结果为

$r=2$ cm 时，$E_k = -\frac{r}{2}\cdot\frac{dB}{dt} = \left(-\frac{0.02}{2}\times 0.2\right)\text{V}\cdot\text{m}^{-1} = -2\times10^{-3}\ \text{V}\cdot\text{m}^{-1}$

$r=5$ cm 时，$E_k = -\frac{R}{2}\cdot\frac{dB}{dt} = \left(-\frac{0.05}{2}\times 0.2\right)\text{V}\cdot\text{m}^{-1} = -5\times10^{-3}\text{V}\cdot\text{m}^{-1}$

$r=10$ cm 时，$E_k = -\frac{R^2}{2r}\cdot\frac{dB}{dt} = \left(-\frac{0.05^2}{2\times 0.1}\times 0.2\right)\text{V}\cdot\text{m}^{-1} = -2.5\times10^{-3}\text{V}\cdot\text{m}^{-1}$

6.3　自感与互感

不论用什么方法，只要使穿过回路面积的磁通量发生变化，就会有电磁感应现象。在大多数情况下，磁通量的变化是由电流的变化引起的。如图 6-16 所示，由磁场叠加原理：穿过回路 1 的磁通量 Φ_1，在回路 1 中电流 I_1 的磁通量所产生的穿过回路 1 中的磁通量 Φ_{11}；在回路 2 中电流 I_2 的磁通量所产生的穿过回路 1 中的磁通量 Φ_{12}。

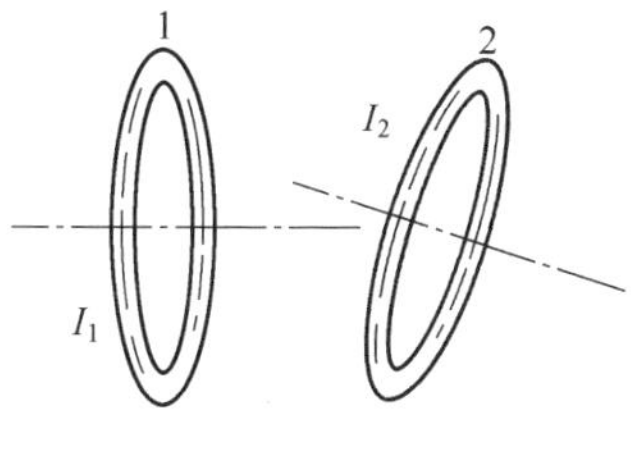

图 6-16　两个邻近的载流闭合回路

当电流 I_1、I_2 变化或者两电路位置发生变化，或一个电路形状发生变化时，Φ_1 都会发生变化，回路 1 中就会产生感应电动势，由电磁感应定律有

$$\varepsilon_1 = -\frac{d\Phi_1}{dt} = -\frac{d\Phi_{11}}{dt} - \frac{d\Phi_{12}}{dt}$$

式中：$-\frac{d\Phi_{11}}{dt}$ 由回路 1 自身条件变化而在回路 1 中所引起的感应电动势，即自感电动势；$-\frac{d\Phi_{12}}{dt}$ 由回路 2 条件变化而在回路 1 中所引起的感应电动势，即互感电动势。

当一个回路附近有其他回路时，必须同时考虑上述两种效应；当周围电路离得很远时，自感占主要地位，当自感很弱时，可只考虑互感效应。

当一个导体回路因通过回路自身的磁通量发生变化，从而在自身回路中产生感应电动势的现象称为自感现象，相应的感应电动势称为自感电动势。

两个载流回路相互在对方回路中激起感应电动势的现象称为互感现象，相应的感应电动势称为互感电动势。

6.3.1 自感

1. 自感系数

设闭合回路中，电流为 I，回路形状不变，没有铁磁质时，根据毕奥-萨伐尔定律，$B \propto I, \Phi = BS$，则有

$$\Phi = LI \tag{6-7}$$

式中，L 叫作回路的自感系数，简称自感，实验表明，自感 L 由回路的大小、形状、匝数，以及周围磁介质的性质决定。

说明：式(6-7)中如令 $I = 1$ A，则 Φ 在数值上等于 L，可见，某回路自感系数，在数值上等于回路中的电流为 1 A 时，穿过此回路所围面积的磁通量。若回路里有铁磁质时，Φ 与电流不是线性关系。

自感的单位：亨[利](H)，1 H = 1 Wb · A^{-1}

亨利(J. Henry，1797—1878)，美国物理学家。1830 年首先观察到自感现象，但于 1832 年才发表，一年后，法拉第发现电磁感应现象。强力实用电磁铁，磁电器都是亨利发明的。亨利的贡献很大，只是有的没有立即发表，因而失去了许多发明的专利权和发现的优先权。但人们没有忘记这些杰出的贡献，为了纪念亨利，用他的名字命名了自感系数和互感系数的单位。

2. 自感电动势

由电磁感应定律：

$$\varepsilon_i = -\frac{\mathrm{d}\Phi}{\mathrm{d}t} = -\frac{\mathrm{d}}{\mathrm{d}t}(LI) = -L\frac{\mathrm{d}I}{\mathrm{d}t} - I\frac{\mathrm{d}L}{\mathrm{d}t}$$

视频 自感电动势和自感系数

若回路形状、大小及周围介质不随时间变化时，则 $L = \text{const}, \frac{\mathrm{d}L}{\mathrm{d}t} = 0$，故

$$\varepsilon_i = -L\frac{\mathrm{d}I}{\mathrm{d}t} \tag{6-8}$$

说明：负号是楞次定律的表示，即感应电动势将反抗回路中电流的变化，注意不是反抗电流本身，即电流增加时，自感电动势与原电流方向相反；反之，则与原电流方向相同。

若回路由 N 匝线圈串联而成，且穿过每匝线圈的磁通量都相等，则

$$\Psi = N\Phi = LI \tag{6-9}$$

当自感系数不变时，有

$$\varepsilon_i = -L\frac{\mathrm{d}I}{\mathrm{d}t}$$

将式(6-8)变形，得

$$L = -\frac{\varepsilon_i}{\mathrm{d}I/\mathrm{d}t} \tag{6-10}$$

由式(6-10)可以看出，自感的意义也可以这样理解：某回路中的自感系数，在数值上等于回路中的电流随时间的变化率为一个单位时，在回路中引起自感电动势的绝对值。

3. 电磁惯性

根据楞次定律，$\varepsilon_i = -L\frac{\mathrm{d}I}{\mathrm{d}t}$ 中的负号表明，当回路中电流增加时，自感电动势小于零，即自感电动势与原电流方向相反；当回路中电流减少时，自感电动势大于零，即自感电动势与原电流方向相同，因而自感电动势总是阻碍回路中电流的变化。在相同电流变化的条件下，自感系数越大，自感电动势越大，即阻碍作用越强，回路电流越不容易改变。因而回路的自感有使回路的电流保持不变的性质，与力学中物体的惯性有些相似，故称为电磁惯性；自感系数就是回路电磁惯性的量度。

在工程技术和日常生活中，自感现象的应用是很广泛的，如无线电技术和电工中常用的扼流圈，日光灯上用的镇流器等就是实例。但是，在有些情况下自感现象会带来危害，必须采取措施予以防止。例如，无轨电车行驶时，若路面不平，车顶上的受电弓由于车身颠簸，有时会短时间脱离电网而使电路突然断开。这时由于自感而产生的自感电动势，在电网与受电弓之间形成一较高的电压，常常大到使空气间隙“击穿”而导电，以致在空气间隙中产生电弧，对电网有损坏作用。

例 1 有一长直螺线管，长度为 l，横截面积为 S，线圈总匝数为 N，管中介质磁导率为 μ_0，试求其自感系数。

解 对于长直螺线管，当有电流 I 通过时，可以把管内的磁场看作均匀的，其磁感应强度的大小为

$$B = \mu_0\frac{N}{l}I = \mu_0 nI$$

视频

自感例题解析及应用

其中 $n = N/l$ 为单位长度上的线圈匝数。

磁感应强度的方向与螺线管的轴线平行，因此穿过螺线管的磁通量为

$$\Phi = NBS = N\mu_0 nIS$$

因而自感系数为

$$L = \frac{\Phi}{I} = N\mu_0 nS = \frac{N}{l}\mu_0 nSl$$

令 $V = Sl$ 为螺线管的体积，则

$$L = \mu_0 n^2 V$$

由此可见，自感系数只和线圈本身的大小、形状及磁介质等自身参数有关，而与电流无关。

6.3.2 互感

1. 互感系数

如图 6-17 所示，假定有两个临近的线圈 1 和 2，分别通有电流 I_1 和 I_2，当一个线圈中的电流发生

变化时，将在其周围空间产生变化的磁场，从而在它附近的另一个线圈中产生感应电动势，这种现象称为互感现象，相应的电动势称为互感电动势。这样的两个电路叫互感耦合电路。

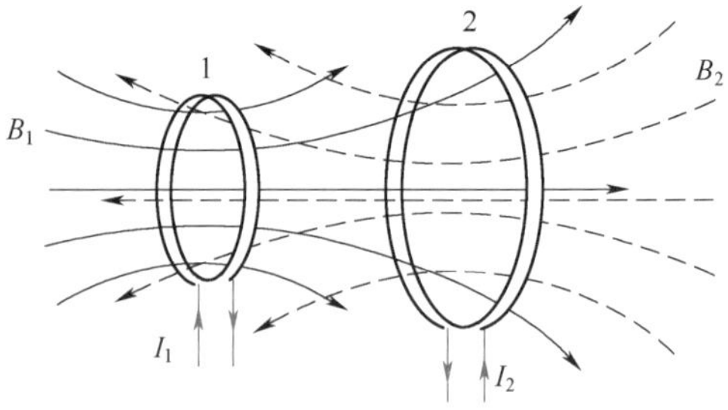

图 6-17　互感

令 Φ_{21} 表示电流 I_1 引起的通过线圈 2 的磁通量；Φ_{12} 表示电流 I_2 引起的通过线圈 1 的磁通量。

由毕奥-萨伐尔定律可知，$B \propto I$。

所以　$\Phi_{21} \propto I_1 \quad , \quad \Phi_{21} = M_{21} I_1$

$\Phi_{12} \propto I_2 \quad , \quad \Phi_{12} = M_{12} I_2$

式中，M_{12}，M_{21} 为互感系数，与线圈形状大小，匝数相对位置，磁导率有关，实验与理论都证明，$M_{12} = M_{21}$。

令 $M_{12} = M_{21} = M$，则

$$\Phi_{21} = MI_1 \quad , \quad M = \Phi_{21}/I_1 \tag{6-11}$$

$$\Phi_{12} = MI_2 \quad , \quad M = \Phi_{12}/I_2 \tag{6-12}$$

由式(6-11)和式(6-12)可以看出，两个线圈的互感系数 M，在数值上等于其中一个线圈中的电流为一单位时，穿过另一线圈所围面积的磁通量。

互感系数的单位：亨[利](H)，$1\ \mathrm{H} = 1\ \mathrm{Wb \cdot A^{-1}}$。

视频　互感电动势和互感系数

2. 互感电动势

由电磁感应定律，线圈 1 中电流 I_1 发生变化，在线圈 2 中引起感应电动势：

$$\varepsilon_{21} = -\frac{\mathrm{d}\Phi_{21}}{\mathrm{d}t} = -M\frac{\mathrm{d}I_1}{\mathrm{d}t} \tag{6-13}$$

同理：线圈 2 中电流 I_2 发生变化，在线圈 1 中引起感应电动势

$$\varepsilon_{12} = -\frac{\mathrm{d}\Phi_{12}}{\mathrm{d}t} = -M\frac{\mathrm{d}I_2}{\mathrm{d}t} \tag{6-14}$$

互感系数：

$$M = -\frac{\varepsilon_i}{\mathrm{d}I/\mathrm{d}t} \tag{6-15}$$

互感系数的意义也可以这样理解：两个线圈的互感系数，在数值上等于其中一个线圈中的电流随时间的变化率为一个单位时，在另一个线圈中所引起的互感电动势的绝对值。

负号表明在一个线圈中所引起的互感电动势要反抗另一线圈中电流的变化。

互感系数 M 是表征互感强弱的物理量，是两个电路耦合程度的量度。

利用互感现象，可以把一个电路存储的能量或信号转到另一个电路，而无须把这两个电路连接起来。这种转移能量的方法在电工、无线电技术中得到广泛的应用。例如：变压器感应圈、互感器、无线充电技术等。其中无线充电技术，源于无线电能传输技术，可分为小功率无线充电和大功率无线充电两种方式。小功率无线充电常采用电磁感应式，如对手机无线充电。其优点为无线电磁感应充电的设备可做到隐形，设备磨损率低，应用范围广，公共充电区域面积相对减小，操作方便，可实施

相对来说的远距离无线电能的转换，但大功率无线充电的传输距离只限制在 5 m 以内，不会太远。

例 2　如图 6-18 所示，设在一长度为 l，半径分别为 r_1 和 r_2，匝数分别为 N_1 和 N_2 的同轴长直密绕螺线管试计算这两个共轴螺线管的互感系数。

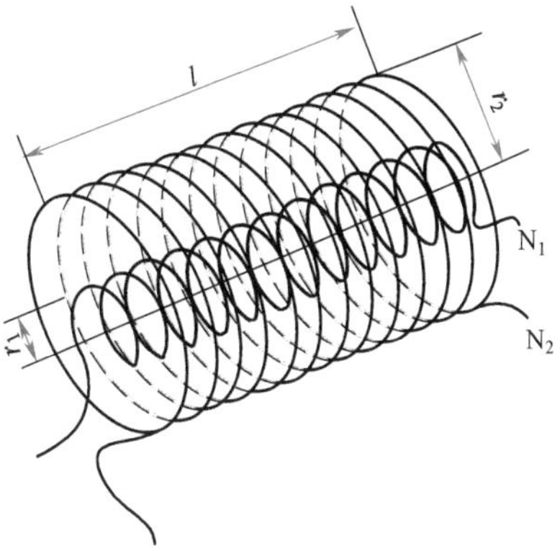

图 6-18　螺线管

解　从题意可知，这两个同轴直螺线管是半径不等的密绕螺线管，而且它们的形状、大小、磁介质和相对位置均固定不变。因此，我们可以先设想在某一线圈中通以电流 I，再求出穿过另一线圈的磁通量 Φ，然后按照互感的定义式 $M = \Phi/I$，求出它们的互感。

设有电流为 I_1 通过半径为 r_1 的螺线管，此时螺线管内的磁感应强度为：

$$B_1 = \mu_0 \frac{N_1}{l} I_1 \tag{1}$$

应当注意，考虑到螺线管是密绕的，所以在两螺线管之间的磁感应强度为零。于是穿过 N_2 匝线圈的总磁通量为

视频

扩展互感例题解析

$$\Psi_{21} = N_2 \Phi_{21} = B_1 \pi r_1^2 N_2 = \mu_0 \frac{N_1 N_2}{l} I_1 \pi r_1^2$$

根据互感系数的定义可得

$$M_{21} = \frac{\Psi_{21}}{I_1} = \mu_0 \frac{N_1 N_2}{l} \pi r_1^2 \tag{2}$$

以同样的方法，还可以计算 M_{12}，设有电流为 I_2 通过半径为 r_2 的螺线管，此时螺线管内的磁感应强度为

$$B_2 = \mu_0 \frac{N_2}{l} I_2$$

于是穿过 N_1 匝线圈的总磁通量为

$$\begin{aligned} \Psi_{12} &= N_1 \Phi_{12} = B_2 \pi r_1^2 N_1 = \mu_0 \frac{N_1 N_2}{l} I_2 \pi r_1^2 \\ M_{12} &= \frac{\Psi_{12}}{I_2} = \mu_0 \frac{N_1 N_2}{l} \pi r_1^2 \end{aligned} \tag{3}$$

从式(2)和式(3)可以看出，不仅 $M_{12} = M_{21} = M$，而且对于两个大小、形状、磁介质和相对位置给定的同轴螺线管来说，它们的互感是确定的。

6.4　磁场的能量

电容器充电，储存了能量

$$W_e = \frac{1}{2}QU = \frac{1}{2}CU^2 = \frac{1}{2}\frac{Q^2}{C}$$

电场能量密度

$$w_e = \frac{1}{2}\varepsilon E^2$$

在电流激发磁场的过程中,也是要供给能量的,所以磁场也具有能量。

在回路系统中流过电流时,由于各回路的自感及回路之间的互感作用,回路中的电流要经历一个从零到稳定值的暂态过程。在这个过程中,电源必须提供能量以来克服自感和互感而做功,这个功最后转化为载流回路的能量和使回路电流之间的相互作用能,即磁场具有能量。磁场的能量就是存储于磁场中的能量,也就是磁场所具有的能量。

对于 RL 电路中,电源供给的能量分成两部分:一部分转换成热能;一部分转换成线圈磁场的能量。

6.4.1 自感储存的能量——自感磁能

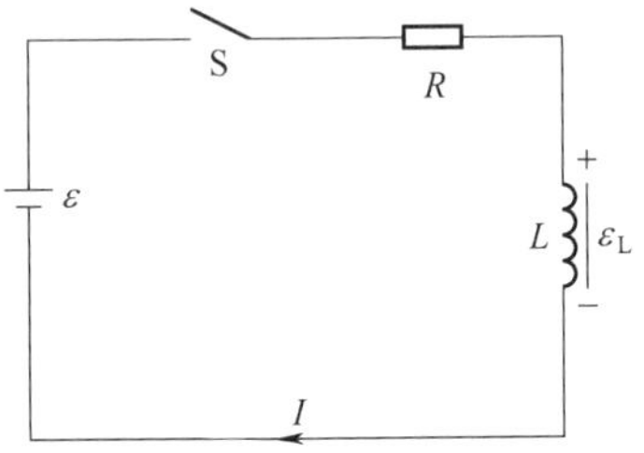

图 6-19 含有自感电路的能量转换

对于如图 6-19 所示的电路,根据欧姆定律可得

$$\varepsilon - L\frac{\mathrm{d}I}{\mathrm{d}t} = RI$$

因而 $$\varepsilon I\mathrm{d}t = LI\mathrm{d}I + RI^2\mathrm{d}t$$

积分 $$\int_0^t \varepsilon I\mathrm{d}t = \int_0^I LI\mathrm{d}I + \int_0^t RI^2\mathrm{d}t$$

式中:$\int_0^t \varepsilon I\mathrm{d}t$ 电源供给的能量;$\int_0^t RI^2\mathrm{d}t$ 回路中导体放出的焦耳热。

$\int_0^I LI\mathrm{d}I$ 电源反抗自感电动势所做的功,这部分能量在感应磁场的过程中,转换为磁场的能量。

故自感线圈储存的磁场为

$$W_{\mathrm{m}} = \int_0^I LI\mathrm{d}I = \frac{1}{2}LI^2 \tag{6-16}$$

6.4.2 磁场的能量

视频 线圈的能量

我们知道,磁场的性质是用磁感应强度来描述的。既然如此,那么磁场的能量也可以用磁感应强度来表示。为了简单起见,我们以长直螺线管为例来进行讨论。

当螺线管中流有电流 I 时,螺线管中的磁感应强度为

$$B = \mu_0 nI$$

所以 $$I = \frac{B}{\mu_0 n}$$

自感系数 $$L = \mu_0 n^2 V$$

把以上两个式子都带入到式(6-16)中,可得

$$W_{\mathrm{m}} = \frac{1}{2}LI^2 = \frac{1}{2}\mu_0 n^2 V\left(\frac{B}{\mu_0 n}\right)^2 = \frac{B^2}{2\mu_0}V \tag{6-17}$$

上式表明,磁场能量与磁感应强度、磁导率和磁场所占的体积有关。

由此可以定义磁场能量密度:

$$w_{\mathrm{m}} = \frac{W_{\mathrm{m}}}{V} = \frac{B^2}{2\mu_0} \tag{6-18}$$

磁场能量密度单位：J/m^3。

上式表明，磁场能量密度与磁感应强度的平方成正比。如螺线管中通有其他磁介质 μ，则以上公式中可用 μ 直接置换 μ_0。例如式(6-18)可变为

$$w_m = \frac{W_m}{V} = \frac{B^2}{2\mu} \tag{6-19}$$

长直螺线管是一特例，但可以证明，在任意的磁场中某处的磁场能量密度都可以用式(6-19)来表示。

知道磁能密度，就可以计算出磁场能量

$$W_m = \int_V w_m \mathrm{d}V = \int_V \frac{B^2}{2\mu} \mathrm{d}V \tag{6-20}$$

例　求同轴电缆的磁能与自感。如图 6-20 所示，同轴电缆中金属芯线的半径为 R_1，同轴金属圆筒半径为 R_2，中间充满磁导率为 μ 的磁介质，若芯线与圆筒分别与电池两极相连，芯线与圆筒上的电流大小相等，方向相反，如略去金属芯线内的磁场，求此同轴芯线与圆筒之间单位长度上的磁能与自感系数。

视频　扩展磁场能量的例题解析

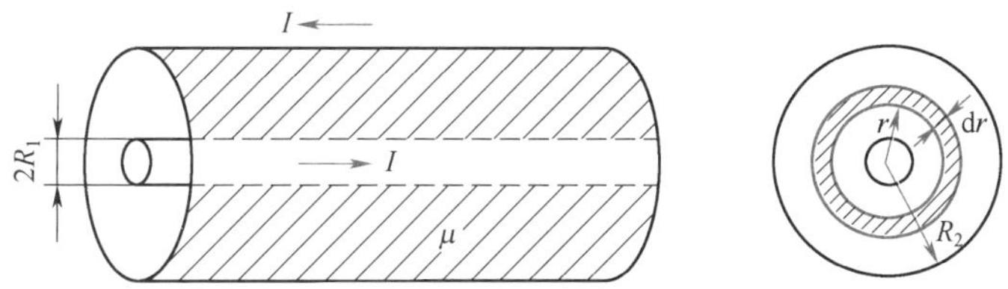

图 6-20　例子的示意图

解　由题意知

$$B = \begin{cases} 0 & \text{当 } r < R_1 \\ \dfrac{\mu I}{2\pi r} & \text{当 } R_1 < r < R_2 \\ 0 & \text{当 } r > R_2 \end{cases}$$

因而能量密度

视频　磁场的能量和能量密度

$$w_m = \frac{1}{2} \cdot \frac{B^2}{\mu} = \frac{\mu I^2}{8\pi^2 r^2}$$

单位长度的总磁能

$$W_m = \int_V w_m \mathrm{d}V = \int_{R_1}^{R_2} \frac{\mu I^2}{8\pi^2 r^2} 2\pi r \cdot 1 \cdot \mathrm{d}r = \frac{\mu I^2}{4\pi} \ln \frac{R_2}{R_1}$$

由磁能公式 $W_m = \frac{1}{2} L I^2$ 得单位长度的自感系数为

$$L = \frac{\mu}{2\pi} \ln \frac{R_2}{R_1}$$

知识结构框图

- 电磁感应电磁场和电磁波
  - 法拉第电磁感应定律
    - 基本形式：$\varepsilon_i=-\frac{\mathrm{d}\Phi}{\mathrm{d}t}$，楞次定律判方向 —— 通过闭合回路的电量 $q=\frac{1}{R}(\Phi_1-\Phi_2)$
    - 动生电动势 $\varepsilon_i=\int_L(\boldsymbol{v}\times\boldsymbol{B})\cdot\mathrm{d}\boldsymbol{l}$ —— 转动线圈 $\varepsilon_i=NBS\omega\sin\omega t$
    - 感生电动势 $\varepsilon_i=\oint\boldsymbol{E}_k\cdot\mathrm{d}\boldsymbol{l}=-\frac{\mathrm{d}}{\mathrm{d}t}\int_S\boldsymbol{B}\cdot\mathrm{d}\boldsymbol{S}$ —— 涡旋电场 $\oint_l\boldsymbol{E}_k\cdot\mathrm{d}\boldsymbol{l}\neq0$
    - 自感电动势 $\varepsilon_L=-L\frac{\mathrm{d}I}{\mathrm{d}t}$ —— 自感系数 $L=\frac{\Phi}{I}$
    - 互感电动势 $\varepsilon_{21}=-M\frac{\mathrm{d}I_1}{\mathrm{d}t}$，$\varepsilon_{12}=-M\frac{\mathrm{d}I_2}{\mathrm{d}t}$ —— 互感系数 $M=\frac{\Phi_{12}}{I_2}=\frac{\Phi_{21}}{I_1}$
  - 磁场能量
    - 磁场能量密度 $w_m=\frac{1}{2}\cdot\frac{B^2}{\mu}$
    - 总能量公式 $W_m=\int_V w_m\mathrm{d}V=\frac{1}{2}\cdot\frac{B^2}{\mu}V$
    - 自感L通电流I的磁场能量 $W_m=\frac{1}{2}LI^2$

小　结

1. 电磁感应

(1)电磁感应现象

当穿过一个闭合回路所包围面积内的磁通量发生变化时，导体回路中产生感应电流的现象。

(2)楞次定律

闭合回路中产生的感应电流具有确定的方向，它总是使感应电流所产生的通过回路面积的磁通量，去补偿或者反抗引起感应电流的磁通量的变化。

(3)法拉第电磁感应定律

通过回路所包面积的磁通量发生变化时产生的感应电动势与磁通量对时间的变化率成正比，即

$$\varepsilon_i=-\frac{\mathrm{d}\Phi}{\mathrm{d}t}$$

ε_i 的方向可由楞次定律确定。

①如果回路由 N 匝线圈串联而成，则线圈中的总感应电动势

$$\varepsilon_i=-N\frac{\mathrm{d}\Phi}{\mathrm{d}t}=-\frac{\mathrm{d}(N\Phi)}{\mathrm{d}t}$$

其中 $N\Phi$ 称为线圈的磁通量匝数或磁链数。

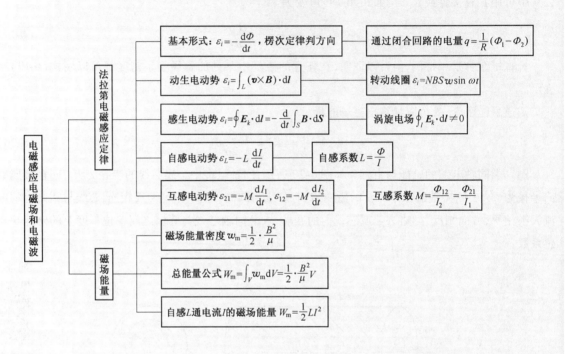

②感生电荷量 q 如果闭合回路的电阻 R，通过导线任一截面的感生电荷量为

$$q=\int_{t_1}^{t_2}I_i\mathrm{d}t=-\frac{1}{R}\int_{\Phi_1}^{\Phi_2}\mathrm{d}\Phi=\frac{1}{R}(\Phi_1-\Phi_2)$$

③用等效的非静电场强 E_k 表示的感应电动势为

$$\varepsilon_i=\oint\boldsymbol{E}_\mathrm{k}\cdot\mathrm{d}\boldsymbol{l}=-\frac{\mathrm{d}}{\mathrm{d}t}\int_S\boldsymbol{B}\cdot\mathrm{d}\boldsymbol{S}$$

上式为法拉第电磁感应定律另一种表述。

2. 动生电动势

导体或导体回路在磁场中运动而产生的电动势称为动生电动势。

(1)导线运动

$$\varepsilon_i=\int_L(\boldsymbol{v}\times\boldsymbol{B})\cdot\mathrm{d}\boldsymbol{l}$$

(2)线圈转动

$$\varepsilon_i=-\frac{\mathrm{d}\Phi}{\mathrm{d}t}$$

注意：

①产生动生电动势的非静电力是洛伦兹力。

②电动势是导线运动产生的，电动势只存在于导线 L 段内，即运动着的导线 L 相当于一个电源，在电源内部，电动势方向是由低电势指向高电势的。对于转动的线圈，其电动势只存在于整个线圈内，电动势方向由楞次定律确定的在线圈的绕向表示。

3. 感生电动势和有旋电场

仅由磁场变化引起的感应电动势，称为感生电动势。

(1)感生电动势

回路 l 不变时

$$\varepsilon_i=\oint_l\boldsymbol{E}_\mathrm{k}\cdot\mathrm{d}\boldsymbol{l}=-\frac{\mathrm{d}\Phi}{\mathrm{d}t}=-\int_S\frac{\partial\boldsymbol{B}}{\partial t}\cdot\mathrm{d}\boldsymbol{S}$$

(2)感生电场 $\boldsymbol{E}_\mathrm{k}$

感生电场指变化的磁场在其周围激发的电场。

一般情况下感生电场 $\boldsymbol{E}$ 的环流，$\oint_l\boldsymbol{E}_\mathrm{k}\cdot\mathrm{d}\boldsymbol{l}\neq0$，场是有旋电场，其电场线是闭合的，所以感生电场也称涡旋电场，感生电场与静电场的起因和性质截然不同，静电场是由电荷激发的，是一种有源保守场，感生电场是由变化磁场激发的，是一种无源、非保守场。它们的共同点在于对场中电荷都有力的作用。

注意：

①产生感生电动势的非静电力由感生电场来提供。

②对于感生电场，不管闭合回路是否由导体构成，也不管闭合回路是处在真空或介质，变化的磁场都要在其周围激发的这种电场。当有闭合回路处在变化的磁场中时，感生电场作用于导体中的自

由电荷从而在导线中引起感生电流的出现。

③感生电场 $\boldsymbol{E}_{\mathrm{k}}$ 在回路中的绕向与所围的 $-\dfrac{\partial \boldsymbol{B}}{\partial t}$ 成右手螺旋关系。

4. 自感和互感

(1)自感系数和自感电动势

①自感:由于回路中电流产生的磁通量发生变化,而在自身回路中激起感应电动势的现象,称为自感现象,相应的电动势称为自感电动势。

②自感电动势 ε_L:对于一个任意形状的回路,回路中由于电流变化引起通过回路本身磁链数的变化而出现的感应电动势为

$$\varepsilon_L = -L\frac{\mathrm{d}I}{\mathrm{d}t}$$

式中,L 称为自感系数,与回路的尺寸、形状和周围介质的磁导率有关,与回路中电流无关。如回路几何形状不变,且周围无磁介质,则

$$L = \frac{\Phi}{I}$$

在国际单位制中,自感的单位是亨利,用 H 表示,$1\ \mathrm{H} = 1\ \mathrm{Wb}\cdot\mathrm{A}^{-1}$。

(2)互感系数与互感电动势

①互感:由于一个回路中的电流变化,而在邻近另一个回路中产生感应电动势的现象,称为互感现象,相应的电动势称为互感电动势。

②互感电动势

$$\varepsilon_{21} = -M\frac{\mathrm{d}I_1}{\mathrm{d}t}, \quad \varepsilon_{12} = -M\frac{\mathrm{d}I_2}{\mathrm{d}t}$$

式中,M 称为互感系数,与两个回路的尺寸、形状、相对位置及周围介质的磁导率有关,与回路中电流无关。如两回路不变,且周围无铁磁介质,则

$$M = \frac{\Phi_{21}}{I}, \quad M = \frac{\Phi_{12}}{I}$$

互感和自感的单位相同,都是亨[利](H)。

5. 磁场的能量

(1)自感线圈中的磁场能量

$$W = \frac{1}{2}LI_0^{\ 2}$$

(2)磁场能量密度

$$w_{\mathrm{m}} = \frac{1}{2}\frac{B^2}{\mu}$$

(3)磁场的能量

$$W_{\mathrm{m}} = \iiint_V w_{\mathrm{m}}\mathrm{d}V$$

自测题

6.1 半径为 a 的圆线圈置于磁感应强度为 $\boldsymbol{B}$ 的均匀磁场中,线圈平面与磁场方向垂直,线圈电阻为 R,当把线圈转动使其法向与 $\boldsymbol{B}$ 的夹角为 $\alpha=60°$时,线圈中已通过的电量与线圈面积及转动时间的关系是(　　)。

A. 与线圈面积成正比,与时间无关　　B. 与线圈面积成正比,与时间成正比

C. 与线圈面积成反比,与时间无关　　D. 与线圈面积成反比,与时间成正比

6.2 如图6-21所示,一导体棒 ab 在均匀磁场中沿金属导轨向右作匀加速运动,磁场方向垂直导轨所在平面。若导轨电阻忽略不计,并设铁芯磁导率为常数,则达到稳定后电容器的 M 极板上(　　)。

A. 带有一定量的正电荷　　B. 带有一定量的负电荷

C. 带有越来越多的正电荷　　D. 带有越来越多的负电荷

6.3 真空中两根很长的相距为 $2a$ 的平行直导线与电源组成闭合回路如图6-22所示。已知导线中的电流为 I,则在两导线正中间某点 P 处的磁能密度为(　　)。

A. $\dfrac{1}{\mu_0}\left(\dfrac{\mu_0 I}{2\pi a}\right)^2$　　B. $\dfrac{1}{2\mu_0}\left(\dfrac{\mu_0 I}{2\pi a}\right)^2$　　C. $\dfrac{1}{2\mu_0}\left(\dfrac{\mu_0 I}{\pi a}\right)^2$　　D. 0

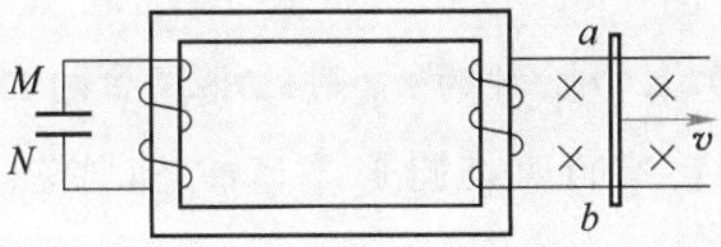

图6-21　题6.2图

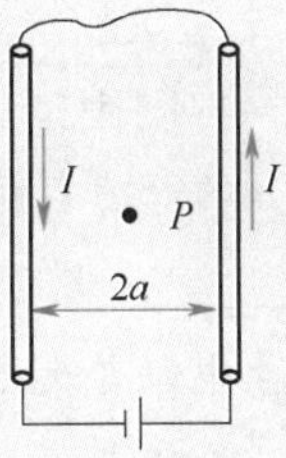

图6-22　题6.3图

6.4 如图6-23所示,一载流螺线管的旁边有一圆形线圈,欲使线圈产生图示方向的感应电流 i,下列(　　)情况可以做到。

A. 载流螺线管离开线圈

B. 载流螺线管向线圈靠近

C. 载流螺线管中电流增大

D. 载流螺线管中插入铁芯

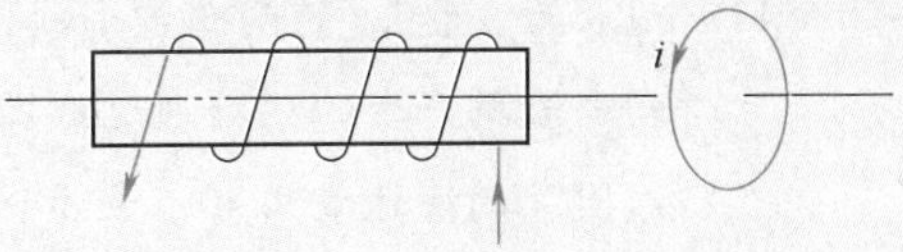

图6-23　题6.4图

6.5 尺寸相同的铁环与铜环所包围的面积中,通以相同变化率的磁通量,则环中(　　)。

A. 感应电动势不同,感应电流不同　　B. 感应电动势相同,感应电流相同

C. 感应电动势不同,感应电流相同　　D. 感应电动势相同,感应电流不同

6.6 自感为0.25 H的线圈中，当电流在(1/16)s内由2 A均匀减小到零时，线圈中自感电动势的大小为(　　)。

A. 7.8×10^{-3} V　　B. 2.0 V　　C. 8.0 V　　D. 3.1×10^{-2} V

6.7 一截面为长方形的环式螺旋管共有N匝线圈，其尺寸如图6-24所示。则其自感系数为(　　)。

A. $\mu_0N^2(b-a)h/(2\pi a)$

B. $[\mu_0N^2h/(2\pi)]\ln(b/a)$

C. $\mu_0N^2(b-a)h/(2\pi b)$

D. $\mu_0N^2(b-a)h/[\pi(a+b)]$

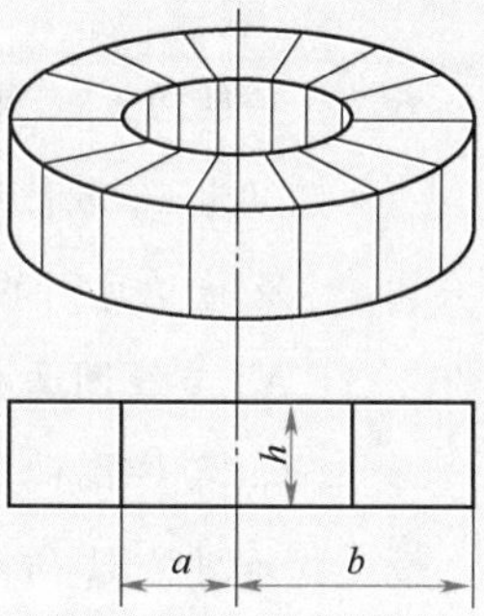

图6-24　题6.7图

6.8 如图6-25所示，当无限长直电流旁的边长为l的正方形回路$abcda$(回路与I共面且bc、da与I平行)以速率v向右运动时，则某时刻(此时ad距I为r)回路的感应电动势的大小及感应电流的流向是(　　)。

A. $\varepsilon=\dfrac{\mu_0Ivl}{2\pi r}$，电流流向$d\to c\to b\to a$

B. $\varepsilon=\dfrac{\mu_0Ivl}{2\pi r}$，电流流向$a\to b\to c\to d$

C. $\varepsilon=\dfrac{\mu_0Ivl^2}{2\pi r(r+l)}$，电流流向$d\to c\to b\to a$

D. $\varepsilon=\dfrac{\mu_0Ivl^2}{2\pi r(r+l)}$，电流流向$a\to b\to c\to d$

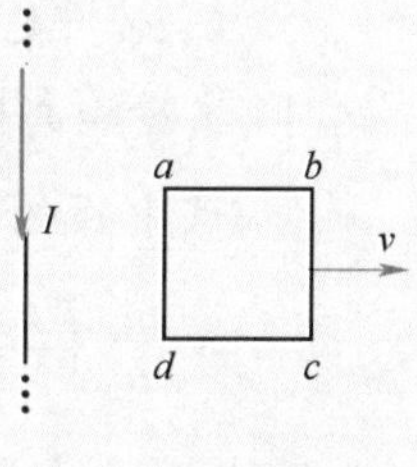

图6-25　题6.8图

6.9 半径为a的长为$l(l>>a)$密绕螺线管，单位长度上的匝数为n，则此螺线管的自感系数为________，当通以电流$I=I_m\sin\omega t$时，则在管外的同轴圆形导体回路(半径为$r>a$)上的感生电动势大小为________。

6.10 如图6-26所示，有一根无限长直导线绝缘地紧贴在矩形线圈的中心轴OO'上，则直导线与矩形线圈间的互感系数为________。

6.11 边长为a和$2a$的两正方形线圈A、B，如图6-27所示同轴放置，通有相同的电流I，线圈A的电流所产生的磁场通过线圈B的磁通量用Φ_{BA}表示，线圈B的电流所产生的磁场通过线圈A的磁通量用Φ_{AB}表示，则二者大小相比较的关系式为________。

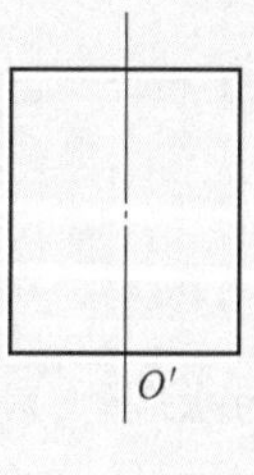

图6-26　题6.10图

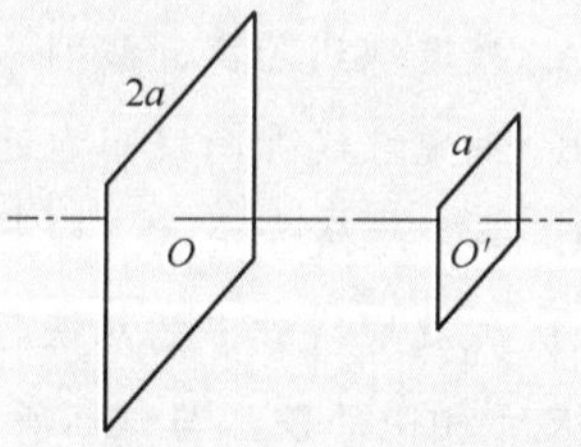

图6-27　题6.11图

6.12 半径为 R 的无限长圆柱形导体，大小为 I 的电流均匀地流过导体截面，则长为 L 的一段导线内的磁场能量 W = ____________。

6.13 真空中两条相距 $2a$ 的平行长直导线，通以方向相同，大小相等的电流 I。P，O 两点与两导线在同一平面内，与导线的距离为 a，如图6-28所示．则 O 点的磁场能量密度 w_{mO} = ____________，P 点的磁场能量密度 w_{mP} = ____________。

6.14 如图6-29所示，均匀磁场的磁感应强度为 $B = 0.2$ T，方向沿 x 轴正方向，则通过 $abOd$ 面的磁通量为____________，通过 $befO$ 面的磁通量为____________，通过 $aefd$ 面的磁通量为____________。

6.15 如图6-30所示，一长圆柱状磁场，磁场方向沿轴线并垂直图面向里，磁场大小既随到轴线的距离 r 成正比，又随 t 作正弦变化，即 $B = B_0 r\sin\omega t$，B_0 和 ω 均为常数。若在磁场中放一半径为 a 的金属圆环，环心在圆柱状磁场的轴线上，求金属环中的感生电动势，并讨论其方向。

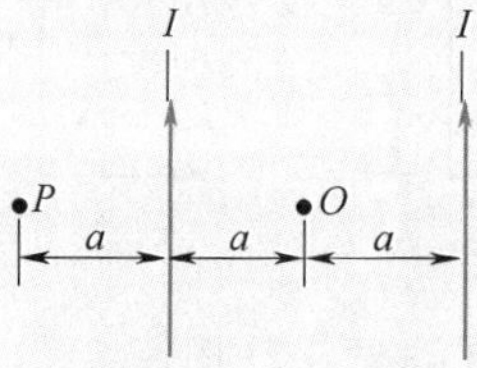

图6-28 题6.13图

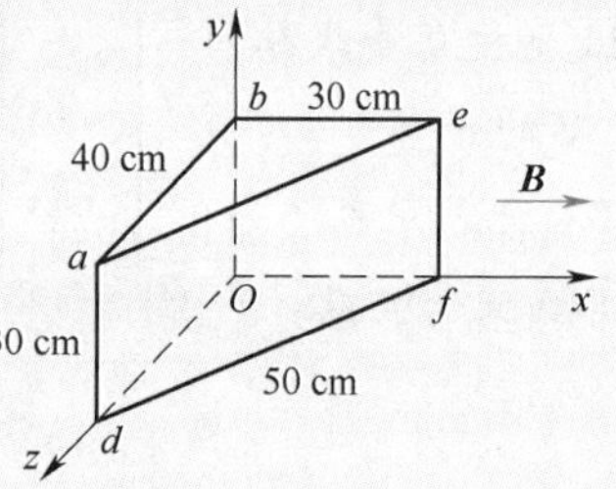

图6-29 题6.14图

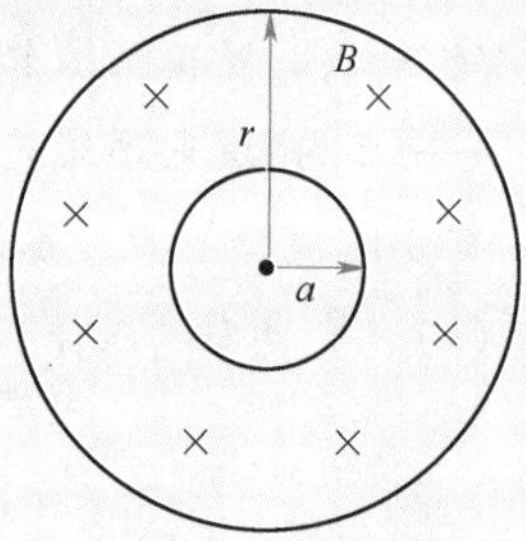

图6-30 题6.15图

6.16 一对同轴无限长直空心薄壁圆筒，电流 i 沿内筒流去，沿外筒流回。已知同轴空心圆筒单位长度的自感系数 $L = \dfrac{\mu_0}{2\pi}$。

(1) 求同轴空心圆筒内、外半径之比。

(2) 若电流随时间变化 $i = I_0\cos\omega t$，求圆筒单位长度产生的感应电动势。

6.17 一长直导线所载电流为 I，设电流沿载面均匀分布，半径为 R，求单位长度上导线内的磁能。

6.18 在电视显像管的电子束中，电子能量为12 000 eV，这个显像管的取向使电子水平地由南向北运动。该处地球磁场的竖直分量向下，大小为 5.5×10^{-5} T。试问：

(1) 电子束受地磁场的影响将偏向什么方向？

(2) 电子的加速度是多少？

(3) 电子束在显像管内在南北方向上通过20 cm时将偏移多远？

6.19 内外半径分别为 R 和 r 的环形螺旋管截面为长方形，共有 N 匝线圈。另有一矩形导线线圈与其套合，如图6-31(a)所示，其尺寸标在图6-31(b)所示的截面图中，求其互感系数。

6.20 如图6-32所示，无限长直导线中电流为 i，矩形导线框 $abcd$ 与长直导线共面，且 $ad//AB$，dc 边固定，ab 边沿 da 及 cb 以速度 v 无摩擦地匀速平动，设线框自感忽略不计，$t = 0$ 时，

ab 边与 dc 边重合。

(1)如 $i = I_0$, I_0 为常量,试求:ab 中的感应电动势,ab 两点哪点电势高?

(2)如 $i = I_0\cos\omega t$,求线框中的总感应电动势。

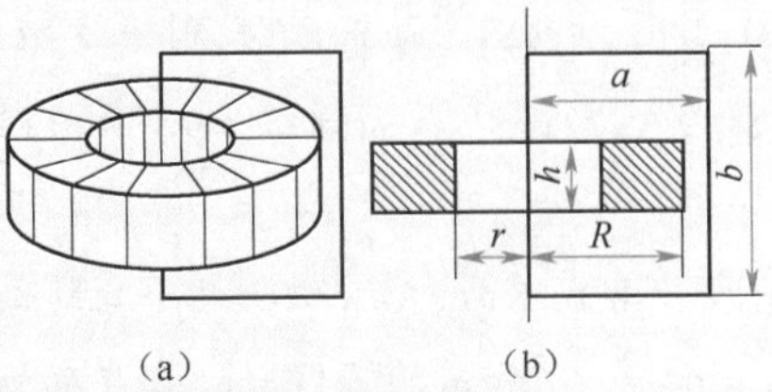

图6-31　题6.19图

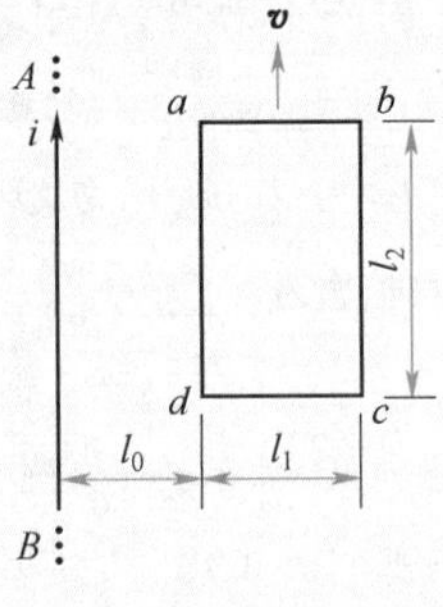

图6-32　题6.20图

6.21　一矩形线圈长 l = 20 cm, 宽 b = 10 cm, 由100 匝导线绕成,放置在无限长直导线旁边,并和直导线在同一平面内,该直导线是一个闭合回路的一部分,其余部分离线圈很远,其影响可略去不计。求图6-33(a)、(b)两种情况下,线圈与长直导线间的互感。

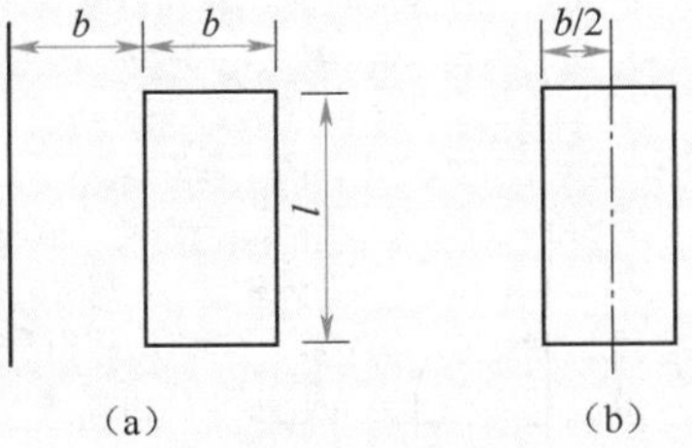

图6-33　题6.21图

阅读材料6

磁流体发电技术

众所周知,燃煤发电方式要向大气中排放大量 SO_2、NO 和烟尘等污染物,这将对大气环境造成严重污染。磁流体发电是世界上正在研究的新兴技术,具有热效率高(可达50% ~60%,传统的火力发电效率仅为20% ~30%)、污染小等优点,在节能环保方面显示了很大的优越性,是一种极具开发潜力的发电技术。

一、等离子体　磁流体

什么是磁流体呢?首先要了解什么是等离子体,随着温度的升高,一般物质依次表现为固态、液态和气态,物质分子排列的有序程度逐级降低,当气体的温度再进一步升高,其中许多甚至全部的分子或原子将由于激烈的相互碰撞而离解为电子和正离子,这时物质将进入一种新的状态,这种主要由大量带电离子(电子和离子)以及不带电的中性粒子(如原子、分子)所组成,且在整体上表现为电中性的电离气体便是等离子体,称为“物质第四态”或“等离子态”。宇宙中99%的物质是等离子体。在地球上,天然的等离子体是非常稀少的,地球上的自然现象中闪电、极光是等离子体,此外火箭喷出的火焰也是等离子体,日常生活中霓虹灯、电弧、日光灯内的发光物体也是等离子体。在磁场中流动的等离子体称为磁流体,磁流体可用于发电。

二、磁流体发电的基本原理

磁流体发电也叫MHD发电，是利用高温高速等离子体在磁场中切割磁感应线产生感应电动势来发电。与普通发电机相比较，不同之处在于磁流体发电机由导电的高温燃气切割磁场发电，而不是金属导体切割磁场发电。如图6-34所示，磁流体发电机由通道、线圈和电极组成。

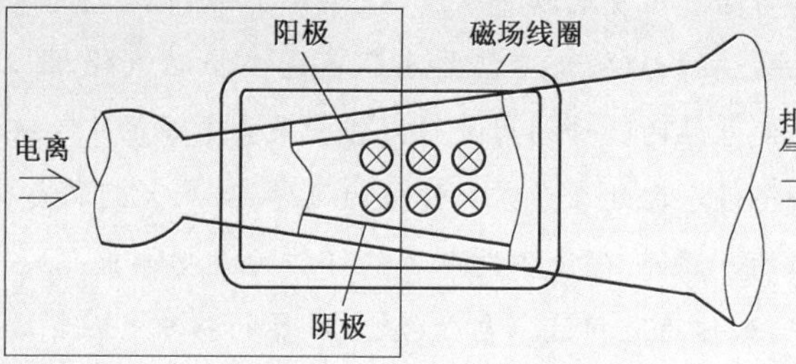

图6-34 磁流体发电机的结构

燃料和氧化剂通过喷油嘴注入燃烧室，在燃烧室中利用燃料燃烧的热能加热气体使之称为等离子体（为了加速等离子体的形成，往往在气体中加一定量容易电离的碱金属，如钾元素做“种子”），温度约为3 000 K，然后使等离子体以超音速的速度（1 000 m/s）进入发电通道。发电通道的两侧有磁极以产生磁场，其上、下两面安装有电极。速度与磁场垂直的等离子体通过通道时，等离子体中带有正、负电荷的高速粒子，在磁场中受到洛伦兹力作用，分别向两极偏移，两极间就有电动势产生，因而有电流流过等离子体。将正负电极通过外接负载连起来，就可以得到电功率输出。这样得到的是直流电，需要转变成交流电送入电网供电。

离开通道的气体成为废气，其温度仍然很高，可达2 300 K。废气可以导入普通发电厂的锅炉，以便进一步加以利用。废气不再回收的磁流体发电机称为开环系统。在利用核能的磁流体发电机内，气体-等离子体是在闭合管道中循环流动反复使用的，这样的发电机称为闭环系统。

三、磁流体发电的特点

与普通发电方式相比，磁流体发电具有如下特点：

1. 发电效率高

在普通发电机中，电动势由线圈在磁场中转动产生，为此必须先把初级能源（通常是化学燃料）燃烧放出的热能经过锅炉、热机等变成机械能，然后再变成电能，因而效率不高，如普通的火力发电，燃料燃烧释放的能量中，只有20%变成了电能。而且，人们从理论上推算出，火力发电的效率提高到40%就已经达到了极限。而在磁流体发电机中，利用热能加热等离子体，然后使等离子体通过磁场产生电动势而直接得到电能，不经过热能到机械能的转变，从而可以提高热能利用的效率，另外，还可以利用从磁流体发电管道喷出的废气，驱动另一台汽轮发电机，形成组合发电装置，这种组合发电的效率可以达到50%～60%。

2. 环境污染少，节约水资源

随着工业生产规模的扩大减少，环境污染已成为公众日益关注并迫在眉睫的重大问题。普通火力发电，燃料燃烧产生的废气里含有大量的二氧化硫，这是造成环境污染的重要原因。而磁流体的发电由于技术本身要求燃气中加进一定重量百分比的钾盐作种子，钾与硫具有很强的化学亲和力。因此，燃气在经过通道发电进入下一级蒸汽的锅炉时，随着温度的降低，燃气中的种子逐渐形成硫酸钾，最后为种子回收装置所收集。这样，就对原来燃料中的硫成分起到了自动脱硫的作用，大大减少了对大气的污染。此外，由于磁流体发电的总循环效率比较高，这样热污染就自然要比普通火力发电厂少 1/3 左右。由于磁流体发电设备的冷却水可在蒸汽部分重复使用，可节约用水量 1/3 左右。

3. 发电设备结构紧凑，启停迅速

因为磁流体发电以导电流体(等离子体)代替了一般发电设备中的转子，以磁体代替了定子，省去了机械旋转部件，又不需要高压蒸汽去推动汽轮机，从而达到了提高热效率和简化设备的目的。磁流体发电站的造价约为常规同容量火力电站的 1/4 左右，这一优点是十分吸引人的。磁流体发电的另一个诱人之处在于它启停极为迅速，从点火到满负荷运转，只需几秒时间，这是一般发电系统无法比拟的。因此，磁流体发电不仅可作为大功率民用电源，而且还可以作为高峰负荷电源和特殊电源使用，如作为风洞试验电源、激光武器的脉冲电源等。

4. 结构简单、输出功率调节方便

因为没有转动的机械部分，噪声小，设备结构简单，流体通道可以做得很大，有利于大型化。利用磁流体发电，只要加快磁流体的喷射速度，增加磁场强度，就能提高发电机的功率。人们使用高能量的燃料，再配上快速启动装置，就可以使发电机功率达到 1 000 万千瓦，从而满足了一些大功率电力用户的需要。

四、磁流体发电存在的主要问题及解决方案

磁流体发电中的主要问题是发电通道效率低；其次，由于磁流体的温度高(2 000 ~ 3 000 K)，喷射的速度大，还混有约 1% 腐蚀性极强的腐蚀剂(钾离子)，加上磁流体发电机启动速度快，这就要求通道和电极材料耐高温、耐腐蚀、耐化学烧蚀、耐骤冷骤热变化。目前所用材料的寿命都比较短，因而磁流体发电机不能长时间运行。解决上述困难的途径可能有两方面：一是研究和发现新材料，目前，有人在氧化锆陶瓷中加入 10% 氧化钇，制成一种耐高温、抗氧化的复合氧化物陶瓷，这种材料具有良好的导电性能，它能像金属一样把电能转变为热能、光能，能耐 2 000 ℃ 以上的高温，且寿命在 1 000 h以上，导电陶瓷的研制成功使磁流体发电机的研究工作前进了一大步；二是设法避开难以克服的“高温条件”。一位以色列科学家发明了液态金属磁流体发电机，巧妙地避开了“高温困难”。这项技术的特点是放弃高温等离子体而以低熔点液态金属(如钠、钾和汞等)为导电液体。这种低温磁流体发电机不仅保持了磁流体发电机的优点，而且可以使用低热源发电。同时，由于低熔点金属、易挥发液体种类较多，选择余地大，价格便宜，成本比目前商业用电还低，如果利用工厂废热发电，则成本可进一步降低。

五、磁流体发电展望

磁流体发电的重大的意义在于它提供了一种高效、低污染的热能直接发电方法，为电力工业的发展与更新改造开辟了重大革新的道路。与此同时，它还有力地推动着工程电磁流体力学这门新兴的学科和一系列新技术的发展。磁流体发电是一项具备大幅度提高效率与减少污染的技术，随着相关技术难题的解决，磁流体与超临界发电技术结合必会为我国的现代化事业提供巨大的能源支持。磁流体发电的发展前景取决于磁流体动力学、高温技术、等离子物理等科学技术部门所能取得的突破与进展，也有赖于国际上的进一步广泛合作。如果磁流体发电实行运营以后，这将对节能、环保和实现电力行业的绿色生产做出重大贡献。

自测题答案

第 1 章

1.1 B　1.2 D　1.3 C　1.4 C　1.5 D　1.6 C　1.7 C　1.8 B　1.9 B　1.10 B

1.11 (1)A 车;　(2)1.19 s;　(3)0.67 s　1.12 6.32 $\mathrm{m\cdot s^{-1}}$;2 $\sqrt{17}\,\mathrm{m\cdot s^{-1}}$

1.13 $v_0+ct^3/3$, $x_0+v_0t+ct^4/12$　1.14 25.6 $\mathrm{m\cdot s^{-2}}$;0.8 $\mathrm{m\cdot s^{-2}}$　1.15 $\boldsymbol{r}$;$\Delta\boldsymbol{r}$

1.16 (1)$y=\dfrac{gx^2}{2(v_0+v)^2}$;　(2)$y=\dfrac{g}{2v^2}x^2$

1.17 (1)一般的曲线运动;(2)变速直线运动　1.18 8 m

1.19 **解**　由 $a=\dfrac{\mathrm{d}v}{\mathrm{d}t}=\dfrac{\mathrm{d}v}{\mathrm{d}x}\cdot\dfrac{\mathrm{d}x}{\mathrm{d}t}=v\dfrac{\mathrm{d}v}{\mathrm{d}x}=-kv^2$

有

$$\frac{\mathrm{d}v}{v}=-k\mathrm{d}x$$

$$\int_{v_0}^{v}(\mathrm{d}v/v)=-\int_0^x k\mathrm{d}x$$

$$\ln\left(\frac{v}{v_0}\right)=-kx$$

故

$$v=v_0\mathrm{e}^{-kx}$$

1.20 (1)在最初 2 s 内的平均速度为

$$\bar{v}_x=\frac{\Delta x}{\Delta t}=\frac{x(2)-x(0)}{\Delta t}=\frac{(4\times2-2\times2^3)-0}{2}\mathrm{m\cdot s^{-1}}=-4\ \mathrm{m\cdot s^{-1}}$$

质点的瞬时速度为

$$v_x=\frac{\mathrm{d}x}{\mathrm{d}t}=4-6t^2$$

2 s 的瞬时速度为

$$v_x(2)=(4-6\times2^2)\mathrm{m\cdot s^{-1}}=-20\ \mathrm{m\cdot s^{-1}}$$

(2) 1 ~ 3 s 的位移为

$$\Delta x=x(3)-x(1)=[(4\times3-2\times3^3)-(4\times1-2\times1^3)]\mathrm{m}=-44\ \mathrm{m}$$

1 ~ 3 s 的平均速度为

$$\bar{v}_x=\frac{\Delta x}{\Delta t}=\frac{x(3)-x(1)}{\Delta t}=\frac{-44}{2}\mathrm{m\cdot s^{-1}}=-22\ \mathrm{m\cdot s^{-1}}$$

(3) 1 ~ 3 s 的平均加速度为

$$\bar{a}_x=\frac{\Delta v_x}{\Delta t}=\frac{v_x(3)-v_x(1)}{\Delta t}=\frac{(4-6\times3^2)-(4-6\times1^2)}{2}\mathrm{m\cdot s^{-2}}=-24\ \mathrm{m\cdot s^{-2}}$$,可以用。

(4)质点的瞬时加速度为

$$a_x=\frac{\mathrm{d}v_x}{\mathrm{d}t}=-12t$$

3 s 的瞬时加速度为

$$a_x(3)=(-12\times3)\text{m}\cdot\text{s}^{-2}=-36\ \text{m}\cdot\text{s}^{-2}$$

1.21 8 m·s^{-1};35.8 m·s^{-2}

1.22 (1)$\begin{cases}x=v_0t\\ y=\dfrac{1}{2}gt^2\end{cases}$;轨迹方程 $y=\dfrac{1}{2}\cdot\dfrac{g}{v_0^2}x^2$;(2)$v=\sqrt{v_0^2+g^2t^2}$,与 x 轴夹角 $\theta=\arctan\dfrac{gt}{v_0}$;$a_t=\dfrac{g^2t}{\sqrt{v_0^2+g^2t^2}}$,方向与 v 同向;$a_n=\dfrac{v_0g}{\sqrt{v_0^2+g^2t^2}}$,方向与 a_t 垂直。

第2章

2.1 C　2.2 C　2.3 B　2.4 B　2.5 A　2.6 A　2.7 D　2.8 B　2.9 B

2.10 460.71 m, 5.49×10^3 N

2.11

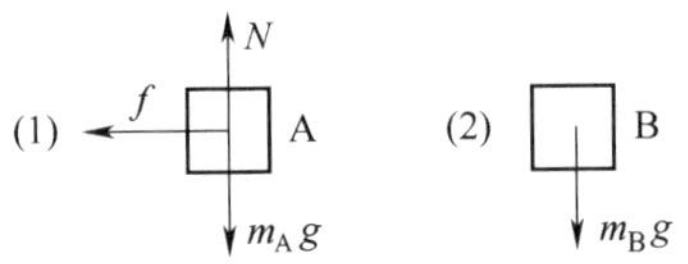

2.12 $1/\cos^2\theta$

2.13 不一定;不一定　2.14　不一定

2.15 12 $\boldsymbol{j}N$

2.16 该物体上各质点对 P 的万有引力的矢量和

2.17 6 m·s^{-1}　2.18　255 6 N

2.19 $\left(\dfrac{2}{3}t^3\boldsymbol{i},2t\boldsymbol{j}\right)m$　2.20　$m_A=4$ kg,$f=34.6$ N,水平向右 $T_2=69.3$ N,由 0 指向 C。

2.21 **解**　(1)由牛顿第二定律得

$$-kv^2=m\frac{\mathrm{d}v}{\mathrm{d}t}$$

上式分离变量

$$-\frac{k}{m}\mathrm{d}t=\frac{\mathrm{d}v}{v^2}$$

两边积分

$$\int_0^t-\frac{k}{m}\mathrm{d}t=\int_{v_0}^{v}\frac{\mathrm{d}v}{v^2}$$

得速率随时间变化的规律为

$$v=\frac{1}{\dfrac{1}{v_0}+\dfrac{k}{m}t}\tag{a}$$

(2)由位移和速度的积分关系 $x=\int_0^t v\mathrm{d}t+x_0$,设 $x_0=0$。

积分
$$x = \int_0^t v\mathrm{d}t = \int_0^t \frac{1}{\frac{1}{v_0} + \frac{k}{m}t}\mathrm{d}t = \frac{m}{k}\ln\left(\frac{1}{v_0} + \frac{k}{m}t\right) - \frac{m}{k}\ln\frac{1}{v_0}$$

(3)路程随时间变化的规律为
$$x = \frac{m}{k}\ln\left(1 + \frac{k}{m}v_0 t\right) \tag{b}$$

将(a)、(b)两式消去 t

得 $v = v_0 \mathrm{e}^{-\frac{k}{m}x}$

2.22 **解** 取竖直向下为 y 轴,则小球受力为
$$F = mg - kv$$
由牛顿第二定律可得
$$mg - kv = ma$$
又因为
$$a = \frac{\mathrm{d}v}{\mathrm{d}t}$$
所以
$$mg - kv = m\frac{\mathrm{d}v}{\mathrm{d}t}$$
对 v 和 t 分离变量,并积分得
$$\int_0^t \mathrm{d}t = \int_0^v \frac{\mathrm{d}v}{(mg - kv)/m}$$
所以
$$v = \frac{mg}{k}(1 - \mathrm{e}^{-kt/m})$$
对时间 t 积分得
$$y = \int_0^t v\mathrm{d}t = \int_0^t \frac{mg}{k}(1 - \mathrm{e}^{-kt/m})\mathrm{d}t = \frac{mg}{k}t - \frac{m^2 g}{k^2} + \frac{m^2 g}{k^2}\mathrm{e}^{-kt/m}$$
所以两球之间的距离为
$$s = y(t + t_0) - y(t) = \frac{mg}{k}t_0 + \frac{m^2 g}{k^2}\mathrm{e}^{-kt/m}(\mathrm{e}^{-kt_0/m} - 1)$$

【解题分析】 此类题目与质点运动学的题型相近,只需要对物体受力分析,然后根据牛顿第二定律可由已知力求加速度,进而求出速度和位置。

2.23 **解** (1)在任一点 B 处,小球的受力如题目所示。在自然坐标系中,其运动方程如下:

切向:
$$-mg\sin\theta = m\frac{\mathrm{d}v}{\mathrm{d}t} \tag{a}$$
法向:
$$T - mg\cos\theta = m\frac{v^2}{R} \tag{b}$$

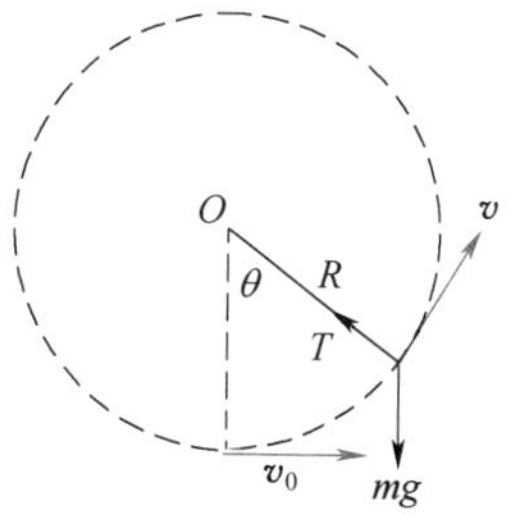

由式(a)
$$-g\sin\theta = \frac{v}{R}\cdot\frac{\mathrm{d}v}{\mathrm{d}\theta}$$

即

$$v\mathrm{d}v = -Rg\sin\theta\mathrm{d}\theta \tag{c}$$

对式(c)积分,并由初始条件 $\theta = 0$ 时,$v = v_0$ 得

$$v^2 = v_0^2 - 2gR(1-\cos\theta) \tag{d}$$

由(d)式得

(2) $$g\cos\theta = g + \frac{v^2 - v_0^2}{2R}$$

代入式(b)得

$$T = mg + \frac{m(3v^2 - v_0^2)}{2R}$$

【解题分析】 本题在中学阶段可用机械能守恒定律及几何关系求解。这里选题的目的在于加强同学们在自然坐标系中灵活运用牛顿运动定律的能力。本题的关键一步在于 $\frac{\mathrm{d}v}{\mathrm{d}t} = \frac{\mathrm{d}v}{\mathrm{d}\theta}\cdot\frac{\mathrm{d}\theta}{\mathrm{d}t} = \omega\frac{\mathrm{d}v}{\mathrm{d}\theta} = \frac{v}{R}\cdot\frac{\mathrm{d}v}{\mathrm{d}\theta}$。

第3章

3.1 B 3.2 C 3.3 C 3.4 B 3.5 C 3.6 C 3.7 B 3.8 C 3.9 D 3.10 C 3.11 D 3.12 D 3.13 C 3.14 $mv/\Delta t$ 3.15 $-F_0R$ 3.16(1) $\frac{mg}{\cos\theta}$;(2) $\sqrt{\frac{gl}{\cos\theta}}\sin\theta$ 3.17 5.2 N 3.18 无关;保守力;非保守力 3.19 f_0

3.20 $\sqrt{g/R}$ 3.21 零;正;负 3.22 882 J 3.23 $\frac{mgl\sin\alpha}{\sqrt{l^2-a^2}}$ 3.24 $\frac{F+(m_1-m_2)g}{m_1+m_2}$;$\frac{(F+2m_1g)m_2}{m_1+m_2}$ 3.25 $\frac{F-m_2g}{m_1+m_2}$;$\frac{(F+m_1g)m_2}{m_1+m_2}$ 3.26 12 J 3.27 不一定 3.28 保守力做功与路径无关;$W=-\Delta E_\mathrm{p}$ 3.29 $\frac{2GMm}{3R}$;$-\frac{GMm}{3R}$ 3.30 (1) $\frac{GMm}{6R}$;(2) $-\frac{GMm}{3R}$ 3.31 $mgl/50$ 3.32 $\int_{x_1}^{x_2}F(x)\mathrm{d}x$ 3.33 $-Gm_1m_2\left(\frac{1}{a}-\frac{1}{b}\right)$

3.34 **解法一**

(1) 由 $x = 3t - 4t^2 + t^3$ 可得

$$v = \frac{\mathrm{d}x}{\mathrm{d}t} = 3 - 8t + 3t^2 \tag{1}$$

由式(1)得,当 $t=0$ 时,$v_0 = 3.0\ \mathrm{m/s}$;$t = 2\mathrm{s}$ 时,$v_2 = -1.0\ \mathrm{m/s}$。因此作用力在最初 2.0 s 内所做的功

$$W = \frac{1}{2}m(v_2^2 - v_0^2)$$
$$= \frac{1}{2}\times 3.0\times[(-1.0)^2 - 3.0^2]\,\mathrm{J} = -12.0\ \mathrm{J}$$

式(1)对时间求导,得质点的加速度

$$a = \frac{\mathrm{d}v}{\mathrm{d}t} = -8 + 6t \tag{2}$$

瞬时功率

$$P = Fv = mav$$
$$= [3\times(-8+6\times1.0)\times(3-8\times1.0+3\times1.0^2)]\,\mathrm{J\cdot s^{-1}}$$
$$= 12.0\ \mathrm{J\cdot s^{-1}}$$

解法二

由题意知

$$dx = (3 - 8t + 3t^2)dt \qquad v = \frac{dx}{dt} = 3 - 8t + 3t^2$$

$$a = \frac{dv}{dt} = -8 + 6t \qquad F = ma = -24 + 18t$$

由功的定义

$$dW = Fdx = (-24 + 18t)(3 - 8t + 3t^2)dt$$
$$= (-72 + 246t - 216t^2 + 54t^3)dt$$

最初2.0 s内做的功

$$W = \int_0^2 Fdx = \int_0^2 (-72 + 246t - 216t^2 + 54t^3)dt = -12.0\ \text{J}$$

$$P = Fv = [(-24 + 18 \times 1)(3 - 8 \times 1 + 3 \times 1^2)]\ \text{J} \cdot \text{s}^{-1} = 12\ \text{J} \cdot \text{s}^{-1}$$

【解题分析】 已知物体的运动方程求做的功,一般来说有两种选择。一种是利用动能定理,另一种是利用功的定义。无论哪种方法,首先均是利用运动学第一类问题求出 $v = v(t)$。对于前者可直接运用动能定理,而对于后者还需要再求导,直至求得 $F = F(t)$,再由已知的 $x = x(t)$ 直接微分得 $dx(t) = v(t)dt$,最后运用功的定义 $dA = Fdx$ 求得。

3.35 **解** 由牛顿第二定律,求得物体运动的加速度为

$$a = \frac{F}{m} = \frac{3}{2}t$$

由加速度的定义,有

$$dv = adt = \frac{3}{2}tdt$$

代入初始条件 $t = 0$ 时,$v = 0$,积分得

$$v = \frac{3}{4}t^2$$

将 $t = 1$ s和 $t = 2$ s分别代入式(2)得

1 s末的速度:

$$v_1 = 0.75\ \text{m} \cdot \text{s}^{-1}$$

2 s末的速度:

$$v_2 = 3.0\ \text{m} \cdot \text{s}^{-1}$$

由动能定理得,第二秒内做的功为

$$W = \frac{1}{2}m(v_2^2 - v_1^2) = \left[\frac{1}{2} \times 20 \times (3.0^2 - 0.75^2)\right]\text{J} = 84.4\ \text{J}$$

2 s末的瞬时功率

$$P_2 = Fv_2 = (30 \times 2 \times 3)\ \text{J} \cdot \text{s}^{-1} = 180\ \text{J} \cdot \text{s}^{-1}$$

【解题分析】 已知力 $F = F(t)$,求一段时间内的功。一般讲这类问题按动力学第二类问题求出 $v = v(t)$,然后运用动能定理求解最为简单。当然了,我们还可以按动力学第二类问题求出 $v = v(t)$,从而得到 $dx = v(t)dt$,然后由功的定义 $dW = F(t)dx = F(t)v(t)dt$,进行积分。

3.36 **解** 质点做匀速圆周运动时其向心力大小为

$$F = mR\omega^2 = m\frac{v_0^2}{R}$$

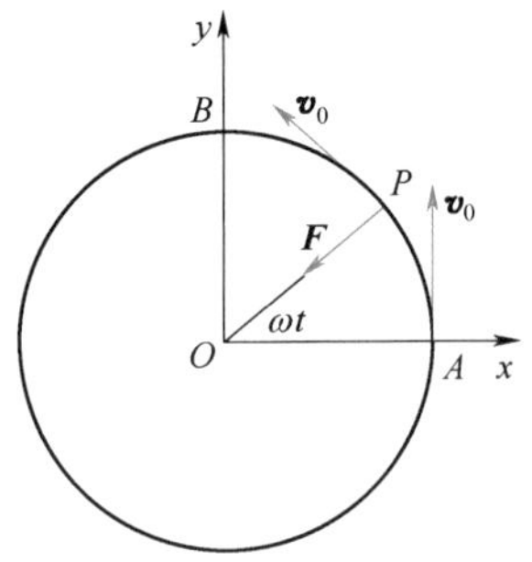

设 $t = 0$ 时刻质点在圆周上的 A 点。任一时刻通过 P 点时所受向心力为：

$$\boldsymbol{F} = -F\cos\omega t\boldsymbol{i} - F\sin\omega t\boldsymbol{j}$$

经过 $\frac{1}{4}$ 圆周时质点得到的冲量为

$$\int_0^{\frac{T}{4}}\boldsymbol{F}\mathrm{d}t = \left[\int_0^{\frac{T}{4}} - F\cos\omega t\mathrm{d}t\right]\boldsymbol{i} + \left[\int_0^{\frac{T}{4}} - F\sin\omega t\mathrm{d}t\right]\boldsymbol{j}$$

$$= \left[-\frac{F}{\omega}\sin\omega t\right]_0^{\frac{T}{4}}\boldsymbol{i} + \left[\frac{F}{\omega}\cos\omega t\right]_0^{\frac{T}{4}}\boldsymbol{j}$$

$$= -\frac{F}{\omega}\boldsymbol{i} - \frac{F}{\omega}\boldsymbol{j}$$

$$= -mv_0\boldsymbol{i} - mv_0\boldsymbol{j}$$

根据动量定理，它等于质点的动量增量。

经过 $\frac{1}{2}$ 圆周时质点得到的冲量为

$$\int_0^{\frac{T}{2}}\boldsymbol{F}\mathrm{d}t = \left[\int_0^{\frac{T}{2}} - F\cos\omega t\mathrm{d}t\right]\boldsymbol{i} + \left[\int_0^{\frac{T}{2}} - F\sin\omega t\mathrm{d}t\right]\boldsymbol{j} = -2mv_0\boldsymbol{j}$$

经过 $\frac{3}{4}$ 圆周时质点得到的冲量为

$$\int_0^{\frac{3T}{4}}\boldsymbol{F}\mathrm{d}t = \left[\int_0^{\frac{3T}{4}} - F\cos\omega t\mathrm{d}t\right]\boldsymbol{i} + \left[\int_0^{\frac{3T}{4}} - F\sin\omega t\mathrm{d}t\right]\boldsymbol{j} = mv_0\boldsymbol{i} - mv_0\boldsymbol{j}$$

经过整个圆周时质点得到的冲量为

$$\int_0^{T}\boldsymbol{F}\mathrm{d}t = \left[\int_0^{T} - F\cos\omega t\mathrm{d}t\right]\boldsymbol{i} + \left[\int_0^{T} - F\sin\omega t\mathrm{d}t\right]\boldsymbol{j} = 0$$

3.37 **解** 由题意分析，力 F 与 x 的关系为

$$F = F_0 - \frac{F_0}{L}x \tag{1}$$

由牛顿运动定律

$$m\frac{\mathrm{d}v}{\mathrm{d}t} = mv\frac{\mathrm{d}v}{\mathrm{d}x} = F$$

即

$$mv\mathrm{d}v = F\mathrm{d}x = \left(F_0 - \frac{F_0}{L}x\right)\mathrm{d}x \tag{2}$$

两边积分，并由初始条件，$x = 0$ 时，$v = 0$，得

$$\frac{1}{2}mv^2 = F_0x - \frac{F_0}{2L}x^2$$

因此

$$v^2 = \frac{F_0}{m}\left(2x - \frac{x^2}{L}\right) \tag{3}$$

由式(3)，当 $x = L$ 时，速率为

$$v = \sqrt{\frac{F_0L}{m}}$$

也可直接由动能定理

$$\int_0^L F\mathrm{d}x = \frac{1}{2}mv^2$$

$$\frac{1}{2}mv^2 = \int_0^L F_0\left(1 - \frac{x}{L}\right)\mathrm{d}x = F_0\left(x - \frac{x^2}{2L}\right)$$

得到同样的结果。

【解题分析】 此题实际上是已知 $F = F(x)$ 的情况下，求 $v(x)$，是典型的动力学第二类问题。但由于本题不涉及物体的运动时间，故运用动能定理亦可方便的求解。

3.38 **解** 由功的定义，有

$$\mathrm{d}W = \boldsymbol{F}\cdot\mathrm{d}\boldsymbol{r} = F_x\mathrm{d}x + F_y\mathrm{d}y = (-3 + 3x^2)\mathrm{d}x + (6y + y^2)\mathrm{d}y \tag{1}$$

（1）$\overline{OP}$ 的直线方程为

$$y = \frac{3}{2}x \tag{2}$$

将方程(2)代入式(1)得

$$\mathrm{d}W = (-3 + 3x^2)\mathrm{d}x + (6y + y^2)\mathrm{d}y$$

两边积分得

$$W_{OP} = \int_0^2(-3 + 3x^2)\mathrm{d}x + \int_0^3(6y + y^2)\mathrm{d}y = 38\ \mathrm{J}$$

（2）$\overline{OA}$ 的直线方程为 $y = 0$，故在 $\overline{OA}$ 段 F_y 不做功，因此

$$W_{OA} = \int_0^2 -3\mathrm{d}x = -6\ \mathrm{J}$$

在 $\overline{AP}$ 段，F_x 不做功，而 $\overline{AP}$ 的直线方程为 $x = 2$，因此

$$W_{AP} = \int_0^3(18 + y^2)\mathrm{d}y = 63\ \mathrm{J}$$

所以

$$W_{OAP} = W_{OA} + W_{AP} = 57\ \mathrm{J}$$

（3）与(2)类似

$$W_{OB} = \int_0^3 y^2\mathrm{d}y = 9\ \mathrm{J}$$

$$W_{BP} = \int_0^2(-3 + 6x)\mathrm{d}x = 6\ \mathrm{J}$$

$$W_{OBP} = W_{OB} + W_{BP} = 15\ \mathrm{J}$$

【解题分析】 本题充分体现了功是路径的函数一般的由功的定义 $\mathrm{d}W = \boldsymbol{F}\cdot\mathrm{d}\boldsymbol{r}$ 出发，要对 $\mathrm{d}W = F_x(x,y)\mathrm{d}x + F_y(x,y)\mathrm{d}y$ 进行积分变量统一。这就要用到运动的路径方程：$y = y(x)$ 或 $x = x(y)$，即

$$\mathrm{d}W = F_x(x,y(x))\mathrm{d}x + F_y(x(y),y)\mathrm{d}y$$

或者

$$\mathrm{d}W = [F_x(x,y(x)) + F_y(x,y(x))]\mathrm{d}x$$

然后作定积分。

3.39 **解** 由题意，以 m_0 表示卡车(包括沙子)在开始时的总质量，m 表示 t 时刻卡车(包括沙子)的质量，则

$$m = m_0 - kt \tag{1}$$

式中，$k=1\ \mathrm{kg/s}$。

又
$$x = vt \tag{2}$$

所以卡车在 x 处时对应的质量

$$m = m_0 - \frac{k}{v}x = m_0 - k'x \tag{3}$$

式中，$k' = \frac{k}{v} = 60\ \mathrm{kg/km}$。这里要注意，式(3)只适合于 $x < \frac{8\ 000}{60}\ \mathrm{km} = \frac{400}{3}\ \mathrm{km}$。当 $x \geqslant \frac{400}{3}\ \mathrm{km}$ 时，m 恒为 4 000 kg，即 $x = \frac{400}{3}\ \mathrm{km}$ 时，沙子已经漏完。

由功的定义，可知摩擦力 $f = -\mu mg$ 所做的功为

$$\begin{aligned} W &= \int_0^x f\mathrm{d}x = -\int_0^{x_0}(m_0 - k'x)\mu g\mathrm{d}x - \int_{x_0}^x \mu Mg\mathrm{d}x \\ &= -\mu g\left(m_0x_0 - \frac{1}{2}k'x_0^2\right) - Mg\mu(x - x_0) \end{aligned} \tag{4}$$

将 $k' = 60\ \mathrm{kg/km}$，$m_0 = 12\ 000\ \mathrm{kg}$，$x_0 = \frac{400}{3}\mathrm{km}$，$g = 10\ \mathrm{m/s^2}$，$\mu = 0.3$，$M = 4\ 000\ \mathrm{kg}$，$x = 150\ \mathrm{km}$，计算得

$$W = -3.4\times10^9\ \mathrm{J}$$

【解题分析】摩擦力是一种典型的非保守力，其做功与路径有关，题中摩擦力由于卡车的质量的变化而变化，因此必须将摩擦力 f 与坐标 x 联系起来。题中给出 $\frac{\mathrm{d}m}{\mathrm{d}t} = -k = -1\ \mathrm{kg/s}$，所以 $\mathrm{d}m = -k\mathrm{d}t$，积分得 $m = m_0 - kt$。另外，$\mathrm{d}m = -k\mathrm{d}t = -k\frac{\mathrm{d}t}{\mathrm{d}x}\mathrm{d}x = -\frac{k}{v}\mathrm{d}x$ 积分也可直接得到式(3)。

第4章

4.1 D　4.2 C　4.3 D　4.4 A　4.5 B　4.6 A　4.7 B　4.8 B　4.9 D　4.10 C　4.11 A　4.12 A　4.13 B　4.14 D　4.15 D　4.16 B　4.17 C　4.18 B　4.19 B　4.20 D　4.21 D　4.22 C

4.23　$E = \frac{\lambda}{2\pi r\varepsilon_0}$；$E = \frac{Qr}{4\pi\varepsilon_0 R^3}$；$E = \frac{Q}{4\pi\varepsilon_0 r^2}$

4.24　$1:\sqrt{5}$　4.25 不变；不变　变小；4.26　$\frac{R\sigma}{\varepsilon_0} + \frac{1}{4\pi\varepsilon_0}\frac{q}{r}$

4.27 $\frac{q_1}{4\pi\varepsilon_0}\left(\frac{1}{r} - \frac{1}{R}\right)$　4.28 $\frac{Q}{4\pi\varepsilon_0 R}$　4.29 $\frac{q^2}{2\pi\varepsilon_0 L}\left(2 + \frac{1}{\sqrt{2}}\right)$

4.30 **解**　建立坐标系，为了求两带电线之间的静电力，先求出左边带电直线在右边带电直线处的电场。为此在左边直线上取微元 $\mathrm{d}x$，在右边直线上取微元 $\mathrm{d}x'$，则可以计算出左边直线在右边直线微元 $\mathrm{d}x'$ 处的场强为

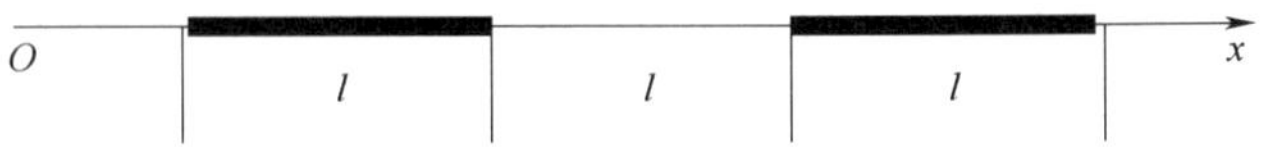

题4.30图

$$E = \int\mathrm{d}E = \int_0^l \frac{\lambda\mathrm{d}x}{4\pi\varepsilon_0(x' - x)^2} = \frac{\lambda}{4\pi\varepsilon_0}\left(\frac{1}{x' - l} - \frac{1}{x'}\right)$$

因而右边带电直线所受到的静电场力为

$$F = \int E\lambda \mathrm{d}x' = \int_{2l}^{3l} \frac{\lambda}{4\pi\varepsilon_0}\left(\frac{1}{x'-l} - \frac{1}{x'}\right)\lambda \mathrm{d}x' = \frac{\lambda^2}{4\pi\varepsilon_0}\ln\frac{4}{3}$$

4.31 **解**　在弧线上取线元 $\mathrm{d}l$，其电荷 $\mathrm{d}q = \frac{Q}{\pi R}\mathrm{d}l$，此电荷元可视为点电荷，它在点 O 的电场强度为 $\mathrm{d}E = \frac{1}{4\pi\varepsilon_0}\cdot\frac{\mathrm{d}q}{r^2}$. 因圆环上电荷对 y 轴呈对称性分布，电场分布也是轴对称的，则有 $\int_L \mathrm{d}E_x = 0$，点 O 的合电场强度 $\boldsymbol{E} = \int_L \mathrm{d}E_y \boldsymbol{j}$，统一积分变量可求得 $\boldsymbol{E}$

由上述分析，点 O 的电场强度 $E_O = -\int_L \frac{1}{4\pi\varepsilon_0}\cdot\frac{\sin\theta}{R^2}\cdot\frac{Q}{\pi R}\mathrm{d}l$

由几何关系 $\mathrm{d}l = R\mathrm{d}\theta$，统一积分变量后，有 $E_O = -\int_0^{\pi}\frac{Q}{4\pi^2\varepsilon_0 R^2}\sin\theta\mathrm{d}\theta = -\frac{Q}{2\pi^2\varepsilon_0 R^2}$

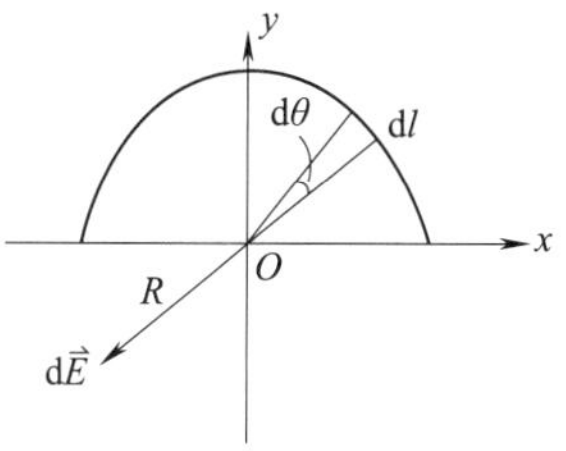

题 4.31 图

方向沿 y 轴负方向.

4.32 **解**　标准答案：(1) 在半径为 R_1 的圆柱面内作高度为 l，半径为 r_1 的同轴圆柱面，以此面为高斯面，根据高斯定理有.

$$\Phi = \int E_{r_1}\mathrm{d}s = E_{r_1}2\pi r_1 l = 0$$

所以

$$E_{r_1} = 0 \quad r_1 < R_1$$

(2) 同理，取高度为 l，半径为 r_2 的同轴圆柱面 $(R_1 < r_2 < R_2)$，根据高斯定理有

$$\oint E\mathrm{d}s = \frac{l\lambda}{\varepsilon_0} = 2\pi r_2 l E_{r_2}$$

$$E_{r_2} = \frac{\lambda}{2\pi\varepsilon_0 r_2} \quad (R_1 < r_2 < R_2)$$

(3) 取高度为 l，半径为 r_3 的同轴圆柱面 $(r_3 > R_2)$

根据高斯定理有

$$\oint E\mathrm{d}s = \frac{l\lambda - l\lambda}{\varepsilon_0}$$

即

$$2\pi r_3 l E_{r3} = 0$$

所以

$$E_{r3} = 0 \quad (r_3 > R_2)$$

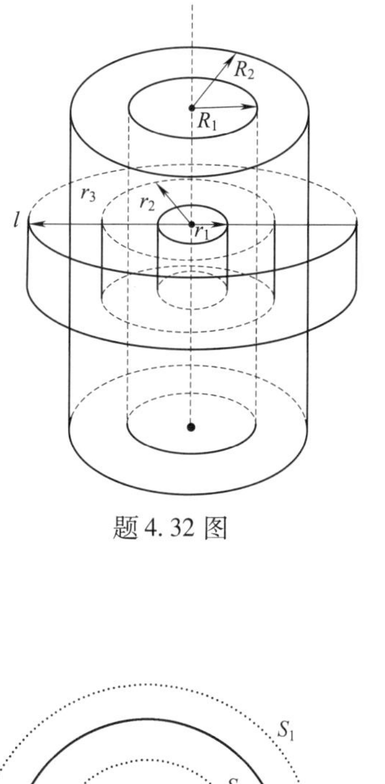

题 4.32 图

4.33 **解**　(1) 对称性分析：①场强沿径向。②离球心 O 距离相等处，场强的大小相同。可见场强具有球对称性可以用高斯定理求场强。

(2) 选择高斯面：选与带电球面同心的球面作为高斯面。

当 $r > R_2$ 时，取半径为 r 的高斯面 S_1，如图所示。由高斯定理

$$\oint_{S_1}\boldsymbol{E}\cdot\mathrm{d}\boldsymbol{s} = \frac{q_1 + q_2}{\varepsilon_0}$$

因为场有上述的对称性，所以

$$\oint_{S_1}\boldsymbol{E}\cdot\mathrm{d}\boldsymbol{s} = E\cdot 4\pi r^2 = \frac{q_1 + q_2}{\varepsilon_0}$$

解得

$$E = \frac{q_1 + q_2}{4\pi\varepsilon_0 r^2}$$

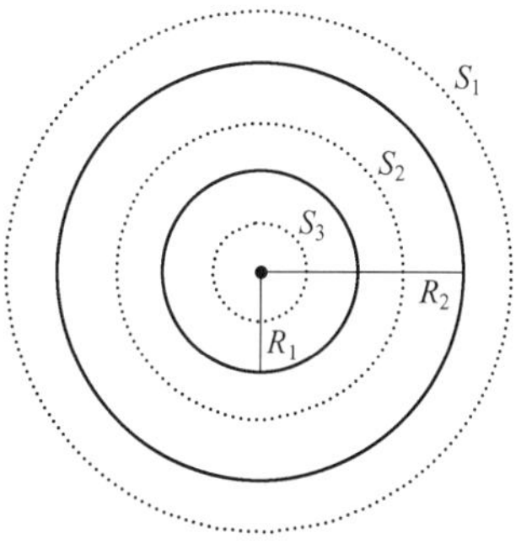

题 4.33 图

当 $R_1 < r < R_2$ 时,取半径为 r 的高斯面 S_2。由高斯定理

$$\oint_{S_2} \boldsymbol{E} \cdot \mathrm{d}\boldsymbol{s} = \frac{q_1}{\varepsilon_0}$$

因场强有球对称性,故

$$\oint_{S_2} \boldsymbol{E} \cdot \mathrm{d}\boldsymbol{s} = E \cdot 4\pi r^2 = \frac{q_1}{\varepsilon_0}$$

解出
$$E = \frac{q_1}{4\pi\varepsilon_0 r^2}$$

当 $r < R_1$ 时,取半径为 r 的高斯面 S_3。由高斯定理

$$\oint_{S_3} \boldsymbol{E} \cdot \mathrm{d}\boldsymbol{s} = 0$$

因场强是球对称的,则有

$$\oint_{S_3} \boldsymbol{E} \cdot \mathrm{d}\boldsymbol{s} = E \cdot 4\pi r^2 = 0$$

所以
$$E = 0$$

从上面计算的结果得到场强的分布为

$$E = \begin{cases} \dfrac{q_1 + q_2}{4\pi\varepsilon_0 r^2} & \text{当 } r > R_2 \\[2ex] \dfrac{q_1}{4\pi\varepsilon_0 r^2} & \text{当 } R_1 < r < R_2 \\[2ex] 0 & \text{当 } r < R_1 \end{cases}$$

知道了场强分布,可以从电势的定义出发求出空间的电势分布。

①当 $r > R_2$ 时

$$U = \int_r^\infty E \cdot \mathrm{d}r = \int_r^\infty \frac{q_1 + q_2}{4\pi\varepsilon_0 r^2}\mathrm{d}r = \frac{q_1 + q_2}{4\pi\varepsilon_0 r}$$

②当 $R_1 < r < R_2$ 时

$$U = \int_r^\infty E \cdot \mathrm{d}r = \int_r^{R_2} \frac{q_1}{4\pi\varepsilon_0 r^2}\mathrm{d}r + \int_{R_2}^\infty \frac{q_1 + q_2}{4\pi\varepsilon_0 r^2}\mathrm{d}r$$

$$= \frac{q_1}{4\pi\varepsilon_0}\left(\frac{1}{r} - \frac{1}{R_2}\right) + \frac{q_1 + q_2}{4\pi\varepsilon_0 R_2} = \frac{q_1}{4\pi\varepsilon_0 r} + \frac{q_2}{4\pi\varepsilon_0 R_2}$$

③当 $r < R_1$ 时

$$U = \int_r^\infty E \cdot \mathrm{d}r = \int_r^{R_1} 0 \cdot \mathrm{d}r + \int_{R_1}^{R_2} \frac{q_1}{4\pi\varepsilon_0 r^2}\mathrm{d}r + \int_{R_2}^\infty \frac{q_1 + q_2}{4\pi\varepsilon_0 r^2}\mathrm{d}r$$

$$= \frac{q_1}{4\pi\varepsilon_0}\left(\frac{1}{R_1} - \frac{1}{R_2}\right) + \frac{q_1 + q_2}{4\pi\varepsilon_0 R_2} = \frac{q_1}{4\pi\varepsilon_0 R_1} + \frac{q_2}{4\pi\varepsilon_0 R_2}$$

【解题分析】 当然,也可以用电势叠加原理来求电势的分布,把空间各点的电势看为两个带电球壳在空间产生的电势的叠加,求得的结果和从电势定义出发求得的结果相同。如果我们对一个均匀带电球面在空间产生的电势分布的函数关系比较熟悉,那么用后一种解法是比较方便的。

4.34 **解** 以顶点与底面圆心的中点为球心,$r = \sqrt{R^2 + (h/2)^2}$ 为半径做一球面。可以看出,通过圆锥侧面的电通量等于通过整个球面的电通量减去通过以圆锥底面为底的球冠面的电通量。整个球面的电通量为

$$\Phi_0 = q/\varepsilon_0$$

通过球冠面的电通量

$$\Phi_1 = \Phi_0 S/S_0 = \frac{q}{\varepsilon_0}\cdot\frac{2\pi r(r-h/2)}{4\pi r^2}$$

$$= \frac{q}{2\varepsilon_0}\left(1-\frac{h/2}{\sqrt{R^2+(h/2)^2}}\right)$$

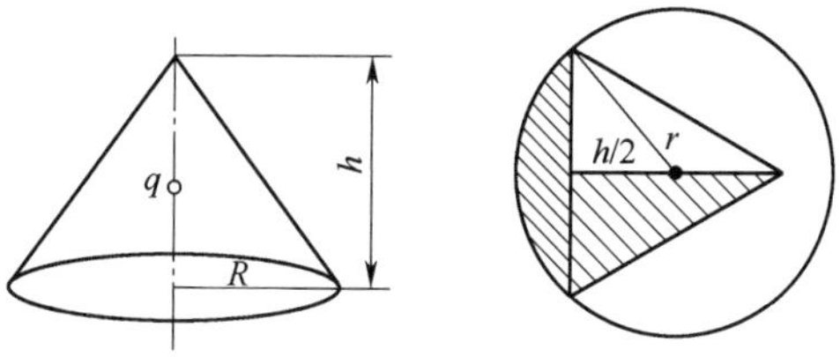

题 4.34 图

式中，S 为球冠面面积，S_0 为整球面积。

通过圆锥侧面的电通量

$$\Phi_2 = \Phi_0 - \Phi_1 = \frac{q}{\varepsilon_0} - \frac{q}{2\varepsilon_0} + \frac{qh}{4\varepsilon_0\sqrt{R^2+(h/2)^2}} = \frac{q}{2\varepsilon_0}\left(1+\frac{h/2}{\sqrt{R^2+(h/2)^2}}\right)$$

4.35 由高斯定理求球内距球心 r 处的电场强度 $E_1 = \dfrac{\rho\dfrac{4}{3}\pi r^3}{4\pi\varepsilon_0 r^2} = \dfrac{\rho r}{3\varepsilon_0}$

由高斯定理求球外的电场强度

$$E_2 = \frac{\rho\dfrac{4}{3}\pi R^3}{4\pi\varepsilon_0 r^2} = \frac{\rho R^3}{3\varepsilon_0 r^2}$$

$$V_{ex} = \int_r^{\infty}\boldsymbol{E}\cdot d\boldsymbol{l} = \int_r^{\infty}\boldsymbol{E}_2\cdot d\boldsymbol{r} = \frac{\rho R^3}{3\varepsilon_0}\int_r^{\infty}\frac{dr}{r^2} = \frac{\rho}{3}\frac{R^3}{\varepsilon_0 r}$$

$$V_{in} = \int_r^{\infty}\boldsymbol{E}\cdot d\boldsymbol{l} = \int_r^{R}\boldsymbol{E}_1\cdot d\boldsymbol{l} + \int_R^{\infty}\boldsymbol{E}_2\cdot d\boldsymbol{l} = \frac{\rho}{3\varepsilon_0}\cdot\frac{1}{2}(R^2-r^2) + \frac{\rho R^2}{3\varepsilon_0} = \frac{\rho}{6\varepsilon_0}(3R^2-r^2)$$

第 5 章

5.1 C　5.2 C　5.3 A　5.4 C　5.5 C　5.6 A　5.7 D　5.8 A　5.9 A　5.10 C　5.11 D　5.12 A

5.13 $\dfrac{\mu_0 I dl}{4\pi a^2}$，平行 z 轴负向　5.14 $\dfrac{\mu_0 I}{8}\left(\dfrac{3}{a}+\dfrac{1}{b}\right)$，垂直向里　5.15 $\dfrac{\mu_0 IR^2}{2r^3}$　5.16 $\mu_0 nI$，$\dfrac{1}{2}\mu_0 nI$　5.17 $-\pi R^2 c$ (Wb)　5.18 $\mu_0 I$，0，$2\mu_0 I$　5.19 $-B\pi r^2\cos\alpha$

5.20 $-\mu_0 I_1$，$\mu_0(I_1+I_2)$，0　5.21 圆形线圈　5.22 $NIS\boldsymbol{n}$，$\dfrac{1}{2}NBIS$

5.23 $\sqrt{13}\dfrac{\mu_0}{\pi a}$　5.24 (1) $B = \dfrac{\mu_0 I}{2\pi r}$，(2) $B = \dfrac{\mu_0 Ir}{2\pi R^2}$

5.25 **解**　(1) $\oint_{l_1}\boldsymbol{B}_1\cdot d\boldsymbol{l} = \mu_0 I_1$

$$B_1\cdot 2\pi r = \frac{\mu_0 I}{\pi R_1{}^2}\pi r^2$$

$$B_1 = \frac{\mu_0 Ir}{2\pi R_1{}^2}$$

(2) $B_2 = \dfrac{\mu_0 I}{2\pi r}$

(3) $B_3 = \dfrac{\mu_0 I}{2\pi r}\cdot\dfrac{R_3{}^2-r^2}{R_3{}^2-R_2{}^2}$

(4) $B_4 = 0$

5.26 **解** (1)螺绕环内的磁场具有轴对称性,故在环内作与环同轴的安培环路,有

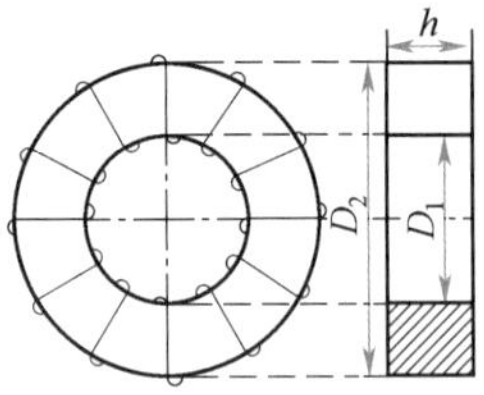

$$\oint \boldsymbol{B} \cdot d\boldsymbol{l} = 2\pi r B = \mu_0 \sum I_i = \mu_0 NI$$

$$B = \mu_0 NI/(2\pi r)$$

(2)取面积微元 $h\mathrm{d}r$ 平行与环中心轴,有

$$d\Phi_m = |\boldsymbol{B} \cdot d\boldsymbol{S}| = [\mu_0 NI/(2\pi r)]h\mathrm{d}r = \mu_0 NIh\mathrm{d}r/(2\pi r)$$

$$\Phi_m = \int_{D_1/2}^{D_2/2} \frac{\mu_0 NIh}{2\pi r}\mathrm{d}r = \frac{\mu_0 NIh}{2\pi}\ln\frac{D_2}{D_1}$$

5.27 **解** 设两段铁环的电阻分别为 R_1 和 R_2,则通过这两段铁环的电流分别为

$$I_1 = I\frac{R_2}{R_1 + R_2}, I_2 = I\frac{R_1}{R_1 + R_2}$$

两段铁环的电流在 O 点处激发的磁感应强度大小分别为

$$B_1 = \frac{\mu_0 I_1}{2R} \cdot \frac{\theta_1}{2\pi} = \frac{\mu_0 I}{2R} \cdot \frac{R_2}{R_1 + R_2} \cdot \frac{\theta_1}{2\pi}$$

$$B_2 = \frac{\mu_0 I_2}{2R} \cdot \frac{\theta_2}{2\pi} = \frac{\mu_0 I}{2R} \cdot \frac{R_1}{R_1 + R_2} \cdot \frac{\theta_2}{2\pi}$$

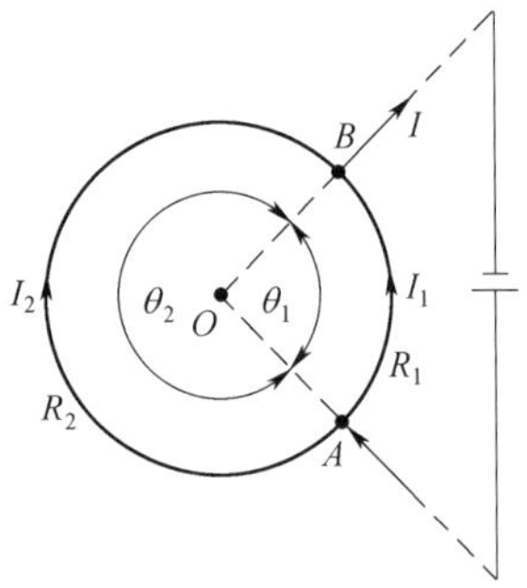

题 5.27 图

根据电阻定律 $R = \rho\frac{l}{S} = \rho\frac{r\theta}{S}$ 可知

$$\frac{R_1}{R_2} = \frac{\theta_1}{\theta_2}$$

所以

$$B_1 = B_2$$

O 点处的磁感应强度大小为

$$B = B_1 - B_2 = 0$$

5.28 **解** 电流 I_1 在 l 处产生的磁感应强度的大小为

$$B = \frac{\mu_0 I_1}{2\pi l}\text{(方向垂直纸面向里)}$$

任取电流元 $I_2\mathrm{d}l$,所受磁场力大小

$$\mathrm{d}F = BI_2\mathrm{d}l\sin\frac{\pi}{2} = BI_2\mathrm{d}l = \frac{\mu_0 I_1 I_2}{2\pi l}\mathrm{d}l\text{(方向垂直向上)}$$

整个导线 ab 受力的大小为

$$F = \int \mathrm{d}F = \int_a^b \frac{\mu_0 I_1 I_2}{2\pi l}\mathrm{d}l$$

$$= \int_{d_1}^{d_1+d_2} \frac{\mu_0 I_1 I_2}{2\pi l}\mathrm{d}l = \frac{\mu_0 I_1 I_2}{2\pi}\ln\frac{d_1 + d_2}{d_1}$$

5.29 **解** 取如图所示的坐标系,柱面电流密度为 $I/(\pi R)$,在半圆柱面上取宽度为 $\mathrm{d}l$ 、平行与轴线的窄条,它在轴线上产生磁感应强度

$$\mathrm{d}B = \frac{\mu_0}{2\pi R} \cdot \frac{I}{\pi R}\mathrm{d}l$$

轴线上长为 h 的一段受磁力

$$\mathrm{d}F = Ih\mathrm{d}B = \frac{\mu_0 I^2 h}{2\pi^2 R^2}\mathrm{d}l$$

$$\mathrm{d}F_x = \mathrm{d}F\cos(\pi + \theta) = -\frac{\mu_0 I^2 h}{2\pi^2 R^2}\mathrm{d}l\cos\theta$$

$$\mathrm{d}F_y = \mathrm{d}F\sin(\pi + \theta) = -\frac{\mu_0 I^2 h}{2\pi^2 R^2}\mathrm{d}l\sin\theta$$

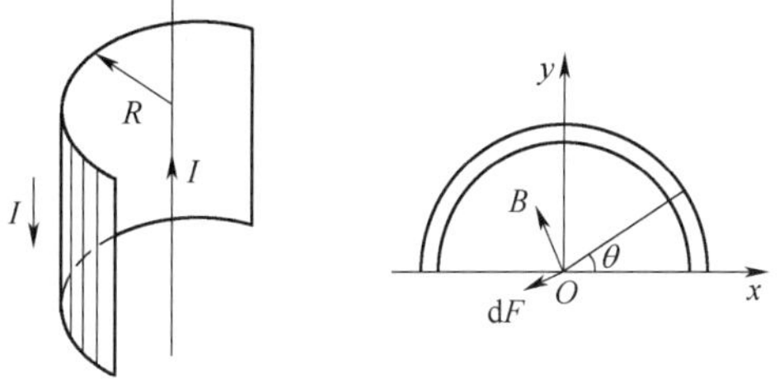

(a) (b)

题 5.29 图

轴线上单位长度受力

$$h = 1$$

$$F_x = \int_0^{\pi} -\frac{\mu_0 I^2 h}{2\pi^2 R}\cos\theta\mathrm{d}\theta = 0$$

$$F_y = \int_0^{\pi} -\frac{\mu_0 I^2 h}{2\pi^2 R}\sin\theta\mathrm{d}\theta = -\frac{\mu_0 I^2}{\pi^2 R}$$，沿 y 轴负方向

第6章

6.1 A　6.2 B　6.3 C　6.4 A　6.5 D　6.6 C　6.7 B　6.8 C　6.9 $\mu_0 n^2 l\pi a^2$，$\mu_0 n^2 l I_m \pi a^2 \omega\cos\omega t$　6.10 0　6.11 $\Phi_{AB} = \Phi_{BA}$　6.12 $\mu_0 I^2 l/(16\pi)$　6.13 0，$2\mu_0 I^2/(9\pi^2 a^2)$　6.14 -0.024 Wb，0，0.024 Wb　6.15 $-\frac{2}{3}\pi B_0 a^3\omega\cos\omega t$，$\varepsilon_i > 0$ 时，顺时针

6.16 (1) $\frac{R_2}{R_1} = e$；(2) $\frac{\mu_0 I_0 \omega}{2\pi}\sin\omega t$

6.17 $\frac{\mu_0 I^2}{16\pi}$　6.18 (1) 偏向东；(2) $6.28\times10^{14}\ \mathrm{m\cdot s^{-2}}$；(3) 3 mm

6.19 设环形螺旋管电流 I，则管内磁场大小为

$$B = \mu_0 NI/(2\pi\rho) \qquad r \leqslant \rho \leqslant R$$

方向为垂直于截面；管外磁场为零。取窄条微元 $\mathrm{d}S = h\mathrm{d}\rho$，由 $\Phi_m = \oint_S \boldsymbol{B}\cdot\mathrm{d}\boldsymbol{S}$ 得

$$\Phi_m = \int_r^R \frac{\mu_0 NIh\mathrm{d}\rho}{2\pi\rho} = \frac{\mu_0 NIh\ln\frac{R}{r}}{2\pi}$$

$$M = \frac{\Phi_m}{I} = \frac{\mu_0 Nh\ln\frac{R}{r}}{2\pi}$$

6.20 通过线圈 $abcd$ 的磁通量为

$$\Phi_m = \int_S \mathrm{d}\Phi_m = \int_S \boldsymbol{B}\cdot\mathrm{d}\boldsymbol{S} = \int_{l_0}^{l_0+l_1}\frac{\mu_0 i}{2\pi r}l_2\cdot\mathrm{d}r = \frac{\mu_0 i}{2\pi}l_2\ln\frac{l_0+l_1}{l_0}$$

(1) 由于 $l_2 = vt$，所以，ab 中感应电动势为

$$\varepsilon_i = -\frac{\mathrm{d}\Phi_m}{\mathrm{d}t} = -\frac{\mu_0 I_0}{2\pi}\cdot\frac{\mathrm{d}l_2}{\mathrm{d}t}\ln\frac{l_0+l_1}{l_0} = -\frac{\mu_0 I_0}{2\pi}v\ln\frac{l_0+l_1}{l_0}$$

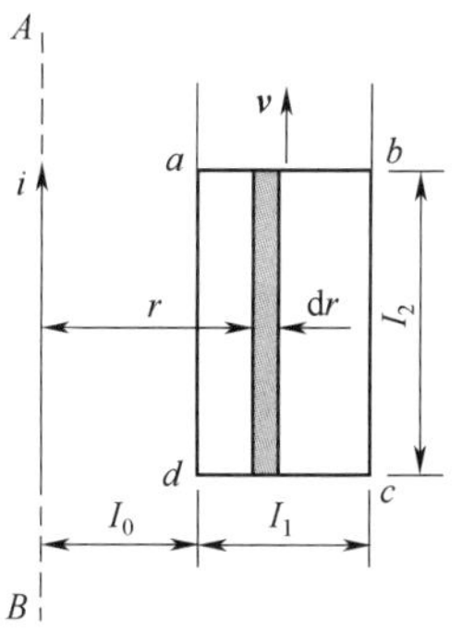

题 6.20 图

由楞次定律可知，ab 中感应电动势方向由 b 指向 a，即 a 点为高电势。

(2) 由于 $i = I_0\cos\omega t$ 和 $l_2 = vt$，所以，ab 中感应电动势为

$$\varepsilon_i = -\frac{d\Phi_m}{dt} = -\frac{\mu_0 i}{2\pi}\cdot\frac{dl_2}{dt}\ln\frac{l_0+l_1}{l_0} - \frac{\mu_0}{2\pi}l_2\frac{di}{dt}\ln\frac{l_0+l_1}{l_0}$$

$$= -\frac{\mu_0 I_0}{2\pi}v(\cos\omega t - \omega t\sin\omega t)\ln\frac{l_0+l_1}{l_0}$$

6.21 设无限长直导线通有电流 I。

(1)图(a)中面元处的磁感应强度为

$$B = \frac{\mu_0 I}{2\pi r}$$

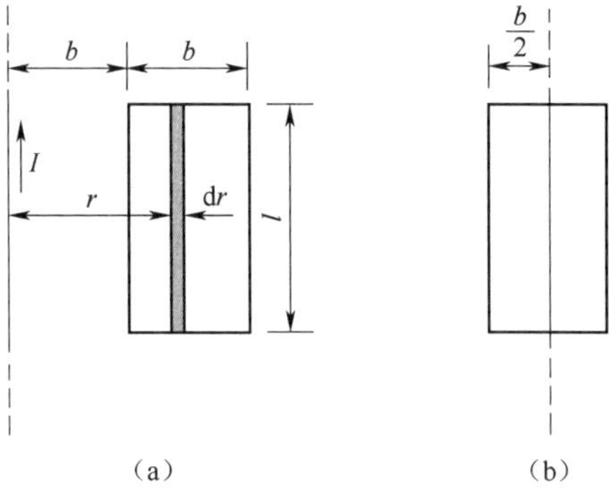

题6.21图

通过矩形线圈的磁通量为

$$\Phi_m = N\int_S d\Phi_m = N\int_S \boldsymbol{B}\cdot d\boldsymbol{S}$$

$$= N\int_b^{2b}\frac{\mu_0 I}{2\pi r}l\cdot dr = N\frac{\mu_0 I}{2\pi}l\ln 2$$

线圈与长直导线间的互感为

$$M_a = N\frac{\mu_0}{2\pi}l\ln 2 = (100\times 2\times 10^{-7}\times 0.2\ln 2)\,\mathrm{H}$$

$$= 2.77\times 10^{-6}\ \mathrm{H}$$

(2)图(b)中通过矩形线圈的磁通量为零,所以

$$M_b = 0$$

附录

常用数学公式

一、常用初等代数公式

1. 指数的运算性质

(1) $a^m \cdot a^n = a^{m+n}$;　　(2) $\dfrac{a^m}{a^n} = a^{m-n}$;　　(3) $(a^m)^n = a^{mn}$;

(4) $(ab)^m = a^m \cdot b^m$;　　(5) $\left(\dfrac{a}{b}\right)^m = \dfrac{a^m}{b^m}$。

2. 对数的运算性质

(1)若 $a^y = x$, 则 $y = \log_a x$;　　(2) $\log_{a^m} b^n = \dfrac{n}{m}\log_a b$;

(3) $\log_a(xy) = \log_a x + \log_a y$;　　(4) $\log_a \dfrac{y}{x} = \log_a y - \log_a x$;

(5) $\log_a b = \dfrac{\log_c b}{\log_c a}, \log_a b = \dfrac{\ln b}{\ln a}$;　　(6) $a^{\log_a x} = x, e^{\ln x} = x$。

二、常用基本三角公式

1. 基本公式

$\sin^2 x + \cos^2 x = 1; 1 + \tan^2 x = \sec^2 x; 1 + \cot^2 x = \csc^2 x$。

2. 倍角公式

$\sin 2x = 2\sin x\cos x; \cos 2x = \cos^2 x - \sin^2 x = 2\cos^2 x - 1 = 1 - 2\sin^2 x$;

$\tan 2x = \dfrac{2\tan x}{1 - \tan^2 x}$。

3. 半角公式

$\sin^2 \dfrac{x}{2} = \dfrac{1 - \cos x}{2}; \cos^2 \dfrac{x}{2} = \dfrac{1 + \cos x}{2}; \tan^2 \dfrac{x}{2} = \dfrac{1 - \cos x}{\sin x} = \dfrac{\sin x}{1 + \cos x}$。

4. 加法公式

$\sin(x \pm y) = \sin x\cos y \pm \cos x\sin y; \cos(x \pm y) = \cos x\cos y \mp \sin x\sin y$;

$\tan(x \pm y) = \dfrac{\tan x \pm \tan y}{1 \mp \tan x\tan y}$。

5. 和差化积公式

$\sin x + \sin y = 2\sin\dfrac{x+y}{2}\cos\dfrac{x-y}{2}; \sin x - \sin y = 2\cos\dfrac{x+y}{2}\sin\dfrac{x-y}{2}$;

$\cos x + \cos y = 2\cos\dfrac{x+y}{2}\cos\dfrac{x-y}{2}; \cos x - \cos y = -2\sin\dfrac{x+y}{2}\sin\dfrac{x-y}{2}$。

6. 积化和差公式

$\sin x\cos y = \frac{1}{2}[\sin(x+y)+\sin(x-y)]$；$\cos x\sin y = \frac{1}{2}[\sin(x+y)-\sin(x-y)]$；

$\cos x\cos y = \frac{1}{2}[\cos(x+y)+\cos(x-y)]$；$\sin x\sin y = -\frac{1}{2}[\cos(x+y)-\cos(x-y)]$。

三、导数公式

1. $(kx)' = k$
2. $(x^n)' = nx^{n-1}$
3. $(a^x)' = a^x\ln a$
4. $(e^x)' = e^x$
5. $(\log_a x)' = \frac{1}{x\ln a}$
6. $(\ln x)' = \frac{1}{x}$
7. $(\sin x)' = \cos x$
8. $(\cos x)' = -\sin x$
9. $(\tan x)' = \sec^2 x$
10. $(\cot x)' = -\csc^2 x$
11. $(\sec x)' = \sec x\tan x$
12. $(\csc x)' = -\csc x\cot x$
13. $(\arcsin x)' = \frac{1}{\sqrt{1-x^2}}$
14. $(\arccos x)' = -\frac{1}{\sqrt{1-x^2}}$
15. $(\arctan x)' = \frac{1}{1+x^2}$
16. $(\text{arccot}\, x)' = -\frac{1}{1+x^2}$

四、积分公式

1. $\int k\mathrm{d}x = kx + C$
2. $\int x^n\mathrm{d}x = \frac{x^{n+1}}{n+1} + C$
3. $\int e^x\mathrm{d}x = e^x + C$
4. $\int a^x\mathrm{d}x = a^x\frac{1}{\ln a} + C$
5. $\int \frac{1}{x}\mathrm{d}x = \ln|x| + C$
6. $\int \sin x\mathrm{d}x = -\cos x + C$
7. $\int \cos x\mathrm{d}x = \sin x + C$

五、泰勒公式

$$(1+z)^a = 1 + az + \frac{a(a-1)}{2!}z^2 + \frac{a(a-1)(a-2)}{3!}z^3 + \cdots + \frac{a(a-1)\cdots(a-n+1)}{n!}z^n + \cdots (|z|<1)$$

$$\ln(1+x) = x - \frac{1}{2}x^2 + \frac{1}{3}x^3 - \cdots (|x|<1)$$

参考文献

[1]马文蔚,周雨晴. 物理学教程(上、下册)[M].2 版. 北京:高等教育出版社,2006.

[2]康颖主. 大学物理(上、下册)[M]. 北京:科学出版社,2006.

[3]杨庆芬,张闪. 大学物理(上、下册)[M]. 北京:中国铁道出版社,2009.

[4]唐晓纯,许光清. 大学物理基础[M]. 北京:中国人民大学出版社,2002.

[5]李艳平,申先甲. 物理学史教程[M].2 版. 北京:科学出版社,2003.

[6]祝之光. 物理学[M]. 北京:高等教育出版社,1988.

[7]韩薇薇. 你能撬起地球吗? 力学探秘[M]. 长春:吉林美术出版社,2014.